MATHEMATIQUES DISCRETES

SERIE SCHAUM

SEYMOUR LIPSCHUTZ
Temple University

MATHEMATIQUES DISCRETES

COURS ET PROBLÈMES

Traduction française
Bernard GEOFFRION

McGRAW-HILL

Paris — Auckland — Bogota — Hambourg — Lisbonne — Londres — Madrid — Mexico — Milan — Montréal — New Delhi — New York — Panama — San Juan — São Paulo — Singapour — Sydney — Tokyo — Toronto

1990

Mathématiques discrètes, cours et problèmes, est traduit de :
Theory and problems of Discrete Mathematics, by Seymour Lipschutz

ISBN : 0-07-037981-5

ISBN : 2-7042-1233-3

McGraw-Hill — 28, rue Beaunier — 75014 Paris

Avant-propos

Les mathématiques discrètes, étude des systèmes finis, se sont développées avec l'essor des ordinateurs. Un calculateur est une structure finie, dont les propriétés peuvent être comprises et interprétées dans le cadre des mathématiques des systèmes finis. Cet ouvrage, qui présente l'essentiel de l'outil, peut être utilisé comme livre de cours sur les mathématiques discrètes ou comme complément à la plupart des ouvrages existants.

Les quatre premiers chapitres traitent les outils de base : ensembles, relations, fonctions, vecteurs et matrices. Puis, nous avons trois chapitres consacrés aux graphes, graphes orientés et arbres. Enfin, nous traitons séparément l'analyse combinatoire, les systèmes algébriques, les ensembles partiellement ordonnés et les treillis, le calcul de propositions et l'algèbre de Boole. Les chapitres consacrés à la théorie des graphes comportent l'analyse de la planéité, du recouvrement, le théorème des quatre couleurs, le chemin minimal et les automates finis. Le chapitre consacré aux systèmes algébriques traite également les langages formels et les grammaires. Enfin, le chapitre sur l'algèbre de Boole aborde les circuits électriques et l'utilisation des tableaux de Karnaugh pour la détermination des formes canoniques disjonctives. Nous précisons que les chapitres ont été écrits de sorte que leur ordre puisse être changé sans difficulté ni solution de continuité.

Chaque chapitre commence par l'énoncé des définitions, des principes et des théorèmes illustrés par des exemples et la description des divers outils; suivent des problèmes résolus et des problèmes supplémentaires. Les problèmes résolus apportent un complément d'information sur l'outil mathématique et la preuve de quelques théorèmes. Les problèmes supplémentaires permettent une révision complète du thème. Enfin, chaque chapitre contient un ensemble de problèmes à programmer sur ordinateur, directement liés au sujet traité.

Note du traducteur. Nous nous sommes efforcés d'employer la terminologie française en vigueur actuellement et pour cela nous nous sommes appuyés sur les ouvrages suivants :

Berge C., *Graphes et Hypergraphes,* Dunod, 1973.
Bouvier A., George M., *Dictionnaire des Mathématiques,* PUF, 1979.
Faure R., Heurgon E., *Structures ordonnées et Algèbre de Boole,* Gauthier-Villars, 1971.
Permingeat N., Glaude D., *Algèbre de Boole,* Masson, 1988.

Table des matières

Chapitre 1. — **Théorie des ensembles** **1**

1.1. Ensembles et éléments 1
1.2. Univers, ensemble vide 2
1.3. Sous-ensembles 2
1.4. Diagrammes de Venn 3
1.5. Opérations sur les ensembles 4
1.6. Algèbre des ensembles, dualité 5
1.7. Ensembles finis, principe de dénombrement 6
1.8. Classes d'ensembles, ensembles des parties 8
1.9. Arguments et diagrammes de Venn 8
1.10. Induction mathématique 9
Problèmes résolus 10
Problèmes supplémentaires 17

Chapitre 2. — **Relations** **23**

2.1. Introduction 23
2.2. Produit d'ensembles 23
2.3. Relations 25
2.4. Représentations picturales des relations 25
2.5. Relations inverses 26
2.6. Composition de relations 27
2.7. Propriétés des relations 28
2.8. Partitions 29
2.9. Relations d'équivalence 29
2.10. Relations d'équivalence et partitions 30
2.11. Relations d'ordre 31
2.12. Relations *n*-aires 31
Problèmes résolus 31
Problèmes supplémentaires 38

Chapitre 3. — **Fonctions** **43**

3.1. Introduction 43
3.2. Fonctions 43
3.3. Graphe d'une fonction 44
3.4. Injection, surjection et fonction inversible 45
3.5. Famille d'ensembles 47
3.6. Equipotence 47
Problèmes résolus 48
Problèmes supplémentaires 57

Chapitre 4. — **Vecteurs et matrices** **63**

4.1. Introduction 63
4.2. Vecteurs 63
4.3. Matrices 64
4.4. Addition des matrices, produit par un scalaire 65
4.5. Symbole de sommation 66
4.6. Multiplication matricielle 67

4.7. Transposée 68
4.8. Matrices carrées 68
4.9. Matrices inversibles 69
4.10. Déterminants 69
4.11. Matrices inversibles et déterminants 71
Problèmes résolus 71
Problèmes supplémentaires 79

Chapitre 5. — Théorie des graphes 82

5.1. Introduction 82
5.2. Graphes non orientés, ou multigraphes 82
5.3. Degré 83
5.4. Connexité 83
5.5. Les ponts de Königsberg, recouvrement 84
5.6. Graphes spéciaux 86
5.7. Matrices et graphes 87
5.8. Graphes marqués 89
5.9. Graphes isomorphes 89
Problèmes résolus 90
Problèmes supplémentaires 95

Chapitre 6. — Graphes planaires, colorations, arbres 100

6.1. Introduction 100
6.2. Cartes, régions 100
6.3. Formule d'Euler 101
6.4. Graphes non planaires, théorème de Kuratowski 102
6.5. Graphes colorés 103
6.6. Théorème des quatre couleurs 103
6.7. Arbres 105
6.8. Arborescences 106
6.9. Arborescences ordonnées 107
Problèmes résolus 108
Problèmes supplémentaires 115

Chapitre 7. — Graphes orientés, machines à états finis 119

7.1. Introduction 119
7.2. Graphes orientés 119
7.3. Définitions 120
7.4. Graphes, relations, matrices carrées 121
7.5. Algorithme de recherche du chemin minimal 122
7.6. Machines à états finis 124
7.7. Listes, suites d'entrée/sortie 125
7.8. Automate fini 127
Problèmes résolus 128
Problèmes supplémentaires 131

Chapitre 8. — Analyse combinatoire 136

8.1. Principe fondamental 136
8.2. Notation factorielle 136
8.3. Coefficients binomiaux 137
8.4. Permutations et arrangements 138
8.5. Permutations et répétitions 139
8.6. Combinaisons 140
8.7. Partitions ordonnées 141
8.8. Arbres 142
Problèmes résolus 143
Problèmes supplémentaires 153

Chapitre 9. — **Systèmes algébriques, langages formels** **159**

9.1. Opérations et semi-groupes 159
9.2. Semi-groupes libres, langages 161
9.3. Grammaires et langages 161
9.4. Groupes 163
9.5. Sous-groupes et sous-groupes normaux 164
9.6. Anneaux, domaines d'intégrité et corps 167
Problèmes résolus 168
Problèmes supplémentaires 177

Chapitre 10. — **Ensembles partiellement ordonnés et treillis** **183**

10.1. Ensembles partiellement ordonnés 183
10.2. Diagramme d'un poset 184
10.3. Bornes supérieure et inférieure 185
10.4. Treillis 186
10.5. Treillis bornés 188
10.6. Treillis distributifs 189
10.7. Treillis complémentés 190
Problèmes résolus 191
Problèmes supplémentaires 195

Chapitre 11. — **Calcul propositionnel** **200**

11.1. Enoncés et énoncés composés 200
11.2. Conjonction, $p \wedge q$ 200
11.3. Disjonction, $p \vee q$ 201
11.4. Négation, $\sim p$ 201
11.5. Propositions et tables de vérité 202
11.6. Tautologies et contradictions 203
11.7. Equivalence logique 204
11.8. Algèbre de propositions 204
11.9. Enoncés conditionnés et biconditionnés 205
11.10. Arguments 206
11.11. Implication logique 207
Problèmes résolus 208
Problèmes supplémentaires 216

Chapitre 12. — **Algèbre de Boole** **221**

12.1. Définitions 221
12.2. Dualité 222
12.3. Théorèmes fondamentaux 222
12.4. Algèbres de Boole et treillis 223
12.5. Théorème de représentation 223
12.6. Forme canonique disjonctive pour ensembles 224
12.7. Forme canonique disjonctive 225
12.8. Représentation électrique 226
12.9. Implicants premiers, méthode du consensus 227
12.10. Expressions booléennes minimales 227
12.11. Tableaux de Karnaugh 229
Problèmes résolus 232
Problèmes supplémentaires 241

Index **245**

Chapitre 1

Théorie des ensembles

1.1 ENSEMBLES ET ÉLÉMENTS

Le concept d'*ensemble* apparaît dans toutes les branches des mathématiques. Intuitivement, un ensemble est n'importe quelle suite ou collection d'objets bien définie, que nous représentons par des lettres majuscules A, B, X, Y, etc. Les objets appartenant à un ensemble sont appelés *éléments* et sont représentés par des lettres minuscules a, b, x, y, etc. L'énoncé «p est un élément de A» ou «p appartient à A» s'écrit :

$$p \in A$$

La négation de $p \in A$ s'écrit $p \notin A$.

Le fait qu'un ensemble soit complètement défini quand ses éléments sont spécifiés est formellement établi par le principe d'extension.

Principe d'extension : Deux ensembles A et B sont égaux si, et seulement si, ils sont constitués des mêmes éléments.

Habituellement, nous écrivons $A = B$ si les ensembles A et B sont égaux, et $A \neq B$ si ces ensembles ne le sont pas.

Il existe deux moyens pour définir un ensemble particulier. Le premier, s'il est possible, est l'écriture de tous les éléments. Par exemple :

$$A = \{a, e, i, o, u\}$$

indique l'ensemble A dont les éléments sont les lettres a,e,i,o,u. Remarquez que les éléments sont séparés par des virgules et compris entre deux accolades $\{\quad\}$. Le deuxième moyen consiste en l'écriture de la propriété qui caractérise les éléments. Par exemple :

$$B = \{x : x \text{ est un entier, } x > 0\}$$

se lit : «B est l'ensemble des x qui sont des entiers positifs», c'est-à-dire que B est l'ensemble des entiers positifs. Une lettre, généralement x, est utilisée pour désigner un élément d'un ensemble; les deux points (:) sont lus comme «tel que» et la virgule (,) comme «et».

EXEMPLE 1.1.

(a) L'ensemble A ci-dessus peut également être écrit sous la forme suivante :

$$A = \{x : x \text{ est une lettre de l'alphabet, } x \text{ est une voyelle}\}$$

On observera que $b \notin A$, $e \in A$ et $p \notin A$.

(b) Nous ne pouvons écrire tous les éléments de l'ensemble B ci-dessus, que nous désignons souvent comme :

$$B = \{1,2,3,...\}$$

où nous supposons que n'importe qui comprend ce que nous voulons dire. Observons que $8 \in B$ mais que $-6 \notin B$.

(c) Supposons que $E = \{x : x^2 - 3x + 2 = 0\}$. En clair cela signifie que E est l'ensemble des nombres qui sont solutions de l'équation $x^2 - 3x + 2 = 0$, quelquefois appelé l'ensemble solution de l'équation. Puisque les solutions sont 1 et 2 nous pouvons écrire $E = \{1,2\}$.

(*d*) Supposons que $E = \{x : x^2 - 3x + 2 = 0\}$, $F = \{2,1\}$ et $G = \{1,2,2,1,6/3\}$. Alors $E = F = G$. Remarquons que l'égalité des ensembles ne dépend pas de l'ordre dans lequel les éléments sont écrits. Un ensemble est inchangé si ses éléments sont répétés ou interchangés.

Quelques ensembles apparaîtront souvent et nous utiliserons des symboles spéciaux pour les représenter. Sauf précision contraire, nous utiliserons :

N pour l'ensemble des entiers positifs : 1,2,3,...
Z pour l'ensemble des entiers : ...,−2,−1,0,1,2,..
Q pour l'ensemble des nombres rationnels
R pour l'ensemble des réels
C pour l'ensemble des nombres complexes

Même si nous pouvons écrire la liste complète des éléments d'un ensemble, cela n'est pas toujours très pratique. Par exemple, nous n'écrirons jamais la liste des gens nés en 1976 bien que théoriquement cela soit possible. Ainsi, nous ne représenterons un ensemble par la liste de ses éléments que si ceux-ci sont peu nombreux, sinon nous les définirons par la propriété qui les caractérise.

Le fait que nous puissions définir un ensemble par la propriété de ses éléments est établi par le *principe d'abstraction.*

Principe d'abstraction : Etant donné un ensemble U et une propriété P, il existe un ensemble A tel que ses éléments sont ceux de l'ensemble U ayant la propriété P.

1.2 UNIVERS, ENSEMBLE VIDE

Dans n'importe quelle application de la théorie des ensembles, les éléments de tous les ensembles analysés appartiennent généralement à un ensemble plus large appelé l'*univers*. Par exemple, en géométrie plane, l'univers est constitué de tous les points du plan; tous les habitants de la planète Terre forment l'univers lors des études de populations. Nous utiliserons le symbole

$$U$$

pour désigner l'univers, sauf indication contraire ou explicite.

Pour un ensemble U donné et une propriété P, il se peut qu'aucun élement de U n'ait cette propriété P. Ainsi, l'ensemble

$$S = \{x : x \text{ est un entier positif, } x^2 = 3\}$$

n'a aucun élément puisqu'il n'existe pas d'entier positif ayant la propriété requise.

L'ensemble qui ne compte aucun élément est l'*ensemble vide* ou *nul*, on le représente par

$$\varnothing$$

En raison du principe d'extension, il n'existe qu'un ensemble vide. En d'autres termes, si S et T sont deux ensembles vides, alors $S = T$ puisqu'ils sont constitués des mêmes éléments, en réalité aucun.

1.3 SOUS-ENSEMBLES

Si chaque élément de l'ensemble A est aussi un élément de l'ensemble B, alors A est un sous-ensemble de B. On dit aussi que A est *contenu* dans B ou que B *contient* A. Cette relation s'écrit

$$A \subset B \quad \text{ou} \quad B \supset A$$

Si A n'est pas un sous-ensemble de B, c'est-à-dire qu'au moins un élément de A n'appartient pas à B, nous écrivons $A \not\subset B$ ou $B \not\supset A$

EXEMPLE 1.2.

(*a*) Considérons les ensembles

$$A = \{1,3,4,5,8,9\} \quad B = \{1,2,3,5,7\} \quad C = \{1,5\}$$

nous écrirons que $C \subset A$ et $C \subset B$ puisque 1 et 5, les éléments de C, sont aussi des éléments de A et B. Mais $B \not\subset A$ puisque quelques-uns de ses éléments, par exemple 2 et 7, n'appartiennent pas à A. De plus, puisque les éléments de A, B et C doivent aussi appartenir à l'univers U, ce dernier contient au moins l'ensemble $\{1,2,3,4,5,7,8,9\}$.

(*b*) Supposons que $\mathbf{N}$, $\mathbf{Z}$, $\mathbf{Q}$ et $\mathbf{R}$ sont les ensembles précédemment définis. Alors

$$\mathbf{N} \subset \mathbf{Z} \subset \mathbf{Q} \subset \mathbf{R}$$

(*c*) L'ensemble $E = \{2,4,6\}$ est un sous-ensemble de $F = \{6,2,4\}$ puisque les éléments 2, 4 et 6 appartiennent à E et F. En fait $E = F$. De la même manière, on peut démontrer que tout ensemble est un sous-ensemble de lui-même.

Tout ensemble A est un sous-ensemble de l'univers U puisque, par définition, tous les éléments de A appartiennent à U. De même, l'ensemble vide $\varnothing$ est un sous-ensemble de A.

Ainsi que nous le remarquions plus haut, tout ensemble A est un sous-ensemble de lui-même, trivialement, les éléments de A appartiennent à A.

Si chaque élément de A appartient à B, et chaque élément de B appartient à C, alors il est clair que chaque élément de A appartient à C. En d'autres termes, si $A \subset B$ et $B \subset C$, alors $A \subset C$.

Si $A \subset B$ et $B \subset A$ alors A et B ont les mêmes éléments, c'est-à-dire que $A = B$. Vice versa, si $A = B$ alors $A \subset B$ et $B \subset A$ puisque tout ensemble est un sous-ensemble de lui-même.

Théorème 1.1 : (i) Pour tout ensemble A, nous avons $\varnothing \subset A \subset U$

(ii) Pour tout ensemble A, nous avons $A \subset A$

(iii) Si $A \subset B$ et $B \subset C$, alors $A \subset C$

(iiii) $A = B$ si et seulement si $A \subset B$ et $B \subset A$.

Si $A \subset B$, alors il est possible que $A = B$. Quand $A \subset B$ mais que $A \neq B$, nous disons que A est un *sous-ensemble strict* de B (certains auteurs écrivent $A \subseteq B$ pour dire que A est un sous-ensemble de B et $A \subset B$ pour signifier que A est un sous-ensemble strict de B). Par exemple, si

$$A = \{1,3\} \qquad B = \{1,2,3\} \qquad C = \{1,3,2\}$$

alors A et B sont deux sous-ensembles de C; mais A est un sous-ensemble strict de C alors que B ne l'est pas puisque $B = C$.

1.4 DIAGRAMMES DE VENN

Un diagramme de Venn (ou d'Euler) est une représentation graphique des ensembles par des ensembles de points dans le plan. L'univers U est représenté par l'intérieur d'un rectangle, et les autres ensembles par des disques dans le rectangle. Si $A \subset B$, le disque représentant A sera entièrement dans le disque représentant B ainsi que le montre la figure 1-1(*a*). Si A et B sont disjoints, c'est-à-dire qu'ils n'ont aucun élément en commun, les disques les représentant seront séparés comme dans la figure 1-1(*b*).

Si A et B sont deux ensembles arbitraires, il est possible que quelques objets soient dans A mais pas dans B, quelques-uns dans B mais pas dans A, d'autres dans A et B et certains ni dans A ni dans B; ainsi, nous représenterons A et B comme le montre la figure 1-1(*c*).

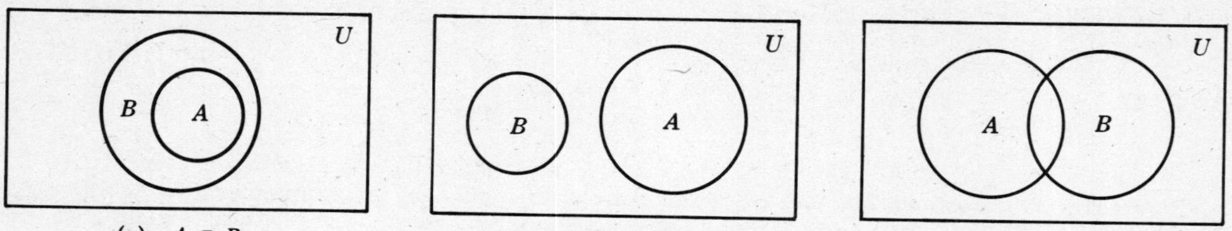

(*a*) $A \subset B$ (*b*) A et B sont disjoints (*c*)

Fig. 1-1

1.5 OPÉRATIONS SUR LES ENSEMBLES

L'*union* de deux ensembles A et B, notée $A \cup B$, est l'ensemble de tous les éléments qui appartiennent à A ou à B :

$$A \cup B = \{x : x \in A \text{ ou } x \in B\}$$

Ici «ou» est employé avec le sens et/ou.

L'*intersection* de deux ensembles A et B, symbolisée par $A \cap B$, est l'ensemble constitué des éléments appartenant à A et à B :

$$A \cap B = \{x : x \in A \text{ et } x \in B\}$$

Si $A \cap B = \varnothing$, c'est-à-dire que A et B n'ont aucun élément en commun, on dit que A et B sont *disjoints* ou *non intersécants.*

L'ensemble *complémentaire* «*relatif*» de l'ensemble B par rapport à l'ensemble A, ou plus simplement, la *différence* entre A et B, notée $A \setminus B$, est l'ensemble des éléments qui appartiennent à A mais n'appartiennent pas à B :

$$A \setminus B = \{x : x \in A \text{ et } x \notin B\}$$

L'ensemble $A \setminus B$ est lu «A moins B», il est donc écrit également $A - B$.

Ainsi que nous le faisions remarquer plus haut, tous les ensembles sont à un instant donné des sous-ensembles d'un univers particulier U. Le *complément* «*absolu*», ou plus simplement, le *complément* d'un ensemble A, noté A^c , est l'ensemble des éléments appartenant à U mais n'appartenant pas à A :

$$A^c = \{x : x \in U \quad et \quad x \notin A\}$$

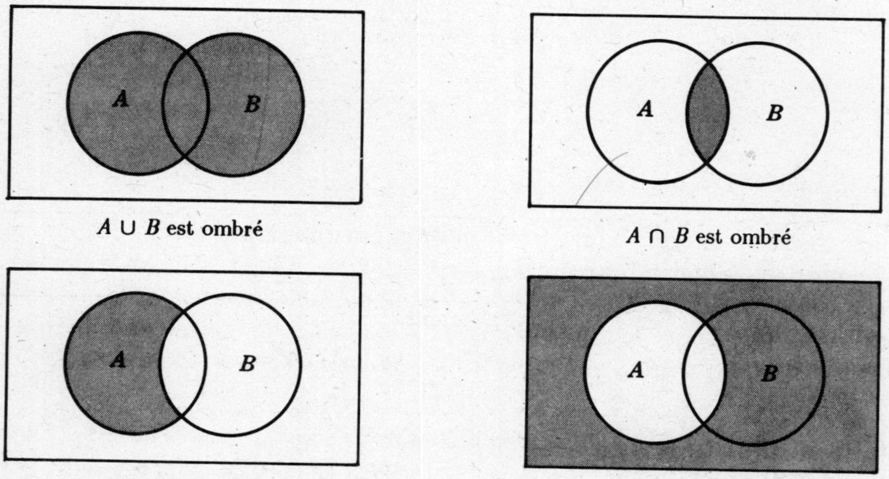

$A \cup B$ est ombré — $A \cap B$ est ombré

$A \setminus B$ est ombré — A^c est ombré

Fig. 1-2

C'est-à-dire que A^c est la différence entre l'univers U et A. Certains textes écrivent A'.

Nous illustrons les opérations précédentes en ombrant, respectivement, les ensembles $A \cup B$, $A \cap B$, $A \setminus B$, et A^c dans les diagrammes de Venn de la figure 1-2.

EXEMPLE 1.3. Supposons que $A = \{1,2,3,4\}$ et $B = \{3,4,5,6\}$, où $U = \{1,2,3,...\}$ est l'ensemble des entiers positifs. Alors :

$$A \cup B = \{1,2,3,4,5,6\} \qquad A \cap B = \{3,4\}$$
$$A \setminus B = \{1,2\} \qquad A^c = \{5,6,7,...\}$$

Le théorème suivant montre la relation entre l'inclusion et les opérations d'union et d'intersection.

Théorème 1.2 : Les expressions suivantes sont équivalentes : $A \subset B$, $A \cap B = A$, $A \cup B = B$.

(*Note* : Ce théorème est démontré dans le problème 1.21. D'autres cas équivalents à $A \subset B$ sont donnés dans le problème 1.31.)

1.6 ALGÈBRE DES ENSEMBLES, DUALITÉ

Les opérations ci-dessus, s'appliquant à des ensembles, satisfont aux différentes règles ou identités données dans la table 1.1. De fait, nous avons formellement établi le théorème suivant.

Théorème 1.3 : Les ensembles satisfont aux règles de la table 1.1.

Table 1.1 Lois de l'algèbre des ensembles

Idempotence	
1*a*. $A \cup A = A$	1*b*. $A \cap A = A$
Associativité	
2*a*. $(A \cup B) \cup C = A \cup (B \cup C)$	2*b*. $(A \cap B) \cap C = A \cap (B \cap C)$
Commutativité	
3*a*. $A \cup B = B \cup A$	3*b*. $A \cap B = B \cap A$
Distributivité	
4*a*. $A \cup (B \cap C) = (A \cup B) \cap (A \cup C)$	4*b*. $A \cap (B \cup C) = (A \cap B) \cup (A \cap C)$
Identité	
5*a*. $A \cup \varnothing = A$	5*b*. $A \cap U = A$
6*a*. $A \cup U = U$	6*b*. $A \cap \varnothing = \varnothing$
Involution	
7. $(A^c)^c = A$	
Complémentarité	
8*a*. $A \cup A^c = U$	8*b*. $A \cap A^c = \varnothing$
9*a*. $U^c = \varnothing$	9*b*. $\varnothing^c = U$
Lois de De Morgan	
10*a*. $(A \cup B)^c = A^c \cap B^c$	10*b*. $(A \cap B)^c = A^c \cup B^c$

Nous allons voir deux méthodes pour démontrer des équations concernant des opérations sur des ensembles. La première consiste en la recherche de la signification pour un objet x d'être un élément dans chaque terme de l'équation, et la deuxième est l'utilisation des diagrammes de Venn. Par exemple, considérons la première des lois de De Morgan,

$$(A \cup B)^c = A^c \cap B^c$$

Méthode 1 : Démontrons d'abord que $(A \cup B)^c \subset A^c \cap B^c$. Si $x \in (A \cup B)^c$, alors $x \notin A \cup B$. Ainsi $x \notin A$ et $x \notin B$, donc $x \in A^c$ et $x \in B^c$ ce qui conduit à $x \in A^c \cap B^c$.

Puis, nous démontrons que $A^c \cap B^c \subset (A \cup B)^c$. Si $x \in A^c \cap B^c$, alors $x \in A^c$ et $x \in B^c$, donc $x \notin A$ et $x \notin B$, ce qui conduit à $x \notin A \cup B$ donc $x \in (A \cup B)^c$. Nous avons apporté la preuve que tout élément de $(A \cup B)^c$appartient à $A^c \cap B^c$ et que tout élément de $A^c \cap B^c$ appartient à $(A \cup B)^c$. La conjonction de ces deux inclusions conduit à l'égalité des deux ensembles, soit $(A \cup B)^c = A^c \cap B^c$.

(*Remarque* : Nous avons implicitement utilisé une règle logique qui sera discutée dans le chapitre 11.)

Méthode 2 : A partir du diagramme de Venn pour $A \cup B$ de la figure 1-2, nous voyons que $(A \cup B)^c$ est représenté par la partie ombrée de la figure 1-3(a). Pour trouver $A^c \cap B^c$, c'est-à-dire la surface à la fois dans A^c et B^c, nous hachurons dans un sens A et dans l'autre B comme indiqué par la figure 1-3(b). Alors $A^c \cap B^c$ est représenté par la partie hachurée dans les deux sens, montrée ombrée à la figure 1-3(c). Puisque $(A \cup B)^c$ et $A^c \cap B^c$ sont représentés par la même surface, ils sont égaux.

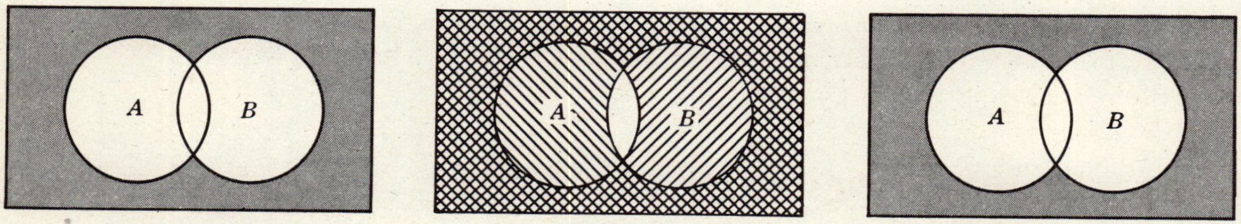

(a) $(A \cup B)^c$ est ombré

(b) A^c est hachuré ////.
B^c est hachuré \\\\\\\\.

(c) $A^c \cap B^c$ est ombré

Fig. 1-3

Le lecteur peut être surpris que les identités de la table 1.1 soient présentées par paires comme $2a$ et $2b$. Nous allons maintenant examiner le principe qui conduit à cette organisation. Supposons que E soit une équation de l'algèbre des ensembles. L'équation *duale* E^* de E est l'équation obtenue en remplaçant respectivement $\cup$, $\cap$, U et $\varnothing$ dans E à chaque fois qu'ils apparaissent par $\cap$, $\cup$, $\varnothing$ et U. Par exemple, l'équation duale de

$$(U \cap A) \cup (B \cap A) = A \qquad est \qquad (\varnothing \cup A) \cap (B \cup A) = A$$

Observez que les paires d'équations de la table 1.1 sont duales l'une de l'autre. C'est un fait de l'algèbre des ensembles, appelé *principe de dualité*; lorsqu'une équation E est une identité, l'équation duale E^* est également une identité.

1.7 ENSEMBLES FINIS, PRINCIPE DE DÉNOMBREMENT

Un ensemble est dit fini s'il contient exactement m éléments distincts, où m représente un entier positif. Dans le cas contraire, il s'agit d'un ensemble infini. Par exemple, l'ensemble vide $\varnothing$ et l'ensemble des lettres de l'alphabet sont des ensembles finis, alors que celui des nombres entiers pairs positifs, $\{2,4,6,..\}$, est infini.

Si un ensemble A est fini, le nombre de ses éléments sera représenté par $n(A)$. Certains textes utilisent $\#(A)$ à la place de $n(A)$.

Lemme 1.4 : Si A et B sont des ensembles finis disjoints, alors $A \cup B$ est fini et

$$n(A \cup B) = n(A) + n(B)$$

Démonstration. Pour dénombrer les éléments de $A \cup B$, comptons d'abord ceux de A. Il y en a $n(A)$. Les autres éléments de $A \cup B$ sont ceux contenus dans B, n'appartenant pas à A. Mais A et B sont disjoints, donc aucun élément de B n'appartient à A, il y a donc $n(B)$ éléments qui sont dans B et non dans A. On en déduit que $n(A \cup B) = n(A) + n(B)$.

Il existe une formule dans le cas où A et B ne sont pas disjoints, elle fait l'objet du problème 1.22.

Théorème 1.5 : Si A et B sont des ensembles finis, alors $A \cup B$ et $A \cap B$ sont finis et

$$n(A \cup B) = n(A) + n(B) - n(A \cap B)$$

Nous pouvons appliquer ce résultat pour obtenir la formule dans le cas de trois ensembles.

Corollaire 1.6 : Si A, B et C sont des ensembles finis, il en est de même pour $A \cup B \cup C$, et

$$n(A \cup B \cup C) = n(A) + n(B) + n(C) - n(A \cap B) - n(B \cap C) - n(A \cap C) + n(A \cap B \cap C)$$

Des déductions mathématiques peuvent être développées (section 1.10) pour généraliser ce résultat à n'importe quel nombre fini d'ensembles.

EXEMPLE 1.4. Supposons que 100 des 120 étudiants en mathématiques d'un collège apprennent au moins une langue étrangère parmi l'anglais, l'italien et le russe. Supposons alors que :

65 apprennent l'anglais,

45 apprennent l'italien,

42 apprennent le russe,

20 apprennent l'anglais et l'italien,

25 apprennent l'anglais et le russe,

15 apprennent l'italien et le russe.

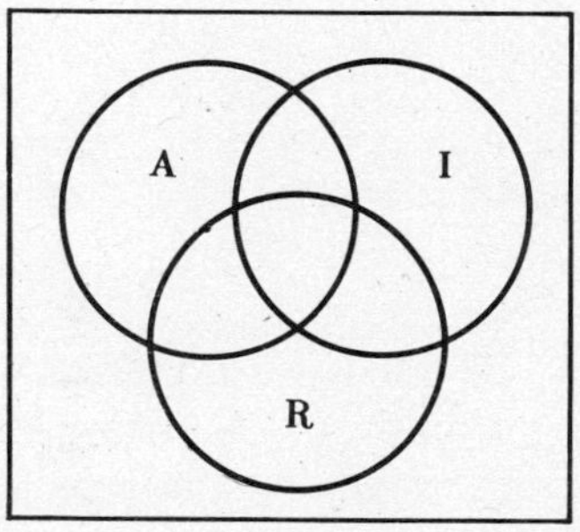

Fig. 1-4

Les ensembles des étudiants apprenant l'anglais, l'italien et le russe sont respectivement appelés A, I et R. Nous souhaitons connaître le nombre d'étudiants inscrits à ces trois langues, pour remplir correctement le diagramme de Venn donné par la figure 1-4.

En raison du corollaire 1.6, nous avons

$$n(A \cup I \cup R) = n(A) + n(I) + n(R) - n(A \cap I) - n(A \cap R) - n(I \cap R) + n(A \cap I \cap R)$$

avec $n(A \cup I \cup R) = 100$, puisque 100 étudiants apprennent au moins une langue, nous obtenons par remplacement :

$$100 = 65 + 45 + 42 - 20 - 25 - 15 + n(A \cap I \cap R)$$

donc $n(A \cap I \cap R) = 8$. Il y a 8 étudiants inscrits aux trois cours. Nous utilisons ce résultat pour compléter le diagramme de Venn. Nous avons :

8 inscrits aux trois langues,

$20 - 8 = 12$ inscrits en anglais et italien mais pas en russe,

$25 - 8 = 17$ inscrits en anglais et russe mais pas en italien,

$15 - 8 = 7$ inscrits en italien et en russe mais pas en anglais,

$65 - 12 - 8 - 17 = 28$ apprennent seulement l'anglais,

$45 - 12 - 8 - 7 = 18$ apprennent seulement l'italien,

$42 - 17 - 8 - 7 = 10$ apprennent seulement le russe.

$120 - 100 = 20$ ne sont inscrits à aucun cours.

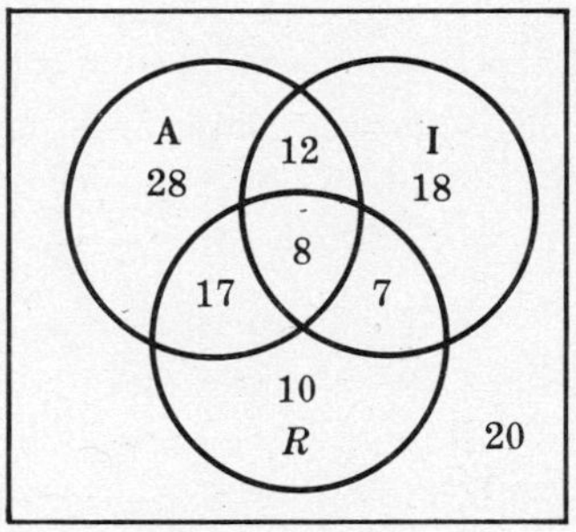

Fig. 1-5

Le diagramme complété est donné par la figure 1-5, on observe que $28 + 18 + 10 = 56$ étudiants n'étudient qu'une langue.

1.8 CLASSES D'ENSEMBLES, ENSEMBLES DES PARTIES

Etant donné un ensemble A, nous pouvons nous intéresser à certains de ses sous-ensembles, ce qui nous conduit à traiter un ensemble d'ensembles. A chaque fois que cette situation apparaîtra, nous parlerons d'une *classe* d'ensembles ou d'une *collection* d'ensembles. Si nous souhaitons travailler sur quelques ensembles d'une classe, nous parlerons de *sous-classe* ou de *sous-collection*.

EXEMPLE 1.5. Supposons que $A = \{1,2,3,4\}$. Appelons $\mathcal{A}$ la classe des sous-ensembles de A contenant exactement trois éléments de A. Soit

$$\mathcal{A} = [\{1,2,3\},\{1,2,4\},\{1,3,4\},\{2,3,4\}]$$

Les éléments de $\mathcal{A}$ sont les ensembles $\{1,2,3\}$, $\{1,2,4\}$, $\{1,3,4\}$ et $\{2,3,4\}$. Appelons $\mathcal{B}$ la classe des sous-ensembles de A contenant 2 et deux autres éléments de A. C'est-à-dire :

$$\mathcal{B} = [\{1,2,3\},\{1,2,4\},\{2,3,4\}]$$

Les éléments de $\mathcal{B}$ sont les ensembles $\{1,2,3\}$, $\{1,2,4\}$ et $\{2,3,4\}$. Ainsi, $\mathcal{B}$ est une sous-classe de $\mathcal{A}$, puisque chaque élément de $\mathcal{B}$ est aussi élément de $\mathcal{A}$. (Pour éviter toute confusion, nous écrirons les ensembles d'une classe entre crochets.)

Etant donné un ensemble A, nous pouvons évoquer la classe de tous les sous-ensembles de A. Cette classe est la *famille des parties* de A et sera symbolisée par $\mathcal{P}(A)$. Si A est un ensemble fini, il en est de même pour $\mathcal{P}(A)$. De plus, le nombre d'éléments de $\mathcal{P}(A)$ est égal à 2 puissance $n(A)$:

$$n(\mathcal{P}(A)) = 2^{n(A)}$$

c'est pour cette raison que la famille des parties de A est souvent représentée par 2^A.

EXEMPLE 1.6. Supposons que $A = \{1,2,3\}$, alors

$$\mathcal{P}(A) = [\varnothing,\{1\},\{2\},\{3\},\{1,2\},\{1,3\},\{2,3\},\mathrm{A}]$$

Remarquez que l'ensemble vide $\varnothing$ appartient à $\mathcal{P}(A)$ puisque $\varnothing$ est un sous-ensemble de A. De même, A appartient à $\mathcal{P}(A)$. Notez également que $\mathcal{P}(A)$ contient $2^3 = 8$ éléments.

1.9 ARGUMENTS ET DIAGRAMMES DE VENN

Beaucoup d'expressions verbales peuvent être traduites en des expressions équivalentes faisant intervenir des ensembles qui sont représentables par des diagrammes de Venn ; de sorte que les diagrammes de Venn permettent parfois l'établissement de la validité d'un argument.

EXEMPLE 1.7. Examinons les affirmations suivantes adaptées d'un livre sur la logique de Lewis Carroll, l'auteur d'*Alice au pays des merveilles* :

A_1 : Mes casseroles sont les seuls objets que je possède qui soient en étain

A_2 : Je trouve tous vos cadeaux très utiles

A_3 : Aucune de mes casseroles ne présente la moindre utilité

A : Les cadeaux que vous me faites ne sont pas en étain

Les affirmations A_1, A_2 et A_3 sont les hypothèses et l'affirmation A, la conclusion. Nous allons déterminer si cette conclusion découle logiquement ou non des affirmations, c'est-à-dire si A est valide ou non.

Le diagramme de Venn de A_1 (figure 1-6) fait apparaître les objets en étain comme sous-ensemble de celui des casseroles.

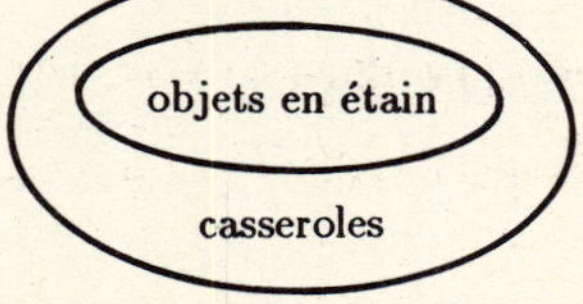

Fig. 1-6

A_3 conduit à faire figurer les objets utiles comme un ensemble disjoint de celui des casseroles (figure 1-7).

Fig. 1-7

Les cadeaux de A_2 forment un ensemble qui est sous-ensemble du précédent (figure 1-8).

Fig. 1-8

La conclusion A est valide parce que l'ensemble des cadeaux est disjoint de celui des objets en étain.

1.10 INDUCTION MATHÉMATIQUE

Il s'agit d'une propriété essentielle de l'ensemble $\mathbf{N} = \{1,2,3,...\}$ utilisée dans beaucoup de démonstrations et qu'on appelle indifféremment : *principe d'induction mathématique* ou *principe de raisonnement par récurrence.*

Principe de l'induction mathématique I : Soit P une proposition définie sur l'ensemble des entiers positifs **N**. C'est-à-dire que $P(n)$ est vraie ou fausse pour chaque n de **N**. Supposons que P possède les deux propriétés suivantes :

(i) $P(1)$ est vraie.

(ii) $P(n + 1)$ est vraie si $P(n)$ est vraie.

Donc P est vraie pour tout entier positif.

Nous ne démontrerons pas ce principe, car il est généralement donné comme l'un des axiomes quand **N** est étendu axiomatiquement.

EXEMPLE 1.8. Supposons que la proposition P soit que la somme des n premiers nombres impairs soit égale à n^2 ; c'est-à-dire :

$$P(n) : 1 + 3 + 5 + ... + (2n - 1) = n^2$$

(Le n-ième nombre impair est $2n-1$, et le suivant $2n+ 1$.) On observe que $P(n)$ est vraie pour $n= 1$,

$$P(1) : 1 = 1^2$$

En supposant que $P(n)$ soit vraie, et en ajoutant $2n+ 1$ aux deux termes de $P(n)$, on obtient :

$$1 + 3 + 5 + ... + (2n - 1) + (2n + 1) = n^2 + (2n + 1) = (n + 1)^2$$

qui est $P(n + 1)$. Donc $P(n + 1)$ est vraie chaque fois que $P(n)$ est vraie. Le principe d'induction mathématique nous conduit à P est vraie pour tout n.

Il existe une forme de ce principe qui est quelquefois plus simple d'emploi. Quoique apparemment différent, ce principe est totalement équivalent au précédent.

Principe d'induction mathématique II : Soit une proposition P définie sur l'ensemble **N** telle que :

(i) $P(1)$ est vraie.

(ii) $P(n)$ est vraie chaque fois que $P(k)$ est vraie pour tout k tel que $1 \leq k < n$.

Alors P est vraie pour tout entier positif.

Problèmes résolus

ENSEMBLES, SOUS-ENSEMBLES

1.1 Quels sont les ensembles égaux : $\{r, t, s\}$, $\{s, t, r, s\}$, $\{t, s, t, r\}$, $\{s, r, s, t\}$?

Ils sont tous égaux; l'ordre et la répétition des éléments ne changent pas un ensemble.

1.2 Donner la liste des éléments des ensembles suivants, pour $\mathbf{N} = \{1,2,3,...\}$.

(*a*) $A = \{x : x \in \mathbf{N}, 3 < x < 12\}$

(*b*) $B = \{x : x \in \mathbf{N}, x \text{ est pair}, x < 15\}$

(*c*) $C = \{x : x \in \mathbf{N}, 4 + x = 3\}$

(*a*) A est l'ensemble des entiers positifs compris entre 3 et 12, soit

$$A = \{4,5,6,7,8,9,10,11\}$$

(*b*) B est l'ensemble des entiers pairs plus petits que 15, soit

$$B = \{2,4,6,8,10,12,14\}$$

(*c*) Il n'y a pas d'entier positif qui satisfasse à la condition $4 + x = 3$, donc C est l'ensemble vide $\varnothing$.

1.3 Démontrer que $A = \{2,3,4,5\}$ n'est pas un sous-ensemble de $B = \{x : x \in \mathbf{N}, x \text{ est pair}\}$.

Il est nécessaire de montrer qu'au moins un élément de A n'appartient pas à B. Comme $3 \in A$ et que B est l'ensemble des nombres pairs, $3 \notin B$, donc A n'est pas un sous-ensemble de B.

1.4 Soient les ensembles :

$$\varnothing, A = \{1\}, B = \{1,3\}, C = \{1,5,9\}, D = \{1,2,3,4,5\},$$
$$E = \{1,3,5,7,9\}, U = \{1,2,...,8,9\}$$

Insérer le symbole correct ($\subset$ ou $\not\subset$) entre les paires suivantes :

(*a*) $\varnothing, A$	(*c*) B, C	(*e*) C, D	(*g*) D, E
(*b*) A, B	(*d*) B, E	(*f*) C, E	(*h*) D, U

(*a*) $\varnothing \subset A$ car $\varnothing$ est un sous-ensemble de tout ensemble.

(*b*) $A \subset B$ car 1 est le seul élément de A appartenant à B.

(*c*) $B \not\subset C$ car $3 \in B$ mais $3 \notin C$.

(*d*) $B \subset E$ car les éléments de B sont éléments de E.

(*e*) $C \not\subset D$ car $9 \in C$ mais $9 \notin D$.
(*f*) $C \subset E$ car les éléments de C sont éléments de E.
(*g*) $D \not\subset E$ car $2 \in D$ mais $2 \notin E$.
(*h*) $D \subset U$ car les éléments de D sont éléments de U.

OPÉRATIONS SUR LES ENSEMBLES

Dans les problèmes 1.5 à 1.7, on suppose que $U = \{1,2,...,8,9\}$ et

$A = \{1,2,3,4,5\}$ $C = \{5,6,7,8,9\}$ $E = \{2,4,6,8\}$
$B = \{4,5,6,7\}$ $D = \{1,3,5,7,9\}$ $F = \{1,5,9\}$

1.5 Trouver :
(*a*) $A \cup B$ et $A \cap B$ (*d*) $D \cup E$ et $D \cap E$
(*b*) $B \cup D$ et $B \cap D$ (*e*) $E \cup E$ et $E \cap E$
(*c*) $A \cup C$ et $A \cap C$ (*f*) $D \cup F$ et $D \cap F$

Rappelez vous que l'union $X \cup Y$ est l'ensemble des éléments de X ou de Y (ou des deux), et que l'intersection $X \cap Y$ est l'ensemble des éléments communs à X et Y.

(*a*) $A \cup B = \{1,2,3,4,5,6,7\}$ $A \cap B = \{4,5\}$
(*b*) $B \cup D = \{1,3,4,5,6,7,9\}$ $B \cap D = \{5,7\}$
(*c*) $A \cup C = \{1,2,3,4,5,6,7,8,9\} = U$ $A \cap C = \{5\}$
(*d*) $D \cup E = \{1,2,3,4,5,6,7,8,9\} = U$ $D \cap E = \varnothing$
(*e*) $E \cup E = \{2,4,6,8\} = E$ $E \cap E = \{2,4,6,8\} = E$
(*f*) $D \cup F = \{1,3,5,7,9\} = D$ $D \cap F = \{1,5,9\} = F$

Observons que $F \subset D$, en raison du théorème 1.2, nous devons avoir $D \cup F = D$ et $D \cap F = F$.

1.6 Trouver :
(*a*) A^c et B^c (*c*) $A \setminus B$ et B \ A
(*b*) D^c et E^c (*d*) $D \setminus E$ et $F \setminus D$

Souvenez vous que le complément X^c est l'ensemble des éléments de l'univers U qui n'appartiennent pas à X, et que la différence $X \setminus Y$ est l'ensemble des éléments de X n'appartenant pas à Y.

(*a*) $A^c = \{6,7,8,9\}$ (*c*) $A \setminus B = \{1,2,3\}$
$B^c = \{1,2,3,8,9\}$ $B \setminus A = \{6,7\}$
(*b*) $D^c = \{2,4,6,8\} = E$ (*d*) $D \setminus E = \{1,3,5,7,9\} = D$
$E^c = \{1,3,5,7,9\} = D$ $F \setminus D = \varnothing$

1.7 Trouver :
(*a*) $A \cap (B \cup E)$ (*c*) $(A \cap D) \setminus B$
(*b*) $(A \setminus E)^c$ (*d*) $(B \cap F) \cup (C \cap E)$

(*a*) Calculez d'abord $B \cup E = \{2,4,5,6,7,8\}$. Donc $A \cap (B \cup E) = \{2,4,5\}$
(*b*) $A \setminus E = \{1,3,5\}$. Donc $(A \setminus E)^c = \{2,4,6,7,8,9\}$.
(*c*) $A \cap D = \{1,3,5\}$. D'où $(A \cap D) \setminus B = \{1,3\}$.
(*d*) $B \cap F = \{5\}$ et $C \cap E = \{6,8\}$. Donc $(B \cap F) \cup (C \cap E) = \{5,6,8\}$.

1.8 Etant donnés :

$A = \{\text{Ann, Alice, Audrey}\}$,
$B = \{\text{Ann, Audrey, Ellen}\}$,
$C = \{\text{Alice, Audrey, Betty, Ellen}\}$,
$D = \{\text{Ann, Alice, Betty, Ellen}\}$.

Trouver :

(*a*) $A \cup B$ et $C \cup D$ (*c*) $B \setminus C$ et $D \setminus A$
(*b*) $A \cap C$ et $B \cap D$ (*d*) $(A \cap D) \cup (C \setminus B)$

(*a*) $A \cup B = \{\text{Ann, Alice, Audrey, Ellen}\}$
$C \cup D = \{\text{Ann, Alice, Audrey, Betty, Ellen}\}$

(*b*) $A \cap C = \{\text{Alice, Audrey}\}$
$B \cap D = \{\text{Ann, Ellen}\}$

(*c*) $B \setminus C = \{\text{Ann}\}$
$D \setminus A = \{\text{Betty, Ellen}\}$

(*d*) On calcule d'abord $A \cap D = \{\text{Ann,Alice}\}$ et $C \setminus B = \{\text{Alice,Betty}\}$. Alors, $(A \cap D) \cup (C \setminus B) = \{\text{Ann,Alice,Betty}\}$.

1.9 Montrer que nous pouvons avoir $A \cap B = A \cap C$ sans que $B = C$.

Supposons que $A = \{1,2\}$, $B = \{2,3\}$ et $C = \{2,4\}$, alors $A \cap B = \{2\}$ et $A \cap C = \{2\}$, alors $A \cap B = A \cap C$ mais $B \neq C$.

DIAGRAMMES DE VENN

1.10 Ombrer les ensembles (*a*) $A \cap B^c$ et (*b*) $(B \setminus A)^c$ dans le diagramme de Venn de la figure 1-9.

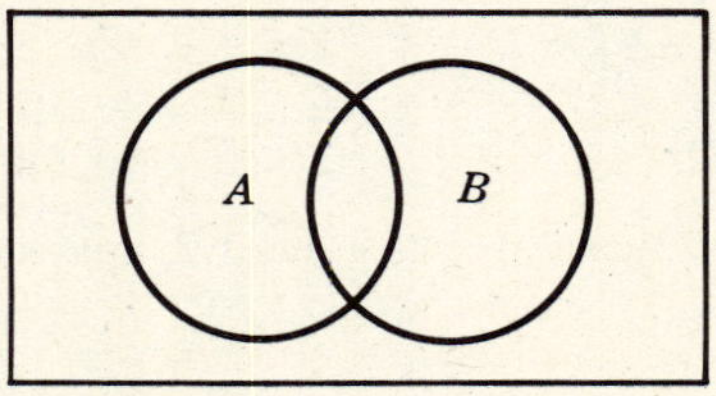

Fig. 1-9

(*a*) Sur la figure 1-10(*a*), nous avons hachuré A dans un sens et B^c, la surface extérieure à B, dans l'autre. La surface hachurée dans les deux sens est l'intersection $A \cap B^c$ comme le montre la figure 1-10(*b*). Remarquons que $A \cap B^c = A \setminus B$.

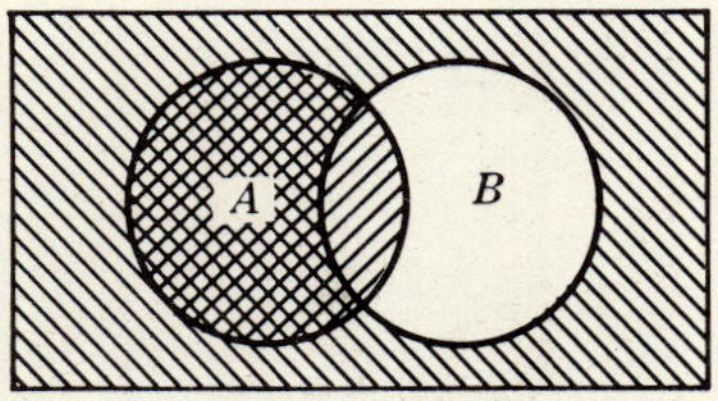

(*a*) A et B^c sont hachurés

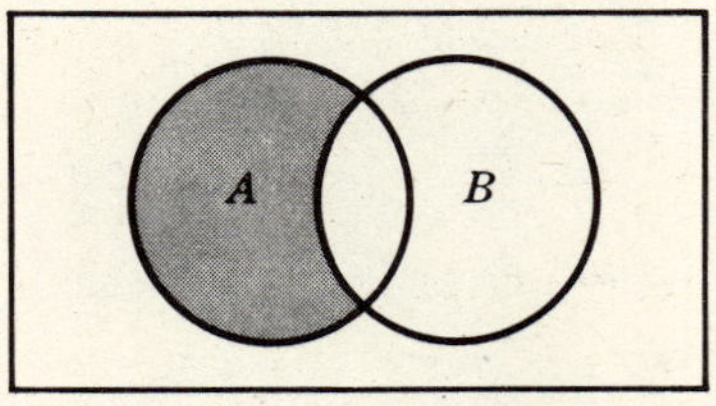

(*b*) $A \cap B^c$ est ombré

Fig. 1-10

(*b*) Sur la figure 1-11(*a*), la partie hachurée représente $B \setminus A$, la partie de B qui n'appartient pas à A, donc $(B \setminus A)^c$ est la surface extérieure à $B \setminus A$, c'est-à-dire la surface ombrée de la figure 1-11(*b*).

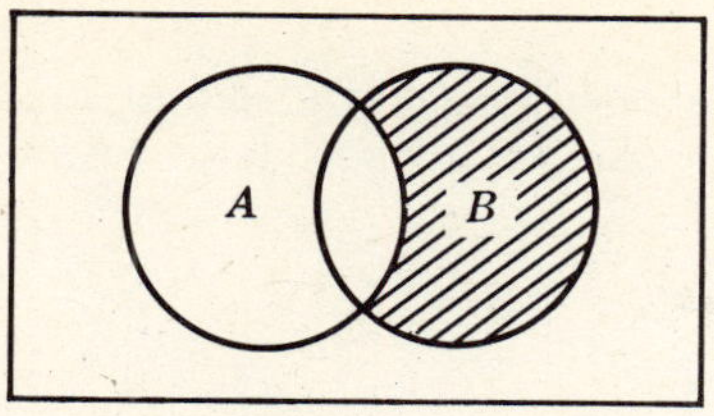

(*a*) $B \setminus A$ est hachuré

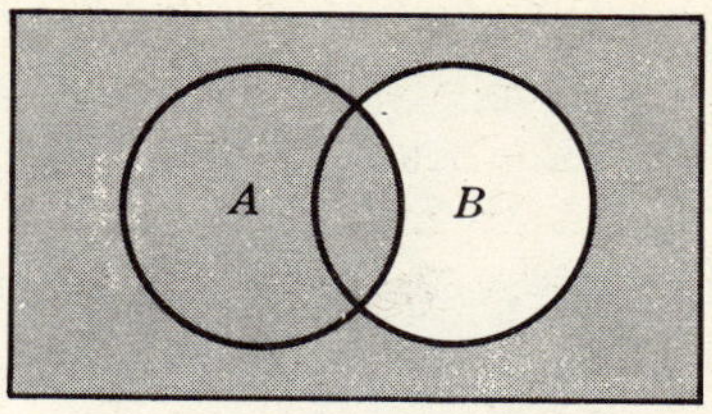

(*b*) $(B \setminus A)^c$ est ombré

Fig. 1-11

1.11 Illustrer la distributivité $A \cap (B \cup C) = (A \cap B) \cup (A \cap C)$ à l'aide de diagrammes de Venn.

Dessinons trois cercles étiquetés A, B et C (figure 1-12(*a*)). Puis hachurons dans un sens A, et dans l'autre sens $B \cup C$ (figure 1-12(*b*)). La surface hachurée croisée représente $A \cap (B \cup C)$, nous la montrons ombrée sur la figure 1-12(*c*). Opérant de même pour $A \cap B$ d'une part, et $A \cap C$ d'autre part (figure 1-12(*d*)), nous faisons apparaître $(A \cap B) \cup (A \cap C)$, isolé sur la figure 1-12(*e*), qui est identique à la figure 1-12(*c*).

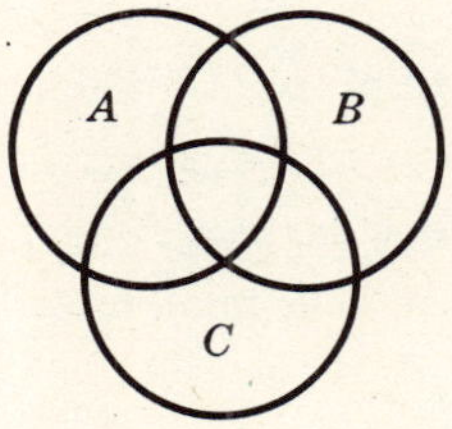

(*a*)

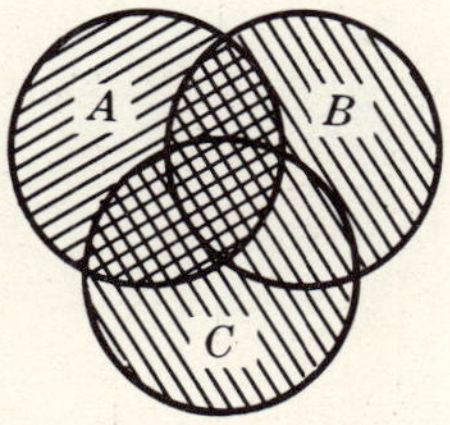

(*b*) A et $(B \cup C)$ sont hachurés

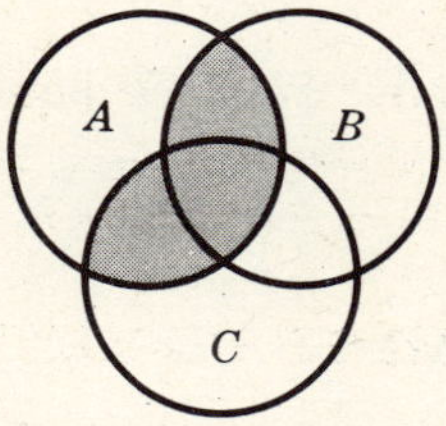

(*c*) $A \cap (B \cup C)$ est ombré

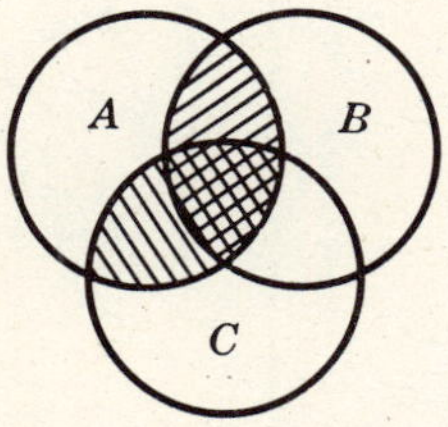

(*d*) $A \cap B$ et $A \cap C$ sont ombrés

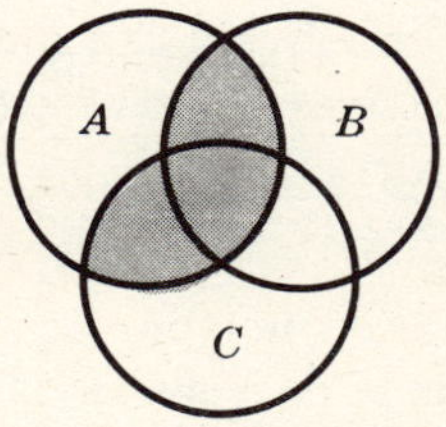

(*e*) $(A \cap B) \cup (A \cap C)$ est ombré

Fig. 1-12

ALGÈBRE DES ENSEMBLES, DUALITÉ

1.12 Ecrire l'équation duale des équations ci-dessous :

(*a*) $(A \cup B) \cap (A \cup B^c) = A \cup \varnothing$ (*b*) $(A \cap U) \cup (B \cap A) = A$

On remplace respectivement $\cup$, $\cap$, U et $\varnothing$ par $\cap$, $\cup$, $\varnothing$ et U pour obtenir :

(*a*) $(A \cap B) \cup (A \cap B^c) = A \cap U$ (*b*) $(A \cup \varnothing) \cap (B \cup A) = A$

1.13 Utiliser les lois de la table 1.1 pour démontrer que $(U \cap A) \cup (B \cap A) = A$

Solution	Règle appliquée
$(U \cap A) \cup (B \cap A) = (A \cap U) \cup (A \cap B)$	Commutativité (3*a*)
$= A \cap (U \cup B)$	Distributivité (4*b*)
$= A \cap (B \cup U)$	Commutativité (3*a*)
$= A \cap U$	Identité (6*a*)
$= A$	Identité (5*b*)

1.14 Démontrer l'identité $(\varnothing \cup A) \cap (B \cup A) = A$

Il s'agit de l'équation duale de celle démontrée dans le problème 1.13, elle est donc vraie en vertu du principe de dualité. En l'absence de cette démonstration, on applique le même processus avec les expressions duales.

ENSEMBLES FINIS, DÉNOMBREMENT

1.15 Indiquer les ensembles finis parmi ceux qui suivent :

(*a*) $A = \{\text{les saisons}\}$

(*b*) $B = \{\text{les états de l'Union}\}$

(*c*) $C = \{\text{les nombres entiers positifs inférieurs à } 1\}$

(*d*) $D = \{\text{les nombres entiers impairs}\}$

(*e*) $E = \{\text{les nombres entiers positifs diviseurs de } 12\}$

(*f*) $F = \{\text{les chiens vivant en France}\}$

(*a*) A est un ensemble fini, il y a 4 saisons, $n(A) = 4$.

(*b*) B est fini, il y a 50 états, $n(B) = 50$.

(*c*) C est vide car il n'y a pas d'entier positif inférieur à 1, donc C est fini et $n(C) = 0$.

(*d*) D est infini.

(*e*) Les entiers positifs diviseurs de 12 sont 1, 2, 3, 4, 6 et 12. E est donc fini et $n(E) = 6$.

(*f*) Quoiqu'il soit difficile de compter tous les chiens vivant en France, leur nombre est limité, et F est fini.

1.16 Sur un échantillon de 60 personnes, nous avons trouvé 25 lecteurs de *Paris-Match*, 26 lecteurs de l'*Express* et 26 personnes lisent les *Echos*. En outre, 9 lisent *Paris-Match* et les *Echos*, 11 lisent *Paris-Match* et l'*Express*, 8 l'*Express* et les *Echos*, enfin 8 personnes ne lisent aucun de ces journaux.

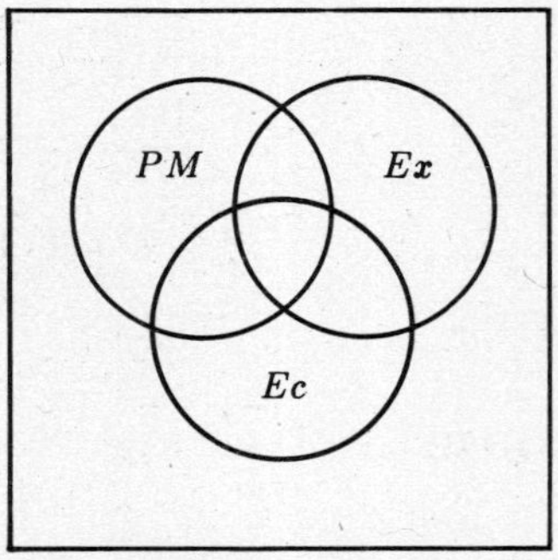

Fig. 1-13

(*a*) Trouver le nombre de personnes lisant les trois magazines.

(*b*) Trouver le nombre de personnes pour chaque région du diagramme de Venn de la figure 1-13, où *PM*, *Ex* et *Ec* représentent respectivement les lecteurs de *Paris-Match*, de l'*Express* et des *Echos*.

(*c*) Déterminer le nombre de personnes qui ne lisent qu'un magazine.

(*a*) Représentons par $x = n(PM \cap Ex \cap Ec)$ le nombre de lecteurs des trois journaux, or $n(PM \cup Ex \cup Ec) = 52$ puisque 8 individus ne lisent pas ces publications ; donc :

$$n(PM \cup Ex \cup Ec) = n(PM) + n(Ex) + n(Ec) - n(PM \cap Ex) - n(PM \cap Ec) - n(Ex \cap Ec) + n(PM \cap Ex \cap Ec)$$

soit $52 = 25 + 26 + 26 - 11 - 9 - 8 + x$ ou $x = 3$

(*b*) Le diagramme de Venn demandé est celui de la figure 1-14, obtenu comme suit :

3 lecteurs des trois magazines,

$11 - 3 = 8$ lecteurs de *Paris-Match* et l'*Express* seulement,

$9 - 3 = 6$ lecteurs de *Paris-Match* et les *Echos* seulement,

$8 - 3 = 5$ lecteurs de l'*Express* et des *Echos* seulement,

$25 - 8 - 6 - 3 = 8$ ne lisent que *Paris-Match*,

$26 - 8 - 5 - 3 = 10$ ne lisent que l'*Express*,

$26 - 6 - 5 - 3 = 12$ ne lisent que les *Echos*.

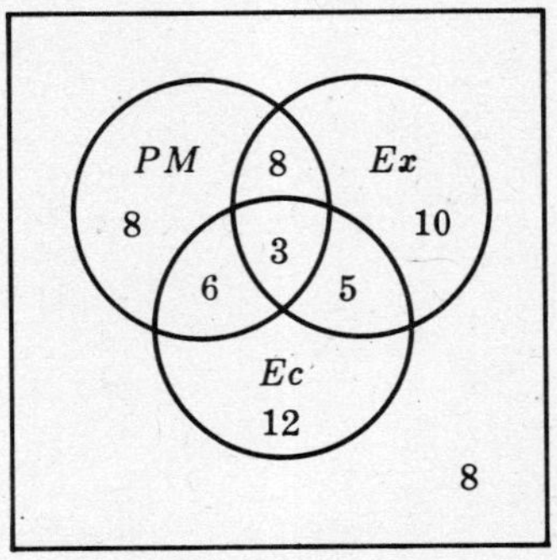

Fig. 1-14

(*c*) $8 + 10 + 12 = 30$ ne lisent qu'un magazine.

CLASSES D'ENSEMBLES

1.17 Déterminer la famille des parties $\mathcal{P}(A)$ pour $A = \{a,b,c,d\}$.

Les éléments de $\mathcal{P}(A)$ sont les sous-ensembles de A, donc

$$\mathcal{P}(A) = [A, \{a,b,c\}, \{a,b,d\}, \{a,c,d\}, \{b,c,d\}, \{a,b\}, \{a,c\}, \{a,d\} \\ \{b,c\}, \{b,d\}, \{c,d\}, \{a\}, \{b\}, \{c\}, \{d\}, \varnothing]$$

Remarquez que $\mathcal{P}(A)$ compte $2^4 = 16$ éléments.

1.18 Soit l'ensemble $A = [\{1,2,3\},\{4,5\},\{6,7,8\}]$.

(a) Quels sont les éléments de A ?

(b) Dire si les relations suivantes sont vraies ou fausses.

(i) $1 \in A$
(ii) $\{1,2,3\} \subset A$
(iii) $\{6,7,8\} \in A$
(iv) $\{\{4,5\}\} \subset A$
(v) $\varnothing \notin A$
(vi) $\varnothing \subset A$

(a) A est une classe d'ensembles, ses éléments sont les ensembles $\{1,2,3\}$, $\{4,5\}$ et $\{6,7,8\}$.

(b) (i) Fausse, 1 n'est pas un élément de A.

(ii) Fausse, $\{1,2,3\}$ n'est pas un sous-ensemble de A, c'est un élément de A.

(iii) Vraie, $\{6,7,8\}$ est un élément de A.

(iv) Vraie, $\{\{4,5\}\}$, ensemble constitué de l'élément $\{4,5\}$ est un sous-ensemble de A.

(v) Fausse, l'ensemble vide $\varnothing$ n'est pas un élément de A.

(vi) Vraie, l'ensemble vide est un sous-ensemble de tout ensemble, même d'une classe d'ensembles.

PROBLÈMES DIVERS

1.19 Démontrer la proposition P selon laquelle la somme des n premiers entiers positifs est $\frac{1}{2}n(n+1)$, soit :

$$P(n) : 1 + 2 + 3 + ... + n = \tfrac{1}{2}n(n+1)$$

La proposition est vraie pour $n = 1$, puisque

$$P(1) : 1 = \tfrac{1}{2}(1)(1+1)$$

Supposons que $P(n)$ soit vraie, et ajoutons $n+ 1$ aux deux membres :

$$\begin{aligned} 1 + 2 + 3 + ... + n + (n+1) &= \tfrac{1}{2}n(n+1) + (n+1) \\ &= \tfrac{1}{2}[n(n+1) + 2(n+1)] \\ &= \tfrac{1}{2}[(n+1)(n+2)] \end{aligned}$$

qui est $P(n + 1)$; donc $P(n)$ est vraie quel que soit n en raison du principe d'induction.

1.20 A partir des affirmations

A_1 : Les poètes sont des gens heureux.

A_2 : Tous les docteurs sont riches.

A_3 : Nul être heureux n'est riche.

Déterminer la validité de chacune des conclusions suivantes :

(*a*) Aucun poète n'est riche.

(*b*) Les docteurs sont des gens heureux.

(*c*) Nul ne peut être à la fois docteur et poète.

En raison de A_1, l'ensemble des poètes est contenu dans celui des gens heureux, qui est, en vertu de A_3, disjoint de celui des riches. Cela est représenté par les diagrammes de Venn de la figure 1-15.

Fig. 1-15

A_2 nous apprend que l'ensemble des docteurs est un sous-ensemble des riches (figure 1-16), donc nous pouvons conclure que (*a*) et (*c*) sont vraies alors que (*b*) est fausse.

Fig. 1-16

1.21 (*a*) Démontrer que $(A \cap B) \subset A \subset (A \cup B)$ et $(A \cap B) \subset B \subset (A \cup B)$.

(*b*) Démontrer le théorème 1.2 : $A \subset B$, $A \cap B = A$ et $A \cup B = B$ sont des expressions équivalentes.

(*a*) Puisque tout élément de $A \cap B$ est élément de A et B, si $x \in (A \cap B)$, alors $x \in A$, donc $(A \cap B) \subset A$. De plus, si $x \in A$, alors $x \in (A \cup B)$ en raison de la définition de $(A \cup B)$, donc $A \subset (A \cup B)$. Ces deux conclusions conduisent à $(A \cap B) \subset A \subset (A \cup B)$. On peut démontrer, de la même façon, que $(A \cap B) \subset B \subset (A \cup B)$.

(*b*) Supposons que $A \subset B$ et que $x \in A$. Alors $x \in B$, donc $x \in (A \cap B)$ et $A \subset (A \cap B)$, comme $(A \cap B) \subset A$ – voir (*a*) –, alors $A \cap B = A$. Prenons le problème à l'envers, en supposant que $A \cap B = A$ et que $x \in A$. Alors $x \in (A \cap B)$, donc $x \in A$ et $x \in B$. On en déduit que $A \subset B$. Ces deux résultats prouvent que $A \subset B$ est équivalent à $A \cap B = A$.

Supposons à nouveau que $A \subset B$ et que $x \in (A \cup B)$, alors $x \in A$ ou $x \in B$. Si $x \in A$, alors $x \in B$, puisque $A \subset B$. Par contre, si $x \in B$, alors $(A \cup B) \subset B$. Comme $B \subset (A \cup B)$ – voir (*a*) –, alors $A \cup B = B$. Supposons maintenant que $A \cup B = B$ et que $x \in A$, alors $x \in (A \cup B)$ par définition de l'union des ensembles, donc $x \in B = (A \cup B)$, en conséquence $A \subset B$. Ces deux résultats montrent que $A \subset B$ est équivalente à $A \cup B = B$.

Ainsi $A \subset B$, $A \cap B = A$ et $A \cup B = B$ sont équivalentes.

1.22 Démontrer le théorème 1.5 : si A et B sont des ensembles finis, alors $A \cup B$ et $A \cap B$ sont finis et

$$n(A \cup B) = n(A) + \mathrm{n}(B) - n(A \cap B)$$

Le problème 1.30 donne $A \cup B = B \cup (A \setminus B)$, et B est disjoint de $A \setminus B$. En appliquant le lemme 1.4, on obtient :

$$n(A \cup B) = n(B) + n(A \setminus B) \tag{1}$$

Le problème 1.30 donne également $A = (A \setminus B) \cup (A \cap B)$, et $A \setminus B$ est disjoint de $A \cap B$. L'application du lemme 1.4 conduit à :

$$n(A) = n(A \setminus B) + n(A \cap B) \qquad \text{ou} \qquad n(A \setminus B) = n(A) - n(A \cap B)$$

En remplaçant $n(A \setminus B)$ dans (1) par son expression ci-dessus, on obtient le résultat cherché.

Problèmes supplémentaires

ENSEMBLES, SOUS-ENSEMBLES

1.23 Quels sont parmi les ensembles suivants ceux qui sont égaux ?

$$\{1,2\},\ \{1,3\},\ \{2,1\},\ \{3,1,3\},\ \{1,2,1\}$$

$$A = \{x : x^2 - 4x + 3 = 0\} \qquad C = \{x : x \in \mathbf{N}, x < 3\}$$
$$B = \{x : x^2 - 3x + 2 = 0\} \qquad D = \{x : x \in \mathbf{N}, x \text{ impair}, x < 5\}$$

1.24 Donner la liste des éléments des ensembles qui suivent en supposant que l'ensemble universel est $U = \{a,b,c,....,y,z\}$. Quels sont les ensembles égaux ?

$A = \{x : x \text{ est une voyelle}\}$
$B = \{x : x \text{ est une lettre de "litre"}\}$
$C = \{x : x \text{ précède } f \text{ dans l'alphabet}\}$
$D = \{x : x \text{ est une lettre de "tirelire"}\}$

1.25 Soit $A = \{1,2,...,8,9\}$, $B = \{2,4,6,8\}$, $C = \{1,3,5,7,9\}$, $D = \{3,4,5\}$ et $E = \{3,5\}$.
Quels ensembles sont égaux à X si ce dernier répond aux définitions suivantes :
(*a*) X et B sont disjoints (*b*) $X \subset D$ mais $X \not\subset B$ (*c*) $X \subset A$ mais $X \not\subset C$ (*d*) $X \subset C$ mais $X \not\subset A$

1.26 Soit les ensembles :

$$\varnothing,\ A = \{a\},\ B = \{c,d\},\ C = \{a,b,c,d\},\ D = \{a,b\},\ E = \{a,b,c,d,e\}$$

Insérer le symbole correct ($\subset$ ou $\not\subset$) dans les paires ci-dessous :

(*a*) $\varnothing, A$ (*c*) A, B (*e*) B, C (*g*) C, D
(*b*) D, E (*d*) D, A (*f*) D, C (*h*) B, D

OPÉRATIONS SUR LES ENSEMBLES

1.27 Etant donné

$$A = \{a,b,c,d,e\} \qquad C = \{b,c,e,g,h\}$$
$$B = \{a,b,d,f,g\} \qquad D = \{d,e,f,g,h\}$$

Trouver
(*a*) $A \cup B$ (*d*) $A \cap (B \cup D)$ (*g*) $(A \cup D) \setminus C$
(*b*) $B \cap C$ (*e*) $B \setminus (C \cup D)$ (*h*) $B \cap C \cap D$
(*c*) $C \setminus D$ (*f*) $(A \cap D) \cup B$ (*i*) $(C \setminus A) \setminus D$

1.28 Sur le diagramme de Venn de la figure 1-17, ombrer les ensembles suivants :
(*a*) $A \cap B \cap C$ (*d*) $A \setminus (B \cup C)$ (*g*) $A^c \cap (B \cup C)$
(*b*) $A^c \cup B \cup C$ (*e*) $(A \cup B) \setminus C$ (*h*) $(A^c \cap B) \setminus C$
(*c*) $A \cup (B \cap C)$ (*f*) $A^c \cap B^c \cap C$

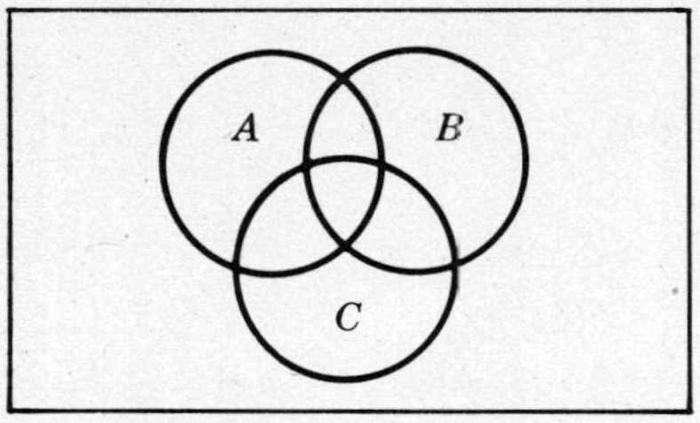

Fig. 1-17

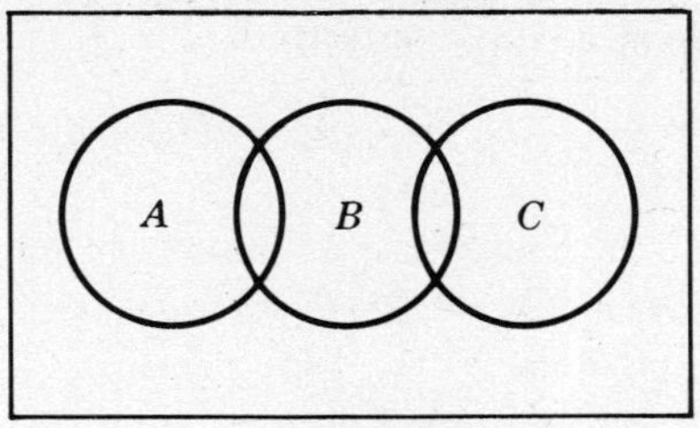

Fig. 1-18

1.29 Même question avec le diagramme de la figure 1-18.

1.30 A et B étant des ensembles quelconques, démontrer que :

(*a*) $A \cup B = B \cup (A \setminus B)$ et $B \cap (A \setminus B) = \varnothing$

(*b*) $A = (A \setminus B) \cup (A \cap B)$ et $(A \setminus B) \cap (A \cap B) = \varnothing$

1.31 Démontrer que :

(*a*) $A \subset B$ si et seulement si $A \cap B^c = \varnothing$.

(*b*) $A \subset B$ si et seulement si $A^c \cup B = U$.

(*c*) $A \subset B$ si et seulement si $B^c \subset A^c$.

(*d*) $A \subset B$ si et seulement si $A \setminus B = \varnothing$.

(Comparer au théorème 1.2)

1.32 Démontrer les lois d'absorption

(*a*) $A \cup (A \cap B) = A$ (*b*) $A \cap (A \cup B) = A$

1.33 La formule $A \setminus B = A \cap B^c$ définit la différence entre deux ensembles à l'aide des opérations d'intersection et de complément. Trouver la formule qui définit l'union de deux ensembles, $A \cup B$, à l'aide des mêmes opérations.

1.34 (*a*) Démontrer que $A \cap (B \setminus C) = (A \cap B) \setminus (A \cap C)$.

(*b*) Donner un exemple qui montre que $A \cup (B \setminus C) \neq (A \cup B) \setminus (A \cup C)$.

ALGÈBRE DES ENSEMBLES, DUALITÉ

1.35 Ecrire l'équation duale de celles qui suivent :

(*a*) $A \cup (A \cap B) = A$

(*b*) $(A \cap B) \cup (A^c \cap B) \cup (A \cap B^c) \cup (A^c \cap B^c) = U$

1.36 En appliquant les lois de la table 1.1, démontrer les identités suivantes :

(*a*) $(A \cap B) \cup (A \cap B^c) = A$

(*b*) $A \cup (A \cap B) = A$

(*c*) $A \cup B = (A \cap B^c) \cup (A^c \cap B) \cup (A \cap B)$

ENSEMBLES FINIS, PRINCIPE DE DÉNOMBREMENT

1.37 Déterminer les ensembles finis parmi les ensembles ci-dessous :

(*a*) L'ensemble des droites parallèles à l'axe x.

(*b*) L'ensemble des lettres de l'alphabet.

(*c*) L'ensemble des nombres multiples de 5.

(*d*) L'ensemble des animaux vivants.

(*e*) L'ensemble des nombres solution de l'équation

$$x^{27} + 26x^{18} - 17x^{11} + 7x^3 - 10 = 0$$

(*f*) L'ensemble des cercles d'origine (0, 0).

1.38 A l'aide du théorème 1.5, démontrer le corollaire 1.6 : si A, B et C sont des ensembles finis, alors il en est de même de $A \cup B \cup C$ et

$$n(A \cup B \cup C) = n(A) + n(B) + n(C) - n(A \cap B) - n(A \cap C) - n(B \cap C) + n(A \cap B \cap C)$$

1.39 Une enquête auprès de 100 étudiants donne les résultats suivants :
32 préfèrent les mathématiques,
20 préfèrent la physique,
45 préfèrent la biologie,
15 aiment les mathématiques et la biologie,
7 aiment les mathématiques et la physique,
10 aiment la physique et la biologie,
30 n'apprécient aucune de ces matières.

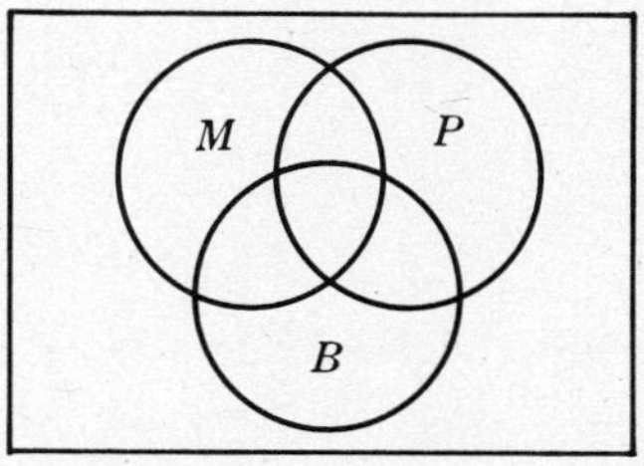

Fig. 1-19

(*a*) Trouver le nombre d'étudiants s'intéressant aux trois disciplines.
(*b*) Compléter le diagramme de Venn ci-contre (figure 1-19), où M, P et B représentent respectivement les ensembles des étudiants fervents de mathématiques, physique et biologie.
(*c*) Trouver le nombre d'étudiants passionnés par une seule de ces trois sciences.

CLASSES D'ENSEMBLES

1.40 Déterminer la famille des parties $\mathcal{P}(A)$ si $A = \{1,2,3,4,5\}$.

1.41 Soit $A = [\{a,b\},\{c\},\{d,e,f\}]$.
(*a*) Etablir la validité des affirmations suivantes

(*i*) $a \in A$, (*ii*) $\{c\} \subset A$, (*iii*) $\{d,e,f\} \in A$,
(*iv*) $\{\{a,b\}\} \subset A$, (*v*) $\varnothing \subset A$

(*b*) Définir $\mathcal{P}(A)$.

1.42 Si A est un ensemble fini comptant m éléments, démontrer que $\mathcal{P}(A)$ est constitué de 2^m éléments.

ARGUMENTS ET DIAGRAMMES DE VENN

1.43 Utiliser des diagrammes de Venn pour trouver la conclusion de l'ensemble des affirmations suivantes (adaptées du livre de logique de Lewis Carroll, auteur d'*Alice au pays des merveilles*).

A_1 : Les bébés ne sont pas logiques.
A_2 : On ne peut mépriser une personne qui dresse un crocodile.
A_3 : Les personnes illogiques sont méprisables.

1.44 Soient les affirmations :

A_1 : J'ai planté tous mes arbres onéreux l'an passé.
A_2 : Tous mes arbres fruitiers sont dans mon verger.
A_3 : Aucun des arbres du verger ne fut planté l'an passé.

Déterminer la validité des conclusions suivantes :
(*a*) Les arbres fruitiers ont été plantés l'an passé.
(*b*) Il n'y a pas d'arbres coûteux dans le verger.
(*c*) Aucun arbre fruitier n'est onéreux.

INDUCTION

1.45 Démontrer : $2 + 4 + 6 + ... + 2n = n(n+1)$

1.46 Démontrer : $1 + 4 + 7 + ... + (3n - 2) = \frac{1}{2} n(3n - 1)$

1.47 Démontrer : $\dfrac{1}{1.3} + \dfrac{1}{3.5} + \dfrac{1}{5.7} + ... + \dfrac{1}{(2n-1)(2n+1)} = \dfrac{1}{2n+1}$

1.48 Démontrer : $1^2 + 2^2 + 3^2 + ... + n^2 = \dfrac{n(n+1)(2n+1)}{6}$

PROBLÈMES DIVERS

1.49 Nous appelons *différence symétrique*, notée $A \,\Delta\, B$, des ensembles A et B, l'ensemble défini par :

$$A\Delta B = (A \cup B) \setminus (A \cap B)$$

c'est-à-dire que $A \,\Delta\, B$ est constitué des éléments qui appartiennent soit à A, soit à B, mais pas aux deux (voir le diagramme de Venn de la figure 1-20).

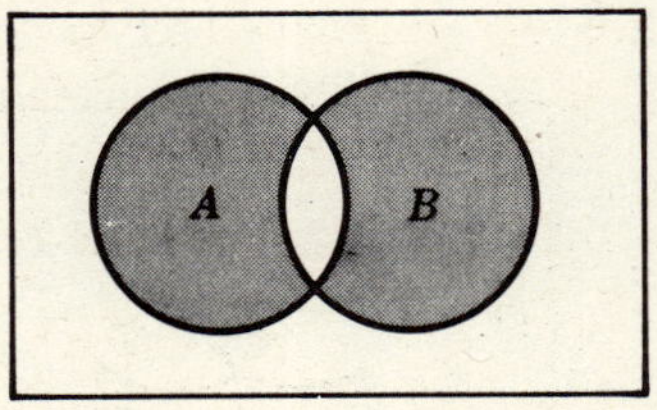

$A \,\Delta\, B$ est ombré

Fig. 1-20

(*a*) Soient

$A = \{1,2,3,4,5,6\}$ $C = \{1,3,5,7,9\}$
$B = \{4,5,6,7,8,9\}$ $D = \{2,3,5,7,8\}$ Trouver :

(*i*) $A\Delta B$ (iii) $C\Delta D$ (*v*) $A \cap (B\Delta D)$
(*ii*) $B\Delta C$ (*iv*) $A\Delta D$ (*vii*) $(A \cap B)\Delta(A \cap D)$

(*b*) Démontrer les propriétés de la différence symétrique :

(i)	$A\Delta(B\Delta C) = (A\Delta B)\Delta C$	(associativité)
(ii)	$A\Delta B = B\Delta A$	(commutativité)
(iii)	si $A\Delta B = A\Delta C$ alors $B = C$	(simplification)
(iv)	$A \cap (B\Delta C) = (A \cap B)\Delta(A \cap C)$	(distributivité)

PROBLÈMES A PROGRAMMER SUR ORDINATEUR

1.50 L'ensemble A est constitué de cinq entiers, et l'ensemble B de sept. Ecrire le programme qui donne (*a*) $A \cap B$, (*b*) $A \cup B$, (*c*) $A \setminus B$. Tester le programme avec les données suivantes :

(i) Ensemble A : 1, 3, −5, 8, −4
Ensemble B : 7, −4, 2, 3, 8, −6, 5

(ii) Ensemble A : 1, 3, −5, 8, −4
Ensemble B : 7, −2, 3, 2, −6, 9, −4

Dans les problèmes 1.51 à 1.53, A et B sont des tableaux à une dimension constitués respectivement de M et N éléments.

1.51 Soit un nombre X. Ecrire la procédure ELMENT telle que ELMENT(X,A,M) ait la valeur 1 ou −1 selon que X est, ou non, élément de A.

1.52 Ecrire la procédure SOUENS telle que SOUENS(A,M,B,N) prenne la valeur 1 ou −1 selon que A est, ou non, sous-ensemble de B. (Suggestion : utiliser la procédure ELMENT.)

1.53 Ecrire la procédure EGAL telle que EGAL(A,M,B,N) ait la valeur 1 ou −1 selon que A est égal, ou non, à B. (Suggestion : utiliser la procédure SOUENS.)

Réponses aux problèmes supplémentaires

1.23 $\{1,2\} = \{2,1\} = \{1,2,1\} = B = C$, $\{1,3\} = \{3,1,3\} = A = D$

1.24 $A = \{a,e,i,o,u\}$, $B = D = \{l,i,t,r,e\}$, $C = \{a,b,c,d,e\}$

1.25 (*a*) C et E, (*b*) D et E, (*c*) A,B et D, (*d*) Aucun

1.26 (*a*) $\varnothing \subset A$, (*b*) $D \subset E$, (*c*) $A \not\subset B$ (*d*) $D \not\subset A$
(*e*) $B \subset C$, (*f*) $D \subset C$ (*g*) $C \not\subset D$ (*h*) $B \not\subset D$

1.27 (*a*) $A \cup B = \{a,b,c,d,e,f,g\}$
(*b*) $B \cap C = \{b,g\}$
(*c*) $C \setminus D = \{b,c\}$
(*d*) $A \cap (B \cup D) = \{a,b,d,e\}$
(*e*) $B \setminus (C \cup D) = \{a\}$
(*f*) $(A \cap D) \cup B = \{a,b,d,e,f,g\}$
(*g*) $(A \cup D) \setminus C = \{a,d,f\}$
(*h*) $B \cap C \cap D = \{g\}$
(*i*) $(C \setminus A) \setminus D = \varnothing$

1.28 Voir figure 1-21.

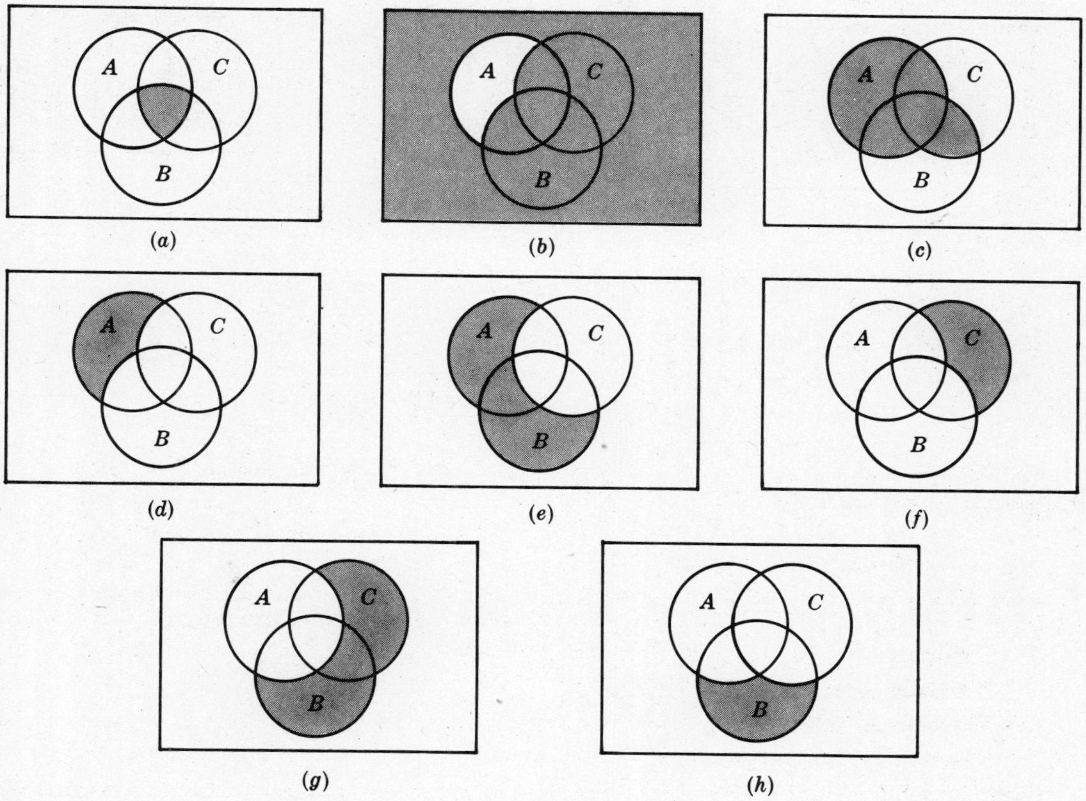

Fig. 1-21

1.29 Voir figure 1-22.

1.33 $A \cup B = (A^c \cap B^c)^c$

1.34 (*b*) Soient $A = \{1\}$, $B = \{2\}$, $C = \{3\}$, alors $A \cup (B \setminus C) = \{1,2\}$ mais $(A \cup B) \setminus (A \cup C) = \{2\}$.

1.35 (*a*) $A \cap (A \cup B) = A$ (*b*) $(A \cup B) \cap (A^c \cup B) \cap (A \cup B^c) \cap (A^c \cup B^c) = \varnothing$

1.37 (*a*) infini, (*b*) fini, (*c*) infini, (*d*) fini, (*e*) fini, (*f*) infini

1.39 (*a*) 5, (*b*) voir figure 1-23, (*c*) 48

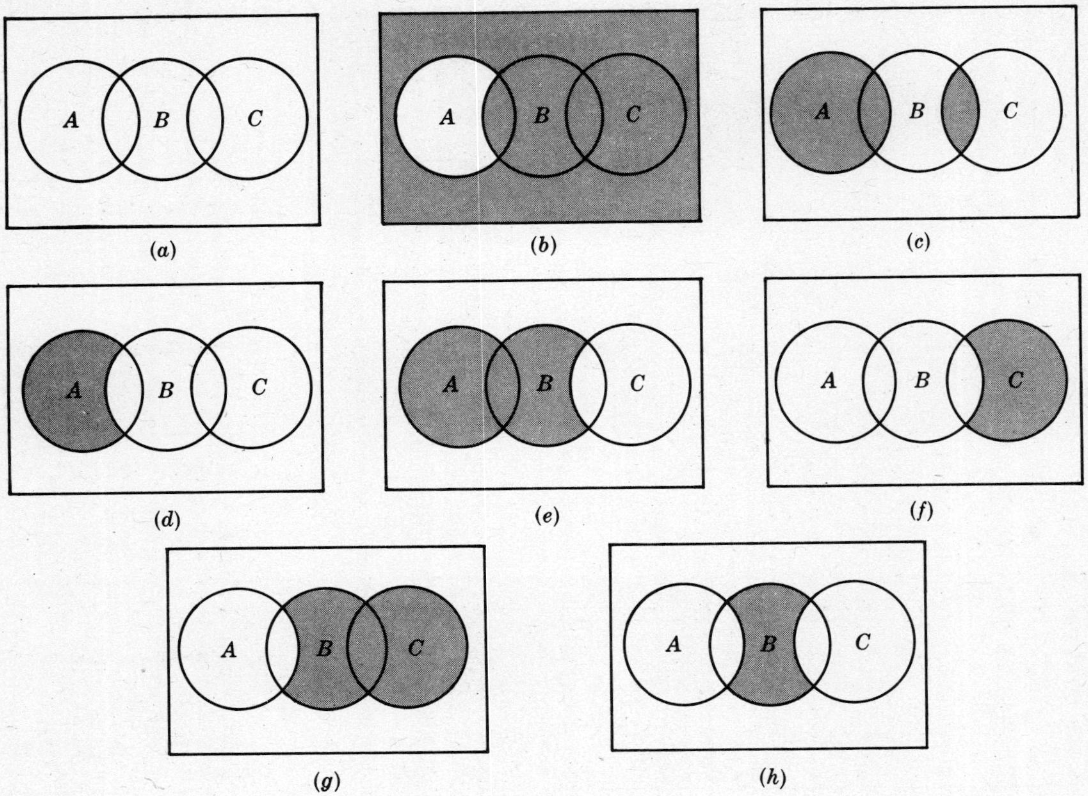

Fig. 1-22

1.40

$\mathcal{P}(A) = [\varnothing, \{1\}, \{2\}, \{3\}, \{4\}, \{5\}, \{1,2\}, \{1,3\}, \{1,4\}, \{1,5\}, \{2,3\}, \{2,4\},$
$\{2,5\}, \{3,4\}, \{3,5\}, \{4,5\}, \{1,2,3\}, \{1,2,4\}, \{1,2,5\}, \{2,3,4\},$
$\{2,3,5\}, \{3,4,5\}, \{1,3,4\}, \{1,3,5\}, \{1,4,5\}, \{2,4,5\}, \{1,2,3,4\},$
$\{1,2,3,5\}, \{1,2,4,5\}, \{1,3,4,5\}, \{2,3,4,5\}, A]$

Il y a $2^5 = 32$ éléments dans $\mathcal{P}(A)$.

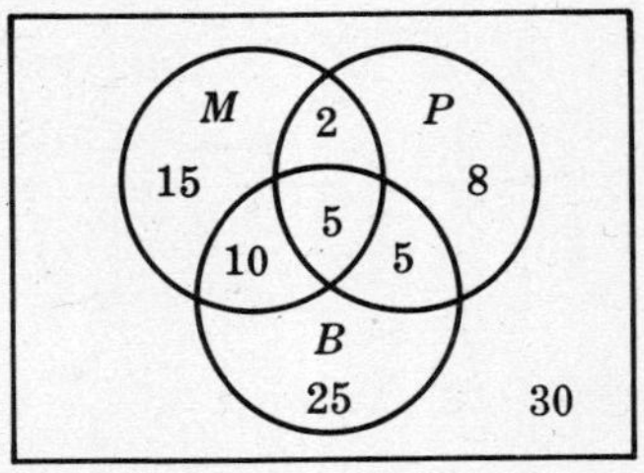

Fig. 1-23

1.41 (*a*) (i) Faux, (ii) Faux, (iii) Vrai, (iv) Vrai, (v) Vrai

(*b*) Puisque $n(A) = 3$, $\mathcal{P}(A)$ contient $2^3 = 8$ éléments :

$\mathcal{P}(A) = \{A, [\{a,b\}, \{c\}], [\{a,b\}, \{d,e,f\}],$
$[\{c\}, \{d,e,f\}], [\{a,b\}], [\{c\}], [\{d,e,f\}], \varnothing\}$

1.42 Soit X un élément quelconque de $\mathcal{P}(A)$. Pour chaque $a \in A$, il y a deux possibilités : $a \in X$ ou $a \notin X$. Mais il y a m éléments dans A, de sorte qu'il existe

$$\overbrace{2 \times 2 \times 2 \times \ldots \times 2}^{m \text{ fois}} = 2^m$$

ensembles X différents, c'est-à-dire que $\mathcal{P}(A)$ contient 2^m éléments.

Chapitre 2

Relations

2.1 INTRODUCTION

Au cours du chapitre précédent, nous avons vu que l'ordre des éléments d'un ensemble était indifférent, c'est-à-dire que $\{3,5\} = \{5,3\}$. Au cours de ce chapitre, nous nous intéresserons à des *paires ordonnées* (a,b) d'éléments; ici a est le premier élément et b le second. Ainsi, nous avons $(a,b) \neq (b,a)$ sauf si $a = b$. De plus,

$$(a,b) = (c,d)$$

si et seulement si $a = c$ et $b = d$.

Le lecteur est habitué à rencontrer en mathématiques des *relations* du type : «plus petit que», «est parallèle à», «est semblable à», «est un sous-ensemble de», etc. D'un certain point de vue, ces relations font référence à l'existence, ou la non-existence, d'un lien entre deux objets pris dans un ordre précis. Formellement, nous définirons une relation sur la base de paires ordonnées d'objets. Puis nous discuterons de relations semblables à l'égalité, et montrerons leur implication dans la partition des ensembles. Quoique les matrices fassent l'objet du chapitre 4, nous verrons, pour être complets sur ce thème, les relations les concernant. Toutefois, les lecteurs non informés de la théorie des matrices, pourront, en première lecture, ignorer les sections les concernant.

2.2 PRODUIT D'ENSEMBLES

Soient deux ensembles A et B quelconques. On appelle *produit cartésien*, ou *produit* de A et B, l'ensemble de toutes les paires ordonnées (a,b), pour lesquelles $a \in A$ et $b \in B$. On écrit $A \times B$, que l'on énonce «A croix B». Par définition :

$$A \times B = \{(a,b) : a \in A \text{ et } b \in B\}$$

On écrit fréquemment A^2 au lieu de $A \times A$.

EXEMPLE 2.1. $\mathbf{R}$ représente l'ensemble des nombres réels et $\mathbf{R}^2 = \mathbf{R} \times \mathbf{R}$ celui des paires ordonnées de réels. Le lecteur est habitué à la représentation géométrique de couples de valeurs par des points du plan, comme le montre la figure 2-1. Ici, chaque point P représente une paire ordonnée, ou *couple*, (a,b), et vice versa; la verticale passant par P coupe l'axe des x en a, et l'horizontale passant par P coupe l'axe des y en b. $\mathbf{R}^2$ est fréquemment appelé le *plan cartésien.*

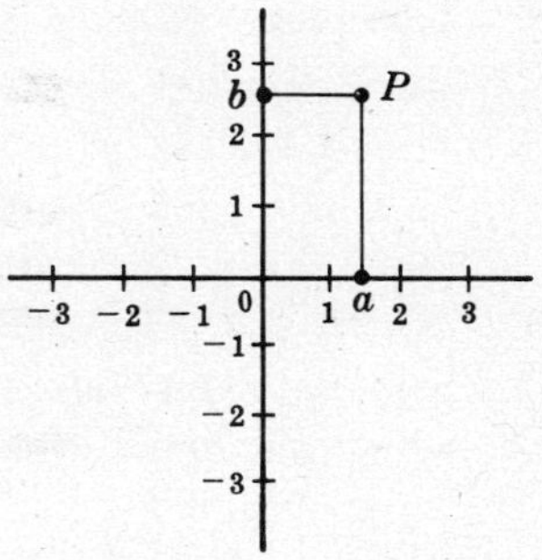

Fig. 2-1

EXEMPLE 2.2. Soient $A = \{1,2\}$ et $B = \{a,b,c\}$, alors

$$A \times B = \{(1,a), (1,b), (1,c), (2,a), (2,b), (2,c)\}$$
$$B \times A = \{(a,1), (a,2), (b,1), (b,2), (c,1), (c,2)\}$$

et $A \times A = \{(1,1), (1,2), (2,1), (2,2)\}$

Cet exemple fait apparaître deux faits importants. Premièrement, $A \times B \neq B \times A$, le produit cartésien est constitué de paires ordonnées, de sorte que l'ordre joue ici un rôle important. Deuxièmement,

$$n(A \times B) = 6 = 2 \cdot 3 = n(A) \cdot n(B)$$

où $n(A)$ est le nombre d'éléments de A. En fait, $n(A{\times}B) = n(A).n(B)$ pour tous ensembles finis A et B. Cela découle du fait que pour construire un couple (a,b) dans $A \times B$, il y a $n(A)$ possibilités pour a et, pour chacune d'elles, $n(B)$ possibilités pour b.

La notion de produit peut être étendue à n'importe quel nombre fini d'ensembles, ainsi pour les ensembles A_1 , A_2 , ..., A_n , l'ensemble des «n-uples» ordonnés $(a_1 ,a_2 , ..,a_n)$, où $a_1 \in A_1$, $a_2 \in A_2$, ..., $a_n \in A_n$, est le *produit* des ensembles A_1 ,A_2 ,...,A_n et est noté :

$$A_1 \times A_2 \times \ldots \times A_2 \qquad \text{ou} \qquad \prod_{i=1}^{n} A_i$$

De la même manière que l'on écrit A^2 pour $A \times A$, on peut écrire A^n à la place de $A \times A \times \ldots \times A$, où il y a n termes égaux à A; par exemple $\mathbf{R}^3 = \mathbf{R} \times \mathbf{R} \times \mathbf{R}$ représente notre espace à trois dimensions.

2.3 RELATIONS

Soient A et B deux ensembles, on appelle *relation binaire*, notée R, le sous-ensemble de $A \times B$, constitué des couples (x,y), tels que l'élément y de B est lié à l'élément x de A par la relation R, ce que nous notons

$$x \; R \; y$$

Si $(x,y) \notin R$, alors y n'est pas lié à x par R ($x \not R y$). Si R est une relation entre A et A, donc un sous-ensemble de $A \times A$, on dit que R est une relation *dans* A.

Puisque nous traitons essentiellement des relations binaires, nous omettrons l'adjectif, sauf dans les cas ambigus.

Le *domaine* de la relation R est l'ensemble des éléments x appartenant à une paire (x,y) élément de R, et son *champ* est l'ensemble des éléments y de ces paires.

EXEMPLE 2.3.

(*a*) Soient $A = \{1, 2, 3\}$ et $R = \{(1, 2), (1, 3), (3, 2)\}$, alors R est une relation dans A puisque sous-ensemble de $A \times A$. Sur la base de cette relation nous avons :

$$1\,R\,2, \quad 1\,R\,3, \quad 3\,R\,2, \quad \text{mais } 1 \not R\, 1, \quad 2 \not R\, 1, \quad 2 \not R\, 2, \quad 2 \not R\, 3, \quad 3 \not R\, 1, \quad 3 \not R\, 3$$

Le domaine de R est $\{1,3\}$, son champ est $\{2,3\}$.

(*b*) Etant donnés A = {œufs, lait, blé} et B = {vaches, chèvres, poules}, on peut définir une relation R entre A et B, par $(a,b) \in R$ si a est produit par b, ce qui donne :

$$R = \{(\text{œufs,poules}),\ (\text{lait, vaches}),\ (\text{lait, chèvres})\}$$

et œufs R poules, lait R vaches, etc.

(*c*) Supposons que nous disions que deux pays sont adjacents s'ils ont une frontière commune. Alors, "est adjacent à" est la relation R entre les États de la planète et :

$$(\text{Italie, Suisse}) \in R \text{ mais } (\text{Canada, Mexique}) \notin R$$

(*d*) Une relation bien connue dans l'ensemble $\mathbf{Z}$ des entiers est «m divise n», que l'on peut écrire $m|n$; ainsi $6|30$ et $7\nmid 25$.

(*e*) Parmi les relations étudiées en géométrie, nous trouvons «est semblable à» et «est congru à», qui sont des relations dans l'ensemble des figures du plan. La relation «est parallèle à» est une relation dans l'ensemble des droites du plan.

(*f*) Soit un ensemble A quelconque, on appelle « *relation d'identité* » ou *égalité*, symbolisée par « = », la relation :

$$\{(a, a) : a \in A\}$$

2.4 REPRÉSENTATIONS PICTURALES DES RELATIONS

Intéressons nous à la relation S dans l'ensemble des réels $\mathbf{R}$, S est un sous-ensemble de $\mathbf{R}^2 = \mathbf{R} \times \mathbf{R}$. Puisque $\mathbf{R}^2$ peut être représenté par un ensemble de points dans le plan, nous pouvons dessiner S en faisant ressortir les points du plan appartenant à S. Cette représentation picturale d'une relation est souvent appelée *graphe* de la relation.

Généralement, la relation S est l'ensemble des paires ordonnées qui satisfont à une équation

$$E(x, y) = 0$$

On identifie souvent l'équation et la relation, ainsi parle-t-on de la relation $E(x, y) = 0$.

EXEMPLE 2.4. Soit la relation définie par l'équation

$$x^2 + y^2 = 25$$

c'est-à-dire que S est l'ensemble des paires ordonnées (x_0, y_0) qui satisfont cette équation. Le graphe de cette équation est le cercle de centre O et de rayon égal à 5 tel que le donne la figure 2-2.

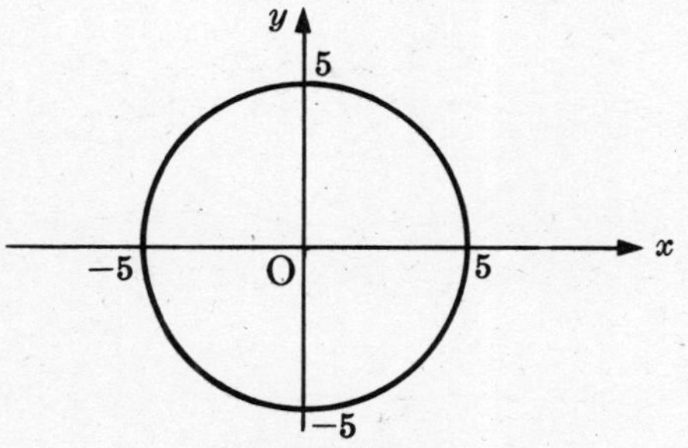

$x^2 + y^2 = 25$

Fig. 2-2

Supposons maintenant que A et B soient des ensembles finis. Nous donnons trois méthodes différentes pour représenter la relation R reliant B à A.

(i) Présenter l'ensemble des éléments de A par l'axe x et ceux de B par l'axe y. Les éléments de $A \times B$ sont figurés par les points ayant pour coordonnées les éléments de A et B. La relation R apparaît lorsque l'on marque les points de $A \times B$ appartenant à R. Il s'agit du *schéma cartésien* de $A \times B$.

(ii) Dessiner un tableau rectangulaire dont les rangées sont étiquetées par les éléments de A et les colonnes par les éléments de B. Marquer par 1 ou 0 chaque case du tableau selon qu'elle appartient ou non à R. Ce tableau est la *matrice de la relation*.

(iii) Ecrire les éléments de A et ceux de B à l'intérieur de deux disques disjoints et réunir par une flèche les éléments a et b liés par R. Le dessin obtenu est le *diagramme sagittal* de la relation.

La figure 2-3 donne les trois représentations des deux premières relations de l'exemple 2.3.

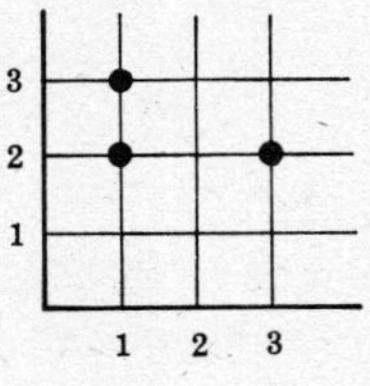

(i)

	1	2	3
1	0	1	1
2	0	0	0
3	0	1	0

(ii)

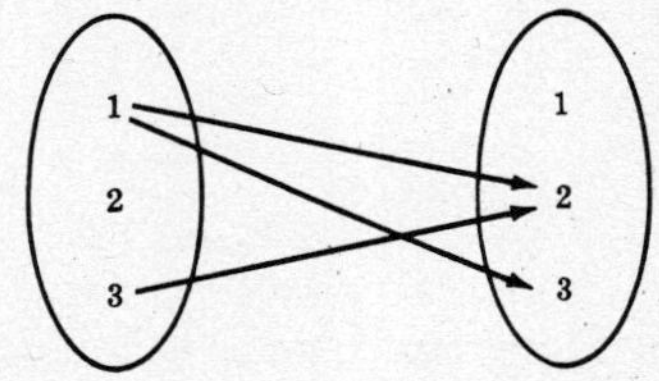

(iii)

(*a*) $R = \{(1,2), (1,3), (3,2)\}$

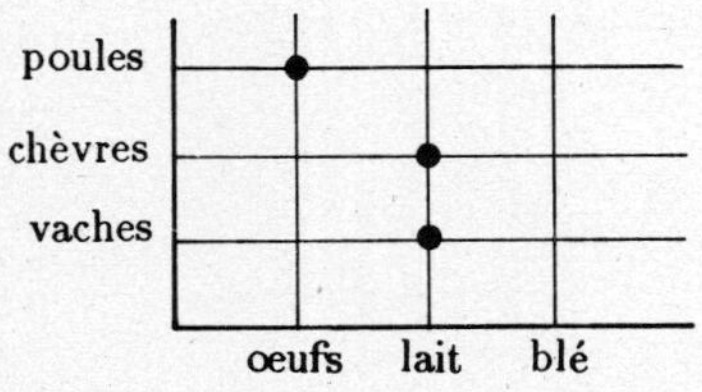

(i)

	vaches	chèvres	poules
œufs	0	0	1
lait	1	1	0
blé	0	0	0

(ii)

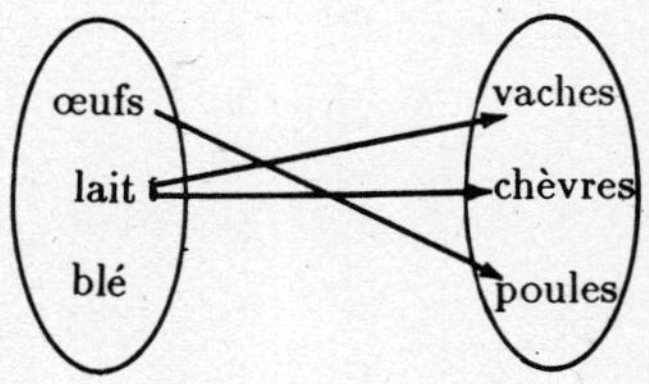

(iii)

(*b*) $R = \{$(œufs, poules), (lait, vaches), (lait, chèvres)$\}$

Fig. 2-3

Il existe une autre représentation picturale d'une relation si elle s'applique sur un ensemble fini. Nous dessinons les éléments de l'ensemble, puis des flèches de x vers l'élément y chaque fois que x est rélié à y. Il s'agit du diagramme sagittal de la relation, mais ici il n'y a qu'un ensemble. La figure 2-4 donne celui de R sur $A = \{1,2,3,4\}$. Remarquez la flèche de 2 à 2.

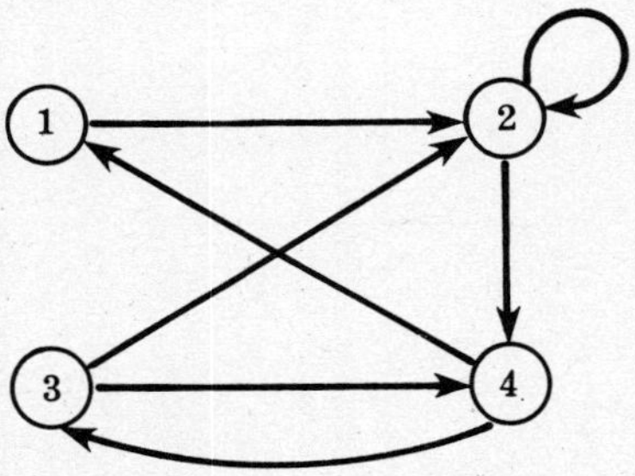

$R = \{(1,2), (2,2), (2,4), (3,2), (3,4), (4,1), (4,3)\}$

Fig. 2-4

2.5 RELATIONS INVERSES

Si R est une relation entre A et B, il existe une relation inverse notée R^{-1}, qui s'applique entre B et A, et qui consiste en l'ensemble des paires ordonnées inverses de la relation R :

$$R^{-1} = \{(b,a) : (a,b) \in R\}$$

En d'autres termes, nous avons $bR^{-1}\ a$, si et seulement si aRb.

EXEMPLE 2.5.

(*a*) Si R est la relation dans $A = \{1,2,3\}$ telle que

$$R = \{(1,2),(1,3),(2,3)\}$$

alors

$$R^{-1} = \{(2,1),(3,1),(3,2)\}$$

(*b*) Les inverses des relations définis par

"x est le mari de y" et "x est plus grand que y"

sont

"x est la femme de y" et "x est plus petit que y"

En clair, si R est n'importe quelle relation alors $(R^{-1})^{-1} = R$, ainsi le domaine de R^{-1} est égal au champ de R, et le champ de R^{-1} est le domaine de R. De plus si M_R est la matrice de la relation R entre des ensembles finis, alors la matrice $M_{R^{-1}}$ de R^{-1} est la transposée de la matrice de R :

$$M_{R^{-1}} = M_R^T$$

Par exemple, les matrices de l'exemple 2.5(*a*) sont :

$$M_R = \begin{pmatrix} 0 & 1 & 1 \\ 0 & 0 & 1 \\ 0 & 0 & 0 \end{pmatrix} \qquad \text{et} \qquad M_{R^{-1}} = \begin{pmatrix} 0 & 0 & 0 \\ 1 & 0 & 0 \\ 1 & 1 & 0 \end{pmatrix} = M_R^T$$

2.6 COMPOSITION DE RELATIONS

Soient les ensembles A, B et C, une relation R entre A et B, et S une relation entre B et C. C'est-à-dire que R est un sous-ensemble de $A \times B$ et S un sous-ensemble de $B \times C$. Il existe donc une relation, notée $R \circ S$, entre A et C définie comme suit :

$$a(R \circ S)c \qquad \text{s'il existe } b \in B \text{ tel que } aRb \text{ et } bSc$$

Soit :

$$R \circ S = \{(a, c) : \text{ il existe } b \in B \text{ tel que } (a, b) \in R \text{ et } (b, c) \in S\}$$

La relation $R \circ S$, souvent simplifiée en RS, est appelée la *composée* de R et S.

Le diagramme sagittal donne une interprétation géométrique de $R \circ S$, comme le montre l'exemple suivant.

EXEMPLE 2.6. Etant donnés $A = \{1,2,3,4\}$, $B = \{a,b,c,d\}$, $C = \{x,y,z\}$ et

$$R = \{(1, a), (2, d), (3, a), (3, b), (3, d)\}$$
$$S = \{(b, x), (b, z), (c, y), (d, z)\}$$

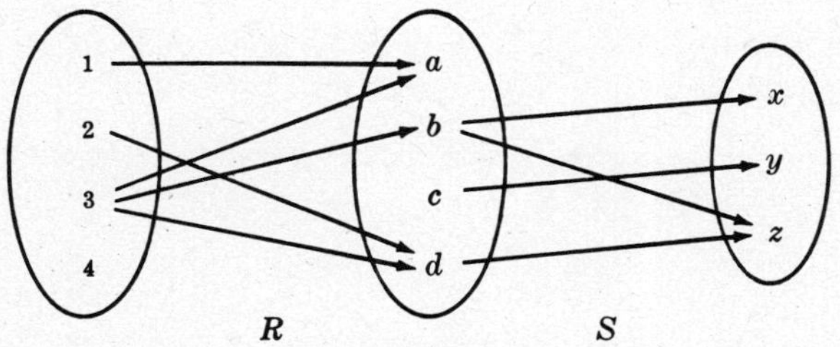

Fig. 2-5

La figure 2-5 représente le diagramme sagittal de R et de S, on remarque qu'il y a une flèche de 2 vers d qui est suivie d'une autre de d vers z. On peut considérer ces deux flèches comme le «chemin» qui relie l'élément $2 \in A$ à l'élément $z \in C$. Ainsi,

$$2(R \circ S)z \text{ puisque } 2Rd \quad \text{et} \quad dSz$$

De même, nous avons des chemins de 3 vers x et de 3 vers z, donc

$$3(R \circ S)x \text{ et } 3(R \circ S)z$$

Aucun autre élément de A n'est relié à un élément de C, on en déduit que

$$R \circ S = \{(2, z), (3, x), (3, z)\}$$

Il existe un autre procédé pour déterminer $R \circ S$. Les relations R et S sont représentées, respectivement, par les matrices M_R et M_S ci-dessous :

$$M_R = \begin{array}{c} \\ 1 \\ 2 \\ 3 \\ 4 \end{array}\begin{array}{c} \begin{array}{cccc} a & b & c & d \end{array} \\ \begin{pmatrix} 1 & 0 & 0 & 0 \\ 0 & 0 & 0 & 1 \\ 1 & 1 & 0 & 1 \\ 0 & 0 & 0 & 0 \end{pmatrix} \end{array} \quad \text{et} \quad M_S = \begin{array}{c} \\ a \\ b \\ c \\ d \end{array}\begin{array}{c} \begin{array}{ccc} x & y & z \end{array} \\ \begin{pmatrix} 0 & 0 & 0 \\ 1 & 0 & 1 \\ 0 & 1 & 0 \\ 0 & 0 & 1 \end{pmatrix} \end{array}$$

La multiplication de M_R par M_S conduit à la matrice :

$$M = M_R M_S = \begin{array}{c} \\ 1 \\ 2 \\ 3 \\ 4 \end{array}\begin{array}{c} \begin{array}{ccc} x & y & z \end{array} \\ \begin{pmatrix} 0 & 0 & 0 \\ 0 & 0 & 1 \\ 1 & 0 & 2 \\ 0 & 0 & 0 \end{pmatrix} \end{array}$$

Les valeurs non nulles de cette matrice indiquent les éléments liés par $R \circ S$. M et $M_{R \circ S}$ sont identiques.

Le premier théorème nous montre que la composition de relations est associative.

Théorème 2.1 : Etant donnés les ensembles A, B, C et D, R une relation entre A et B, S une relation entre B et C et T une relation entre C et D, nous avons :

$$(R \circ S) \circ T = R \circ (S \circ T)$$

que nous démontrerons dans le problème 2.10.

2.7 PROPRIÉTÉS DES RELATIONS

Soit R une relation dans A, elle peut être :

(1) *réflexive* si aRa pour tous les éléments a de A;

(2) *symétrique* si aRb entraîne bRa;

(3) *antisymétrique* si aRb et bRa implique $a = b$;

(4) *transitive* si aRb et bRc conduit à aRc.

Notons que ces propriétés ne sont définies que pour des relations dans des ensembles.

EXEMPLE 2.7.

(a) Etant donnée la relation $\subset$ d'inclusion d'ensembles dans une collection $\mathcal{C}$ quelconque d'ensembles, remarquer que l'on a :

(1) $A \subset A$ quel que soit A de $\mathcal{C}$, donc $\subset$ est réflexive;

(2) $A \subset B$ n'implique pas que $B \subset A$, donc $\subset$ n'est pas symétrique;

(3) si $A \subset B$ et $B \subset A$ alors $A = B$, donc $\subset$ est antisymétrique;

(4) si $A \subset B$ et $B \subset C$ alors $A \subset C$, et $\subset$ est transitive.

(Nous supposons bien sûr que $\mathcal{C}$ compte plus d'un ensemble.)

(b) La relation $=$ d'égalité dans n'importe quel ensemble A jouit des quatre propriétés ci-dessous :

(1) $a = a$ quel que soit $a \in A$,

(2) si $a = b$, alors $b = a$,

(3) si $a = b$ et $b = a$, alors $a = b$,

(4) si $a = b$ et $b = c$, alors $a = c$.

Cet exemple montre que symétrique et antisymétrique ne sont pas antinomiques.

(*c*) Etant donnée la relation $R = \{(1, 1), (1, 2), (2, 1), (2, 3)\}$ dans $A = \{1, 2, 3\}$, on en déduit que :

(1) 2 est dans A mais $2 \not R 2$, donc R n'est pas réflexive,

(2) $2R3$ mais $3 \not R 2$, donc R n'est pas symétrique,

(3) $1R2$ et $2R1$, mais $1 \neq 2$, donc R n'est pas antisymétrique,

(4) $1R2$ et $2R3$ mais $1 \not R 3$, donc R n'est pas transitive.

(*d*) La relation $\perp$ de perpendicularité dans l'ensemble L des droites du plan est symétrique, car si la droite a est perpendiculaire à la droite b, celle-ci est perpendiculaire à a (si $a \perp b$, alors $b \perp a$), mais cette relation n'est ni réflexive, ni antisymétrique, ni transitive.

2.8 PARTITIONS

Soit S un ensemble non vide. Une *partition* de S est une division de S en sous-ensembles disjoints, non vides. Plus précisément, une *partition* de S est une collection $\{A_i\}$ de sous-ensembles non vides telle que :

(i) Chaque élément a de S appartient à un ensemble A_i.

(ii) Les ensembles de (A_i) sont mutuellement disjoints, c'est-à-dire que si

$$A_i \neq A_j \text{ alors } A_i \cap A_j = \emptyset$$

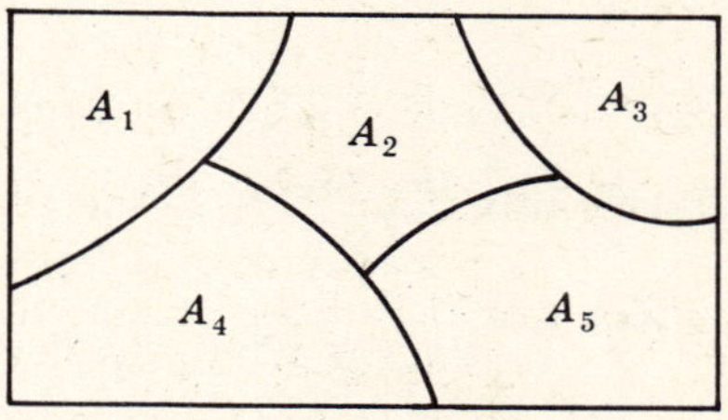

Fig. 2-6

Les sous-ensembles d'une partition sont appelés *parties*. La figure 2-6 représente le diagramme de Venn d'une partition d'un ensemble rectangulaire de points en cinq parties.

EXEMPLE 2.8. Soient les collections suivantes de sous-ensembles de $S = \{1, 2, ..., 8, 9\}$:

(i) $[\{1, 3, 5\}, \{2, 6\} \{4, 8, 9\}]$

(ii) $[\{1, 3, 5\}, \{2, 4, 6, 8\}, \{5, 7, 9\}]$

(iii) $[\{1, 3, 5\}, \{2, 4, 6, 8\}, \{7, 9\}]$

La première collection n'est pas une partition de S puisque 7 n'appartient à aucun sous-ensemble. La deuxième collection n'est pas une partition parce que les sous-ensembles $\{1, 3, 5\}$ et $\{5, 7, 9\}$ ne sont pas disjoints. Par contre, la troisième collection est une partition de S.

2.9 RELATIONS D'ÉQUIVALENCE

Une relation R dans l'ensemble S est dite *relation d'équivalence* si elle est réflexive, symétrique et transitive (voir section 2.8). D'une manière générale, une relation d'équivalence est une collection d'objets semblables. L'exemple 2.7(*b*) montre que l'égalité est une relation d'équivalence. Nous donnons d'autres relations d'équivalence dans les exemples qui suivent.

EXEMPLE 2.9.

(*a*) Soient D l'ensemble des droites et T celui des triangles dans le plan. La relation «est parallèle à ou égal à» est une relation d'équivalence dans D, la congruence et la similitude sont des relations d'équivalence dans T.

(*b*) La classification du règne animal en espèces, c'est-à-dire la relation «est de la même espèce que», est une relation d'équivalence dans l'ensemble des animaux.

(*c*) La relation $\subset$ d'inclusion d'ensembles n'est pas une relation d'équivalence. Elle est réflexive et transitive, mais non symétrique puisque $A \subset B$ n'implique pas $B \subset A$.

(*d*) Soit m un nombre entier positif. Deux entiers a et b sont dits congrus modulo m si m divise a - b. On écrit

$$a \equiv b(\text{mod } m)$$

Par exemple, pour $m = 4$, nous avons $11 \equiv 3$ (mod 4) puisque 4 divise 11-3, de même $22 \equiv 6$ (mod 4). Nous démontrons dans le problème 2.16 que la congruence modulo m est une relation d'équivalence.

2.10 RELATIONS D'ÉQUIVALENCE ET PARTITIONS

Etant donnée une relation d'équivalence R dans l'ensemble A, pour chaque $a \in A$, on représente par $[a]$ l'ensemble des éléments de A liés à a par la relation R. Cet ensemble est appelé *classe d'équivalence* de A.

$$[a] = \{x : (a,x) \in R\}$$

La collection des classes d'équivalence de A, notée $A/$R, est appelée *ensemble quotient* de A par R :

$$A/R = \{[a] : a \in A\}$$

La propriété fondamentale de l'ensemble quotient est exprimée par le théorème suivant :

Théorème 2.2 : Soit R une relation d'équivalence dans A, alors l'ensemble quotient A/R est une partition de A. C'est-à-dire que :

(i) $a \in [a]$, quel que soit $a \in A$;

(ii) $[a] = [b]$, si et seulement si $(a,b) \in R$;

(iii) si $[a] \neq [b]$, alors $[a]$ et $[b]$ sont disjoints.

Nous démontrons ce théorème au cours du problème 2.20.

EXEMPLE 2.10.

(*a*) Soient l'ensemble $E = \{1, 2, 3\}$ et la relation

$$R = \{(1,1,(1,2),(2,2),(2,1),(3,3)\}$$

R est une relation d'équivalence dans E, et nous donne :

$$[1] = \{1,2\},\ [2] = \{1,2\}\ \textit{et}\ [3] = \{3\}$$

On observe que $[1] = [2]$ et que $\{[1],[3]\}$ est une partition de E.

(*b*) Soit R_5 la relation dans $\mathbf{Z}$, l'ensemble des entiers, définie par

$$x \equiv y \text{ (mod 5)}$$

c'est-à-dire : «x est congru à y modulo 5», autrement dit la différence x - y est divisible par 5. Cette relation est une relation d'équivalence dans $\mathbf{Z}$. Il y a exactement cinq classes d'équivalence distinctes dans $\mathbf{Z}/R_5$.

$$\begin{aligned} A_0 &= \{\ldots, -10, -5, 0, 5, 10, \ldots\} \\ A_1 &= \{\ldots, -9, -4, 1, 6, 11, \ldots\} \\ A_2 &= \{\ldots, -8, -3, 2, 7, 12, \ldots\} \\ A_3 &= \{\ldots, -7, -2, 3, 8, 13, \ldots\} \\ A_4 &= \{\ldots, -6, -1, 4, 9, 14, \ldots\} \end{aligned}$$

On remarque que chaque entier x qui répond au problème posé est de la forme $x = 5q + r$ où $0 \leq r < 5$, et est un élément de la classe d'équivalence A_r, où r est le reste. Remarquez que les classes d'équivalence sont disjointes deux à deux et que

$$\mathbf{Z} = A_0 \cup A_1 \cup A_2 \cup A_3 \cup A_4$$

2.11 RELATIONS D'ORDRE

Il s'agit d'une autre catégorie importante de relations. La relation R dans l'ensemble E est dite *relation d'ordre* dans E si elle est réflexive, antisymétrique et transitive. Le chapitre 10 étant consacré à ce type de relations, nous n'en donnons ici que quelques exemples.

EXEMPLE 2.11.

(*a*) La relation d'inclusion $\subset$ est une relation d'ordre dans une collection d'ensembles, puisque l'inclusion jouit des trois propriétés nécessaires : (i) $A \subset A$, quel que soit A; (ii) si $A \subset B$ et $B \subset A$, alors $A = B$; (iii) si $A \subset B$ et $B \subset C$, alors $A \subset C$.

(*b*) La relation $\leq$ dans l'ensemble des réels $\mathbf{R}$ est réflexive, antisymétrique et transitive, c'est une relation d'ordre.

(*c*) La relation «a divise b» est une relation d'ordre dans l'ensemble $\mathbf{N}$ des entiers positifs. Mais elle n'est pas une relation d'ordre dans l'ensemble $\mathbf{Z}$ des entiers, puisque $a \mid b$ et $b \mid a$ n'impliquent pas $a = b$. Par exemple, $3 \mid -3$ et $-3 \mid 3$ mais $3 \neq -3$.

2.12 RELATIONS n-AIRES

Toutes les relations que nous venons de voir sont des relations binaires qui relient deux éléments. Une *relation* n-aire est un ensemble de groupes ordonnés de n éléments ou n-uples. Si E est un ensemble, le sous-ensemble E^n est une relation n-aire dans E. En particulier, le sous-ensemble E^3 est une relation *ternaire* dans E.

EXEMPLE 2.12.

(*a*) Soit D une droite du plan, la relation «entre» est une relation ternaire dans l'ensemble des points de la droite.

(*b*) L'équation $x^2 + y^2 + z^2 = 1$ décrit une relation ternaire T dans l'ensemble $\mathbf{R}$ des nombres réels. Un triplet (x,y,z) appartient à T si et seulement si x, y et z sont les trois coordonnées d'un point de la sphère de rayon 1 et centrée à l'origine (0,0,0).

Problèmes résolus

PRODUITS D'ENSEMBLES

2.1. Etant donnés $A = \{1, 2, 3\}$ et $B = \{a, b\}$, trouver (*a*) $A \times B$, (*b*) $B \times A$, (*c*) $B \times B$.

(*a*) $A \times B$ est l'ensemble des couples (x, y) où $x \in A$ et $y \in B$, donc

$$A \times B = \{(1,a),(1,b),(2,a),(2,b),(3,a),(3,b)\}$$

(*b*) $B \times A$ est l'ensemble des couples (y, x) où $y \in B$ et $x \in A$, donc

$$B \times A = \{(a,1),(a,2),(a,3),(b,1),(b,2),(b,3)\}$$

(*c*) $B \times B$ est l'ensemble des couples (x, y), où $x, y \in B$, donc

$$B \times B = \{(a,a),(a,b),(b,a),(b,b)\}$$

Comme on devait s'y attendre, le nombre d'éléments des produits est égal au produit des nombres d'éléments des ensembles.

2.2. Soient $A = \{1, 2\}$, $B = \{x, y, z\}$ et $C = \{3, 4\}$, trouver $A \times B \times C$.

$A \times B \times C$ est l'ensemble des triplets (x, y, z), où $x \in A$, $y \in B$ et $z \in C$. Pour obtenir le résultat nous utilisons l'«arbre» (figure 2-7).

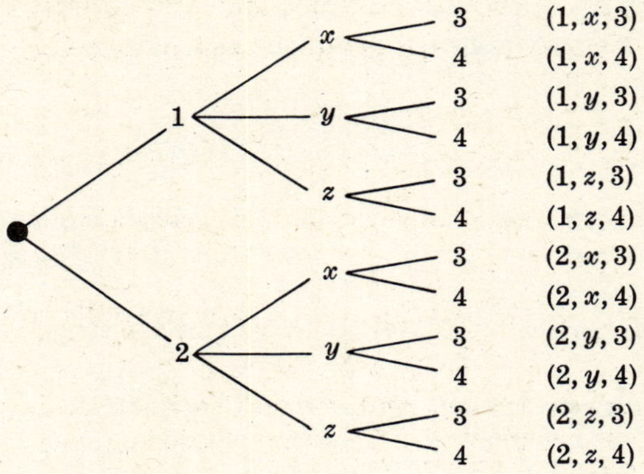

Fig. 2-7

Les éléments de $A \times B \times C$ sont les 12 triplets indiqués à droite de l'arbre.

Puisque $n(A) = 2$, $n(B) = 3$ et $n(C) = 2$, nous avons comme prévu

$$n(A \times B \times C) = 12 = n(A) \cdot n(B) \cdot n(C)$$

2.3. Etant donné $(2x, x + y) = (6, 2)$, trouver x et y.

Deux paires ordonnées ne sont égales que si leurs composants sont deux à deux égaux, ainsi :

$$2x = 6 \quad \text{et} \quad x + y = 2$$

Donc $x = 3$ et $y = -1$.

2.4. Soient $A = \{1, 2\}$, $B = \{a, b, c\}$ et $C = \{c, d\}$, trouver :

$$(A \times B) \cap (A \times C) \quad \text{et} \quad A \times (B \cap C)$$

Nous avons

$$A \times B = \{(1, a), (1, b), (1, c), (2, a), (2, b), (2, c)\}$$
$$A \times C = \{(1, c), (1, d), (2, c), (2, d)\}$$

donc

$$(A \times B) \cap (A \times C) = \{(1, c), (2, c)\}$$

Puisque $B \cap C = \{c\}$,

$$A \times (B \cap C) = \{(1, c,), (2, c)\}$$

On observe que $(A \times B) \cap (A \times C) = A \times (B \cap C)$, quels que soient A, B et C (voir problème 2.25).

RELATIONS ET LEURS GRAPHES

2.5. Soient $M = \{a, b, c, d\}$ et R la relation dans M constituée des points marqués sur le diagramme représentant $M \times M$ (figure 2-8).

(*a*) Trouver tous les éléments de M qui sont reliés à b, c'est-à-dire : $\{x : (x, b) \in R\}$.

(*b*) Trouver tous les éléments de M auxquels d est relié, c'est-à-dire : $\{x : (d, x) \in R\}$.

(*c*) Trouver la relation inverse R^{-1} .

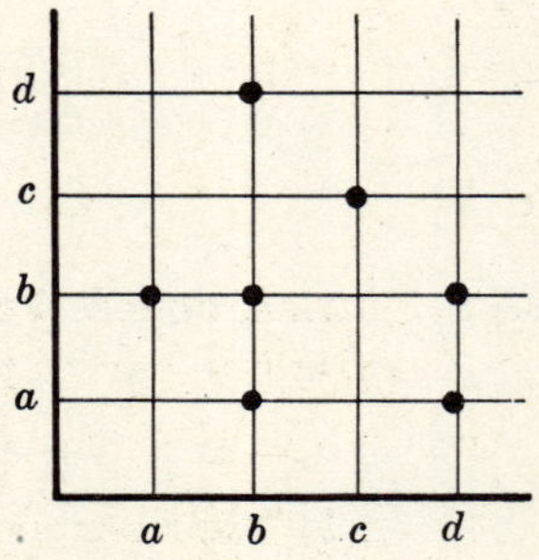

Fig. 2-8

(a) La ligne horizontale passant par b contient tous les points de R pour lesquels b apparaît en deuxième position : (a,b), (b,b) et (d,b). L'ensemble souhaité est donc $\{a,b,d\}$.

(b) La ligne verticale passant par d contient tous les points de R pour lesquels d apparaît en première position : (d,a) et (d,b). L'ensemble désiré est donc $\{a,b\}$.

(c) On écrit d'abord l'ensemble R des paires ordonnées, puis l'ensembles des paires dans l'ordre inverse :

$$R = \{(a,b), (b,a), (b,b), (b,d), (c,c), (d,a), (d,b)\}$$
$$R^{-1} = \{(b,a), (a,b), (b,b), (d,b), (c,c), (a,d), (b,d)\}$$

2.6. Etant donnés $A = \{1, 2, 3, 4\}$, $B = \{x, y, z\}$ et la relation R liant les éléments de B à ceux de A :

$$R = \{(1,y), (1,z), (3,y), (4,x), (4,z)\}$$

(a) Visualiser les éléments de R sur un diagramme cartésien de $A \times B$.

(b) Déterminer la matrice de la relation.

(c) Dessiner le diagramme sagittal de R.

(d) Trouver la relation inverse R^{-1}.

(e) Donner le domaine et le champ de R.

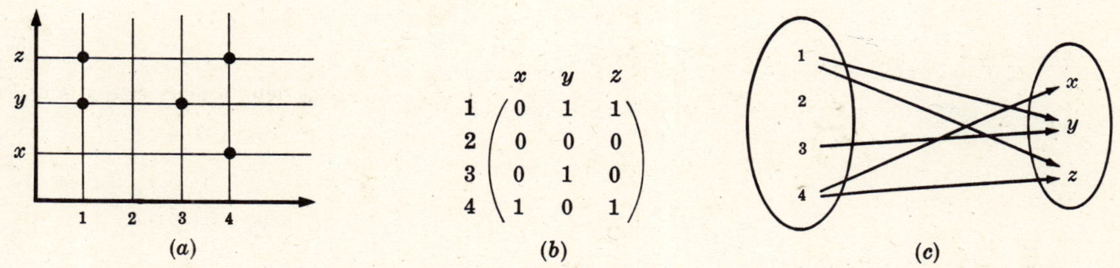

Fig. 2-9

(a) Voir la figure 2-9(a).

(b) Voir la figure 2-9(b). Remarquons que les lignes de la matrice sont étiquetées par les éléments de A, et les colonnes par les éléments de B. Les éléments de la matrice correspondant à $a \in A$ et $b \in B$ sont égaux à 1 si a est relié à b, et sont nuls sinon.

(c) Voir la figure 2-9(c). Les flèches n'existent entre $a \in A$ et $b \in B$ que si a est relié à b, c'est-à-dire si, et seulement si $(a,b) \in R$.

(d) En inversant l'ordre dans les paires de R on obtient R^{-1} , soit :

$$R^{-1} = \{(y,1), (z,1), (y,3), (x,4), (z,4)\}$$

Le diagramme sagittal de R^{-1} est obtenu en inversant le sens des flèches dans la figure 2-9(b).

(e) Le domaine de R est l'ensemble des premiers éléments des paires ordonnées, à savoir 1, 3 et 4 et le champ, celui des seconds ; soit x, y et z, donc :

$$\text{domaine de } R = \{1,3,4\} \text{ et champ de } R = \{x,y,z\}$$

2.7. Etant donnés l'ensemble $A = \{1,2,3,4,6\}$ et la relation R dans A définie par «x divise y», traduite par $x \mid y$. (Autrement dit, $x \mid y$, si et seulement si, il existe un entier z tel que $xz = y$.)

(a) Ecrire R sous la forme d'un ensemble de paires ordonnées.

(b) Représenter R dans le diagramme cartésien de $A \times A$, et dessiner son diagramme sagittal.

(c) Trouver la relation inverse R^{-1} . Peut-on exprimer R^{-1} avec des mots ?

(a) Les éléments de A divisibles par 1, 2, 3, 4 et 6 sont :

$$1 \mid 1,\ 1 \mid 2,\ 1 \mid 3,\ 1 \mid 4,\ 1 \mid 6,\ 2 \mid 2,\ 2 \mid 4,\ 2 \mid 6,\ 3 \mid 3,\ 3 \mid 6,\ 4 \mid 4,\ 6 \mid 6.$$

donc $R = \{(1, 1), (1, 2), (1, 3), (1, 4), (1, 6), (2, 2), (2, 4), (2, 6), (3, 3), (3, 6), (4, 4), (6, 6)\}$.

(b) Voir la figure 2-10.

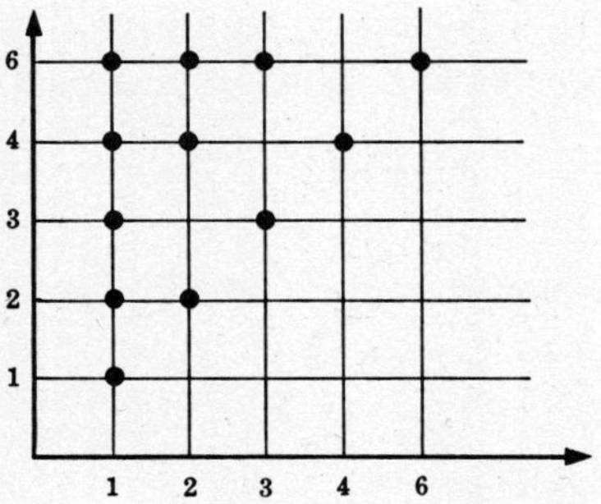

(a)

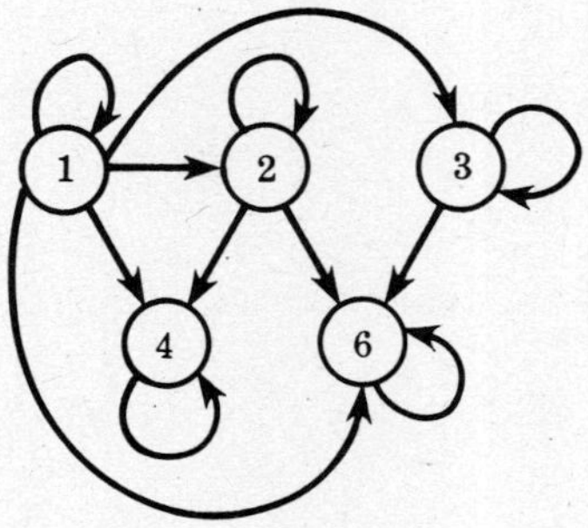

(b)

Fig. 2-10

(c) La relation R^{-1} est obtenue en inversant l'ordre des paires ordonnées de R, soit :

$$R^{-1} = \{(1,1), (2,1), (3,1), (4,1), (6,1), (2,2), (4,2), (6,2), (3,3), (6,3), (4,4), (6,6)\}$$

R^{-1} peut être exprimée par l'énoncé «x est un multiple de y».

2.8 Soient R et S les relations suivantes dans l'ensemble $A = \{1, 2, 3\}$:

$$R = \{(1,1),(1,2),(2,3),(3,1),(3,3)\}$$
$$S = \{(1,2),(1,3),(2,1),(3,3)\}$$

Trouver $R \cap S$, $R \cup S$ et R^c .

On traite R et S comme des ensembles courants, et on applique les règles de l'intersection et de l'union, ce qui donne :

$$R \cap S = \{(1,2),(3,3)\}$$
$$R \cup S = \{(1,1),(1,2),(1,3),(2,1),(2,3),(3,1),(3,3)\}$$
$$R^c = A \times A \setminus R = \{(1,3),(2,1),(2,2),(3,2)\}$$

Quant à R^c , il s'agit du complément de R à $A \times A$, soit

$$R = \{(1, b), (2, a), (2, c)\} \quad \text{and} \quad S = \{(a, y), (b, x), (c, y), (c, z)\}$$

2.9. Etant donnés les ensembles $A = \{1, 2, 3\}$, $B = \{a, b, c\}$ et $C = \{x, y, z\}$, examiner les relations R entre A et B d'une part et S entre B et C d'autre part.

$$R = \{(1,b),(2,a),(2,c)\} \text{ et } S = \{(a,y),(b,x),(c,y),(c,z)\}$$

(a) Trouver la relation composée R ∘ S.

(b) Trouver les matrices M_R, M_S et $M_{R\circ S}$ représentant respectivement R, S et $R \circ S$, et comparer $M_{R\circ S}$ au produit $M_R\ M_S$.

(a) On dessine le diagramme sagittal de R et S (figure 2-11). On remarque que l'élément 1 de A est lié à l'élément x de C par le chemin $1 \to b \to x$, donc $(1, x)$ appartient à $R \circ S$. Il en est de même pour $(2, y)$ et $(2, z)$, donc :

$$R \circ S = \{(1,x),(2,y),(2,z)\}$$

(Voir l'exemple 2.6)

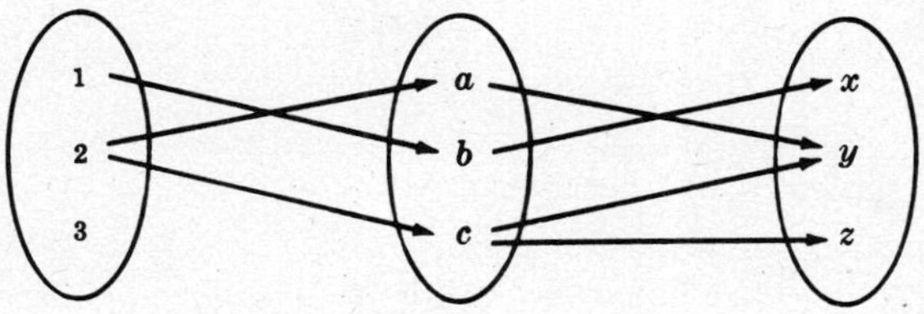

Fig. 2-11

(*b*) Les matrices M_R, M_S et $M_{R\circ S}$ sont les suivantes :

$$M_R = \begin{matrix} & a & b & c \\ 1 & 0 & 1 & 0 \\ 2 & 1 & 0 & 1 \\ 3 & 0 & 0 & 0 \end{matrix} \qquad M_S = \begin{matrix} & x & y & z \\ a & 0 & 1 & 0 \\ b & 1 & 0 & 0 \\ c & 0 & 1 & 1 \end{matrix} \qquad M_{R\circ S} = \begin{matrix} & x & y & z \\ 1 & 1 & 0 & 0 \\ 2 & 0 & 1 & 1 \\ 3 & 0 & 0 & 0 \end{matrix}$$

Le produit de M_R par M_S donne :

$$M_R M_S = \begin{pmatrix} 1 & 0 & 0 \\ 0 & 2 & 1 \\ 0 & 0 & 0 \end{pmatrix}$$

On remarque que $M_{R\circ S}$ et $M_R\ M_S$ ont les mêmes éléments nuls.

2.10 Démontrer le théorème 2.1 : soient les ensembles A, B, C et D, et les relations R, S et T liant respectivement A à B, B à C et C à D, alors, $(R \circ S) \circ T = R \circ (S \circ T)$.

Nous devons démontrer que toute paire ordonnée appartenant à $(R \circ S) \circ T$ appartient à $R \circ (S \circ T)$, c'est-à-dire que $(R \circ S) \circ T \subset R \circ (S \circ T)$ et réciproquement.

Supposons que (a,d) appartient à $(R \circ S) \circ T$. Il existe un élément c de C tel que $(a,c) \in R \circ S$ et $(c,d) \in T$. Puisque $(a,c) \in R \circ S$, il existe un élément b de B tel que $(a,b) \in R$ et $(b,c) \in S$. Puisque $(b,c) \in S$ et $(c,d) \in T$, nous avons $(b,d) \in S \circ T$; et puisque $(a,b) \in R$ et $(b,d) \in S \circ T$, nous avons $(a,d) \in R \circ (S \circ T)$. Ainsi, $(R \circ S) \circ T \subset R \circ (S \circ T)$. Nous démontrons de même que $R \circ (S \circ T) \subset (R \circ S) \circ T$, donc $(R \circ S) \circ T = R \circ (S \circ T)$.

PROPRIÉTÉS DES RELATIONS

2.11 Déterminer quand une relation R dans l'ensemble A est (*a*) non réflexive, (*b*) non symétrique, (*c*) non transitive, (*d*) non antisymétrique.

(*a*) Il existe un élément a de A tel que (a,a) n'appartient pas à R.

(*b*) Il existe (a,b) dans R tel que (b,a) n'appartient pas à R.

(*c*) Il existe (a,b) et (b,c) dans R tel que (a,c) n'appartient pas à R.

(*d*) Il existe deux éléments distincts a et b tels que (a,b) et (b,a) appartiennent à R.

2.12 Etant donné les cinq relations suivantes dans l'ensemble $A = \{1, 2, 3\}$:

$$R = \{(1,1),(1,2),(1,3),(3,3)\}$$
$$S = \{(1,1),(1,2),(2,1),(2,2),3,3)\}$$
$$T = \{(1,1),(1,2),(2,2),(2,3)\}$$
$$\varnothing = \textit{l'ensemble vide}$$
$$A \times A = \textit{le produit cartésien}$$

déterminer si elles sont ou non (*a*) réflexives, (*b*) symétriques, (*c*) transitives et (*d*) antisymétriques.

(*a*) R n'est pas réflexive car $2 \in A$ mais $(2, 2) \notin R$, T non plus puisque $(3, 3) \notin T$, il en est de même pour $\varnothing$. Par contre S et $A \times A$ sont réflexives.

(*b*) R n'est pas symétrique car $(1, 2) \in R$ mais $(2, 1) \notin R$, il en est de même pour T. S, $\varnothing$ et $A \times A$ sont symétriques.

(*c*) T n'est pas transitive puisque $(1, 2)$ et $(2, 3)$ appartiennent à T, mais $(1, 3)$ n'appartient pas à T. Les quatre autres relations sont transitives.

(*d*) S n'est pas antisymétrique puisque $1 \neq 2$, et $(1, 2)$ et $(2, 1)$ appartiennent à S, il en est de même pour $A \times A$. Les trois autres relations sont antisymétriques.

2.13 Soient $A = \{1, 2, 3, 4\}$ et la relation dans A :

$$R = \{(1,1),(2,2),(2,3),(3,2),(4,2),(4,4)\}$$

(*a*) Représenter R dans le diagramme cartésien de $A \times A$ et donner son diagramme sagittal.

(*b*) Est-ce que R est (i) réflexive, (ii) symétrique, (iii) transitive, (iv) antisymétrique ?

(*a*) Voir la figure 2-12.

(*b*) (i) R n'est pas réflexive parce que $3 \in$ A mais $3 \not R\, 3$, c'est-à-dire que $(3, 3) \notin R$.

(ii) R n'est pas symétrique puisque $4\ R\ 2$ mais $2 \not R\, 4$, c'est-à-dire que $(4, 2) \in R$ mais $(2, 4) \notin R$.

(iii) R n'est pas transitive car $4\ R\ 2$ et $2\ R\ 3$ mais $4 \not R\, 3$, c'est-à-dire que $(4, 2) \in R$ et $(2, 3) \in R$ mais que $(4,3) \notin R$.

(iv) R n'est pas antisymétrique parce que $2\ R\ 3$ et $3\ R\ 2$ mais $2 \neq 3$.

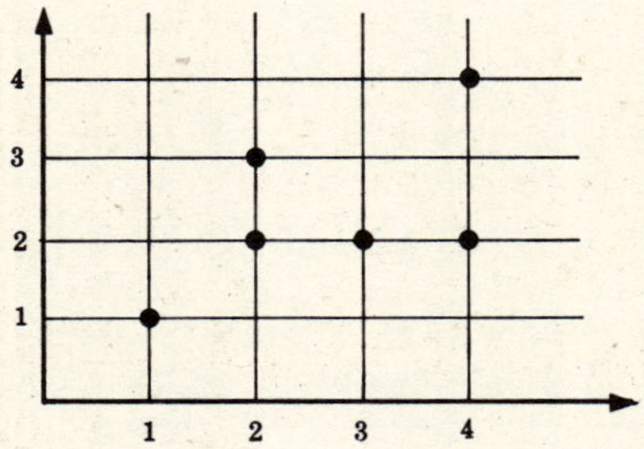

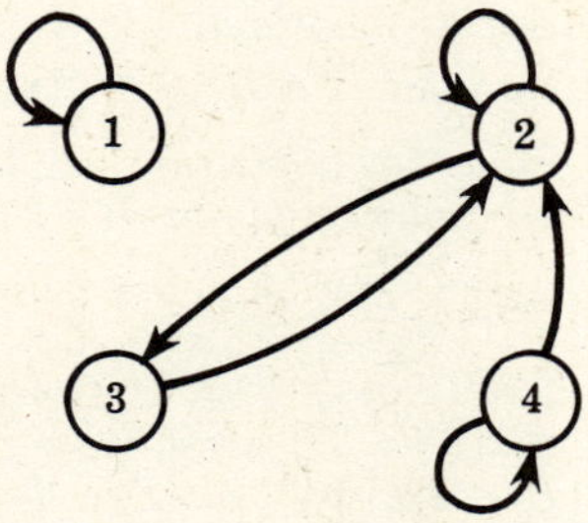

Fig. 2-12

2.14 Donner des exemples de relations R dans $A = \{1, 2, 3\}$ ayant les propriétés suivantes :

(*a*) R est symétrique et antisymétrique.

(*b*) R n'est ni symétrique ni antisymétrique.

(*c*) R est transitive mais $R \cup R^{-1}$ n'est pas transitive.

Plusieurs réponses sont possibles, nous donnons quelques exemples :

(*a*) $R = \{(1, 1), (2, 2)\}$

(*b*) $R = \{(1, 2), (2, 1), (2, 3)\}$

(*c*) $R = \{(1, 2)\}$

2.15 Soient R et S deux relations dans A, démontrer que

(*a*) si R et S sont transitives, alors $R \cap S$ est transitive ;

(*b*) si R est antisymétrique, alors $R \cap S$ est antisymétrique ;

(*a*) Supposons que (a,b) et (b,c) soient dans $R \cap S$, alors (a,b) et (b,c) sont à la fois dans R et S. Puisque les deux relations sont transitives, $(a,c) \in R$ et $(a,c) \in S$ donc $(a,c) \in R \cap S$ et $R \cap S$ est transitive.

(*b*) Supposons que (a,b) et (b,a) soient dans $R \cap S$, alors, en particulier, (a,b) et (b,a) sont dans R. Puisque R est antisymétrique, $a = b$ et $R \cap S$ est antisymétrique.

RELATIONS D'ÉQUIVALENCE ET PARTITIONS

2.16 Soit l'ensemble **Z** des entiers et un entier $m > 1$. On dit que x et y sont congrus modulo m, ce qui s'écrit

$$x \equiv y(\text{mod } m)$$

si $x - y$ est divisible par m. Montrer qu'il s'agit d'une relation d'équivalence dans **Z**.

Pour chaque $x \in \mathbf{Z}$ nous avons $x \equiv x$ (mod m) puisque $x-x = 0$ est divisible par m, donc cette relation est réflexive.

Supposons que $x \equiv y$ (mod m) donc $x-y$ est divisible par m, alors $-(x-y) = y-x$ est divisible par m, soit $y \equiv x$ (mod m). La relation est donc symétrique.

En supposant que $x \equiv y$ (mod m) et $y \equiv z$ (mod m), c'est-à-dire que $x-y$ et $y-z$ sont divisibles par m, nous avons

$$(x - y) + (y - z) = x - z$$

qui est aussi divisible par m; donc $x \equiv z$ (mod m) et la relation est transitive.

Nous venons de démontrer que la relation congrue modulo m dans **Z** est réflexive, symétrique et transitive, il s'agit donc d'une relation d'équivalence.

2.17 Etant donné $X = \{1, 2, 3, 4, 5, 6, 7, 8, 9\}$, dire quelles sont les partitions de X parmi les listes suivantes :

(*a*) $[\{1, 3, 6\}, \{2, 8\}, \{5, 7, 9\}]$

(*b*) $[\{1, 5, 7\}, \{2, 4, 8, 9\}, \{3, 5, 6\}]$

(*c*) $[\{2, 4, 5, 8\}, \{1, 9\}, \{3, 6, 7\}]$

(*d*) $[\{1, 2, 7\}, \{3, 5\}, \{4, 6, 8, 9\}, \{3, 5\}]$

(*a*) Ce n'est pas une partition, car $4 \in X$ n'appartient à aucune partie. En d'autres termes X n'est pas l'union des parties.

(*b*) Ce n'est pas une partition, puisque $5 \in X$ appartient à deux parties distinctes $\{1, 5, 7\}$ et $\{3, 5, 6\}$; ces deux cellules ne sont donc pas disjointes.

(*c*) C'est une partition car chaque élément de X appartient à une partie et une seule. Les parties sont disjointes et X est leur union.

(*d*) C'est une partition, bien que 3 et 5 apparaissent deux fois, les parties ne sont pas différentes.

2.18 Trouver toutes les partitions de $X = \{a,b,c,d\}$.

Remarque préliminaire : chaque partition de X comprend 1, 2, 3 ou 4 ensembles distincts. Les partitions de X sont :

(1) $[\{a, b, c, d\}]$

(2) $[\{a\}, \{b, c, d\}]$, $[\{b\}, \{a, c, d\}]$, $[\{c\}, \{a, b, d\}]$, $[\{d\}, \{a, b, c\}]$,
$[\{a, b\}, \{c, d\}]$, $[\{a, c\}, \{b, d\}]$, $[\{a, d\}, \{b, c\}]$

(3) $[\{a\}, \{b\}, \{c, d\}]$, $[\{a\}, \{c\}, \{b, d\}]$, $[\{a\}, \{d\}, \{b, c\}]$,
$[\{b\}, \{c\}, \{a, d\}]$, $[\{b\}, \{d\}, \{a, c\}]$, $[\{c\}, \{d\}, \{a, b\}]$

(4) $[\{a\}, \{b\}, \{c\}, \{d\}]$

Il y a quinze partitions différentes de X

2.19 Soit R la relation d'équivalence suivante dans l'ensemble $A = \{1, 2, 3, 4, 5, 6\}$:

$$R = \{(1, 1), (1, 5), (2, 2), (2, 3), (2, 6), (3, 2), (3, 3), (3, 6), (4, 4), (5, 1), (5, 5), (6, 2), (6, 3), (6, 6)\}$$

Trouver la partition de A *induite par* R, c'est-à-dire trouver les classes d'équivalence de R.

Les éléments liés à 1 sont 1 et 5 donc

$$[1] = \{1,5\}$$

Prenons un élément qui n'appartient pas à [1], par exemple 2. Les éléments liés à 2 sont 2, 3 et 6, donc

$$[2] = \{2,3,6\}$$

Le seul élément qui n'appartienne ni à [1] ni à [2] est 4 qui n'est relié qu'à 4, donc

$$[4] = \{4\}$$

La partition de A induite par R est donc :

$$[\{1,5\},\{2,3,6\},\{4\}]$$

2.20 Démontrer le théorème 2.2 : soit R une relation d'équivalence dans l'ensemble A, alors l'ensemble quotient A/R est une partition de A. C'est-à-dire :

(i) $a \in [a]$, quel que soit $a \in A$;

(ii) $[a] = [b]$ si et seulement si $(a,b) \in R$;

(iii) si $[a] \neq [b]$, alors $[a]$ et $[b]$ sont disjoints.

Preuve de (i). Puisque R est réflexive, $(a,a) \in R$ pour tout $a \in A$ donc $a \in$ [a].

Preuve de (ii). Supposons que $(a,b) \in R$. Nous devons montrer que $[a] = [b]$. Soit $x \in [b]$, alors $(b, x) \in R$. Mais par hypothèse, $(a,b) \in R$ donc, en raison de la transitivité de R, $(a, x) \in R$, ce qui conduit à $x \in [a]$ et $[b] \subset [a]$. Pour prouver que $[a] \subset [b]$, nous observons que $(a, b) \in R$ implique, en raison de la symétrie de R, que $(b,a) \in R$, donc avec les mêmes arguments, nous arrivons à $[a] \subset [b]$; en conséquence $[a] = [b]$.

D'un autre point de vue, si $[a] = [b]$, alors, en raison de (i), $b \in [b] = [a]$, donc $(a,b) \in$ R.

Preuve de (iii). Nous démontrerons l'énoncé contraire :

$$\text{si } [a] \cap [b] \neq \varnothing, \text{ alors } [a] = [b]$$

Si $[a] \cap [b] \neq \varnothing$, alors il existe un élément $x \in A$ tel que $x \in [a] \cap [b]$. Ainsi $(a, x) \in R$ et $(b, x) \in R$. En raison de la symétrie de R, $(x,b) \in R$ et en raison de la transitivité de R, $(a,b) \in R$; suite à la preuve de (ii), nous avons $[a] = [b]$.

Problèmes supplémentaires

PRODUITS D'ENSEMBLES

2.21 Etant donné $A = \{a,b,c,d\}$, trouver les paires ordonnées correspondant aux points P_1 , P_2 , P_3 et P_4 qui apparaissent dans le diagramme cartésien de $A \times A$ présenté à la figure 2-13.

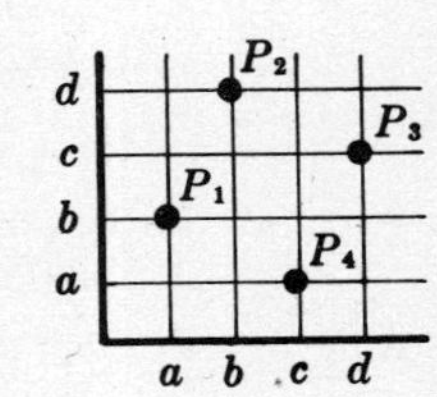

Fig. 2-13

2.22 Trouver x et y si : (a) $(x+2, 4) = (5, 2x+y)$; (b) $(y-2, 2x+1) = (x-1, y+2)$.

2.23 Soient $W = \{$Marc, Eric, Paul$\}$ et $V = \{$Eric, David$\}$. Trouver : (a) $W \times V$; (b) $V \times W$; (c) $V \times V$.

2.24 Soient $S = \{a,b,c\}$, $T = \{b,c,d\}$ et $W = \{a,d\}$. Construire l'arbre de $S \times T \times W$ et en déduire $S \times T \times W$.

2.25 Démontrer : $(A \times (B \cap C) = (A \times B) \cap (A \times C)$; (b) $A \times (B \cup C) = (A \times B) \cup (A \times B)$.

RELATIONS

2.26 Soit R la relation dans $A = \{2, 3, 4, 5, 6\}$ définie par «x et y sont premiers entre eux», c'est-à-dire que le seul diviseur de x et y est 1.

(a) Ecrire R sous forme d'un ensemble de paires ordonnées.

(b) Dessiner le diagramme sagittal de R.

2.27 Etant donnée la relation R dans $C = \{1, 2, 3, 4, 5\}$ définie par les points figurant dans le diagramme cartésien de $C \times C$ de la figure 2-14,

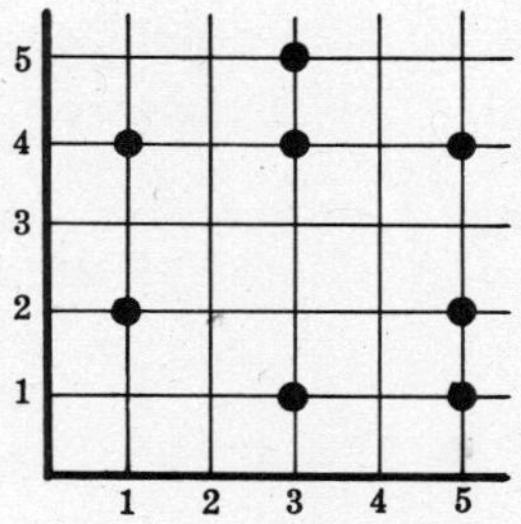

Fig. 2-14

(1) Etablir la véracité des affirmations suivantes : (a) $1R4$; (b) $2R5$; (c) $3 \not R 1$; (d) $5 \not R 3$.

(2) Trouver les éléments des sous-ensembles de C :

(a) $\{x : 3\,R\,x\}$ (c) $\{x : (x, 2) \notin R\}$

(b) $\{x : (4, x) \in R\}$ (d) $\{x : x\,R\,5\}$

(3) Donner (a) le domaine de R, (b) le champ de R, (c) R^{-1} .

(4) Dessiner le diagramme sagittal de R.

2.28 Soit R la relation dans $A = \{1, 2, 3, 4\}$, définie par :

$$R = \{(1,3),(1,4),(3,2),(3,3),(3,4)\}$$

(a) Trouver la matrice M_R de R.

(b) Donner le domaine et le champ de R.

(c) Trouver R^{-1}

(d) Dessiner le diagramme sagittal de R.

(e) Trouver la relation composée $R \circ R$.

2.29 Etant données R et S deux relations dans $B = \{a, b, c, d\}$ définies par :

$$R = \{(a,a),\ (a,c),\ (c,b),\ (c,d),\ (d,b)\}$$
$$S = \{(b,a),\ (c,c),\ (c,d),\ (d,a)\}$$

Trouver les relations suivantes dans B :

(a) $R \circ S$, (b) $S \circ R$, (c) $R \circ R$, (d) $S \circ S$.

2.30 Soit R la relation dans l'ensemble des entiers positifs **N**, définie par l'équation $x + 3y = 12$, c'est-à-dire :

$$R = \{(x,y) : x + 3y = 12\}$$

(a) Ecrire l'ensemble R de paires ordonnées.

(b) Trouver (i) le domaine de R, (ii) le champ de R, (iii) R^{-1}.

(c) Donner la relation composée $R \circ R$.

RELATIONS RÉFLEXIVES, SYMÉTRIQUES, ANTISYMÉTRIQUES ET TRANSITIVES

2.31 Soit $W = \{1, 2, 3, 4\}$, et les relations suivantes dans W :

$$R_1 = \{(1,1),\ (2,1)\} \qquad R_4 = \{(1,1),\ (2,2),\ (3,3)\}$$
$$R_2 = \{(1,1),\ (2,3),\ (4,1)\} \qquad R_5 = \{(1,3),\ (2,4)\}$$
$$R_3 = \{(3,4)\}$$

Déterminer lesquelles sont (a) réflexives, (b) symétriques, (c) antisymétriques, (d) transitives.

2.32 Chaque énoncé ci-dessous définit une relation dans l'ensemble des entiers positifs **N** :

(1) «x est plus grand que y» (3) $x + y = 10$

(2) «xy est le carré d'un entier» (4) $x + 4y = 10$

Déterminer lesquelles sont (a) réflexives, (b) symétriques, (c) antisymétriques, (d) transitives.

2.33 Soit $\mathcal{P}(A)$ la collection de tous les sous-ensembles de $A = \{a,b,c\}$. Chacun des énoncés ci-dessous définit une relation dans $\mathcal{P}(A)$:

(1) «x est un sous-ensemble strict de y» (3) $x \cup y = A$

(2) «x est disjoint de y»

Déterminer lesquelles sont (*a*) réflexives, (*b*) symétriques, (*c*) antisymétriques, (*d*) transitives.

2.34 Soient R et S deux relations dans l'ensemble A. On suppose que A compte au moins trois éléments. Etablir la véracité des énoncés ci-dessous. Si l'énoncé est faux, donner un contre-exemple avec $A = \{1, 2, 3\}$.

(*a*) Si R et S sont symétriques, alors $R \cap S$ est symétrique.

(*b*) Si R et S sont symétriques, alors $R \cup S$ est symétrique.

(*c*) Si R et S sont réflexives, alors $R \cap S$ est réflexive.

(*d*) Si R et S sont réflexives, alors $R \cup S$ est réflexive.

(*e*) Si R et S sont transitives, alors $R \cup S$ est transitive.

(*f*) Si R et S sont antisymétriques, alors $R \cup S$ est antisymétrique.

(*g*) Si R est antisymétrique, alors R^{-1} est antisymétrique.

(*h*) Si R est réflexive, alors $R \cap R^{-1}$ n'est pas vide.

(*i*) Si R est symétrique, alors $R \cap R^{-1}$ n'est pas vide.

PARTITIONS ET RELATIONS D'ÉQUIVALENCE

2.35 Etant donné $W = \{1, 2, 3, 4, 5, 6\}$, déterminer quelles sont dans la liste ci-dessous les partitions de W :

(*a*) $[\{1,3,5\}, \{2,4\}, \{3,6\}]$ (*c*) $[\{1,5\}, \{2\}, \{4\}, \{1,5\}, \{3,6\}]$

(*b*) $[\{1,5\}, \{2\}, \{3,6\}]$ (*d*) $[\{1,2,3,4,5,6\}]$

2.36 Trouver les partitions de $V = \{1,2,3\}$.

2.37 Soient $[A_1, A_2, \ldots, A_m]$ et $[B_1, B_2, \ldots, B_n]$ des partitions de l'ensemble X, montrer que la collection des ensembles

$$[A_i \cap B_j : i = 1, \ldots, m, j = 1, \ldots, n] \backslash \varnothing$$

est aussi une partition de X. (Remarquer que l'ensemble vide n'est pas compris.)

2.38 Prouver que si R est une relation d'équivalence dans un ensemble A, alors R^{-1} est aussi une relation d'équivalence dans A.

2.39 Soit $S = \{1, 2, 3, \ldots, 19, 20\}$, et R la relation d'équivalence dans S définie par «$x \equiv y \pmod 5$», c'est-à-dire que $x - y$ est divisible par 5. Trouver la partition de S induite par R, c'est-à-dire l'ensemble quotient S/R.

2.40 Etant donnés $\mathbf{N} = \{1,2,3,\ldots\}$ et la relation $\simeq$ dans $\mathbf{N} \times \mathbf{N}$ définie par :

$$(a,b) \simeq (c,d) \text{ si } ad = bc$$

démontrer que $\simeq$ est une relation d'équivalence.

2.41 Soient $A = \{1,2,3,\ldots 9\}$ et la relation $\sim$ dans $A \times A$ définie par :

$$(a,b) \sim (c,d) \text{ si } a + d = b + c$$

(*a*) Démontrer que $\sim$ est une relation d'équivalence.

(*b*) Trouver $[(2, 5)]$, c'est-à-dire la classe d'équivalence de $(2, 5)$.

PROBLÈMES À PROGRAMMER SUR ORDINATEUR

Supposons que la relation R dans l'ensemble $S = \{1, 2, 3, 4\}$ compte six éléments,et que nous ayons six fiches à entrer, chacune de ces fiches comptant une paire d'entiers, élément de R.

2.42 Ecrire le programme qui imprime (*a*) le domaine de R, et (*b*) le champ de R.

2.43 Ecrire le programme qui donne la relation composée $R \circ R = R^2$.

2.44 Ecrire le programme qui analyse si la relation R est ou non :
(*a*) réflexive, (*b*) symétrique, (*c*) transitive, (*d*) antisymétrique

2.45 Ecrire le programme qui donne la matrice M d'ordre 4 de la relation R. Tester les programmes 2.41 à 2.45 avec :

(i) $R = \{(1,1), (1,2), (1,3), (2,2), (2,3), (4,4)\}$

(ii) $R = \{(1,2), (2,1), (2,2), (3,4), (3,3), (4,3)\}$

(iii) $R = \{(1,4), (2,3), (4,3), (2,4), (3,1), (3,2)\}$

2.46 En supposant que R est une relation d'équivalence dans S, écrire le programme qui fournit les classes d'équivalence [1], [2], [3] et [4]. Tester ce programme avec la relation

$$R = \{(1,1), (2,2), (2,4), (3,3), (4,2), (4,4)\}$$

Solutions des problèmes supplémentaires

2.21 $P_1 = (a,b)$, $P_2 = (b,d)$, $P_3 = (d,c)$, $P_4 = (c,a)$

2.22 (*a*) $x = 3$, $y = -2$ (*b*) $x = 2$, $y = 3$

2.23 (*a*) $W \times V$ = {(Marc, Eric),(Marc, David),(Eric, Eric),(Eric, David),(Paul, Eric),(Paul, David)}
(*b*) $V \times W$ = {(Eric, Marc),(David, Marc),(Eric, Eric),(David, Eric),(Eric, Paul),(David, Paul)}
(*c*) $V \times V$ = {(Eric, Eric),(Eric, David),(David, Eric),(David, David)}

2.24 Voir la figure 2-15

$$S \times T \times W = \{(a,b,a), (a,b,d), (a,c,a), (a,c,d), (a,d,a), (a,d,d), (b,b,a), (b,b,d), (b,c,a), (b,c,d), (b,d,a), (b,d,d), (c,b,a), (c,b,d), (c,c,a), (c,c,d), (c,d,a), (c,d,d)\}$$

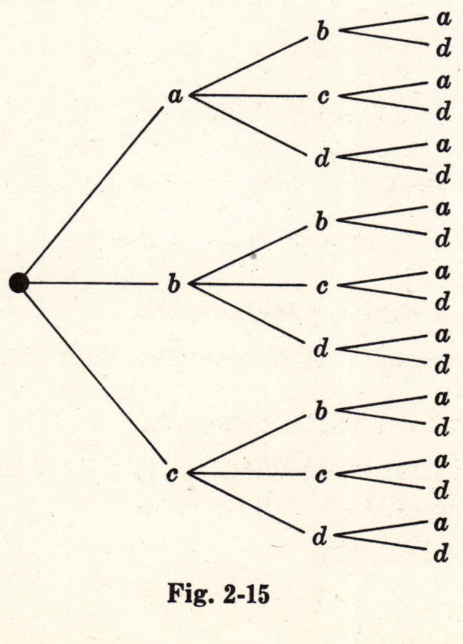

Fig. 2-15

2.26

2.27 (1) (*a*) Vraie, (*b*) Fausse, (*c*) Fausse, (*d*) Vraie

(2) (*a*) $\{1, 4, 5\}$, (*b*) $\varnothing$, (*c*) $\{2, 3, 4\}$, (*d*) $\{3\}$

(3) (*a*) $\{1, 3, 5\}$, (*b*) $\{1, 2, 4, 5\}$ (*c*) $R^{-1} = \{(1, 3), (1, 5), (2, 1), (2, 5), (4, 1), (4, 3), (4, 5), (5, 3)\}$

(4) Voir la figure 2-16

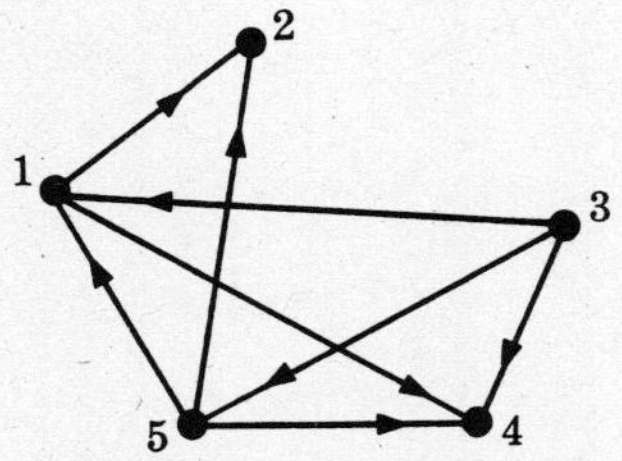

Fig. 2-16

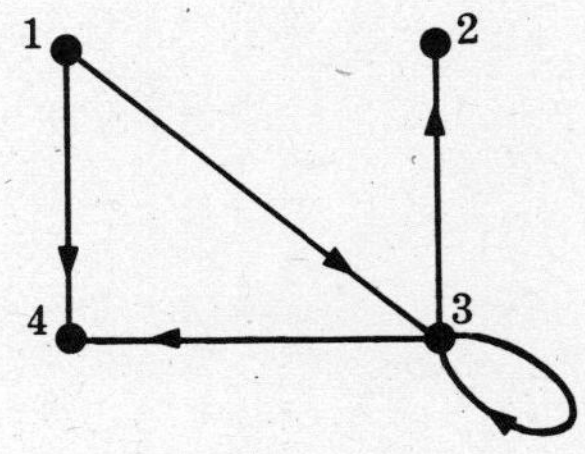

Fig. 2-17

2.28 (*a*) $M_R = \begin{pmatrix} 0 & 0 & 1 & 1 \\ 0 & 0 & 0 & 0 \\ 0 & 1 & 1 & 1 \\ 0 & 0 & 0 & 0 \end{pmatrix}$ (*b*) Domaine $= \{1,3\}$, champ $= \{2,3,4\}$

(*c*) $R^{-1} = \{(3, 1), (4, 1), (2, 3), (3, 3), (4, 3)\}$

(*d*) Voir la figure 2-17

(*e*) $R \circ R = \{(1, 2), (1, 3), (1, 4), (3, 2), (3, 3), (3, 4)\}$

2.29

(*a*) $R \circ S = \{(a, c), (a, d), (c, a), (d, a)\}$

(*b*) $S \circ R = \{(b, a), (b, c), (c, b), (c, d), (d, a), (d, c)\}$

(*c*) $R \circ R = \{(a, a), (a, b), (a, c), (a, d), (c, b)\}$

(*d*) $S \circ S = \{(c, c), (c, a), (c, d)\}$

2.30 (*a*) $\{(9, 1), (6, 2), (3, 3)\}$, (*b*) (i) $\{9, 6, 3\}$, (ii) $\{1, 2, 3\}$, (iii) $\{(1, 9), (2, 6), (3, 3)\}$, (*c*) $\{(3, 3)\}$

2.31 (*a*) Aucune, (*b*) R_4 , (*c*) Toutes, (*d*) Toutes sauf R_2

2.32 (*a*) Aucune, (*b*) (2) et (3), (*c*) (1) et (4), (*d*) Toutes sauf (3)

2.33 (*a*) Aucune, (*b*) (2) et (3), (*c*) (1), (*d*) (1)

2.34 Toutes sont vraies sauf (*e*) $R = \{(1,2)\}$, $S = \{(2,3)\}$ et (*f*) $R = \{(1,2)\}$, $S = \{(2,1)\}$.

2.35 (*c*) et (*d*)

2.37 Il y en a cinq $[\{1,2,3\}]$, $[\{1\}, \{2,3\}]$, $[\{2\}, \{1,3\}]$, $[\{3\}, \{1,2\}]$, $[\{1\}, \{2\}, \{3\}]$

2.39 $[\{1,6,11,16\}, \{2,7,12,17\}, \{3,8,13,18\}, \{4,9,14,19\}, \{5,10,15,20\}]$

2.41 (*b*) $\{(1,4), (2,5), (3,6), (4,7), (5,8), (6,9)\}$

Chapitre 3

Fonctions

3.1 INTRODUCTION

Il s'agit de l'un des plus importants concepts mathématiques. Il apparaît et joue un rôle primordial dans toutes les branches des mathématiques. Les termes « application », « transformation » et « fonction » sont synonymes ; le choix du mot est lié au domaine des mathématiques (algèbre, géométrie, etc.), à la tradition et au passé de la personne qui l'emploie. Ce chapitre est consacré aux propriétés élémentaires des fonctions.

3.2 FONCTIONS

Supposons que pour tout élément de l'ensemble A, il y ait un élément unique de l'ensemble B qui lui soit lié ; l'ensemble de ces couples constitue une *fonction* de A à B. L'ensemble A est le *domaine* de la fonction et l'ensemble B son *champ* (ou *codomaine*).

On représente souvent une fonction par une lettre : f, g, etc. Si f est une fonction de A à B, on écrit :

$$f : A \to B$$

On peut dire que « f *transforme* A en B ». Si $a \in A$, l'unique élément de B qui est lié à a par la fonction f est appelé *image* de a par la fonction f, ou *valeur* de f pour a, sa représentation est :

$$f(a)$$

(lire f de a). L'ensemble de toutes les valeurs de f est appelé *image* de f, et noté $\text{Im}(f)$ ou $f(A)$. On remarque que $\text{Im}(f)$ est un sous-ensemble (peut-être strict) de B.

Si on peut traduire une application f par une formule mathématique, il y a plusieurs façons de la décrire. Par exemple, si f est une fonction de $\mathbf{R}$ à $\mathbf{R}$ qui transforme tout nombre réel en son carré, on peut écrire :

$$f(x) = x^2 \quad \text{ou} \quad x \mapsto x^2 \quad \text{ou} \quad y = x^2$$

Ici, la flèche barrée $\mapsto$ se lit « devient ». La dernière notation fait apparaître y qui est une *variable dépendante* de la valeur de la *variable indépendante* x.

Remarque : Chaque fois qu'une fonction f est donnée par une formule faisant référence à la variable indépendante x, comme ci-dessus, nous supposerons, sauf indication contraire, qu'il s'agit d'une application de $\mathbf{R}$ (ou du plus grand sous-ensemble de $\mathbf{R}$ dans lequel f a un sens) dans $\mathbf{R}$.

EXEMPLE 3.1.

(*a*) Soit la fonction $f(x) = x^3$, c'est-à-dire que f transforme tout réel en son cube. Ainsi, l'image de 2 est 8, ce que nous écrivons $f(2) = 8$. (Par convention, f est une application de $\mathbf{R}$ dans $\mathbf{R}$.)

(*b*) Si f fait correspondre à chaque pays sa capitale, le domaine de f est l'ensemble des états, et son champ l'ensemble des capitales du globe. Ainsi, l'image de la France est Paris et nous écrivons :

$$f(\text{France}) = \text{Paris}.$$

(*c*) La figure 3-1 représente, très clairement, la fonction f de $A = \{a, b, c, d\}$ à $B = \{r, s, t, u\}$. Ici

$$f(a) = s, \qquad f(b) = u, \qquad f(c) = r, \qquad f(d) = s$$

L'image de f est l'ensemble des images donc :

$$\text{Im}(f) = \{r, s, u\}$$

On remarque que l'élément t n'appartient pas à l'image de f car il n'est l'image d'aucun élément de A au travers de l'application f.

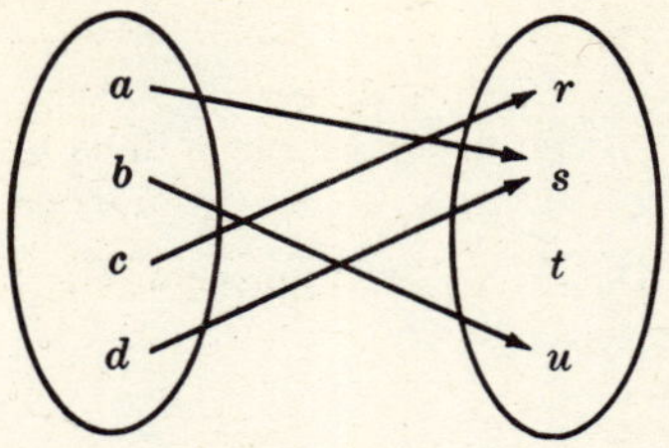

Fig. 3-1

(*d*) Etant donné un ensemble A quelconque, la fonction de A dans A qui attribue chaque élément à lui-même est appelée *identité* sur l'ensemble A, ou *application identique*, et est représentée par I_A . En d'autres termes, nous avons :

$$I_A(a) = a$$

3.3 GRAPHE D'UNE FONCTION

On peut considérer les fonctions comme des relations (certains auteurs parlent de relations fonctionnelles), ainsi, toute fonction $f: A \to B$ conduit à une relation de A dans B appelée *graphe* de f et définie par :

$$\text{Graphe de } f = \{(a, b) : a \in A \text{ et } b = f(a)\}$$

Deux fonctions $f: A \to B$ et $g: A \to B$ sont dites égales, $f = g$, si $f(a) = g(a)$ quel que soit $a \in A$, c'est-à-dire si elles ont le même graphe. En conséquence, nous ne ferons pas de différence entre la fonction et son graphe.

Le graphe de la fonction $f: A \to B$ a la propriété suivante :

Chaque $a \in A$ appartient à un couple ou paire ordonnée (a,b) unique. (*)

D'un autre point de vue, supposons que f soit une relation de A sur B satisfaisant (*), alors f attribue un élément $b \in B$ à chaque $a \in A$. C'est-à-dire que si $(a,b) \in f$ alors b est la valeur de a. En d'autres termes, f est une fonction de A dans B. Par conséquent, le concept de fonctions et celui de relations satisfaisant à (*) sont une seule et même idée.

Bien que nous ne fassions pas de différence entre une fonction et son graphe, nous continuerons à utiliser la terminologie «graphe de f» pour désigner l'ensemble f des paires ordonnées. De plus, comme le graphe de f est une relation, nous pouvons le représenter par un dessin comme nous l'avons fait pour les relations en général, de sorte que ce dessin est lui-même appelé graphe de f. Ainsi, la condition faisant d'une relation une fonction, à savoir que tout $a \in A$ appartient à un couple (a,b) unique, se traduit par le fait que toute verticale dans le diagramme cartésien ne passe que par un point.

EXEMPLE 3.2.

(*a*) Soit $f: A \to B$ la fonction définie dans l'exemple 3.1(*c*), son graphe est l'ensemble des couples :

$$\{(a, s), (b, u), (c, r), (d, s)\}$$

(*b*) Etant données les relations suivantes dans l'ensemble $A = \{1, 2, 3\}$

$$f = \{(1, 3), (2, 3), (3, 1)\}$$

$$g = \{(1, 2), (3, 1)\}$$

$$h = \{(1, 3), (2, 1), (1, 2), (3, 1)\}$$

f est une fonction de A dans A puisque chaque élément de A apparaît en première place dans les paires de f, ici $f(1) = 3$, $f(2) = 3$ et $f(3) = 1$. g n'est pas une fonction car $2 \in A$ ne figure pas en première place dans les paires, et 2 n'a aucune image par g. De même, h n'est pas une fonction, bien que $1 \in A$ apparaisse en première place dans les paires, il lui correspond deux valeurs distinctes 3 et 2. Dans la relation h, un élément de A n'appartient pas à un couple unique.

(*c*) On appelle fonction polynomiale réelle la fonction $f: \mathbf{R} \to \mathbf{R}$ définie par

$$f(x) = a_n x^n + a_{n-1} x^{n-1} + \ldots + a_1 x + a_0$$

où les a_i sont des nombres réels. Puisque $\mathbf{R}$ est un ensemble infini, il est impossible de dessiner tous les points du graphe. Toutefois, nous pouvons approximer ce graphe en prenant quelques points particuliers et en les reliant par une ligne continue. Ces points sont généralement obtenus à partir d'un tableau de valeurs de $f(x)$. La figure 3-2 illustre ce procédé pour la fonction $f(x) = x^2 - 2x - 3$.

x	$f(x)$
−2	5
−1	0
0	−3
1	−4
2	−3
3	0
4	5

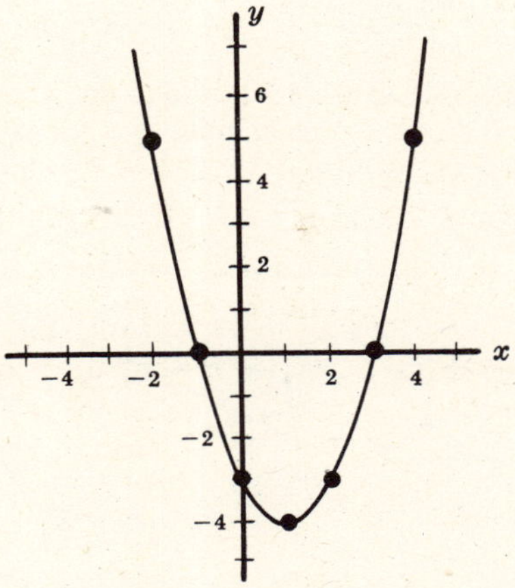

Graphe de $f(x) = x^2 - 2x - 3$

Fig. 3-2

(*d*) (Composition de fonctions) Etant données les fonctions $f: A \to B$ et $g: B \to C$, où le champ de f est le domaine de g, nous pouvons définir une nouvelle fonction de A dans C, appelée la *fonction composée* de f et g, notée $g \circ f$, comme suit :

$$(g \circ f)(a) \equiv g(f(a))$$

C'est-à-dire que nous cherchons l'image de a par f, puis l'image de $f(a)$ par g. Cette définition est à rapprocher de celle de la composée de deux relations (section 2.6), à la différence près que nous écrivons $g \circ f$ pour la composée des fonctions f et g, au lieu de $f \circ g$. Soit $f: A \to B$ une fonction quelconque, nous avons :

$$f \circ I_A = f \quad \text{et} \quad I_B \circ f = f$$

où I_A et I_B sont les identités, respectivement sur les ensembles A et B.

3.4 INJECTION, SURJECTION ET FONCTION INVERSIBLE

Une fonction $f: A \to B$ est une *injection* si les différents éléments du domaine A ont des images distinctes. Une autre formulation peut être : une fonction f est *injective* si $f(a) = f(a')$ implique $a = a'$.

Une fonction $f: A \to B$ est une *surjection* si chaque élément de B est l'image d'un élément de A. En d'autres termes, $f: A \to B$ est une surjection si l'image de f est le champ dans sa totalité, soit : $f(A) = B$. On dit que la fonction f est une application *surjective* de A sur B.

Une fonction $f: A \to B$ est *inversible* si la relation inverse f^{-1} est une fonction de B vers A, car en général, la relation inverse f^{-1} n'est pas une fonction. Le théorème suivant est un critère simple nous précisant les conditions d'inversibilité.

Théorème 3.1 : Une fonction $f: A \to B$ est inversible si, et seulement si, f est à la fois injective et surjective.

Si $f: A \to B$ est injective et surjective c'est une *bijection* de A sur B. Dans ce cas, à tout élément de A correspond un élément et un seul de B, et vice versa.

Une terminologie ancienne utilise les termes de correspondance *biunivoque* pour la bijection et *univoque* pour l'injection.

EXEMPLE 3.3. Considérons les fonctions

$$f_1 : A \to B,\ f_2 : B \to C,\ f_3 : C \to D \text{ et } f_4 : D \to E$$

définies par le diagramme de la figure 3-3. La fonction f_1 est injective car aucun élément de B n'est l'image de plus d'un élément de A. Il en est de même pour f_2 . Par contre, les applications f_3 et f_4 ne sont pas injectives, en effet, $f_3(r) = f_3(u)$ et $f_4\ (v) = f_4(w)$.

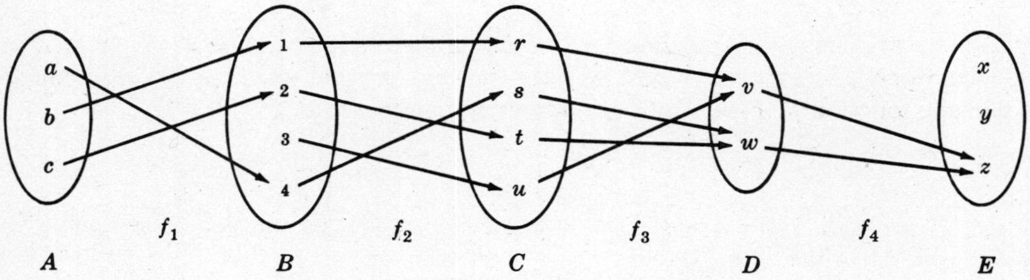

Fig. 3-3

On trouve des exemples de surjections avec les fonctions f_2 et f_3 puisque tous les éléments de C sont des images par f_2 d'éléments de B, et que tous les éléments de D ont un antécédent dans C par l'application f_3, c'est-à-dire que $f_2(B) = C$ et $f_3(C) = D$. De ce point de vue, f_1 n'est pas une surjection car $3 \in B$ n'est l'image d'aucun élément de A, de même pour f_4, $x \in E$ n'a pas d'antécédent dans D.

Ainsi f_1 est injective mais pas surjective, f_3 est surjective mais non injective et f_4 n'est ni injective, ni surjective. Par contre, f_2 est injective et surjective, il y a correspondance biunivoque entre les éléments de B et ceux de C, la fonction f_2 est donc inversible et f_2^{-1} est une fonction de C sur B.

Les fonctions pouvant être assimilées à leurs graphes, et les graphes pouvant être représentés par des dessins, nous devions nous attendre à ce que les concepts de surjection et d'injection aient un sens pictural.

Dire que la fonction $f: A \to B$ est injective signifie qu'il n'existe pas deux paires distinctes (a_1,b) et (a_2,b) dans le graphe de f; en conséquence, les horizontales dans un diagramme cartésien coupent le graphique de f au plus une fois. Dire que f est surjective signifie que pour tout élément $b \in B$ il y au moins un élément $a \in A$ tel que le couple (a,b) appartient au graphe de f, de sorte que les horizontales coupent le graphique au moins une fois. En définitive, si f est injective et surjective, donc inversible, les horizontales coupent le graphique une seule fois.

EXEMPLE 3.4. Soient quatre fonctions de **R** vers **R** :

$$f_1(x) = x^2, \quad f_2(x) = 2^x, \quad f_3(x) = x^3 - 2x^2 - 5x + 6, \quad f_4(x) = x^3$$

Les graphiques de ces fonctions sont donnés à la figure 3-4. Observez que des horizontales coupent le graphique de f_1 deux fois, et d'autres ne le coupent jamais; f_1 n'est donc ni injective, ni surjective. De même, f_2 est injective mais non surjective. Par contre, f_3 est surjective mais non injective et f_4 est injective et surjective, donc inversible. L'inverse de f_4 est la racine cubique :

$$f_4^{-1}(x) = \sqrt[3]{x}$$

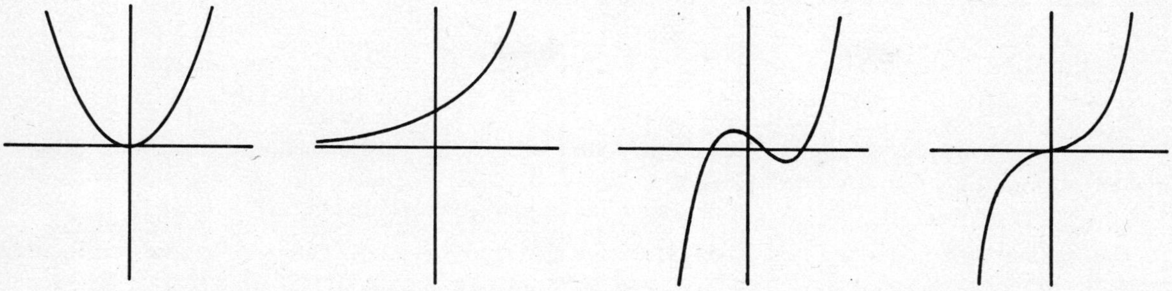

$f_1(x) = x^2$ $f_2(x) = 2^x$ $f_3(x) = x^3 - 2x^2 - 5x + 6$ $f_4(x) = x^3$

Fig. 3-4

3.5 FAMILLE D'ENSEMBLES

Il s'agit d'une application particulière. Soit I un ensemble non vide quelconque et E une classe d'ensembles. On appelle «famille d'ensembles de E indexés par I» l'ensemble des éléments $f(i)$ $A_i \in E$, images par une fonction $f: I \to E$ de $i \in I$. On écrit généralement :

$$\{A_i : i \in I\} \quad \text{ou} \quad \{A_i\}_{i \in I} \quad \text{ou plus simplement} \quad \{A_i\}$$

Les éléments de l'ensemble I sont appelés *indices*. Si la fonction f est injective et surjective, on dit que E est indexé par I.

Nous définissons les concepts d'union et d'intersection d'une famille d'ensembles par :

$$\cup_{i \in I} A_i = \{x : x \in A_i \quad \text{pour certains } i \in I\}$$

et

$$\cap_{i \in I} A_i = \{x : x \in A_i \quad \text{pour tout } i \in I\}$$

Si I est un ensemble fini, nous retrouvons les définitions classiques. Si I est $\mathbf{N}$, nous écrirons respectivement l'union et l'intersection comme suit :

$$A_1 \cup A_2 \cup \ldots \text{ et } A_1 \cap A_2 \cap \ldots$$

EXEMPLE 3.5. Supposons que I soit l'ensemble $\mathbf{Z}$ des entiers. A chaque entier n, nous faisons correspondre le sous-ensemble suivant de $\mathbf{R}$

$$A_n = \{x : x \leq n\}$$

(En d'autres termes, A_n est l'intervalle infini $(-\infty, n]$). Pour chaque nombre réel a, il existe des entiers n_1 et n_2 tels que $n_1 < a < n_2$, ainsi $a \in A_{n_2}$ mais $a \notin A_{n_1}$. Donc

$$a \in \cup_n A_n \quad \text{mais} \quad a \notin \cap_n A_n$$

ce qui conduit à

$$\cup_n A_n = \mathbf{R} \quad \text{mais} \quad \cap_n A_n = \varnothing$$

3.6 ÉQUIPOTENCE

Deux ensembles A et B sont dits *équipotents* s'il existe une bijection de l'un sur l'autre. Un ensemble A est *fini* si A est vide ou si A est équipotent à l'ensemble $\{1, 2, .., n\}$ quel que soit l'entier positif n. Un ensemble A est *infini* s'il n'est pas fini, comme l'ensemble des entiers naturels $\mathbf{N}$, celui des entiers $\mathbf{Z}$, des nombres rationnels $\mathbf{Q}$ ou celui des nombres réels $\mathbf{R}$.

Introduisons maintenant la notion de «cardinal». Il s'agit simplement de symboles attachés aux ensembles de sorte que deux ensembles sont liés au même symbole si, et seulement si, ils sont équipotents. Le cardinal de l'ensemble A est couramment noté

$$|A|, \; n(A), \; \#(A) \quad \text{ou} \quad \text{card}(A)$$

Nous utiliserons $|A|$.

Nous employons des symboles évidents pour les cardinaux d'ensembles finis. Ainsi, 0 est attaché à l'ensemble vide $\varnothing$, et n est attaché à l'ensemble $\{1, 2, ..., n\}$. De sorte que $|A| = n$ si et seulement si A est équipotent à $\{1,2,...,n\}$, ce qui implique que A contient n éléments.

Le cardinal de l'ensemble infini **N** des entiers positif est $\aleph_0$ («Aleph zéro», Aleph est la première lettre de l'alphabet hébraïque). Ce symbole a été introduit par Cantor. Donc, $|A| = \aleph_0$ si et seulement si A est équipotent à **N**.

EXEMPLE 3.6.

(*a*) $|\{x, y, z\}| = 3$ et $|\{1, 3, 5, 7, 9\}| = 5$

(*b*) Soit $E = \{2, 4, 6, ...\}$, l'ensemble des nombres entiers positifs pairs. La fonction $f : \mathbf{N} \to E$ définie par $f(n) = 2n$ est une bijection entre les entiers positifs **N** et E. Donc E a le même cardinal que **N**, on peut donc écrire

$$|E| = \aleph_0$$

Un ensemble dont le cardinal est $\aleph_0$ est dit *dénombrable* ou *infini dénombrable*. Un ensemble fini est *dénombrable*. On peut montrer que l'ensemble des nombres rationnels **Q** est dénombrable. En fait, nous avons à notre disposition le théorème suivant que nous utiliserons par la suite.

Théorème 3.2 : Une union dénombrable d'ensembles dénombrables est dénombrable.

En d'autres termes, si A_1, A_2, ... sont des ensembles dénombrables alors l'union

$$A_1 \cup A_2 \cup A_3 \cup .....$$

est un ensemble dénombrable.

Un exemple important d'ensemble infini non dénombrable est donné par le théorème ci-après.

Théorème 3.3 : L'ensemble I des nombres réels compris entre 0 et 1 est non dénombrable.

Problèmes résolus

FONCTIONS

3.1 Dire si les diagrammes sagittaux de la figure 3-5 définissent ou non une fonction à partir de $A = \{a, b, c\}$ vers $B = \{x, y, z\}$.

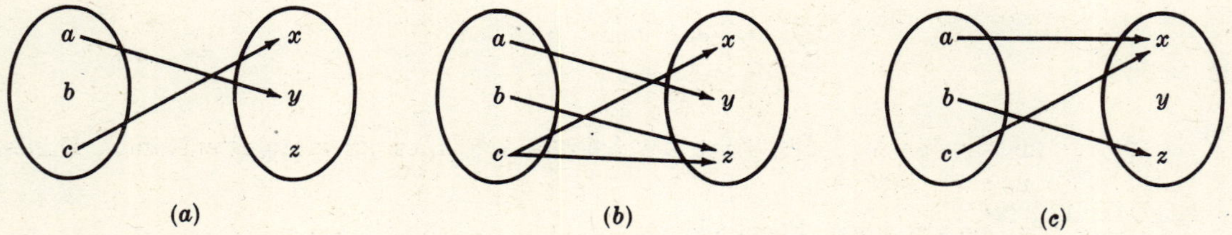

Fig. 3-5

(*a*) Non, car il n'y a pas d'élément lié à $b \in A$.

(*b*) Non, car deux éléments x et z sont liés à $c \in A$.

(*c*) Oui.

3.2 Soient $A = \{1, 2, 3, 4, 5\}$ et la fonction $f : A \to A$ définie par la figure 3-6.

(*a*) Trouver $f(A)$, image de f.

(*b*) Trouver le graphe de f, ensemble de paires ordonnées.

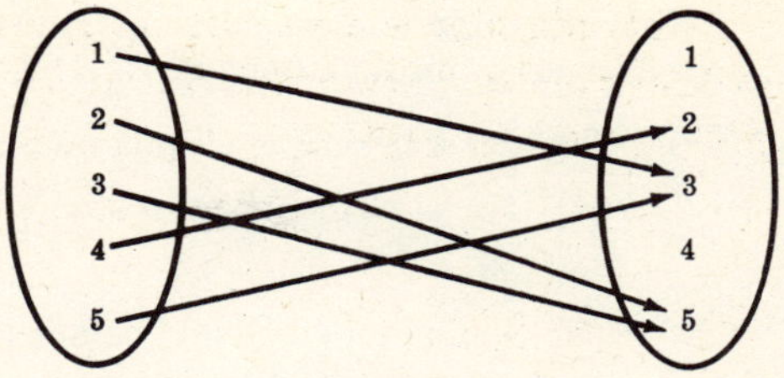

Fig. 3-6

(*a*) L'image $f(A)$ de f est l'ensemble de toutes les images des éléments de A, nous avons donc : $f(A) = \{2, 3, 5\}$.

(*b*) Les couples $(a, f(a))$, avec $a \in A$, forment le graphe de f. Or $f(1) = 3$, $f(2) = 5$, $f(3) = 5$, $f(4) = 2$ et $f(5) = 3$ donc $f = \{(1, 3), (2, 5), (3, 5), (4, 2), (5, 3)\}$.

3.3 Etant donné $X = \{1, 2, 3, 4\}$, dire si les relations ci-dessous sont des fonctions de X dans X.

(*a*) $f = \{(2,3), (1,4), (2,1), (3,2), (4,4)\}$

(*b*) $g = \{(3,1), (4,2), (1,1)\}$

(*c*) $h = \{(2,1), (3,4), (1,4), (2,1), (4,4)\}$

On sait qu'un sous-ensemble f de $X \times X$ est une fonction $f : X \to X$ si et seulement si tout $a \in X$ apparaît en première place dans une paire, et une seule, de f, donc :

(*a*) Non, car il existe deux paires (2, 3) et (2, 1) de f ayant 2 en première place.

(*b*) Non, car l'élément $2 \in X$ n'apparaît dans aucune paire de g.

(*c*) Oui, car, bien que 2 apparaisse dans deux paires, celles-ci sont égales.

3.4 Soit $W = \{a, b, c, d\}$. Dire si les diagrammes dans $W \times W$ de la figure 3-7 sont ceux d'une fonction de W vers W.

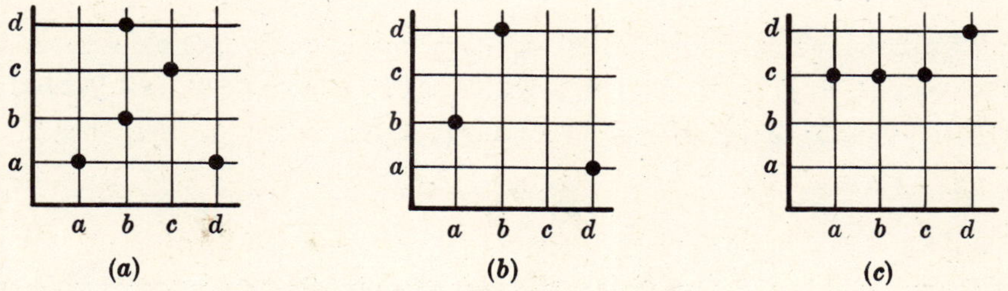

Fig. 3-7

(*a*) Non, car la verticale passant par b compte deux points, autrement dit, il existe deux couples (b, b) et (b, d) ayant b comme première coordonnée.

(*b*) Non, car la verticale passant par c ne compte aucun point, c'est-à-dire que $c \in W$ n'apparaît dans aucune paire en première place.

(*c*) Oui, chaque verticale contient un point, et un seul, de l'ensemble.

3.5 Etant donné l'ensemble A des élèves d'une école, dire si les affirmations suivantes définissent des fonctions sur A.

(*a*) On attribue son âge à chaque élève.

(*b*) On attribue son maître à chaque élève.

(*c*) On attribue son sexe à chaque élève.

(*d*) On attribue son frère (ou sa sœur) à chaque élève.

Une collection d'affirmations est une fonction dans A si et seulement si on attribue à chaque élément de A un élément et un seul, donc :

(a) Oui, car chaque élève a un âge et un seul.

(b) Oui, si chaque élève n'a qu'un maître, non dans le cas contraire.

(c) Oui.

(d) Non, si un élève est l'enfant unique de la famille ou si un élève a plus d'un frère ou d'une sœur.

3.6 (a) Ecrire chacune des fonctions suivantes de **R** dans **R** à l'aide d'une formule :

(i) f attribue à chaque nombre son cube.

(ii) g attribue à chaque nombre la valeur 5.

(iii) h attribue à chaque nombre positif son carré et à chaque nombre négatif ou nul, la valeur 4.

(b) Trouver :

(i) $f(4)$, $f((-2)$, $f(0)$; (ii) $g(4)$, $g(-2)$, $g(0)$;

(iii) $h(4)$, $h(-2)$, $h(0)$

(a) (i) f peut être définie par $f(x) = x^3$.

(ii) On peut définir g par $g(x) = 5$.

(iii) Nous avons deux expressions pour définir h, il s'agit de :

$$h(x) = \begin{cases} x^2 & \text{si } x > 0 \\ 4 & \text{si } x \leq 0 \end{cases}$$

(b) (i) $f(4) = 64$, $f(-2) = -8$, $f(0) = 0$.

(ii) $g(4) = g(-2) = g(0) = 5$.

(iii) si $x > 0$, $h(x) = x^2$ donc $h(4) = 16$, et si $x \leq 0$, $h(x) = 4$, donc $h(-2) = h(0) = 4$.

3.7 Soit la fonction $f : \mathbf{R} \to \mathbf{R}$ définie par $f(x) = x^3$.

(a) Trouver : (i) $f(3)$, (ii) $f(-2)$, (iii) $f(y)$, (iv) $f(y+1)$, (v) $f(x+h)$, (vi) $[f(x+h) - f(x)]/h$.

(b) Tracer f dans le diagramme cartésien de $\mathbf{R} \times \mathbf{R}$.

(a) (i) $f(3) = 3^3 = 27$, (ii) $f(-2) = (-2)^3 = -8$, (iii) $f(y) = (y)^3 = y^3$

(iv) $f(y+1) = (y+1)^3 = y^3 + 3y^2 + 3y + 1$, (v) $f(x+h) = (x+h)^3 = x^3 + 3x^2h + 3xh^2 + h^3$

(vi) $[f(x+h) - f(x)]/h = (x^3 + 3x^2h + 3xh^2 + h^3 - x^3)/h = (3x^2h + 3xh^2 + h^3)/h = 3x^2 + 3xh + h^2$

(b) Puisque f est une fonction polynomiale, on calcule quelques valeurs, on porte les points ainsi définis sur le diagramme et on les relie par une ligne continue (figure 3-8).

x	$f(x)$
−3	−27
−2	−8
−1	−1
0	0
1	1
2	8
3	27

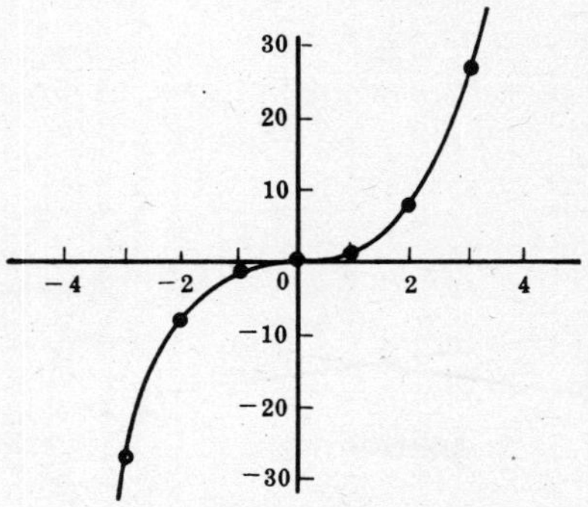

Graphe de $f(x) = x^3$

Fig. 3-8

3.8 Donner l'allure des graphes de :

(a) $f(x) = 3x - 2$, (b) $g(x) = x^2 + x - 6$, (c) $h(x) = x^3 - 3x^2 - x + 3$.

La fonction (a) est linéaire, il suffit de deux points pour définir le graphe, un troisième point est utilisé pour confirmation de la droite. La table des valeurs est établie pour $x = -2$, 0 et 2, on a donc :

$$f(-2) = 3(-2) - 2 = -8 \qquad f(0) = 3(0) - 2 = -2 \qquad f(2) = 3(2) - 2 = 4$$

Le graphe est celui de la figure 3-9.

x	$f(x)$
-2	-8
0	-2
2	4

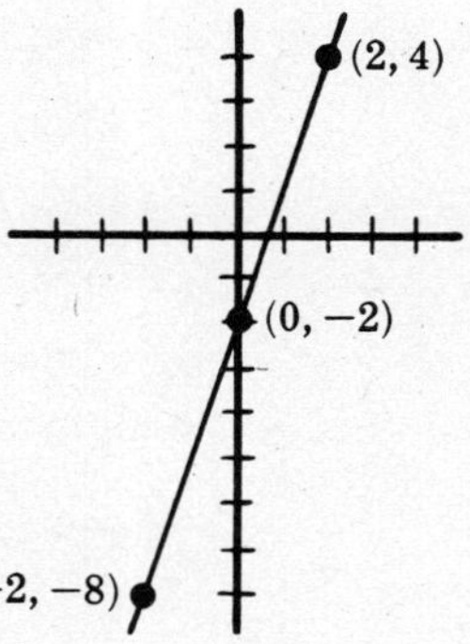

Graphe de f

Fig. 3-9

Nous opérons de même pour les fonctions (b) et (c), mais avec plus de points car elles sont moins simples (figure 3-10).

x	$g(x)$
-4	6
-3	0
-2	-4
-1	-6
0	-6
1	-4
2	0
3	6

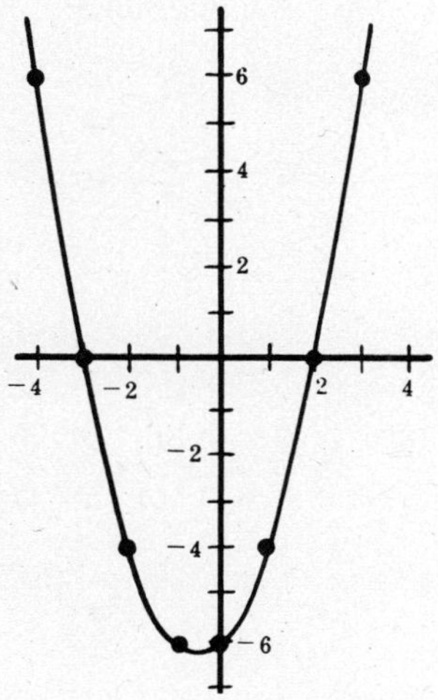

Graphe de g

x	$h(x)$
-2	-15
-1	0
0	3
1	0
2	-3
3	0
4	15

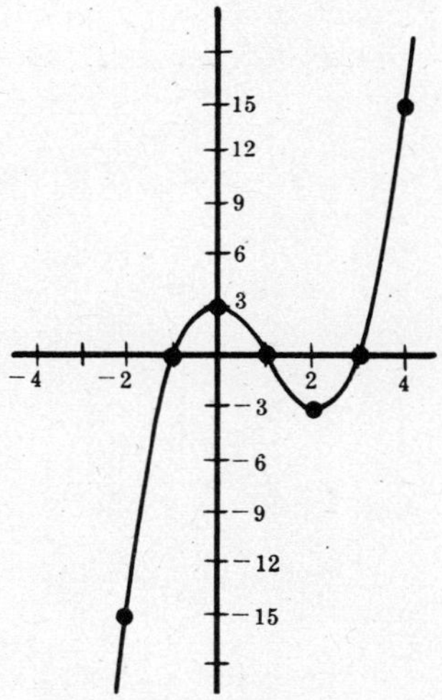

Graphe de h

Fig. 3-10

3.9 Soient les fonctions $f : A \to B$ et $g : B \to C$ définies par le diagramme de la figure 3-11, déterminer la fonction composée $g \circ f : A \to C$.

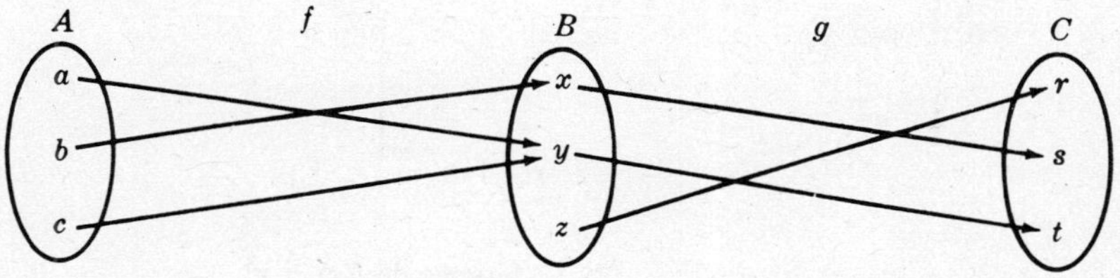

Fig. 3-11

Nous utilisons la définition de la composition de fonctions et obtenons :

$$(g \circ f)(a) = g(f(a)) = g(y) = t$$
$$(g \circ f)(b) = g(f(b)) = g(x) = s$$
$$(g \circ f)(c) = g(f(c)) = g(y) = t$$

Remarquez que nous arrivons au même résultat en «suivant les flèches» du diagramme

$$a \to y \to t, \; b \to x \to s, \; c \to y \to t$$

3.10 Etant données les fonctions f et g définies par $f(x) = 2x + 1$ et $g(x) = x^2 - 2$, trouver la formule de la fonction composée $g \circ f$.

On calcule $(g \circ f)(x) = g(f(x)) = g(2x+1) = (2x+1)^2 - 2 = 4x^2 + 4x - 1$.

Remarquez que l'on peut obtenir le même résultat en écrivant :

$$y = f(x) = 2x + 1 \quad \text{et} \quad z = g(y) = y^2 - 2$$

et en éliminant y :

$$z = y^2 - 2 = (2x+1)^2 - 2 = 4x^2 + 4x - 1$$

INJECTION, SURJECTION ET FONCTIONS INVERSIBLES

3.11 Soient $A = \{a, b, c, d, e\}$, B l'ensemble des lettres de l'alphabet et f, g et h les fonctions de A vers B définies comme suit :

	f		g		h
(*a*)	$a \to r$	(*b*)	$a \to z$	(*c*)	$a \to a$
	$b \to a$		$b \to y$		$b \to c$
	$c \to s$		$c \to x$		$c \to e$
	$d \to r$		$d \to y$		$d \to r$
	$e \to e$		$e \to z$		$e \to s$

Ces fonctions sont-elles injectives ?

Sachant qu'une injection attribue des images distinctes à des éléments distincts du domaine, nous avons :

(*a*) Non, car f attribue r à a et d.

(*b*) Non, car g attribue z à a et e.

(*c*) Oui.

3.12 Dire si les fonctions suivantes sont des injections.

(*a*) A chaque individu du globe on attribue son âge.

(*b*) A chaque pays on attribue la latitude et la longitude de sa capitale.

(*c*) A tout livre écrit par une seule personne on attribue son auteur.

(*d*) A chaque état ayant un premier ministre on attribue ce dernier.

(*a*) Non, car plusieurs personnes ont le même âge.

(*b*) Oui.

(*c*) Non, car il existe plusieurs livres d'un même auteur.

(*d*) Oui, car les différents états ont des premiers ministres différents.

3.13 Etant données les fonctions $f: A \to B$, $g: B \to C$ et $h: C \to D$ définies par le diagramme de la figure 3-12,

(*a*) déterminer si chaque fonction est surjective,

(*b*) trouver la fonction composée $h \circ g \circ f$.

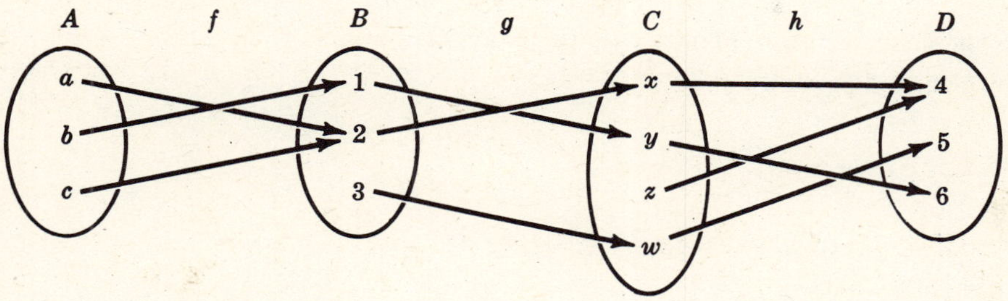

Fig. 3-12

(*a*) La fonction $f: A \to B$ n'est pas surjective car $3 \in B$ n'est l'image d'aucun élément de A.

La fonction $g: B \to C$ n'est pas surjective car $z \in C$ n'est l'image d'aucun élément de B.

La fonction $h: C \to D$ est surjective car chaque élément de D est l'image d'un élément de C.

(*b*) Puisque $a \to 2 \to x \to 4$, $b \to 1 \to y \to 6$, $c \to 2 \to x \to 4$, nous avons $h \circ g \circ f = \{(a,4),(b,6),(c,4)\}$.

3.14 Soient les fonctions $f: A \to B$ et $g: B \to C$, démontrer que :

(*a*) si f et g sont injectives, alors la fonction composée $g \circ f$ est injective;

(*b*) si f et g sont surjectives, alors $g \circ f$ est une surjection.

(*a*) Supposons que $(g \circ f)(x) = (g \circ f)(y)$, alors $g(f(x)) = g(f(y))$ ce qui conduit à $f(x) = f(y)$ puisque g est injective, et f étant également injective, il faut $x = y$; donc $g \circ f$ est une injection.

(*b*) Soit c un élément quelconque de C, puisque g est une surjection, il existe un élément $b \in B$ tel que $g(b)=c$, cet élément est l'image d'un élément de $a \in A$ car f est surjective. On en déduit que :

$$(g \circ f)(a) = g(f(a)) = g(b) = c$$

Ainsi chaque $c \in C$ est l'image d'un élément $a \in A$, $g \circ f$ est donc surjective.

3.15 Etant donnés $W = \{1, 2, 3, 4, 5\}$ et $f: W \to W$, $g: W \to W$ et $h: W \to W$ définies par les diagrammes de la figure 3-13, dire si les fonctions sont inversibles, et dans l'affirmative, trouver leur inverse.

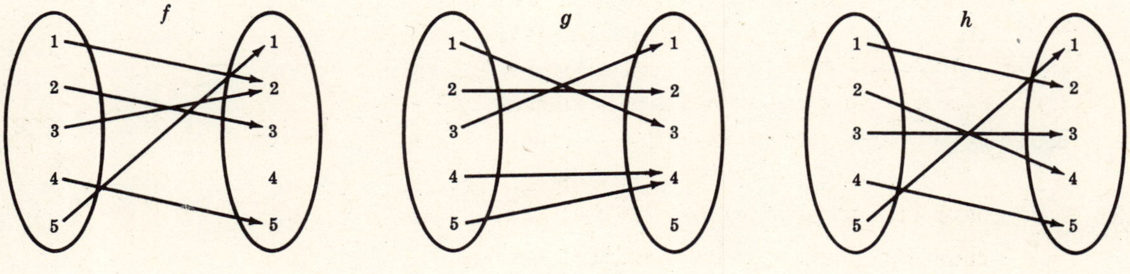

Fig. 3-13

Une fonction est inversible si elle est à la fois injective et surjective. Seule h répond à cette condition, donc h est inversible. Pour trouver h^{-1}, on inverse le sens des flèches du diagramme sagittal ou l'ordre des couples appartenant à h, soit :

$$h = \{(1,2),(2,4),(3,3),(4,5),(5,1)\}$$

donc $$h^{-1} = \{(2,1),(4,2),(3,3),(5,4),(1,5)\}$$

3.16 Soit $f : \mathbf{R} \to \mathbf{R}$ définie par $f(x) = 2x - 3$. Cette fonction étant injective et surjective, trouver son inverse f^{-1}.

Si y est l'image de x par la fonction f, nous avons :

$$y = f(x) = 2x - 3$$

En conséquence, x sera l'image de y par la fonction inverse f^{-1}.

Calculons x à partir de y :

$$x = (y+3)/2$$

donc $$f^{-1}(y) = (y+3)/2.$$

ENSEMBLES INDEXÉS

3.17 Pour chaque entier positif n de $\mathbf{N}$, supposons que D_n soit le sous-ensemble suivant de $\mathbf{N}$:

$$D_n = \{n, 2n, 3n, 4n, \ldots\} = \{\text{multiples de } n\}$$

Trouver : (*a*) $D_3 \cap D_5$ (*d*) $\cup\{D_n : n \in \mathbf{N}\}$

(*b*) $D_4 \cup D_8$ (*e*) $\cap\{D_n : n \in \mathbf{N}\}$

(*c*) $D_3 \cap D_6$ (*f*) $\cup\{D_p : p$ est un nombre premier$\}$

(*a*) $D_3 \cap D_5$ est l'ensemble des multiples de 3 et de 5, c'est-à-dire des multiples de 15, donc $D_3 \cap D_5 = D_{15}$.

(*b*) $D_8 \subset D_4$ car tout multiple de 8 est un multiple de 4, donc $D_4 \cup D_8 = D_4$.

(*c*) $D_6 \subset D_3$ car tout multiple de 6 est un multiple de 3, donc $D_3 \cap D_6 = D_6$.

(*d*) $\cup\{D_n : n \in \mathbf{N}\} = \mathbf{N}$

(*e*) $\cap\{D_n : n \in \mathbf{N}\} = \varnothing$

(*f*) $\cup_p D_p = \{2, 3, ..\} = \mathbf{N}\backslash\{1\}$ car tout entier positif sauf 1 est un multiple d'un nombre premier.

3.18 Démontrer la généralisation suivante de la loi de De Morgan : pour toute famille d'ensembles $\{A_i\}$ nous avons $(\cup_i A_i)^c = \cap_i A_i^c$.

Nous avons : $x \in (\cup_i A_i)^c$ si et seulement si $x \notin \cup_i A_i$

si et seulement si $\forall i \in I,\ x \notin A_i$

si et seulement si $\forall i \in I,\ x \in A_i^c$

si et seulement si $x \in \cap_i A_i^c$

donc, $(\cup_i A_i)^c = \cap_i A_i^c$ (le signe $\forall$ signifie «quel que soit»).

ÉQUIPOTENCE

3.19 Trouver le cardinal des ensembles suivants :

(*a*) $A = \{a, b, c, \ldots, y, z\}$ (*d*) $D = \{10, 20, 30, 40, \ldots\}$

(*b*) $B = \{1, -3, 5, 11, -28\}$ (*e*) $E = \{6, 7, 8, 9, \ldots\}$

(*c*) $C = \{x : x \in \mathbf{N}, x^2 = 5\}$

(*a*) $|A| = 26$ puisqu'il y a 26 lettres dans l'alphabet.

(*b*) $|B| = 5$.

(*c*) $|C| = 0$ puisqu'il n'y a pas d'entier positif dont le carré soit 5. C est vide.

(*d*) $|D| = \aleph_0$ car $f : \mathbf{N} \to D$, définie par $f(n) = 10n$ est une bijection de $\mathbf{N}$ sur D.

(*e*) $|E| = \aleph_0$ car $g : \mathbf{N} \to E$ définie par $g(n) = n + 5$ est une bijection de $\mathbf{N}$ sur E.

3.20 Montrer que l'ensemble $\mathbf{Z}$ des entiers a pour cardinal $\aleph_0$.

Le diagramme ci-dessous présente une correspondance biunivoque entre $\mathbf{N}$ et $\mathbf{Z}$

$$\begin{array}{ccccccccccc} \mathbf{N} & = & 1 & 2 & 3 & 4 & 5 & 6 & 7 & 8 & \ldots \\ & & \downarrow & \downarrow & \downarrow & \downarrow & \downarrow & \downarrow & \downarrow & \downarrow & \\ \mathbf{Z} & = & 0 & 1 & -1 & 2 & -2 & 3 & -3 & 4 & \ldots \end{array}$$

ainsi, la fonction $f : \mathbf{N} \to \mathbf{Z}$ est injective et surjective :

$$f(n) = \begin{cases} n/2 & \text{si } n \text{ est pair} \\ (1-n)/2 & \text{si } n \text{ est impair} \end{cases}$$

En conséquence, $|\mathbf{Z}| = |\mathbf{N}| = \aleph_0$

3.21 Soit A_1, A_2... un nombre dénombrable d'ensembles finis. Démontrer que l'union $E = \cup_i A_i$ est dénombrable.

On établit la liste des éléments de A_1, puis celle des éléments de A_2 qui n'appartiennent pas à A_1, puis celle des éléments de A_3 n'appartenant ni à A_1 ni à A_2, c'est-à-dire ceux qui n'ont pas encore été enregistrés, et ainsi de suite. Puisque les ensembles A_i sont finis, nous pouvons toujours établir la liste des éléments de chacun. Ce processus se déroule donc comme suit.

On définit tout d'abord les ensembles B_1, B_2, ... où B_i contient les éléments de A_i qui n'appartiennent pas aux ensembles précédents, soit :

$$B_1 = A_1 \quad \text{et} \quad B_k = A_k \backslash (A_1 \cup A_2 \cup \ldots \cup A_{k-1})$$

Ainsi les B_i sont disjoints et $E = \cup_i B_i$. Si $b_{i1}, b_{i2}, \ldots, b_{im_i}$ sont les éléments de B_i, alors $E = \{b_{ij}\}$. Supposons que $f : E \to \mathbf{N}$ soit définie comme suit :

$$f(b_{ij}) = m_1 + m_2 + \ldots + m_{i-1} + j$$

Si E est fini, alors il est dénombrable. Si E est infini alors f est une bijection de E sur $\mathbf{N}$, et donc E est dénombrable.

3.22 Démontrer le théorème 3.2 : une union dénombrable d'ensembles dénombrables est dénombrable.

Supposons que A_1, A_2, A_3,... soit une famille dénombrable d'ensembles dénombrables. En particulier, supposons que a_{i1}, a_{i2}, a_{i3},.. soient les éléments de A_i et définissons les ensembles B_2, B_3, B_4,.. comme suit :

$$B_k = \{a_{ij} : i + j = k\}$$

On observe que B_k est fini et que $E = \cup_i A_i = \cup_k B_k$.

En raison de la conclusion du problème précédent, $\cup_k B_k$ est dénombrable, donc $E = \cup_i A_i$ est dénombrable et le théorème démontré.

3.23 Démontrer le théorème 3.3 : l'ensemble I de tous les réels compris entre 0 et 1 inclus n'est pas dénombrable.

L'ensemble I est évidemment infini, puisqu'il contient 1, 1/2, 1/3, etc. Supposons que I soit dénombrable, alors il existe une bijection $f: \mathbf{N} \to I$. Si $f(1) = a_1$, $f(2) = a_2$, ..., alors $I = \{a_1, a_2, a_3, ...\}$. Nous listons les éléments a_1, a_2, ... et donnons leur forme décimale, soit :

$$\begin{aligned} a_1 &= 0{,}x_{11}x_{12}x_{13}x_{14}\ldots \\ a_2 &= 0{,}x_{21}x_{22}x_{23}x_{24}\ldots \\ a_3 &= 0{,}x_{31}x_{32}x_{33}x_{34}\ldots \\ a_4 &= 0{,}x_{41}x_{42}x_{43}x_{44}\ldots \\ &\ldots\ldots\ldots\ldots\ldots\ldots \end{aligned}$$

où $x_{ij} \in \{0, 1, 2, ..., 9\}$.

Soit $b = 0, y_1y_2y_3y_4$ ... le nombre réel obtenu comme suit :

$$y_i = \begin{cases} 1 & \text{si } x_{ii} \neq 1 \\ 2 & \text{si } x_{ii} = 1 \end{cases}$$

alors $b \in I$, mais

$$\begin{array}{lll} b \neq a_1 & \text{car} & y_1 \neq x_{11} \\ b \neq a_2 & \text{car} & y_2 \neq x_{22} \\ b \neq a_3 & \text{car} & y_3 \neq x_{33} \\ \ldots\ldots & & \end{array}$$

donc b n'appartient pas à $I = \{a_1, a_2, ...\}$. Cela contredit le fait que $b \in I$, donc l'hypothèse selon laquelle I est dénombrable est fausse. I n'est pas dénombrable.

PROBLÈMES DIVERS

3.24 Trouver les graphes de la figure 3-14 qui définissent des fonctions de $\mathbf{R}$ vers $\mathbf{R}$.

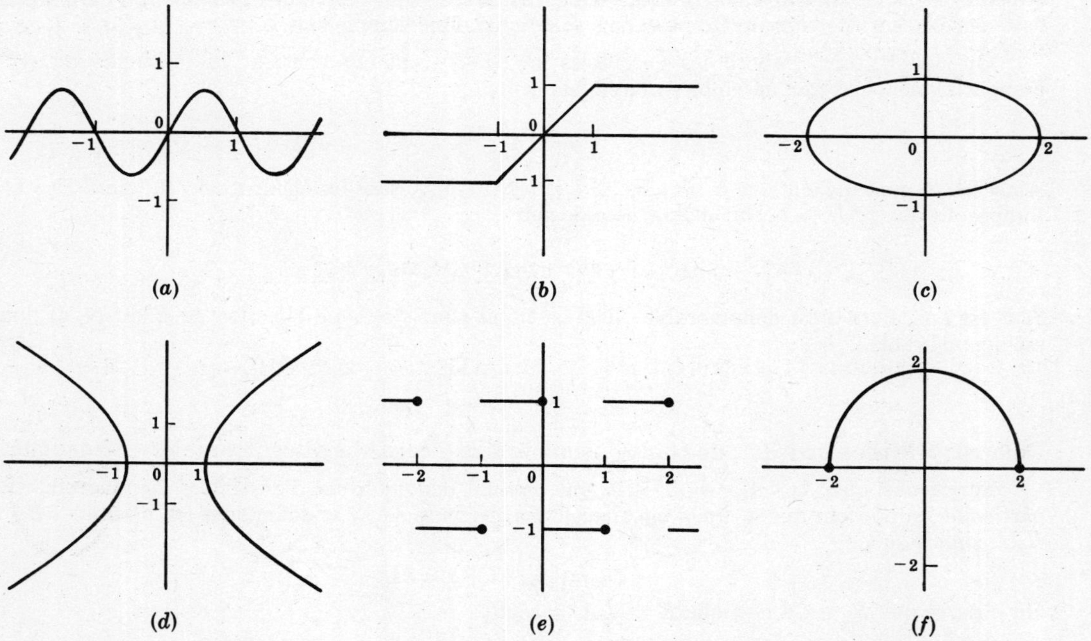

Fig. 3-14

Graphiquement parlant, un ensemble de points dans le diagramme cartésien représente une fonction si et seulement si chaque verticale ne contient qu'un point de l'ensemble. Donc (a) oui, (b) oui, (c) non, (d) non, (e) oui, (f) non, bien que ce graphe définisse une fonction de D vers $\mathbf{R}$ où $D = \{x : -2 \leq x \leq 2\}$

3.25 Trouver le domaine D de chacune des valeurs réelles des fonctions de variables réelles suivantes :

(*a*) $f(x) = 1/(x-2)$ (*c*) $f(x) = \sqrt{25-x^2}$

(*b*) $f(x) = x^2 - 3x - 4$ (*d*) $f(x) = x^2$ où $0 \leqq x \leqq 2$

Quand une valeur réelle d'une fonction de variable réelle est exprimée par la formule $f(x)$, le domaine D est un grand sous-ensemble de $\mathbf{R}$ dans lequel $f(x)$ a un sens et est réelle, sauf indication contraire.

(*a*) f n'est pas définie pour $x - 2 = 0$, donc pour $x = 2$; ainsi $D = \mathbf{R} \setminus \{2\}$

(*b*) f est définie pour tout réel donc $D = \mathbf{R}$

(*c*) f n'est pas définie quand $25 - x^2$ est négatif, donc

$$D = [-5, 5] = \{x : -5 \leq x \leq 5\}$$

(*d*) Quoique la formule de f ait un sens pour tout réel, le domaine de f est précisé, à savoir $D = \{x : 0 \leq x \leq 2\}$.

3.26 Une relation d'inégalité est définie entre cardinaux comme suit : pour tout ensemble A et B, nous disons que $|A| \leq |B|$ s'il existe une fonction injective $f: A \to B$. Nous écrivons également $|A| < |B|$ si $|A| \leq |B|$ mais $|A| \neq |B|$. Démontrer le théorème de Cantor : pour tout ensemble A, nous avons $|A| < |\mathrm{P}(A)|$. (Rappel : $\mathrm{P}(A)$ est la famille des parties de A, c'est-à-dire l'ensemble de tous les sous-ensembles de A.)

La fonction $g : A \to P(A)$ qui à chaque a de A attribue un ensemble constitué uniquement de a, soit $g(a) = \{a\}$ est évidemment une injection, donc $|A| \leq |P(A)|$.

Si nous démontrons que $|A| \neq |P(A)|$, nous aurons prouvé le théorème.

Supposons au contraire que $|A| = |P(A)|$, et que la fonction $f : A \to P(A)$ soit une bijection. Soient $a \in A$ un «mauvais» élément si $a \notin f(a)$ et B l'ensemble des «mauvais» éléments, en d'autres termes :

$$B = \{x : x \in A,\ x \notin f(x)\}$$

B est un sous-ensemble de A. Puisque $f: A \to P(A)$ est une surjection, il existe un élément $b \in A$ tel que $f(b) = B$. b est-il un «bon» ou un «mauvais» élément ? Si $b \in B$, alors en raison de la définition de B : $b \notin f(b) = B$, ce qui est impossible. Dans le cas contraire, si $b \notin B$, alors $b \in f(b) = B$ ce qui est également impossible. Ainsi, l'hypothèse de départ $|A| = |P(A)|$ conduit à une contradiction, donc cette hypothèse est fausse et le théorème vrai.

Problèmes supplémentaires

FONCTIONS

3.27 Dire si les diagrammes de la figure 3-15 définissent des fonctions de $\{1, 2, 3\}$ vers $\{4, 5, 6\}$.

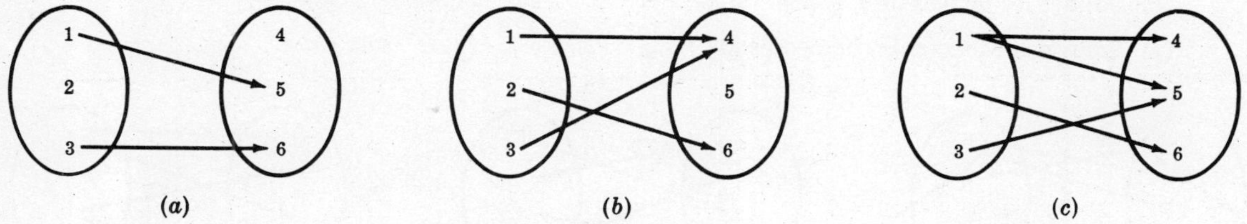

Fig. 3-15

3.28 Définir chaque fonction de $\mathbf{R}$ vers $\mathbf{R}$ par une formule :

(*a*) A chaque nombre, f attribue son carré plus 3.

(*b*) A chaque nombre, g attribue son cube augmenté du double du nombre.

(*c*) A tout nombre supérieur ou égal à 3, h attribue son carré, et à tout nombre inférieur à 3, h attribue la valeur -2.

3.29 Déterminer le nombre de fonctions différentes de $\{a, b\}$ vers $\{1, 2, 3\}$.

3.30 Etant donné $g : \mathbf{R} \to \mathbf{R}$ définie par $g(x) = \begin{cases} x^2 - 3x & \text{si } x \geq 2 \\ x + 2 & \text{si } x < 2, \end{cases}$ trouver $g(5)$, $g(0)$ et $g(-2)$.

3.31 Soit $W = a, b, c, d$, dire quels sont les ensembles de paires ordonnées qui définissent des fonction de W vers W

(*a*) $\{(b, a), (c, d), (d, a), (c, d), (a, d)\}$
(*b*) $\{(d, d), (c, a), (a, b), (d, b)\}$
(*c*) $\{(a, b), (b, b), (c, b), (d, b)\}$
(*d*) $\{(a, a), (b, a), (a, b), (c, d)\}$

3.32 Supposons que la fonction g attribue à chaque nom de l'ensemble {Berthe, Martin, David, Alain, Rebecca} le nombre de lettres différentes nécessaires à son écriture. Trouver le graphe de g, c'est-à-dire écrire g comme un ensemble de couples.

3.33 Etant donnés $W = \{1, 2, 3, 4\}$ et $g : W \to W$ définie par la figure 3-16; (*a*) écrire g comme un ensemble de paires ordonnées; (*b*) trouver l'image de g; (*c*) écrire la fonction composée $g \circ g$ comme un ensemble de couples.

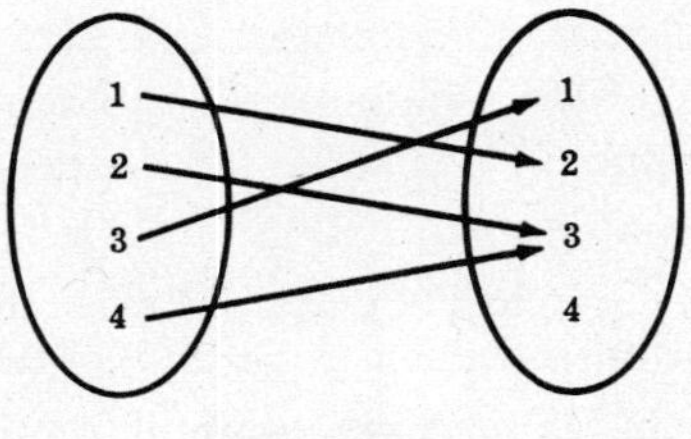

Fig. 3-16

3.34 Soit $V = \{1,2,3,4\}$. Dire quels sont les diagrammes de la figure 3-17 qui représentent des fonctions de V vers V.

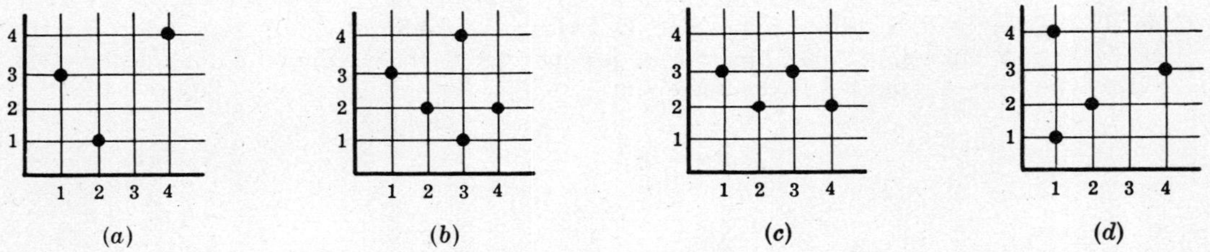

3.35 Les diagrammes de la figure 3-18 définissent les fonctions f, g et h de l'ensemble $\{1,2,3,4\}$ vers lui-même.

(*a*) Donner les images de f, g et h.

(*b*) Trouver les fonctions composées (1) $f \circ g$, (2) $h \circ f$, (3) g^2, soit $g \circ g$.

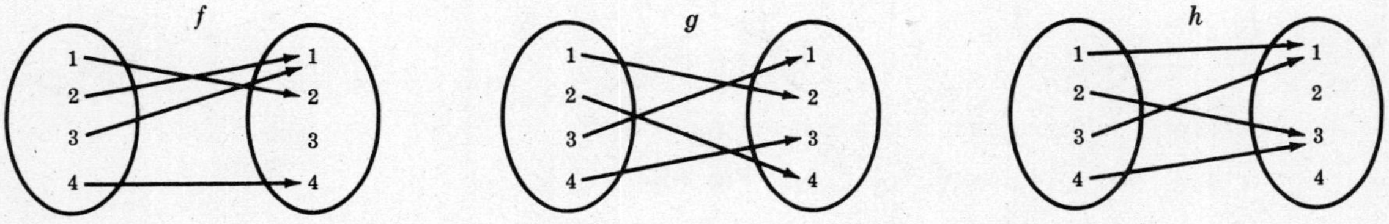

Fig. 3-18

3.36 Etant donné les fonctions $f(x) = x^2 + 3x + 1$ et $g(x) = 2x - 3$, trouver les formules des fonctions composées (a) $f \circ g$, (b) $g \circ f$.

INJECTION, SURJECTION ET FONCTIONS INVERSIBLES

3.37 Quelles fonctions, s'il y en a, du problème 3.35 sont (*a*) injectives, (*b*) surjectives ?

3.38 Soit $f : \mathbf{R} \to \mathbf{R}$ définie par $f(x) = 3x - 7$. Trouver la formule de la fonction inverse $f^{-1} : \mathbf{R} \to \mathbf{R}$.

3.39 Etant donnée $g : \mathbf{R} \to \mathbf{R}$, définie par $g(x) = x^3 + 2$, trouver la formule de la fonction inverse $g^{-1} : \mathbf{R} \to \mathbf{R}$.

3.40 Démontrer que si $f : A \to B$ et $g : B \to A$ satisfont à $g \circ f = I_A$, alors f est une injection et g une surjection.

3.41 Démontrer le théorème 3.1 : une fonction $f : A \to B$ est inversible si et seulement si elle est bijective (injective et surjective).

3.42 Démontrer que si $f : A \to B$ est inversible, nous avons $f^{-1} \circ f = I_A$ et $f \circ f^{-1} = I_B$, où f^{-1} représente la fonction inverse de $f : B \to A$.

ENSEMBLES INDEXÉS

3.43 Pour tout entier positif n de $\mathbf{N}$ supposons que D_n soit le sous-ensemble suivant de $\mathbf{N}$: $D_n = \{n, 2n, 3n, 4n, ...\} = \{\text{multiples de } n\}$.

(*a*) Trouver : (1) $D_2 \cap D_7$, (2) $D_6 \cap D_8$, (3) $D_3 \cup D_{12}$, (4) $D_3 \cap D_{12}$

(*b*) Démontrer que $\cap(D_i : i \in J) = \varnothing$, où J est un sous-ensemble infini de $\mathbf{N}$.

3.44 Pour tout entier positif n de $\mathbf{N}$, supposons que A_n soit le sous-ensemble suivant des nombres réels $\mathbf{R}$

$$A_n = (0, 1/n) = \{x : 0 < x < 1/n\}$$

Trouver (*a*) $A_5 \cup A_8$ (*d*) $\cap(A_i : i \in J)$

(*b*) $A_3 \cap A_7$ (*e*) $\cup(A_i : i \in K)$

(*c*) $\cup(A_i : i \in J)$ (*f*) $\cap(A_i : i \in K)$

où J est un sous-ensemble fini de $\mathbf{N}$ et K un sous-ensemble infini de $\mathbf{N}$.

3.45 Etant donnés une famille d'ensembles indexés $\{A_i : i \in I\}$, un ensemble B et un indice i_0 de I, démontrer que :

(*a*) $B \cap (\cup_i A_i) = \cup_i (B \cap A_i)$

(*b*) $\cap(A_i : i \in I) \subset A_{i_0} \subset \cup(A_i : i \in I)$

CARDINAUX

3.46 Trouver le cardinal de chacun des ensembles suivants :

(*a*) {lundi, mardi, ..., dimanche}

(*b*) $\{x : x$ est une lettre du mot «MATHEMATIQUES»$\}$

(*c*) $\{x : x^2 = 9, 2x = 8\}$

(*d*) la famille des parties $P(A)$ de $A = \{1, 3, 7, 11\}$

(*e*) l'ensemble des fonctions de $A = \{a, b, c\}$ vers $B = \{1, 2, 3, 4\}$

(*f*) l'ensemble des relations dans $A = \{a, b, c\}$

3.47 La figure 3-19 donne les éléments de $\mathbf{N} \times \mathbf{N}$. Montrer que ce listage est équivalent à la fonction $f : \mathbf{N} \times \mathbf{N} \to \mathbf{N}$ définie par

$$f(r, s) = 1 + 2 + \cdots + (r + s - 2) + s = \tfrac{1}{2}(r + s - 2)(r + s - 1) + s$$

et montrer que f est injective et surjective, donc $|\mathbf{N} \times \mathbf{N}| = \aleph_0$

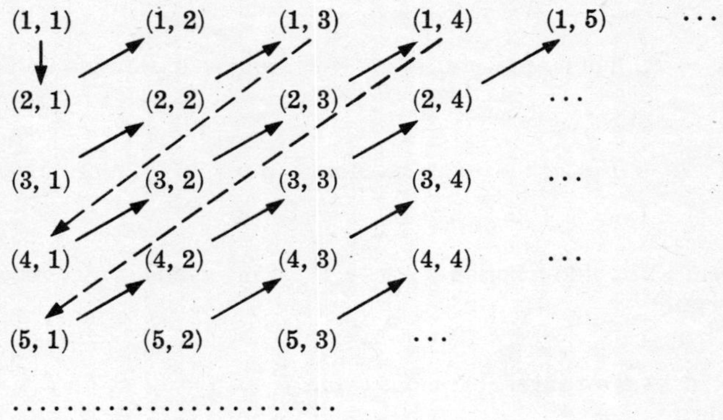

Fig. 3-19

3.48 Démontrer que (*a*) $|A \times B| = |B \times A|$, (*b*) Si $A \subset B$ alors $|A| \leq |B|$, (*c*) si $|A| = |B|$ alors $|P(A)| = |P(B)|$.

3.49 Démontrer que :

(*a*) tout ensemble infini A a un sous-ensemble dénombrable D;

(*b*) tout sous-ensemble d'un ensemble dénombrable est fini ou dénombrable;

(*c*) si A et B sont dénombrables, alors $A \times B$ est dénombrable;

(*d*) l'ensemble $\mathbf{Q}$ des nombres rationnels est dénombrable.

PROBLÈMES DIVERS

3.50 Trouver le domaine D des fonctions réelles de variables réelles suivantes (voir le problème 3.25).

(*a*) $f(x) = 1/(x + 3)$ (*c*) $f(x) = \sqrt{16 - x^2}$

(*b*) $f(x) = 1/(x - 3)$ où $x > 0$ (*d*) $f(x) = \log(x + 3)$

3.51 Donner l'allure des graphiques de chacune des fonctions suivantes :

(*a*) $f(x) = \frac{1}{2}x - 1$, (*b*) $g(x) = x^3 - 3x + 2$, (*c*) $h(x) = \begin{cases} 0 & \text{si } x = 0 \\ 1/x & \text{si } x \neq 0 \end{cases}$

PROBLÈMES A PROGRAMMER SUR ORDINATEUR

Une relation f sur l'ensemble $D = \{1, 2, 3, 4, 5, 6\}$ contient six éléments. Les données à traiter sont les six éléments, autrement dit, des paires de nombres entiers.

3.52 Ecrire le programme qui décide si f est ou non une fonction. Tester le programme avec la relation :

(i) $f = \{(1, 3,)\ (4, 3,)\ (2, 4,)\ (6, 3), (3, 6), (5, 6)\}$

(ii) $f = \{(1, 3), (2, 4), (6, 3), (4, 4), (2, 2), (5, 3)\}$

3.53 Etant donnée une fonction f, écrire le programme qui (*a*) imprime $\mathrm{Im}(f)$, (*b*) imprime $f \circ f = f^2$, (*c*) décide si f est injective ou non. Tester le programme avec la relation :

(i) $f = \{(1, 4), (4, 3), (2, 3), (6, 5), (3, 4), (5, 6)\}$

(ii) $f = \{(1, 5), (2, 3), (6, 4), (4, 1), (3, 2), (5, 1)\}$

Réponses aux problèmes supplémentaires

3.27 (a) non, (b) oui, (c) non

3.28 (a) $f(x) = x^2 + 3$, (b) $g(x) = x^3 + 2x$, (c) $h(x) = \begin{cases} x^2 & \text{if } x \geqq 3 \\ -2 & \text{if } x < 3 \end{cases}$

3.29 Neuf

3.30 $g(5) = 10$, $g(0) = 2$, $g(-2) = 0$

3.31 (a) oui, (b) non, (c) oui, (d) non

3.32 g = {(Berthe, 5),(Martin, 6),(David, 4),(Alain, 4),(Rebecca, 5)}

3.33 (a) $g = \{(1,2), (2,3), (3,1), (4,3)\}$, ($b$) $\{1,2,3\}$, (c) $g \circ g = \{(1,3), (2,1), (3,2), (4,1)\}$

3.34 (a) non, (b) non, (c) oui, (d) non

3.35 (a) $\text{Im}(f) = \{1,2,4\}$, $\text{Im}(g) = \{1,2,3,4\}$, $\text{Im}(h) = \{1,3\}$

(b)

x	$(f \circ g)(x)$	$(h \circ f)(x)$	$g^2(x)$
1	1	3	4
2	4	1	3
3	2	1	2
4	1	3	1

3.36 (a) $(f \circ g)(x) = 4x^2 - 6x + 1$ (b) $(g \circ f)(x) = 2x^2 + 6x - 1$

3.37 (a) seule g est injective, (b) seule g est surjective

3.38 $f^{-1}(x) = (x + 7)/3$

3.39 $g^{-1}(x) = \sqrt[3]{x - 2}$

3.43 (1) D_{14}, (2) D_{24}, (3) D_3, (4) D_{12}

3.44 (a) A_5

(b) A_7

(c) A_r où r est le plus petit entier de J

(d) A_s où s est le plus grand entier de J

(e) A_r où r est le plus petit entier de K

(f) $\varnothing$

3.46 (a) 7, (b) 9, (c) 0, (d) 16, (e) $4^3 = 64$, (f) $2^9 = 512$

3.50 (a) $\mathbf{R} \setminus \{-3\}$, ($b$) $\{x : x > 0, x \neq 3\}$, (c) $-4 \leqq x \leqq 4$, (d) $x > -3$

3.51 (*a*)

x	$f(x)$
-2	-2
0	-1
2	0

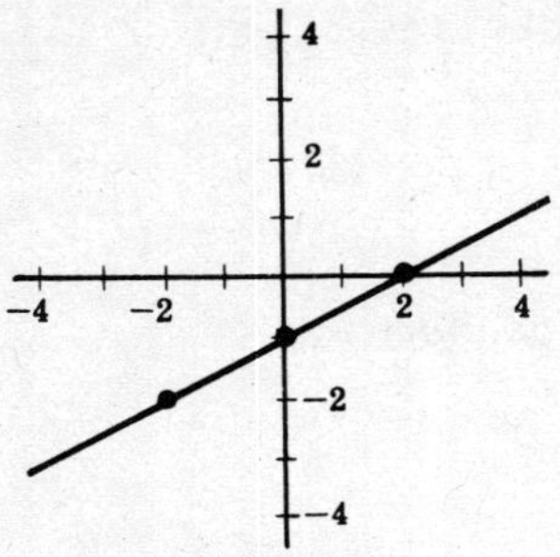

Graphe de f

Fig. 3-20

(*b*)

x	$g(x)$
-3	-16
-2	0
-1	4
0	2
1	0
2	4
3	20

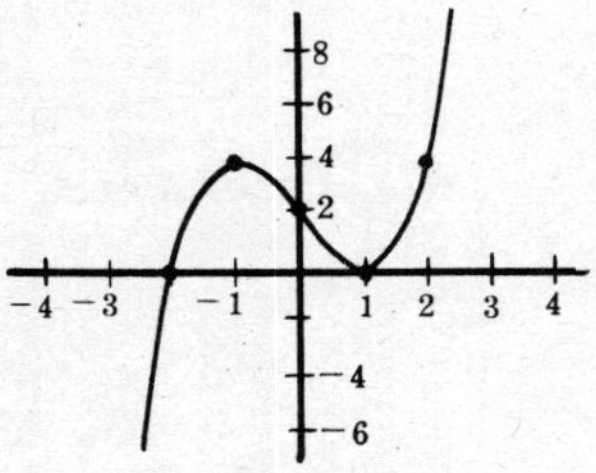

Graphe de g

Fig. 3-21

(*c*)

x	$h(x)$
4	$\frac{1}{4}$
2	$\frac{1}{2}$
1	1
$\frac{1}{2}$	2
$\frac{1}{4}$	4
0	0
$-\frac{1}{4}$	-4
$-\frac{1}{2}$	-2
-1	-1
-2	$-\frac{1}{2}$
-4	$-\frac{1}{4}$

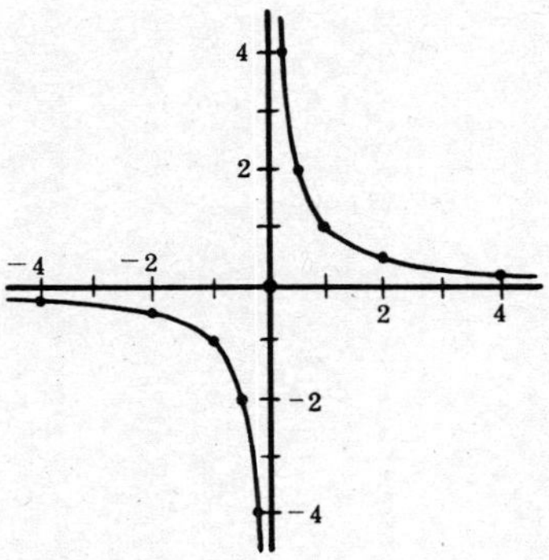

Graphe de h

Fig. 3-22

Chapitre 4

Vecteurs et matrices

4.1 INTRODUCTION

Les données sont généralement présentées en tableaux, c'est-à-dire en ensembles d'éléments simplement ou doublement indicés. Un tableau à une dimension - il n'y a qu'un indice - est un *vecteur*, un tableau à deux dimensions une *matrice*. De sorte que les vecteurs peuvent être considérés comme des matrices particulières.

Au cours de ce chapitre, nous étudierons les propriétés fondamentales des vecteurs et matrices dont les coefficients sont des nombres réels. Dans ce contexte, les nombres réels sont appelés *scalaires.*

4.2 VECTEURS

Un vecteur u est une liste ou n-uple de nombres :

$$u = (u_1, u_2, ..., u_n)$$

Les nombres u_n sont les *composantes* du vecteur u. On appelle *vecteur nul*, représenté par 0, un vecteur dont toutes les composantes sont égales à zéro. Deux vecteurs u et v sont *égaux*, noté $u = v$, s'ils ont le même nombre de composantes et si ces dernières sont respectivement égales.

La *somme* de deux vecteurs u et v ayant même nombre de composantes, notée $u + v$, est un vecteur dont les composantes sont les sommes des composantes respectives de u et v :

$$\begin{aligned} u + v &= (u_1, u_2, \dots, u_n) + (v_1, v_2, \dots, v_n) \\ &= (u_1 + v_1, u_2 + v_2, \dots, u_n + v_n) \end{aligned}$$

Le *produit* d'un vecteur u par un scalaire k, noté $k \cdot u$ ou ku, est un vecteur dont les composantes sont celles de u multipliées chacune par k

$$k \cdot u = k(u_1, u_2, \dots, u_n) = (ku_1, ku_2, \dots, ku_n)$$

On définit également

$$-u = -1 \cdot u \qquad \text{et} \qquad u - v = u + (-v)$$

Le *produit scalaire*, ou *produit intérieur*, de deux vecteurs $u = (u_1, u_2, .., u_n)$ et $v = (v_1, v_2, .., v_n)$ est défini par :

$$u \cdot v = u_1v_1 + u_2v_2 + \cdots + u_nv_n$$

et la *norme*, ou *longueur* de u est donnée par :

$$\|u\| = \sqrt{u \cdot u} = \sqrt{u_1^2 + u_2^2 + \cdots + u_n^2}$$

On remarque que $\|u\| = 0$ si et seulement si $u = 0$.

EXEMPLE 4.1. Etant donné $u = (2, 3, -4)$ et $v = (1, -5, 8)$, nous avons :

$$\begin{aligned}
u + v &= (2+1, 3-5, -4+8) = (3, -2, 4) \\
5u &= (5 \cdot 2, 5 \cdot 3, 5 \cdot (-4)) = (10, 15, -20) \\
-v &= -1 \cdot (1, -5, 8) = (-1, 5, -8) \\
2u - 3v &= (4, 6, -8) + (-3, 15, -24) = (1, 21, -32) \\
u \cdot v &= 2 \cdot 1 + 3 \cdot (-5) + (-4) \cdot 8 = 2 - 15 - 32 = -45 \\
\|u\| &= \sqrt{2^2 + 3^2 + (-4)^2} = \sqrt{4 + 9 + 16} = \sqrt{29}
\end{aligned}$$

L'addition de vecteurs et le produit d'un vecteur par un scalaire présentent certaines propriétés, telles que

$$k(u + v) = ku + kv$$

où k est un scalaire, u et v des vecteurs, propriétés qui seront développées par le théorème 4.1 (section 4.4), puisque les vecteurs sont des matrices particulières.

4.3 MATRICES

Une matrice A est un tableau rectangulaire de nombres :

$$A = \begin{pmatrix} a_{11} & a_{12} & \ldots & a_{1n} \\ a_{21} & a_{22} & \ldots & a_{2n} \\ \cdots & \cdots & \cdots & \cdots \\ a_{m1} & a_{m2} & \ldots & a_{mn} \end{pmatrix}$$

Les m n-uples horizontaux

$$(a_{11}, a_{12}, \ldots, a_{1n}), (a_{21}, a_{22}, \ldots, a_{2n}), \ldots, (a_{m1}, a_{m2}, \ldots, a_{mn})$$

sont les *lignes* de A, et les n m-uples verticaux

$$\begin{pmatrix} a_{11} \\ a_{21} \\ \cdots \\ a_{m1} \end{pmatrix}, \begin{pmatrix} a_{12} \\ a_{22} \\ \cdots \\ a_{m2} \end{pmatrix}, \ldots, \begin{pmatrix} a_{1n} \\ a_{2n} \\ \cdots \\ a_{mn} \end{pmatrix}$$

ses *colonnes*. Le nombre a_{ij} est le *coefficient* de la matrice situé dans la i-ième ligne et la j-ième colonne. On écrit fréquemment $A = (a_{ij})$.

Une matrice constituée de m lignes et n colonnes est une matrice m par n, notée $m \times n$. Les deux nombres m et n sont les *dimensions* de la matrice. Deux matrices A et B sont *égales* si elles ont mêmes dimensions, et si leurs coefficients correspondants sont égaux, on écrit $A = B$.

Une matrice uniligne est parfois appelée *vecteur ligne*, et une matrice unicolonne, *vecteur colonne*. Une matrice dont tous les coefficients sont nuls est une *matrice zéro* notée 0.

EXEMPLE 4.2.

(*a*) Le tableau rectangulaire $\begin{pmatrix} 1 & -3 & 4 \\ 0 & 5 & -2 \end{pmatrix}$ est une matrice 2×3. Ses lignes sont $(1, -3, 4)$ et $(0, 5, -2)$ et ses colonnes sont $\begin{pmatrix} 1 \\ 0 \end{pmatrix}$, $\begin{pmatrix} -3 \\ 5 \end{pmatrix}$ et $\begin{pmatrix} 4 \\ -2 \end{pmatrix}$.

(*b*) La matrice zéro 2×4 est

$$\begin{pmatrix} 0 & 0 & 0 & 0 \\ 0 & 0 & 0 & 0 \end{pmatrix}$$

(*c*) L'énoncé

$$\begin{pmatrix} x+y & 2z+w \\ x-y & z-w \end{pmatrix} = \begin{pmatrix} 3 & 5 \\ 1 & 4 \end{pmatrix}$$

est équivalent au système d'équations

$$\begin{cases} x+y = 3 \\ x-y = 1 \\ 2z+w = 5 \\ z-w = 4 \end{cases}$$

dont la solution est $x = 2$, $y = 1$, $z = 3$ et $w = -1$.

4.4 ADDITION DE MATRICES, PRODUIT PAR UN SCALAIRE

Soient A et B deux matrices de mêmes dimensions, c'est-à-dire ayant même nombre de lignes et même nombre de colonnes. La somme de A et de B, notée $A + B$, est obtenue en additionnant les coefficients de A aux coefficients correspondants de B :

$$\begin{pmatrix} a_{11} & a_{12} & \dots & a_{1n} \\ a_{21} & a_{22} & \dots & a_{2n} \\ \dots & \dots & \dots & \dots \\ a_{m1} & a_{m2} & \dots & a_{mn} \end{pmatrix} + \begin{pmatrix} b_{11} & b_{12} & \dots & b_{1n} \\ b_{21} & b_{22} & \dots & b_{2n} \\ \dots & \dots & \dots & \dots \\ b_{m1} & b_{m2} & \dots & b_{mn} \end{pmatrix} = \begin{pmatrix} a_{11}+b_{11} & a_{12}+b_{12} & \dots & a_{1n}+b_{1n} \\ a_{21}+b_{21} & a_{22}+b_{22} & \dots & a_{2n}+b_{2n} \\ \dots & \dots & \dots & \dots \\ a_{m1}+b_{m1} & a_{m2}+b_{m2} & \dots & a_{mn}+b_{mn} \end{pmatrix}$$

On observe que les dimensions de $A + B$ sont les mêmes que celles de A et B. La somme de matrices de dimensions différentes n'est pas définie.

Le produit d'une matrice A par un scalaire k est la matrice obtenue en multipliant chaque coefficient de A par k, soit :

$$k\begin{pmatrix} a_{11} & a_{12} & \dots & a_{1n} \\ a_{21} & a_{22} & \dots & a_{2n} \\ \dots & \dots & \dots & \dots \\ a_{m1} & a_{m2} & \dots & a_{mn} \end{pmatrix} = \begin{pmatrix} ka_{11} & ka_{12} & \dots & ka_{1n} \\ ka_{21} & ka_{22} & \dots & ka_{2n} \\ \dots & \dots & \dots & \dots \\ ka_{m1} & ka_{m2} & \dots & ka_{mn} \end{pmatrix}$$

On remarque que A et kA ont mêmes dimensions. On définit également :

$$-A = (-1)A \quad \text{and} \quad A - B = A + (-B)$$

La matrice $-A$ est la matrice *opposée* de A.

EXEMPLE 4.3.

(*a*) $$\begin{pmatrix} 1 & -2 & 3 \\ 0 & 4 & 5 \end{pmatrix} + \begin{pmatrix} 3 & 0 & -6 \\ 2 & -3 & 1 \end{pmatrix} = \begin{pmatrix} 1+3 & -2+0 & 3+(-6) \\ 0+2 & 4+(-3) & 5+1 \end{pmatrix} = \begin{pmatrix} 4 & -2 & -3 \\ 2 & 1 & 6 \end{pmatrix}$$

(*b*) $$3\begin{pmatrix} 1 & -2 & 0 \\ 4 & 3 & -5 \end{pmatrix} = \begin{pmatrix} 3\cdot 1 & 3\cdot(-2) & 3\cdot 0 \\ 3\cdot 4 & 3\cdot 3 & 3\cdot(-5) \end{pmatrix} = \begin{pmatrix} 3 & -6 & 0 \\ 12 & 9 & -15 \end{pmatrix}$$

(*c*) $$2\begin{pmatrix} 3 & -1 \\ 4 & 6 \end{pmatrix} - 5\begin{pmatrix} 0 & 2 \\ 1 & -3 \end{pmatrix} = \begin{pmatrix} 6 & -2 \\ 8 & 12 \end{pmatrix} + \begin{pmatrix} 0 & -10 \\ -5 & 15 \end{pmatrix} = \begin{pmatrix} 6 & -12 \\ 3 & 27 \end{pmatrix}$$

L'addition de matrices et le produit par un scalaire ont les propriétés suivantes :

Théorème 4.1 Soient A, B et C des matrices de mêmes dimensions et k et k' deux scalaires, alors :

(i) $(A + B) + C = A + (B + C)$: l'addition est associative,

(ii) $A + B = B + A$: l'addition est commutative,

(iii) $A + 0 = 0 + A = A$,

(iv) $A + (-A) = (-A) + A = 0$,

(v) $k(A + B) = kA + kB$: le produit par un scalaire est distributif par rapport à l'addition,

(vi) $(k + k')A = kA + k'A$,

(vii) $(kk')A = k(k'A)$,

(viii) $1A = A$.

Puisqu'un vecteur de n composantes peut être assimilé à une matrice $1 \times n$ ou $n \times 1$, ce théorème s'applique également aux vecteurs.

4.5 SYMBOLE DE SOMMATION

Avant de définir le produit de matrices, il est nécessaire d'introduire le *symbole de sommation* Σ (la lettre grecque majuscule, sigma).

Supposons que $f(k)$ soit une expression algébrique concernant la variable k. L'expression

$$\sum_{k=1}^{n} f(k)$$

a le sens suivant. Tout d'abord pour $k = 1$ nous avons

$$f(1)$$

puis pour $k = 2$, nous obtenons

$$f(1) + f(2)$$

pour $k = 3$,

$$f(1) + f(2) + f(3)$$

et ainsi de suite jusqu'à $k = n$, soit :

$$f(1) + f(2) + f(3) + ... + f(n-1) + f(n)$$

Observons qu'à chaque étape nous incrémentons k de 1.

On peut, bien entendu, généraliser cette définition pour obtenir la somme des valeurs de $f(k)$ pour k compris entre n_1 et n_2 avec $n_1 \leq n_2$, ce qui donne :

$$\sum_{k=n_1}^{n_2} f(k) = f(n_1) + f(n_1+1) + f(n_1+2) + \cdots + f(n_2)$$

Ainsi, nous avons par exemple :

$$\sum_{k=1}^{5} x_k = x_1 + x_2 + x_3 + x_4 + x_5$$

$$\sum_{i=1}^{n} a_i b_i = a_1b_1 + a_2b_2 + \cdots + a_nb_n$$

$$\sum_{j=2}^{5} j^2 = 2^2 + 3^2 + 4^2 + 5^2 = 4 + 9 + 16 + 25 = 54$$

$$\sum_{i=0}^{n} a_i x^i = a_0 + a_1x + a_2x^2 + \cdots + a_nx^n$$

$$\sum_{k=1}^{p} a_{ik} b_{kj} = a_{i1}b_{1j} + a_{i2}b_{2j} + a_{i3}b_{3j} + \cdots + a_{ip}b_{pj}$$

4.6 MULTIPLICATION MATRICIELLE

Etant données deux matrices A et B, telles que le nombre de colonnes de A est égal au nombre de lignes de B, c'est-à-dire que A est une matrice $m \times p$ et B une matrice $p \times n$. Le produit de A par B, noté AB, est une matrice $m \times n$, dont le coefficient ij est la somme des produits des coefficients de la i-ième ligne de A par les coefficients de la j-ième colonne de B :

$$\begin{pmatrix} a_{11} & \dots & a_{1p} \\ \cdot & \dots & \cdot \\ a_{i1} & \dots & a_{ip} \\ \cdot & \dots & \cdot \\ a_{m1} & \dots & a_{mp} \end{pmatrix} \begin{pmatrix} b_{11} & \dots & b_{1j} & \dots & b_{1n} \\ \cdot & \dots & \cdot & \dots & \cdot \\ \cdot & \dots & \cdot & \dots & \cdot \\ \cdot & \dots & \cdot & \dots & \cdot \\ b_{p1} & \dots & b_{pj} & \dots & b_{pn} \end{pmatrix} = \begin{pmatrix} c_{11} & \dots & c_{1n} \\ \cdot & \dots & \cdot \\ \cdot & c_{ij} & \cdot \\ \cdot & \dots & \cdot \\ c_{m1} & \dots & c_{mn} \end{pmatrix}$$

où

$$c_{ij} = a_{i1}b_{1j} + a_{i2}b_{2j} + \cdots + a_{ip}b_{pj} = \sum_{k=1}^{p} a_{ik}b_{kj}$$

Si le nombre de colonnes de A n'est pas égal au nombre de lignes de B, le produit AB n'est pas défini.

EXEMPLE 4.4.

(*a*)

$$\begin{pmatrix} r & s \\ t & u \end{pmatrix}\begin{pmatrix} a_1 & a_2 & a_3 \\ b_1 & b_2 & b_3 \end{pmatrix} = \begin{pmatrix} ra_1 + sb_1 & ra_2 + sb_2 & ra_3 + sb_3 \\ ta_1 + ub_1 & ta_2 + ub_2 & ta_3 + ub_3 \end{pmatrix}$$

(*b*)

$$\begin{pmatrix} 1 & 2 \\ 3 & 4 \end{pmatrix}\begin{pmatrix} 1 & 1 \\ 0 & 2 \end{pmatrix} = \begin{pmatrix} 1\cdot1 + 2\cdot0 & 1\cdot1 + 2\cdot2 \\ 3\cdot1 + 4\cdot0 & 3\cdot1 + 4\cdot2 \end{pmatrix} = \begin{pmatrix} 1 & 5 \\ 3 & 11 \end{pmatrix}$$

$$\begin{pmatrix} 1 & 1 \\ 0 & 2 \end{pmatrix}\begin{pmatrix} 1 & 2 \\ 3 & 4 \end{pmatrix} = \begin{pmatrix} 1\cdot1 + 1\cdot3 & 1\cdot2 + 1\cdot4 \\ 0\cdot1 + 2\cdot3 & 0\cdot2 + 2\cdot4 \end{pmatrix} = \begin{pmatrix} 4 & 6 \\ 6 & 8 \end{pmatrix}$$

(*c*) Un système d'équations, tel que

$$\begin{cases} x + 2y - 3z = 4 \\ 5x - 6y + 8z = 8 \end{cases}$$

est équivalent à l'équation matricielle

$$\begin{pmatrix} 1 & 2 & -3 \\ 5 & -6 & 8 \end{pmatrix}\begin{pmatrix} x \\ y \\ z \end{pmatrix} = \begin{pmatrix} 4 \\ 8 \end{pmatrix}$$

Ainsi, toute solution du système d'équations est solution de l'équation matricielle et vice versa.

L'exemple ci-dessus montre que le produit matriciel n'est pas commutatif, c'est-à-dire que les produits AB et BA peuvent ne pas être égaux.

La multiplication matricielle satisfait, néanmoins, aux propriétés suivantes :

Théorème 4.2

(i) $(AB)C = A(BC)$

(ii) $A(B + C) = AB + AC$

(iii) $(B + C)A = BA + CA$

(iv) $k(AB) = (kA)B = A(kB)$, où k est un scalaire.

On suppose que les sommes et produits ci-dessus sont définis.

4.7 TRANSPOSÉE

La *transposée* d'une matrice A, notée A^T, est une matrice dont les colonnes sont les lignes de A :

$$\begin{pmatrix} a_1 & a_2 & \dots & a_n \\ b_1 & b_2 & \dots & b_n \\ \dots & \dots & \dots & \dots \\ c_1 & c_2 & \dots & c_n \end{pmatrix}^T = \begin{pmatrix} a_1 & b_1 & \dots & c_1 \\ a_2 & b_2 & \dots & c_2 \\ \dots & \dots & \dots & \dots \\ a_n & b_n & \dots & c_n \end{pmatrix}$$

On remarque que si A est une matrice $m \times n$, A^T est une matrice $n \times m$, et que si $B = (b_{ij})$ est la transposée de $A = (a_{ij})$, alors $b_{ij} = a_{ji}$ pour tout i et j.

EXEMPLE 4.5.

$$\begin{pmatrix} 1 & 2 & 3 \\ 4 & -5 & 6 \end{pmatrix}^T = \begin{pmatrix} 1 & 4 \\ 2 & -5 \\ 3 & 6 \end{pmatrix}$$

La transposition des matrices satisfait aux règles suivantes.

Théorème 4.3

(i) $(A+B)^T = A^T + B^T$

(ii) $(kA)^T = kA^T$, où k est un scalaire

(iii) $(AB)^T = B^T A^T$

(iv) $(A^T)^T = A$

4.8 MATRICES CARRÉES

Une matrice ayant même nombre de lignes et de colonnes est une matrice *carrée*. Une matrice carrée de n lignes et n colonnes est une matrice carrée d'*ordre n*. La *diagonale principale*, ou plus simplement la *diagonale*, de la matrice carrée $A = (a_{ij})$ est constituée par les coefficients $a_{11}, a_{22}, \dots, a_{nn}$.

EXEMPLE 4.6. La matrice $\begin{pmatrix} 1 & -2 & 0 \\ 0 & -4 & -1 \\ 5 & 3 & 2 \end{pmatrix}$ est une matrice carrée d'ordre 3. Les coefficients de la diagonale sont 1, -4 et 2.

La matrice carrée d'ordre n dont tous les coefficients sont égaux à 0, à l'exception de ceux de la diagonale qui sont égaux à 1, par exemple :

$$\begin{pmatrix} 1 & 0 & 0 & 0 \\ 0 & 1 & 0 & 0 \\ 0 & 0 & 1 & 0 \\ 0 & 0 & 0 & 1 \end{pmatrix}$$

est la *matrice unité* d'ordre n, notée I. Elle joue le même rôle, dans la multiplication de matrices, que 1 dans la multiplication des nombres. Plus précisément :

$$AI = IA = A$$

On peut élever une matrice carrée à une puissance quelconque :

$$A^2 = AA,\ A^3 = A^2 A,\ \dots \text{ et } A^0 = I$$

On peut également écrire une fonction polynomiale de matrice carrée sur le modèle classique. Ainsi, pour :

$$f(x) = a_0 + a_1 x + a_2 x^2 + \dots + a_n x^n$$

on définit une matrice $f(A)$ telle que :

$$f(A) = a_0 I + a_1 A + a_2 A^2 + ... + a_n A^n$$

Dans le cas où $f(A)$ est une matrice zéro, on dit que A est un *zéro* ou une *racine* du polynôme $f(x)$.

EXEMPLE 4.7. Si $A = \begin{pmatrix} 1 & 2 \\ 3 & -4 \end{pmatrix}$, alors $A^2 = \begin{pmatrix} 7 & -6 \\ -9 & 22 \end{pmatrix}$.

Si $f(x) = 2x^2 - 3x + 5$ alors

$$f(A) = 2\begin{pmatrix} 7 & -6 \\ -9 & 22 \end{pmatrix} - 3\begin{pmatrix} 1 & 2 \\ 3 & -4 \end{pmatrix} + 5\begin{pmatrix} 1 & 0 \\ 0 & 1 \end{pmatrix} = \begin{pmatrix} 16 & -18 \\ -27 & 61 \end{pmatrix}$$

Si $g(x) = x^2 + 3x - 10$, alors

$$g(A) = \begin{pmatrix} 7 & -6 \\ -9 & 22 \end{pmatrix} + 3\begin{pmatrix} 1 & 2 \\ 3 & -4 \end{pmatrix} - 10\begin{pmatrix} 1 & 0 \\ 0 & 1 \end{pmatrix} = \begin{pmatrix} 0 & 0 \\ 0 & 0 \end{pmatrix}$$

et A est racine du polynôme $g(x)$.

4.9 MATRICES INVERSIBLES

Une matrice carrée A est dite *inversible*, s'il existe une matrice B telle que

$$AB = BA = I$$

La matrice B est unique et appelée *matrice inverse* de A, on la représente par A^{-1}. Supposons par exemple que

$$A = \begin{pmatrix} 2 & 5 \\ 1 & 3 \end{pmatrix} \quad \text{et} \quad B = \begin{pmatrix} 3 & -5 \\ -1 & 2 \end{pmatrix}$$

alors

$$AB = \begin{pmatrix} 6-5 & -10+10 \\ 3-3 & -5+6 \end{pmatrix} = \begin{pmatrix} 1 & 0 \\ 0 & 1 \end{pmatrix} \quad \text{et} \quad BA = \begin{pmatrix} 6-5 & 15-15 \\ -2+2 & -5+6 \end{pmatrix} = \begin{pmatrix} 1 & 0 \\ 0 & 1 \end{pmatrix}$$

Les matrices A et B sont donc inverses l'une de l'autre.

On sait que $AB = I$ si et seulement si $BA = I$, il est donc inutile de calculer les deux produits pour savoir si deux matrices sont inverses l'une de l'autre. Ainsi, dans l'exemple suivant :

EXEMPLE 4.8.

$$\begin{pmatrix} 1 & 0 & 2 \\ 2 & -1 & 3 \\ 4 & 1 & 8 \end{pmatrix}\begin{pmatrix} -11 & 2 & 2 \\ -4 & 0 & 1 \\ 6 & -1 & -1 \end{pmatrix} = \begin{pmatrix} -11+0+12 & 2+0-2 & 2+0-2 \\ -22+4+18 & 4+0-3 & 4-1-3 \\ -44-4+48 & 8+0-8 & 8+1-8 \end{pmatrix} = \begin{pmatrix} 1 & 0 & 0 \\ 0 & 1 & 0 \\ 0 & 0 & 1 \end{pmatrix}$$

On en déduit immédiatement que les matrices sont inversibles et inverses l'une de l'autre.

4.10 DÉTERMINANTS

A toute matrice carrée $A = (a_{ij})$, on attribue un nombre particulier appelé *déterminant* de A, et noté $\det(A)$ ou $|A|$ ou

$$\begin{vmatrix} a_{11} & a_{12} & \dots & a_{1n} \\ a_{21} & a_{22} & \dots & a_{2n} \\ \dots & \dots & \dots & \dots \\ a_{n1} & a_{n2} & \dots & a_{nn} \end{vmatrix}$$

Il faut remarquer que le tableau carré de nombres présenté entre deux traits verticaux, appelé *déterminant d'ordre n*, n'est pas une matrice mais figure le nombre que la fonction déterminant attribue à ce tableau, c'est-à-dire à la matrice carrée.

Les déterminants d'ordre un, deux et trois sont définis comme suit :

$$|a_{11}| = a_{11}$$

$$\begin{vmatrix} a_{11} & a_{12} \\ a_{21} & a_{22} \end{vmatrix} = a_{11}a_{22} - a_{12}a_{21}$$

$$\begin{vmatrix} a_{11} & a_{12} & a_{13} \\ a_{21} & a_{22} & a_{23} \\ a_{31} & a_{32} & a_{33} \end{vmatrix} = a_{11}a_{22}a_{33} + a_{12}a_{23}a_{31} + a_{13}a_{21}a_{32} - a_{13}a_{22}a_{31} - a_{12}a_{21}a_{33} - a_{11}a_{23}a_{32}$$

Le schéma (*a*) suivant précise le mode de calcul pour un déterminant d'ordre deux. Ainsi, le déterminant est égal au produit des éléments situés sur la flèche marquée plus (+), diminué du produit des éléments situés sur la flèche marquée moins (−). On opère de manière similaire pour un déterminant d'ordre trois. La figure (*b*) ci-dessous montre les produits à additionner et ceux à soustraire.

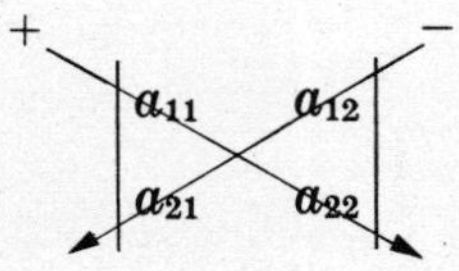

(*a*)

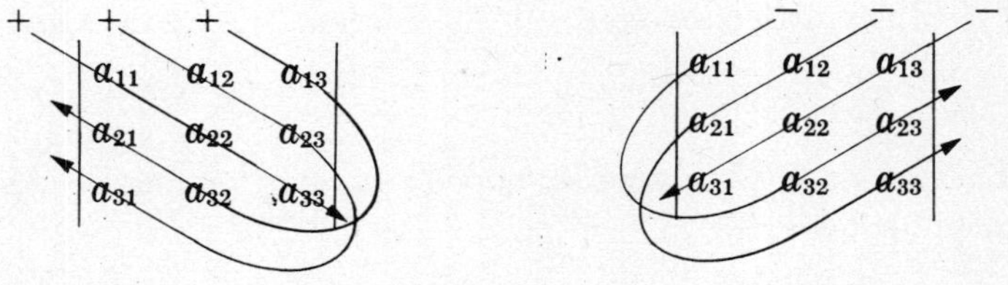

(*b*)

(N.d.T. La figure ci-dessous donne la même opération en appliquant la règle de Sarrus : les produits de triplets parallèles à la diagonale principale sont affectés du signe plus, les produits des triplets parallèles à la diagonale non principale sont affectés du signe moins :

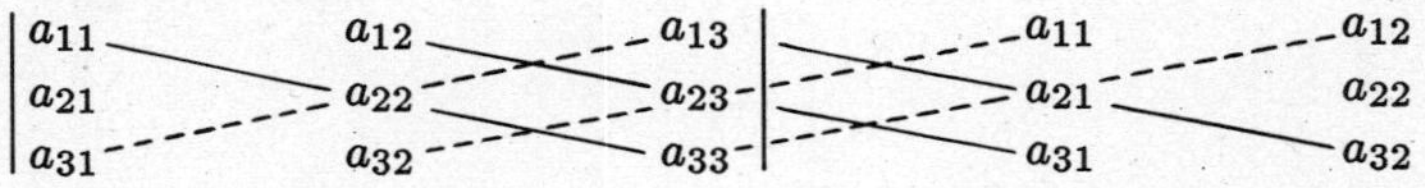

Il n'existe pas d'astuce schématique pour évaluer des déterminants d'ordre supérieur.

EXEMPLE 4.9.

(*a*) $\begin{vmatrix} 5 & 4 \\ 2 & 3 \end{vmatrix} = 5 \cdot 3 - 4 \cdot 2 = 15 - 8 = 7 \qquad \begin{vmatrix} 2 & 1 \\ -4 & 6 \end{vmatrix} = 2 \cdot 6 - 1 \cdot (-4) = 12 + 4 = 16$

(*b*) $\begin{vmatrix} 2 & 1 & 3 \\ 4 & 6 & -1 \\ 5 & 1 & 0 \end{vmatrix} = 2 \cdot 6 \cdot 0 + 1 \cdot (-1) \cdot 5 + 3 \cdot 4 \cdot 1 - 3 \cdot 6 \cdot 5 - 1 \cdot 4 \cdot 0 - 2 \cdot (-1) \cdot 1$

$$= 0 - 5 + 12 - 90 - 0 + 2 = -81$$

La définition générale d'un déterminant d'ordre n est la suivante :

$$\det(A) = \sum \operatorname{sgn}(\sigma) a_{1j_1} a_{2j_2} \cdots a_{nj_n}$$

où la somme porte sur toutes les permutations $\sigma = \{j_1, j_2, ..., j_n\}$ de $\{1, 2, ..., n\}$. Ici sgn(σ) est égal à plus ou moins 1 selon que le nombre d'échanges à effectuer pour obtenir l'ordre de base, est pair ou impair. Nous vous invitons à vous reporter aux ouvrages traitant la théorie des matrices ou l'algèbre linéaire pour découvrir les techniques opératoires applicables aux déterminants d'ordres plus élevés. Les permutations font l'objet du chapitre 8.

Une propriété importante des déterminants concerne leur multiplication. Soit :

Théorème 4.4 Pour toutes matrices carrées d'ordre n, A et B, nous avons :

$$\det(AB) = \det(A) \cdot \det(B)$$

4.11 MATRICES INVERSIBLES ET DÉTERMINANTS

Calculons l'inverse de la matrice carrée 2×2 $A = \begin{pmatrix} a & b \\ c & d \end{pmatrix}$. Il s'agit de trouver les scalaires x, y, z et w tels que

$$\begin{pmatrix} a & b \\ c & d \end{pmatrix}\begin{pmatrix} x & y \\ z & w \end{pmatrix} = \begin{pmatrix} 1 & 0 \\ 0 & 1 \end{pmatrix} \quad \text{ou} \quad \begin{pmatrix} ax+bz & ay+bw \\ cx+dz & cy+dw \end{pmatrix} = \begin{pmatrix} 1 & 0 \\ 0 & 1 \end{pmatrix}$$

ce qui revient à trouver les solutions des deux sytèmes d'équations ci-dessous.

$$\begin{cases} ax + bz = 1 \\ cx + dz = 0 \end{cases} \qquad \begin{cases} ay + bw = 0 \\ cy + dw = 1 \end{cases}$$

Si $|A| = ad - bc$ est différent de zéro, on obtient pour valeur de x, y, z et w les formules suivantes :

$$x = \frac{d}{ad-bc} = \frac{d}{|A|}, \quad y = \frac{-b}{ad-bc} = \frac{-b}{|A|}, \quad z = \frac{-c}{ad-bc} = \frac{-c}{|A|}, \quad w = \frac{a}{ad-bc} = \frac{a}{|A|}$$

Ce qui conduit à :

$$A^{-1} = \begin{pmatrix} a & b \\ c & d \end{pmatrix}^{-1} = \begin{pmatrix} d/|A| & -b/|A| \\ -c/|A| & a/|A| \end{pmatrix} = \frac{1}{|A|}\begin{pmatrix} d & -b \\ -c & a \end{pmatrix}$$

En d'autres termes, on peut obtenir l'inverse d'une matrice 2×2, si son déterminant n'est pas nul, en échangeant les éléments de la diagonale, en multipliant par -1 les autres éléments et en divisant tous les éléments par le déterminant de la matrice initiale.

Par exemple, si

$$A = \begin{pmatrix} 2 & 3 \\ 4 & 5 \end{pmatrix} \quad \text{alors} \quad |A| = -2 \quad \text{et} \quad A^{-1} = \frac{1}{-2}\begin{pmatrix} 5 & -3 \\ -4 & 2 \end{pmatrix} = \begin{pmatrix} -\frac{5}{2} & \frac{3}{2} \\ 2 & -1 \end{pmatrix}$$

Par contre, si $|A|$ est égal à zéro, il est impossible de trouver x, y, z et w, donc A^{-1} n'existe pas. Bien qu'il n'existe pas de formule simple pour des matrices d'ordre supérieur, ce fait demeure général. Donc :

Théorème 4.5 : Une matrice est inversible si, et seulement si, son déterminant n'est pas nul.

Problèmes résolus

VECTEURS

4.1 Soient $u = (2, -7, 1)$, $v = (-3, 0, 4)$ et $w = (0, 5, -8)$.

Trouver : (a) $u + v$, (b) $v + w$, (c) $-3u$, (d) $-w$

(a) On additionne les composantes :

(b) On additionne les composantes :

$$v + w = (-3, 0, 4) + (0, 5, -8) = (-3 + 0, 0 + 5, 4 - 8) = (-3, 5, -4)$$

(c) On multiplie chaque composante de u par le scalaire -3 :

$$-3u = -3(2, -7, 1) = (-6, 21, -3)$$

(d) On multiplie chaque composante de w par -1 (on change leur signe)

$$-w = -(0, 5, -8) = (0, -5, 8)$$

4.2 Soient u, v et w les vecteurs ci-dessus.

Trouver : (a) $3u - 4v$, (b) $2u + 3v - 5w$

On commence par la multiplication par les scalaires puis on procède à l'addition des vecteurs obtenus :

(a) $3u - 4v = 3(2, -7, 1) - 4(-3, 0, 4) = (6, -21, 3) + (12, 0, -16) = (18, -21, -13)$

(b) $$\begin{aligned} 2u + 3v - 5w &= 2(2, -7, 1) + 3(-3, 0, 4) - 5(0, 5, -8) \\ &= (4, -14, 2) + (-9, 0, 12) + (0, -25, 40) \\ &= (4 - 9 + 0, -14 + 0 - 25, 2 + 12 + 40) = (-5, -39, 54) \end{aligned}$$

4.3 Trouver x et y si $x(1, 1) + y(2, -1) = (1, 4)$

On multiplie par les scalaires et on additionne :

$$x(1, 1) + y(2, -1) = (x, x) + (2y, -y) = (x + 2y, x - y) = (1, 4)$$

Les composantes devant être égales on obtient le système d'équations

$$\begin{aligned} x + 2y &= 1 \\ x - y &= 4 \end{aligned}$$

Ce qui donne $x = 3$ et $y = -1$

4.4 Etant donnés u, v et w les vecteurs du problème 4.1, trouver :

(a) $u \cdot v$, $u \cdot w$, $v \cdot w$, (b) $\|u\|$, $\|v\|$, $\|w\|$

(a) On multiplie les composantes correspondantes et on additionne

$$\begin{aligned} u \cdot v &= 2 \cdot (-3) + (-7) \cdot 0 + 1 \cdot 4 = -6 + 0 + 4 = -2 \\ u \cdot w &= 0 - 35 - 8 = -43 \\ v \cdot w &= 0 + 0 - 32 = -32 \end{aligned}$$

(b) On calcule la racine carrée de la somme des carrés des composantes :

$$\begin{aligned} \|u\| &= \sqrt{2^2 + (-7)^2 + 1^2} = \sqrt{4 + 49 + 1} = \sqrt{54} = 3\sqrt{6} \\ \|v\| &= \sqrt{9 + 0 + 16} = \sqrt{25} = 5 \\ \|w\| &= \sqrt{0 + 25 + 64} = \sqrt{89} \end{aligned}$$

ADDITION DE MATRICES, MULTIPLICATION PAR DES SCALAIRES

4.5 Calculer :

(a) $\begin{pmatrix} 1 & 2 & 3 \\ 4 & 5 & 6 \end{pmatrix} + \begin{pmatrix} 1 & -1 & 2 \\ 0 & 3 & -5 \end{pmatrix}$ (b) $-2\begin{pmatrix} 1 & 7 \\ 2 & -3 \\ 0 & -1 \end{pmatrix}$ (c) $-\begin{pmatrix} 2 & -3 & 8 \\ 1 & -2 & -6 \end{pmatrix}$

(*a*) On additionne les coefficients correspondants :

$$\begin{pmatrix}1 & 2 & 3\\4 & 5 & 6\end{pmatrix}+\begin{pmatrix}1 & -1 & 2\\0 & 3 & -5\end{pmatrix} = \begin{pmatrix}1+1 & 2+(-1) & 3+2\\4+0 & 5+3 & 6+(-5)\end{pmatrix}$$
$$= \begin{pmatrix}2 & 1 & 5\\4 & 8 & 1\end{pmatrix}$$

(*b*) On multiplie chaque coefficient de la matrice par le scalaire -2 :

$$-2\begin{pmatrix}1 & 7\\2 & -3\\0 & -1\end{pmatrix} = \begin{pmatrix}(-2)\cdot 1 & (-2)\cdot 7\\(-2)\cdot 2 & (-2)\cdot(-3)\\(-2)\cdot 0 & (-2)\cdot(-1)\end{pmatrix} = \begin{pmatrix}-2 & -14\\-4 & 6\\0 & 2\end{pmatrix}$$

(*c*) On multiplie chaque coefficient de la matrice par -1, autrement dit, on change leur signe :

$$-\begin{pmatrix}2 & -3 & 8\\1 & -2 & -6\end{pmatrix} = \begin{pmatrix}-2 & 3 & -8\\-1 & 2 & 6\end{pmatrix}$$

4.6 Calculer : $3\begin{pmatrix}2 & -5 & 1\\3 & 0 & -4\end{pmatrix} - 2\begin{pmatrix}1 & -2 & -3\\0 & -1 & 5\end{pmatrix} + 4\begin{pmatrix}0 & 1 & -2\\1 & -1 & -1\end{pmatrix}$

On effectue d'abord les multiplications par les scalaires puis on additionne les matrices :

$$3\begin{pmatrix}2 & -5 & 1\\3 & 0 & -4\end{pmatrix} - 2\begin{pmatrix}1 & -2 & -3\\0 & -1 & 5\end{pmatrix} + 4\begin{pmatrix}0 & 1 & -2\\1 & -1 & -1\end{pmatrix}$$
$$= \begin{pmatrix}6 & -15 & 3\\9 & 0 & -12\end{pmatrix} + \begin{pmatrix}-2 & 4 & 6\\0 & 2 & -10\end{pmatrix} + \begin{pmatrix}0 & 4 & -8\\4 & -4 & -4\end{pmatrix}$$
$$= \begin{pmatrix}6+(-2)+0 & -15+4+4 & 3+6+(-8)\\9+0+4 & 0+2+(-4) & -12+(-10)+(-4)\end{pmatrix} = \begin{pmatrix}4 & -7 & 1\\13 & -2 & -26\end{pmatrix}$$

4.7 Trouver x, y, z et w si :

$$3\begin{pmatrix}x & y\\z & w\end{pmatrix} = \begin{pmatrix}x & 6\\-1 & 2w\end{pmatrix} + \begin{pmatrix}4 & x+y\\z+w & 3\end{pmatrix}$$

On transforme chaque membre en une seule matrice :

$$\begin{pmatrix}3x & 3y\\3z & 3w\end{pmatrix} = \begin{pmatrix}x+4 & x+y+6\\z+w-1 & 2w+3\end{pmatrix}$$

ce qui conduit au système d'équations suivant

$$\begin{aligned}3x &= x+4\\3y &= x+y+6\\3z &= z+w-1\\3w &= 2w+3\end{aligned} \qquad \text{ou} \qquad \begin{aligned}2x &= 4\\2y &= 6+x\\2z &= w-1\\w &= 3\end{aligned}$$

La solution est $x = 2$, $y = 4$, $z = 1$, $w = 3$

MULTIPLICATION DE MATRICES

4.8 On représente par $(r \times s)$ une matrice $r \times s$, trouver les dimensions des produits de matrices ci-dessous :

(*a*) $(2\times 3)(3\times 4)$ (*d*) $(5\times 2)(2\times 3)$
(*b*) $(4\times 1)(1\times 2)$ (*e*) $(4\times 4)(3\times 3)$
(*c*) $(1\times 2)(3\times 1)$ (*f*) $(2\times 2)(2\times 4)$

Dans tous les cas il faut que les nombres «intérieurs» soient égaux pour que le produit existe, ses dimensions sont alors données par les nombres «extérieurs», donc :

(*a*) Le produit est une matrice 2 × 4.
(*b*) Le produit est une matrice 4 × 2.
(*c*) Le produit n'est pas défini.
(*d*) Le produit est une matrice 5 × 3.
(*e*) Le produit n'est pas défini.
(*f*) Le produit est une matrice 2 × 4.

4.9 Etant données $A = \begin{pmatrix} 1 & 3 \\ 2 & -1 \end{pmatrix}$ et $B = \begin{pmatrix} 2 & 0 & -4 \\ 3 & -2 & 6 \end{pmatrix}$, trouver (*a*) AB; (*b*) BA.

(*a*) La matrice A ayant un nombre de colonnes (2) égal au nombre de lignes de la matrice B, le produit est défini. On obtient la première ligne de la matrice produit AB en multipliant les coefficients de la première ligne de A (1,3) par les coefficients correspondants des colonnes de B : $\begin{pmatrix} 2 \\ 3 \end{pmatrix}$, $\begin{pmatrix} 0 \\ -2 \end{pmatrix}$ et $\begin{pmatrix} -4 \\ 6 \end{pmatrix}$ puis on additionne les résultats :

$$\begin{pmatrix} 1 & 3 \\ 2 & -1 \end{pmatrix}\begin{pmatrix} 2 & 0 & -4 \\ 3 & -2 & 6 \end{pmatrix} = \begin{pmatrix} 1 \cdot 2 + 3 \cdot 3 & 1 \cdot 0 + 3 \cdot (-2) & 1 \cdot (-4) + 3 \cdot 6 \\ & & \end{pmatrix}$$
$$= \begin{pmatrix} 11 & -6 & 14 \\ & & \end{pmatrix}$$

On obtient les coefficients de la deuxième ligne de AB en opérant de la même façon avec les coefficients de la deuxième ligne de A (2,−1).

$$\begin{pmatrix} 1 & 3 \\ 2 & -1 \end{pmatrix}\begin{pmatrix} 2 & 0 & -4 \\ 3 & -2 & 6 \end{pmatrix} = \begin{pmatrix} 11 & -6 & 14 \\ 2 \cdot 2 + (-1) \cdot 3 & 2 \cdot 0 + (-1) \cdot (-2) & 2 \cdot (-4) + (-1) \cdot 6 \end{pmatrix}$$
$$= \begin{pmatrix} 11 & -6 & 14 \\ 1 & 2 & -14 \end{pmatrix} = AB$$

(*b*) Le produit BA n'est pas défini puisque la matrice B a 3 colonnes et la matrice A, 2 lignes.

4.10 Soient $A = \begin{pmatrix} 2 & -1 \\ 1 & 0 \\ -3 & 4 \end{pmatrix}$ et $B = \begin{pmatrix} 1 & -2 & -5 \\ 3 & 4 & 0 \end{pmatrix}$, trouver AB.

La matrice A étant une matrice 3 × 2 et B une matrice 2 × 3, le produit est défini et sera une matrice 3 × 3. La méthode opératoire est celle du problème précédent. Pour calculer les coefficients de la première ligne de AB multiplions les coefficients de la première ligne de A par les coefficients correspondants des colonnes de B respectivement :

$$\begin{pmatrix} 2 & -1 \\ 1 & 0 \\ -3 & 4 \end{pmatrix}\begin{pmatrix} 1 & -2 & -5 \\ 3 & 4 & 0 \end{pmatrix} = \begin{pmatrix} 2-3 & -4-4 & -10+0 \\ & & \\ & & \end{pmatrix} = \begin{pmatrix} -1 & -8 & -10 \\ & & \\ & & \end{pmatrix}$$

Calcul des coefficients de la deuxième ligne de AB :

$$\begin{pmatrix} 2 & -1 \\ 1 & 0 \\ -3 & 4 \end{pmatrix}\begin{pmatrix} 1 & -2 & -5 \\ 3 & 4 & 0 \end{pmatrix} = \begin{pmatrix} -1 & -8 & -10 \\ 1+0 & -2+0 & -5+0 \\ & & \end{pmatrix} = \begin{pmatrix} -1 & -8 & -10 \\ 1 & -2 & -5 \\ & & \end{pmatrix}$$

Calcul des coefficients de la troisième ligne.

$$\begin{pmatrix} 2 & -1 \\ 1 & 0 \\ -3 & 4 \end{pmatrix}\begin{pmatrix} 1 & -2 & -5 \\ 3 & 4 & 0 \end{pmatrix} = \begin{pmatrix} -1 & -8 & -10 \\ 1 & -2 & -5 \\ -3+12 & 6+16 & 15+0 \end{pmatrix} = \begin{pmatrix} -1 & -8 & -10 \\ 1 & -2 & -5 \\ 9 & 22 & 15 \end{pmatrix}$$

Ainsi $$AB = \begin{pmatrix} -1 & -8 & -10 \\ 1 & -2 & -5 \\ 9 & 22 & 15 \end{pmatrix}$$

4.11 Soient $A = \begin{pmatrix} 2 & -1 & 0 \\ 1 & 0 & -3 \end{pmatrix}$ et $B = \begin{pmatrix} 1 & -4 & 0 & 1 \\ 2 & -1 & 3 & -1 \\ 4 & 0 & -2 & 0 \end{pmatrix}$

(*a*) Déterminer les dimensions de AB.

(*b*) Si c_{ij} représente le coefficient situé dans la *i*-ième ligne et la *j*-ième colonne de la matrice produit AB, c'est-à-dire que $AB = (c_{ij})$, trouver c_{23}, c_{14}, c_{21}et c_{12}.

(*a*) Puisque A est une matrice 2×3 et B une matrice 3×4, le produit AB est défini et sera une matrice 2×4.

(*b*) c_{ij} est la somme des produits des coefficients de *i*-ième ligne de A par les coefficients correspondants de *j*-ième colonne de B, donc

$$c_{23} = (1, 0, -3)\begin{pmatrix} 0 \\ 3 \\ -2 \end{pmatrix} = 1 \cdot 0 + 0 \cdot 3 + (-3) \cdot (-2) = 0 + 0 + 6 = 6$$

$$c_{14} = (2, -1, 0)\begin{pmatrix} 1 \\ -1 \\ 0 \end{pmatrix} = 2 \cdot 1 + (-1) \cdot (-1) + 0 \cdot 0 = 2 + 1 + 0 = 3$$

$$c_{21} = (1, 0, -3)\begin{pmatrix} 1 \\ 2 \\ 4 \end{pmatrix} = 1 \cdot 1 + 0 \cdot 2 + (-3) \cdot 4 = 1 + 0 - 12 = -11$$

$$c_{12} = (2, -1, 0)\begin{pmatrix} -4 \\ -1 \\ 0 \end{pmatrix} = 2 \cdot (-4) + (-1) \cdot (-1) + 0 \cdot 0 = -8 + 1 + 0 = -7$$

4.12 Calculer (*a*) $\begin{pmatrix} 1 & 6 \\ -3 & 5 \end{pmatrix}\begin{pmatrix} 4 & 0 \\ 2 & -1 \end{pmatrix}$ (*c*) $\begin{pmatrix} 1 \\ -6 \end{pmatrix}\begin{pmatrix} 1 & 6 \\ -3 & 5 \end{pmatrix}$ (*e*) $(2, -1)\begin{pmatrix} 1 \\ -6 \end{pmatrix}$

(*b*) $\begin{pmatrix} 1 & 6 \\ -3 & 5 \end{pmatrix}\begin{pmatrix} 2 \\ -7 \end{pmatrix}$ (*d*) $\begin{pmatrix} 1 \\ 6 \end{pmatrix}(3, 2)$

(*a*) C'est le produit de deux matrices 2×2, donc une matrice 2×2 :

$$\begin{pmatrix} 1 & 6 \\ -3 & 5 \end{pmatrix}\begin{pmatrix} 4 & 0 \\ 2 & -1 \end{pmatrix} = \begin{pmatrix} 1 \cdot 4 + 6 \cdot 2 & 1 \cdot 0 + 6 \cdot (-1) \\ (-3) \cdot 4 + 5 \cdot 2 & (-3) \cdot 0 + 5 \cdot (-1) \end{pmatrix} = \begin{pmatrix} 16 & -6 \\ -2 & -5 \end{pmatrix}$$

(*b*) C'est le produit d'une matrice 2×2 par une matrice 2×1, donc une matrice 2×1 :

$$\begin{pmatrix} 1 & 6 \\ -3 & 5 \end{pmatrix}\begin{pmatrix} 2 \\ -7 \end{pmatrix} = \begin{pmatrix} 1 \cdot 2 + 6 \cdot (-7) \\ (-3) \cdot 2 + 5 \cdot (-7) \end{pmatrix} = \begin{pmatrix} -40 \\ -41 \end{pmatrix}$$

(*c*) Ce produit n'existe pas, la première matrice a une colonne et la deuxième deux lignes.

(*d*) Le premier facteur est une matrice 2×1 et le deuxième, une matrice 1×2, donc le produit existe et c'est une matrice 2×2 :

$$\begin{pmatrix} 1 \\ 6 \end{pmatrix}(3, 2) = \begin{pmatrix} 1 \cdot 3 & 1 \cdot 2 \\ 6 \cdot 3 & 6 \cdot 2 \end{pmatrix} = \begin{pmatrix} 3 & 2 \\ 18 & 12 \end{pmatrix}$$

(*e*) Le premier facteur est une matrice 1×2 et le deuxième, une matrice 2×1, donc le produit existe et c'est une matrice 1×1, souvent écrite comme un scalaire :

$$(2, -1)\begin{pmatrix} 1 \\ -6 \end{pmatrix} = (2 \cdot 1) + (-1) \cdot (-6) = (8) = 8$$

TRANSPOSÉE

4.13 Etant donné une matrice quelconque A, quelles sont les conditions pour que le produit $A^T A$ soit défini ?

Supposons que A soit une matrice $m \times n$, alors A^T est une matrice $n \times m$; le produit AA^T est donc toujours défini. Il en est de même du produit $A^T A$. Dans le cas présent, AA^T est une matrice $m \times m$, et $A^T A$, une matrice $n \times n$.

4.14 Etant donné $A = \begin{pmatrix} 1 & 2 & 0 \\ 3 & -1 & 4 \end{pmatrix}$ trouver (*a*) AA^T, (*b*) $A^T A$.

Pour obtenir A^T, on écrit en lignes les coefficients des colonnes de A : $A^T = \begin{pmatrix} 1 & 3 \\ 2 & -1 \\ 0 & 4 \end{pmatrix}$, donc :

$$(a)\ AA^T = \begin{pmatrix} 1 & 2 & 0 \\ 3 & -1 & 4 \end{pmatrix}\begin{pmatrix} 1 & 3 \\ 2 & -1 \\ 0 & 4 \end{pmatrix} = \begin{pmatrix} 1+4+0 & 3-2+0 \\ 3-2+0 & 9+1+16 \end{pmatrix} = \begin{pmatrix} 5 & 1 \\ 1 & 26 \end{pmatrix}$$

$$(b)\ A^T A = \begin{pmatrix} 1 & 3 \\ 2 & -1 \\ 0 & 4 \end{pmatrix}\begin{pmatrix} 1 & 2 & 0 \\ 3 & -1 & 4 \end{pmatrix} = \begin{pmatrix} 1+9 & 2-3 & 0+12 \\ 2-3 & 4+1 & 0-4 \\ 0+12 & 0-4 & 0+16 \end{pmatrix} = \begin{pmatrix} 10 & -1 & 12 \\ -1 & 5 & -4 \\ 12 & -4 & 16 \end{pmatrix}$$

MATRICES CARRÉES

4.15 Soit $A = \begin{pmatrix} 1 & 2 \\ 4 & -3 \end{pmatrix}$.

Trouver : (*a*) A^2, (*b*) A^3, (*c*) $f(A)$ avec $f(x) = 2x^3 - 4x + 5$, (*d*) montrer que A est une racine du polynôme $g(x) = x^2 + 2x - 11$.

$$(a)\ A^2 = AA = \begin{pmatrix} 1 & 2 \\ 4 & -3 \end{pmatrix}\begin{pmatrix} 1 & 2 \\ 4 & -3 \end{pmatrix}$$

$$= \begin{pmatrix} 1 \cdot 1 + 2 \cdot 4 & 1 \cdot 2 + 2 \cdot (-3) \\ 4 \cdot 1 + (-3) \cdot 4 & 4 \cdot 2 + (-3) \cdot (-3) \end{pmatrix} = \begin{pmatrix} 9 & -4 \\ -8 & 17 \end{pmatrix}$$

$$(b)\ A^3 = AA^2 = \begin{pmatrix} 1 & 2 \\ 4 & -3 \end{pmatrix}\begin{pmatrix} 9 & -4 \\ -8 & 17 \end{pmatrix}$$

$$= \begin{pmatrix} 1 \cdot 9 + 2 \cdot (-8) & 1 \cdot (-4) + 2 \cdot 17 \\ 4 \cdot 9 + (-3) \cdot (-8) & 4 \cdot (-4) + (-3) \cdot 17 \end{pmatrix} = \begin{pmatrix} -7 & 30 \\ 60 & -67 \end{pmatrix}$$

(*c*) Pour trouver $f(A)$, on remplace x par A et 5 par $5I$ dans le polynôme $f(x) = 2x^3 - 4x + 5$:

$$f(A) = 2A^3 - 4A + 5I = 2\begin{pmatrix} -7 & 30 \\ 60 & -67 \end{pmatrix} - 4\begin{pmatrix} 1 & 2 \\ 4 & -3 \end{pmatrix} + 5\begin{pmatrix} 1 & 0 \\ 0 & 1 \end{pmatrix}$$

On multiplie chaque matrice par «son» scalaire :

$$f(A) = \begin{pmatrix} -14 & 60 \\ 120 & -134 \end{pmatrix} + \begin{pmatrix} -4 & -8 \\ -16 & 12 \end{pmatrix} + \begin{pmatrix} 5 & 0 \\ 0 & 5 \end{pmatrix}$$

Enfin, on additionne les coefficients correspondants des diverses matrices :

$$f(A) = \begin{pmatrix} -14-4+5 & 60-8+0 \\ 120-16+0 & -134+12+5 \end{pmatrix} = \begin{pmatrix} -13 & 52 \\ 104 & -117 \end{pmatrix}$$

(*d*) La matrice A est un zéro de $g(x)$ si la matrice $g(A)$ est une matrice zéro. On calcule $g(A)$ comme on vient de le faire pour $f(A)$.

– Substitution de x par A et 11 par $11I$:

$$g(A) = A^2 + 2A - 11I = \begin{pmatrix} 9 & -4 \\ -8 & 17 \end{pmatrix} + 2\begin{pmatrix} 1 & 2 \\ 4 & -3 \end{pmatrix} - 11\begin{pmatrix} 1 & 0 \\ 0 & 1 \end{pmatrix}$$

– Multiplication de chaque matrice par le scalaire correspondant :

$$g(A) = \begin{pmatrix} 9 & -4 \\ -8 & 17 \end{pmatrix} + \begin{pmatrix} 2 & 4 \\ 8 & -6 \end{pmatrix} + \begin{pmatrix} -11 & 0 \\ 0 & -11 \end{pmatrix}$$

– Addition des coefficients des matrices :

$$g(A) = \begin{pmatrix} 9+2-11 & -4+4+0 \\ -8+8+0 & 17-6-11 \end{pmatrix} = \begin{pmatrix} 0 & 0 \\ 0 & 0 \end{pmatrix}$$

Puisque $g(A) = 0$, A est un zéro du polynôme $g(x)$.

4.16 Calculer les déterminants des matrices suivantes :

(*a*) $\begin{pmatrix} 3 & -2 \\ 4 & 5 \end{pmatrix}$ (*b*) $\begin{pmatrix} -1 & 6 \\ 0 & 4 \end{pmatrix}$ (*c*) $\begin{pmatrix} a-b & b \\ b & a+b \end{pmatrix}$ (*d*) $\begin{pmatrix} a-b & a \\ a & a+b \end{pmatrix}$

(*a*) $\begin{vmatrix} 3 & -2 \\ 4 & 5 \end{vmatrix} = 3 \cdot 5 - (-2) \cdot 4 = 15 + 8 = 23$

(*b*) $\begin{vmatrix} -1 & 6 \\ 0 & 4 \end{vmatrix} = -1 \cdot 4 - 6 \cdot 0 = -4$

(*c*) $\begin{vmatrix} a-b & b \\ b & a+b \end{vmatrix} = (a-b)(a+b) - b \cdot b = a^2 - b^2 - b^2 = a^2 - 2b^2$

(*d*) $\begin{vmatrix} a-b & a \\ a & a+b \end{vmatrix} = (a-b)(a+b) - a \cdot a = a^2 - b^2 - a^2 = -b^2$

4.17 Trouver les déterminants des matrices suivantes :

(*a*) $\begin{pmatrix} 1 & 2 & 3 \\ 4 & -2 & 3 \\ 0 & 5 & -1 \end{pmatrix}$ (*b*) $\begin{pmatrix} 4 & -1 & -2 \\ 0 & 2 & -3 \\ 5 & 2 & 1 \end{pmatrix}$ (*c*) $\begin{pmatrix} 2 & -3 & 4 \\ 1 & 2 & -3 \\ -1 & -2 & 5 \end{pmatrix}$

(Suggestion : utiliser la règle de Sarrus)

(*a*) $\begin{vmatrix} 1 & 2 & 3 \\ 4 & -2 & 3 \\ 0 & 5 & -1 \end{vmatrix} = 2 + 0 + 60 - 0 - 15 + 8 = 55$

(*b*) $\begin{vmatrix} 4 & -1 & -2 \\ 0 & 2 & -3 \\ 5 & 2 & 1 \end{vmatrix} = 8 + 15 + 0 + 20 + 24 + 0 = 67$

(*c*) $\begin{vmatrix} 2 & -3 & 4 \\ 1 & 2 & -3 \\ -1 & -2 & 5 \end{vmatrix} = 20 - 9 - 8 + 8 - 12 + 15 = 14$

4.18 Trouver l'inverse de $\begin{pmatrix} 3 & 5 \\ 2 & 3 \end{pmatrix}$

Méthode 1

On cherche les scalaires x, y, z et w tels que :

$$\begin{pmatrix} 3 & 5 \\ 2 & 3 \end{pmatrix}\begin{pmatrix} x & y \\ z & w \end{pmatrix} = \begin{pmatrix} 1 & 0 \\ 0 & 1 \end{pmatrix} \quad \text{soit} \quad \begin{pmatrix} 3x+5z & 3y+5w \\ 2x+3z & 2y+3w \end{pmatrix} = \begin{pmatrix} 1 & 0 \\ 0 & 1 \end{pmatrix}$$

Ils sont solutions des systèmes d'équations :

$$\begin{cases} 3x + 5z = 1 \\ 2x + 3z = 0 \end{cases} \quad \text{et} \quad \begin{cases} 3y + 5w = 0 \\ 2y + 3w = 1 \end{cases}$$

Pour résoudre le premier système, on multiplie la première équation par 2, la seconde par -3 et on les additionne :

$$\begin{array}{ll} \text{2 fois la première :} & 6x + 10z = 2 \\ -3 \text{ fois la seconde :} & -6x - 9z = 0 \\ \hline \text{Addition :} & z = 2 \end{array}$$

On remplace z par sa valeur (2) dans la première équation, ce qui donne :

$$3x + 5 \cdot 2 = 1 \quad \text{soit} \quad 3x + 10 = 1 \quad \text{donc} \quad 3x = -9 \quad \text{c'est-à-dire } x = -3$$

On résout le deuxième système par le même procédé :

$$\begin{array}{ll} \text{2 fois la première :} & 6y + 10w = 0 \\ -3 \text{ fois la deuxième :} & -6y - 9w = -3 \\ \hline \text{Addition :} & w = -3 \end{array}$$

On remplace w par sa valeur (-3) :

$$3y + 5 \cdot (-3) = 0 \quad \text{soit } 3y - 15 = 0, \quad \text{donc } y = 5$$

Ainsi l'inverse de la matrice est $\begin{pmatrix} -3 & 5 \\ 2 & -3 \end{pmatrix}$.

Méthode 2

On utilise la formule générale pour le calcul de l'inverse d'une matrice 2×2. On calcule d'abord le déterminant :

$$\begin{vmatrix} 3 & 5 \\ 2 & 3 \end{vmatrix} = 3 \cdot 3 - 2 \cdot 5 = 9 - 10 = -1$$

On échange les coefficients de la diagonale, et on change les signes des autres :

$$\begin{pmatrix} 3 & -5 \\ -2 & 3 \end{pmatrix}$$

Enfin, on divise chaque coefficient de la matrice par le déterminant, la matrice recherchée est donc :

$$\begin{pmatrix} -3 & 5 \\ 2 & -3 \end{pmatrix}$$

DÉMONSTRATIONS

4.19 Démontrer le théorème 4.2 (i) : $(AB)C = A(BC)$

Supposons que $A = (a_{ij})$, $B = (b_{jk})$ et $C = (c_{kl})$. De plus $AB = S = (s_{ik})$ et $BC = T = (t_{jl})$. Alors

$$s_{ik} = a_{i1}b_{1k} + a_{i2}b_{2k} + \cdots + a_{im}b_{mk} = \sum_{j=1}^{m} a_{ij}b_{jk}$$

$$t_{jl} = b_{j1}c_{1l} + b_{j2}c_{2l} + \cdots + b_{jn}c_{nl} = \sum_{k=1}^{n} b_{jk}c_{kl}$$

Multiplions maintenant S par C, c'est-à-dire (AB) par C, le coefficient situé dans la i-ième ligne et la l-ième colone de la matrice $(AB)C$ est :

$$s_{i1}c_{1l} + s_{i2}c_{2l} + \cdots + s_{in}c_{nl} = \sum_{k=1}^{n} s_{ik}c_{kl} = \sum_{k=1}^{n}\sum_{j=1}^{m} (a_{ij}b_{jk})c_{kl}$$

On opère de même pour calculer le produit de A par T, autrement dit, de A par (BC), dont le coefficient situé dans la i-ième ligne et la l-ième colonne est :

$$a_{i1}t_{1l} + a_{i2}t_{2l} + \cdots + a_{im}t_{ml} = \sum_{j=1}^{m} a_{ik}t_{k} = \sum_{j=1}^{m}\sum_{k=1}^{n} a_{ij}(b_{jk}c_{kl})$$

Puisque les deux sommes sont égales le théorème est démontré.

4.20 Démontrer le théorème 4.3(iii) : $(AB)^T = B^T A^T$.

Soient $A = (a_{ij})$ et $B = (b_{jk})$, alors le coefficient situé dans la i-ième ligne et la j-ième colonne de la matrice AB est :

$$a_{i1}b_{1j} + a_{i2}b_{2j} + \cdots + a_{im}b_{mj} \qquad (1)$$

Ce coefficient apparaît dans la j-ième ligne et la i-ième colonne de la matrice transposée $(AB)^T$.

Maintenant, la j-ième ligne de B^T est constituée des coefficients de j-ième colonne de B :

$$(b_{1j} \quad b_{2j} \quad \cdots \quad b_{mj}) \qquad (2)$$

La i-ième colonne de A^T est constituée des coefficients de i-ième ligne de A :

$$\begin{pmatrix} a_{i1} \\ a_{i2} \\ \cdot \\ \cdot \\ \cdot \\ a_{im} \end{pmatrix} \qquad (3)$$

Donc, le coefficient apparaissant dans la j-ième ligne et la i-ième colonne de la matrice $B^T A^T$ est le produit de *(2)* par *(3)* qui est égal à *(1)*; donc $(AB)^T = B^T A^T$.

Problèmes supplémentaires

VECTEURS

4.21 Soient $u = (2,-1,0,-3)$, $v = (1,-1,-1,3)$ et $w\ (1,3,-2,2)$.
Trouver (*a*) $3u$, (*b*) $u + v$, (*c*) $2u - 3v$, (*d*) $5u - 3v - 4w$, (*e*) $-u + 2v - 2w$.

4.22 Trouver x et y si :

(*a*) $(x, x + y) = (y - 2, 6)$ (*b*) $x(3, 2) = 2(y, -1)$

4.23 Trouver x, y et z si : $x(1,1,0) + y(2,0,-1) + z(0,1,1) = (-1,3,3)$.

4.24 Evaluer les expressions suivantes où u, v et w sont les vecteurs du problème 4.21 :
(*a*) $u \cdot v$ (*b*) $u \cdot w$ (*c*) $w \cdot v$ (*d*) $\|u\|$ (*e*) $\|v\|$ (*f*) $\|w\|$

OPÉRATIONS MATRICIELLES

Dans les problèmes 4.25 à 4.27 on utilisera les matrices définies ci-après

$$A = \begin{pmatrix} 1 & -1 & 2 \\ 0 & 3 & 4 \end{pmatrix}, \quad B = \begin{pmatrix} 4 & 0 & -3 \\ -1 & -2 & 3 \end{pmatrix}, \quad C = \begin{pmatrix} 2 & -3 & 0 & 1 \\ 5 & -1 & -4 & 2 \\ -1 & 0 & 0 & 3 \end{pmatrix} \quad \text{et} \quad D = \begin{pmatrix} 2 \\ -1 \\ 3 \end{pmatrix}$$

4.25 Calculer : (*a*) $A + B$, (*b*) $A + C$, (*c*) $3A - 4B$

4.26 Evaluer : (*a*) AB, (*b*) AC, (*c*) AD, (*d*) BC, (*e*) BD, (*f*) CD

4.27 Trouver : (*a*) A^T, (*b*) A^TC, (*c*) D^TA^T, (*d*) B^TA, (*e*) D^TD, (*f*) DD^T

MATRICES CARRÉES

4.28 Soit $A = \begin{pmatrix} 2 & 2 \\ 3 & -1 \end{pmatrix}$.

(*a*) Calculer A^2 et A^3.

(*b*) Si $f(x) = x^3 - 3x^2 - 2x + 4$, calculer $f(A)$.

(*c*) Si $g(x) = x^2 - x - 8$, trouver $g(A)$.

4.29 Etant donnée $B = \begin{pmatrix} 1 & 3 \\ 5 & 3 \end{pmatrix}$,

(*a*) Evaluer $f(B)$ avec $f(x) = 2x^2 - 4x + 3$.

(*b*) Calculer $g(B)$ pour $g(x) = x^2 - 4x - 12$.

(*c*) Trouver un vecteur colonne non nul $u = \begin{pmatrix} x \\ y \end{pmatrix}$ tel que $Bu = 6u$.

4.30 On dit que les matrices A et B sont commutatives si $AB = BA$. Trouver les matrices $\begin{pmatrix} x & y \\ z & w \end{pmatrix}$ qui commutent avec $\begin{pmatrix} 1 & 1 \\ 0 & 1 \end{pmatrix}$.

4.31 Calculer A^n pour $A = \begin{pmatrix} 1 & 2 \\ 0 & 1 \end{pmatrix}$.

DÉTERMINANTS

4.32 Calculer les déterminants des matrices suivantes :

$$(a) \begin{pmatrix} 2 & 5 \\ 4 & 1 \end{pmatrix}, \quad (b) \begin{pmatrix} 6 & 1 \\ 3 & -2 \end{pmatrix}, \quad (c) \begin{pmatrix} 4 & -5 \\ 0 & 2 \end{pmatrix}, \quad (d) \begin{pmatrix} 1 & 0 \\ 0 & 1 \end{pmatrix}, \quad (e) \begin{pmatrix} -2 & 8 \\ -5 & -2 \end{pmatrix}, \quad (f) \begin{pmatrix} 4 & 9 \\ 5 & -3 \end{pmatrix}$$

4.33 Evaluer les déterminants des matrices :

$$(a) \begin{pmatrix} 2 & 1 & 1 \\ 0 & 5 & -2 \\ 1 & -3 & 4 \end{pmatrix}, \quad (b) \begin{pmatrix} 3 & -2 & -4 \\ 2 & 5 & -1 \\ 0 & 6 & 1 \end{pmatrix}, \quad (c) \begin{pmatrix} -2 & -1 & 4 \\ 6 & -3 & -2 \\ 4 & 1 & 2 \end{pmatrix}, \quad (d) \begin{pmatrix} 7 & 6 & 5 \\ 1 & 2 & 1 \\ 3 & -2 & 1 \end{pmatrix}$$

4.34 Quelles sont les matrices inverses de : (*a*) $\begin{pmatrix} 3 & 2 \\ 7 & 5 \end{pmatrix}$, (*b*) $\begin{pmatrix} 2 & -3 \\ 1 & 3 \end{pmatrix}$?

PROBLÈMES A PROGRAMMER SUR ORDINATEUR*

4.35 La première donnée est constituée de 5 nombres réels, composantes du vecteur u, et la deuxième concerne les 5 composantes du vecteur v. Ecrire le programme qui imprime : (*a*) $2u - 3v$, (*b*) $u \cdot v$, (*c*) $\|u\|$. Tester le programme avec les données suivantes :

$$u = (3.0, 1.2, -4.0, 7.3, -2.8), \qquad v = (5.4, -2.0, -6.3, 0.0, -5.8)$$

4.36 Etant donné trois matrices carrées A, B et C d'ordre 2, et en supposant que les données lues sont les lignes de chaque matrice, c'est-à-dire qu'il y a six données de deux nombres, écrire le programme qui donne : (*a*) $3A - 2B$, (*b*) AB, (*c*) $|A|$, (*d*) A^{-1}. Tester le programme avec les données suivantes :

$$A = \begin{pmatrix} 4.0 & 3.0 \\ 9.0 & 8.0 \end{pmatrix}, \quad B = \begin{pmatrix} 3.1 & -8.2 \\ 5.0 & 2.5 \end{pmatrix}, \quad C = \begin{pmatrix} -4.0 & 2.0 \\ 0.0 & 7.0 \end{pmatrix}$$

4.37 Soient A et B deux matrices $n \times n$ quelconques, écrire la procédure PRDUI qui calcule la matrice produit $C = AB$.

4.38 Soient A une matrice $m \times k$ et B, une matrice $k \times n$, écrire la procédure PRDUI2 qui calcule la matice $C = AB$.

4.39 Etant donné A, une matrice $n \times 2$ et une paire de nombres X et Y, écrire la procédure LIGNE telle que LIGNE(A,N,X,Y) ait la valeur 1 ou -1 selon que (X, Y) est ou n'est pas une ligne de A.

---

* Nous avons conservé ici la notation américaine, c'est-à-dire le point décimal. (N.d.T.)

Solutions des problèmes supplémentaires

4.21 (*a*) $3u = (6, -3, 0, -9)$ (*c*) $2u - 3v = (1, 1, 3, -15)$ (*e*) $-u + 2v - 2w = (-2, -7, 2, 5)$
(*b*) $u + v = (3, -2, -1, 0)$ (*d*) $5u - 3v - 4w = (3, -14, 11, -32)$

4.22 (*a*) $x = 2,\ y = 4,$ (*b*) $x = -1,\ y = -3/2$

4.23 $x = 1,\ y = -1,\ z = 2$

4.24 (*a*) -6, (*b*) -7, (*c*) 6, (*d*) $\sqrt{14}$, (*e*) $\sqrt{12} = 2\sqrt{3}$, (*f*) $\sqrt{18} = 3\sqrt{2}$

4.25 (*a*) $\begin{pmatrix} 5 & -1 & -1 \\ -1 & 1 & 7 \end{pmatrix}$, (*b*) Non défini (*c*) $\begin{pmatrix} -13 & -3 & 18 \\ 4 & 17 & 0 \end{pmatrix}$

4.26 (*a*) Non défini (*c*) $\begin{pmatrix} 9 \\ 9 \end{pmatrix}$ (*e*) $\begin{pmatrix} -1 \\ 9 \end{pmatrix}$

(*b*) $\begin{pmatrix} -5 & -2 & 4 & 5 \\ 11 & -3 & -12 & 18 \end{pmatrix}$ (*d*) $\begin{pmatrix} 11 & -12 & 0 & -5 \\ -15 & 5 & 8 & 4 \end{pmatrix}$ (*f*) Non défini

4.27 (*a*) $\begin{pmatrix} 1 & 0 \\ -1 & 3 \\ 2 & 4 \end{pmatrix}$, (*b*) Non défini (*c*) $(9, 9)$ (*d*) $\begin{pmatrix} 4 & -7 & 4 \\ 0 & -6 & -8 \\ -3 & 12 & 6 \end{pmatrix}$, (*e*) 14, (*f*) $\begin{pmatrix} 4 & -2 & 6 \\ -2 & 1 & -3 \\ 6 & -3 & 9 \end{pmatrix}$

4.28 (*a*) $A^2 = \begin{pmatrix} 10 & 2 \\ 3 & 7 \end{pmatrix}$, $A^3 = \begin{pmatrix} 26 & 18 \\ 27 & -1 \end{pmatrix}$, (*b*) $f(A) = \begin{pmatrix} -4 & 8 \\ 12 & -16 \end{pmatrix}$, (*c*) $g(A) = \begin{pmatrix} 0 & 0 \\ 0 & 0 \end{pmatrix}$

4.29 (*a*) $f(B) = \begin{pmatrix} 31 & 12 \\ 20 & 39 \end{pmatrix}$, (*b*) $g(B) = \begin{pmatrix} 0 & 0 \\ 0 & 0 \end{pmatrix}$, (*c*) $u = \begin{pmatrix} 3 \\ 5 \end{pmatrix}$ ou $\begin{pmatrix} 3k \\ 5k \end{pmatrix}$, $k \neq 0$.

4.30 Seules les matrices du type $\begin{pmatrix} a & b \\ 0 & a \end{pmatrix}$ commutent avec $\begin{pmatrix} 1 & 1 \\ 0 & 1 \end{pmatrix}$

4.31 $A^n = \begin{pmatrix} 1 & 2n \\ 0 & 1 \end{pmatrix}$

4.32 (*a*) -18, (*b*) -15, (*c*) 8, (*d*) 1, (*e*) 44, (*f*) -57

4.33 (*a*) 21, (*b*) -11, (*c*) 102, (*d*) 0

4.34 (*a*) $\begin{pmatrix} 5 & -2 \\ -7 & 3 \end{pmatrix}$, (*b*) $\begin{pmatrix} \frac{1}{3} & \frac{1}{3} \\ -\frac{1}{9} & \frac{2}{9} \end{pmatrix}$

Chapitre 5

Théorie des graphes

5.1 INTRODUCTION

Le terme «graphe» a, en mathémathiques, différents sens. Nous avons déjà parlé du «graphe» d'une fonction ou d'une relation. Nous utiliserons à partir de maintenant le mot «graphe» dans un contexte different. Toutefois, la notion de graphe «orienté», qui fait l'objet du chapitre 7, est déjà apparue au chapitre 2 à propos des relations.

5.2 GRAPHES NON ORIENTÉS, OU MULTIGRAPHES *

Un *graphe* G est constitué de deux entités :

(i) un ensemble S dont les éléments sont appelés *sommets*, *points* ou *nœuds*;

(ii) un ensemble E de paires – non ordonnées (il ne s'agit pas de couples) – de divers sommets, appelées *arêtes*.

La notation d'un tel graphe est $G = (S, E)$.

Deux sommets x et y sont dits *adjacents* s'il existe une arête $[x, y]$. Nous représentons les graphes par un dessin dans le plan. Ainsi, chaque sommet s de S est représenté par un point (ou un petit cercle), et chaque arête $a = [s_1, s_2]$ par une ligne reliant ses deux *extrémités* s_1 et s_2. Par exemple, la figure 5-1(a) présente le graphe $G = (S, E)$ où S compte quatre sommets A, B, C et D, et E est l'ensemble des cinq arêtes $a_1 = [A, B]$, $a_2 = [B, C]$, $a_3 = [C, D]$, $a_4 = [A, C]$ et $a_5 = [B, D]$. Il est évidemment plus parlant de dessiner un graphe que de donner ses composantes. Le diagramme de la figure 5-1(b) n'est pas un graphe, mais un *multigraphe*. En effet, a_4 et a_5 sont des *arêtes multiples*, c'est-à-dire reliant les mêmes sommets et a_6 est une *boucle*, c'est-à-dire une arête dont les sommets sont identiques. Par conséquent, un graphe est un multigraphe sans arête multiple et sans boucle.

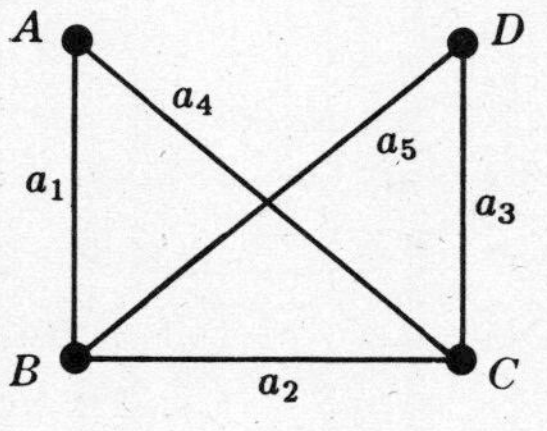

(a)

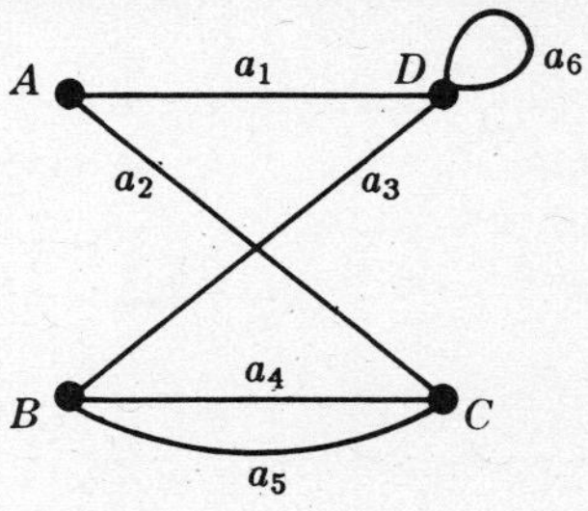

(b)

Fig. 5-1

Etant donné le graphe $G = (S, E)$, on définit le *sous-graphe* $G' = (S', E')$ dont les sommets constituent le sous-ensemble S' de S, et les arêtes, le sous-ensemble E' de E. On dit qu'il s'agit du sous-graphe de G *engendré* par S'. Le sous-ensemble E' est constitué des arêtes de E ayant leurs extrémités dans S'.

* Les mathématiciens français utilisent le mot «graphe» pour un «graphe orienté» – terminologie anglo-saxonne – et le mot «multigraphe» pour un graphe non orienté. Les deux cas faisant l'objet de chapitres distincts, nous utiliserons simplement le mot «graphe». (N.d.T.)

Un multigraphe est dit *fini* s'il a un nombre fini de sommets et un nombre fini d'arêtes. Evidemment, un graphe ayant un nombre fini de sommets admet automatiquement un nombre fini d'arêtes et doit donc être fini. Un graphe fini ayant un seul sommet et donc pas d'arête est appelé le *graphe trivial.* Sauf indication contraire ou explicite, tous les multigraphes seront finis.

5.3 DEGRÉ

Si s est une extrémité de l'arête a, on dit que a est *incidente* à s. Le *degré* du sommet s, noté $\mathrm{d}(s)$, est égal au nombre d'arêtes incidentes à s. Puisqu'une arête contribue au degré de deux sommets, nous avons le résultat trivial, mais important, suivant :

Théorème 5.1 : La somme des degrés des sommets d'un graphe est égale à deux fois le nombre d'arêtes.

Par exemple, dans la figure 5-1(a), nous avons :

$$d(A) = 2,\ d(B) = 3,\ d(C) = 3,\ d(D) = 2$$

La somme des degrés est égale à 10, et le graphe compte 5 arêtes. Un sommet est dit pair ou impair selon que son degré est un nombre *pair* ou *impair.* Ainsi les sommets A et D sont pairs, et les sommets B et C, impairs.

Dans le cas de la figure 5-1(b), la boucle a_6 est comptée deux fois dans le calcul du degré du sommet D, qui est donc $\mathrm{d}(D) = 4$.

Un sommet de degré zéro est un sommet *isolé.*

5.4 CONNEXITÉ

On appelle *chaîne*, dans un multigraphe, une suite de sommets et d'arêtes, de la forme :

$$s_0, a_1, s_1, a_2, s_2, \ldots, a_{n-1}, s_{n-1}, a_n, s_n$$

où chaque arête a_i est incidente aux sommets s_{i-1} et s_i. La *longueur* de la chaîne est égale au nombre d'arêtes qui la constituent. Quand il n'y a pas d'ambiguïté, on définit une chaîne par la suite de ses sommets (s_1, s_2,..., s_n) ou par la suite de ses arêtes (a_1, a_2, ..., a_n). Une chaîne est dite *fermée* si $s_n = s_0$, sinon nous disons que la chaîne *va* de s_0 à s_n, ou *relie* s_0 à s_n.

Une chaîne est *simple* si toutes les arêtes sont distinctes. Une chaîne est *élémentaire* si tous ses sommets sont distincts; ainsi, une chaîne élémentaire doit être une chaîne simple. Un *cycle* est une chaîne fermée dont les arêtes a_i sont distinctes. Un cycle de longueur k est un *k-cycle.* Cette longueur ne peut être inférieure à trois (arêtes distinctes).

EXEMPLE 5.1. Analysons le graphe de la figure 5-2.

$$(P_4, P_1, P_2, P_5, P_1, P_2, P_3, P_6)$$

est une chaîne de P_4 à P_6. Il ne s'agit pas d'une chaîne simple car l'arête [P_1, P_2] apparaît deux fois. La séquence

$$(P_4, P_1, P_5, P_2, P_6)$$

n'est pas une chaîne, car il n'y a pas de lien (d'arête) entre P_2 et P_6. La séquence

$$(P_4, P_1, P_5, P_2, P_3, P_5, P_6)$$

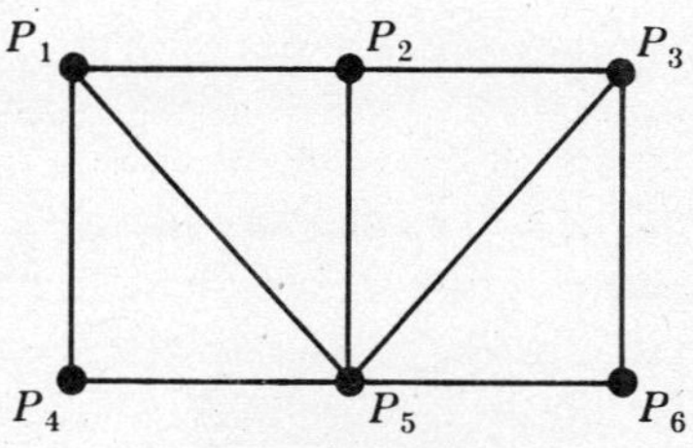

Fig. 5-2

est une chaîne simple car aucune arête n'est utilisée deux fois, mais ce n'est pas une chaîne élémentaire car le sommet P_5 est cité deux fois. La séquence

$$(P_4, P_1, P_5, P_3, P_6)$$

est une chaîne élémentaire de P_4 à P_6. La chaîne élémentaire la plus courte entre P_4 et P_6 est (P_4, P_5, P_6). Sa longueur est de 2.

En éliminant les arêtes inutiles, il n'est pas difficile de voir qu'une chaîne du sommet s au sommet s' peut être remplacée par une chaîne élémentaire de s à s'. Nous établissons formellement ce résultat :

Théorème 5.2 : Il existe une chaîne du sommet s au sommet s' si, et seulement si, il existe une chaîne élémentaire de s à s'.

Un graphe est *connexe* s'il existe une chaîne entre n'importe quelle paire de sommets. C'est le cas du graphe de la figure 5-2, mais le graphe de la figure 5-3(a) ne l'est pas puisqu'il n'existe pas de chemin entre E et D.

Etant donné un graphe $G = (S, E)$, on appelle *composante connexe* du graphe G un sous-graphe connexe qui n'est contenu dans aucun autre sous-graphe connexe. Intuitivement il est clair que tout graphe peut être fractionné en ses composantes connexes. Par exemple, le graphe de la figure 5-3(a) a trois composantes connexes.

L'*écart* entre deux sommets s et s' d'un graphe connexe G, noté $d(s, s')$ est la longueur de la chaîne élémentaire la plus courte liant s à s'. Le *diamètre* d'un graphe connexe est l'écart maximal entre deux sommets. Dans la figure 5-3(b), $d(A, F) = 2$ et le diamètre du graphe est 3. (On remarquera que bien que les arêtes $[A, D]$ et $[B, C]$ se croisent sur le schéma, elles ne se rencontrent pas en un sommet.)

Etant donné un sommet s d'un graphe G, on écrit $G - s$ le graphe obtenu à partir de G, en supprimant le sommet s et toutes les arêtes incidentes à s. Un sommet s dans un graphe connexe G est un *point d'articulation* si $G - s$ n'est pas connexe. Le sommet D de la figure 5-3(b) est un point d'articulation.

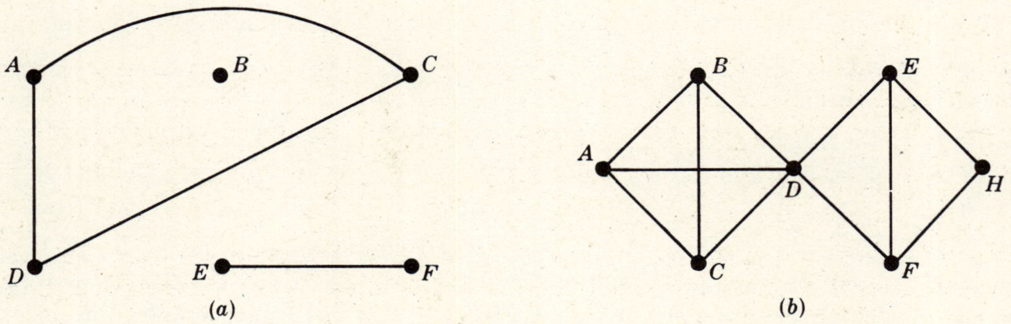

Fig. 5-3

5.5 LES PONTS DE KÖNIGSBERG, RECOUVREMENT

Au dix-huitième siècle, la ville de Königsberg, en Prusse Orientale, comprenait deux îles et sept ponts ainsi que le montre la figure 5-4(a). Question : en partant de n'importe où, pour aller n'importe où, peut-on traverser les sept ponts sans passer deux fois par le même? Le peuple de Königsberg écrivit au célèbre mathématicien L. Euler, qui démontra en 1736 qu'une telle chaîne était impossible. Il remplaça les îles et les rives de la rivière Prégel par des points et les ponts par des courbes, obtenant la figure 5-4(b).

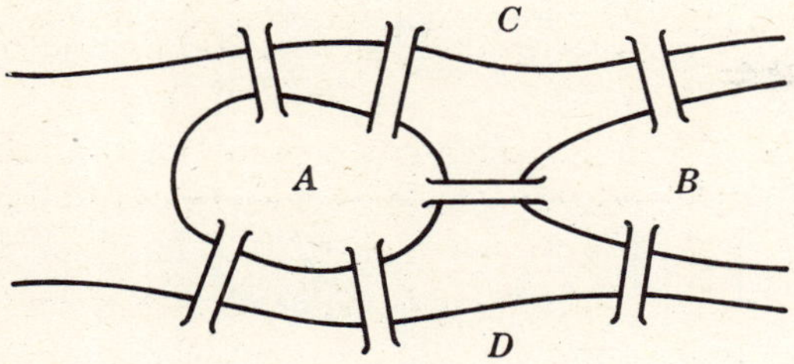

(*a*) Königsberg en 1736

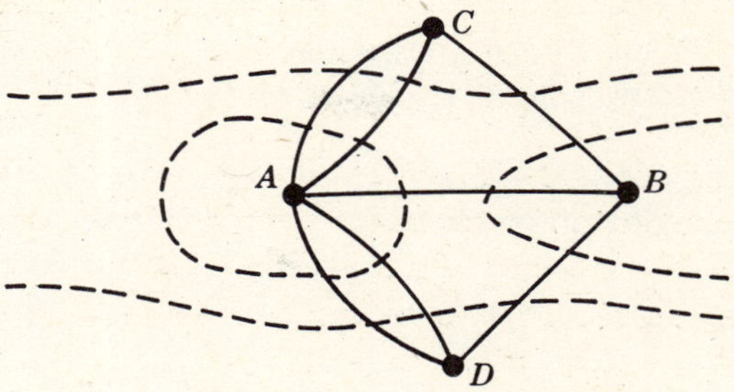

(*b*) Graphique d'Euler

Fig. 5-4

La figure 5-4(*b*) est celle d'un multigraphe *recouvrable*, si "on peut le dessiner sans lever le crayon et sans passer deux fois sur la même arête", c'est-à-dire qu'il existe une chaîne comprenant tous les sommets et toutes les arêtes mais seulement une fois. C'est une chaîne simple. On dit qu'il y a *recouvrement des arêtes* par une chaîne. Un multigraphe recouvrable doit être fini et connexe. La figure 5-5(*b*) donne la chaîne simple du graphe de la figure 5-5(*a*). Afin d'indiquer le sens du parcours, le diagramme ne comporte pas les sommets. Maintenant, il est clair que le problème des ponts de Königsberg ne peut être résolu que si et seulement si le graphe de la figure 5-4(*b*) est recouvrable.

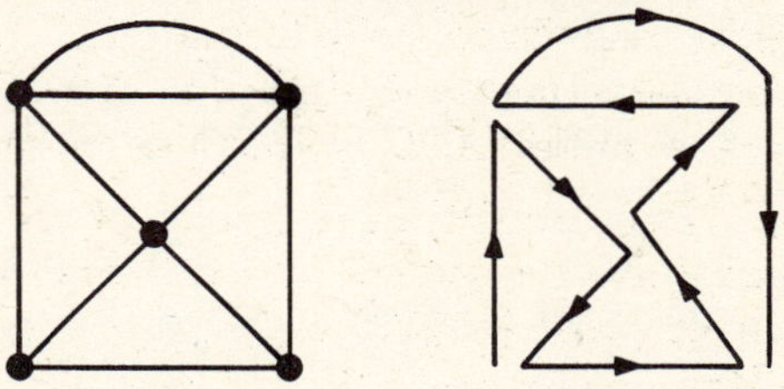

(*a*) (*b*)

Fig. 5-5

Examinons comment Euler a démontré que le graphe de la figure 5-4(*b*) n'est pas recouvrable, et de ce fait la promenade dans Königsberg impossible. Rappelons qu'un sommet est pair ou impair selon que le nombre d'arêtes incidentes est pair ou impair. Supposons qu'un graphe soit recouvrable, et que la chaîne simple ne commence ni ne se termine au sommet P. Ce sommet est pair, car cette chaîne arrive à P par une arête qui n'a pas été déjà utilisée à un départ de P. Ainsi, si un sommet Q est impair, la chaîne de recouvrement doit commencer ou finir en Q. En conséquence, un multigraphe ayant plus de deux sommets impairs ne peut être recouvert par une chaîne. On remarque que le problème des ponts de Königsberg présente quatre sommets impairs. On ne peut donc pas se promener dans Königsberg sans traverser deux fois le même pont.

Euler a démontré la réciproque de l'énoncé ci-dessus, donc le théorème et le corollaire suivants. (Le théorème est démontré au problème 5.8.) Un graphe G est un graphe *eulérien* s'il peut être recouvert par une chaîne simple, appelée *chaîne eulérienne.*

Théorème (Euler) 5.3 : Un graphe connexe fini est eulérien si et seulement si chacun de ses sommets est de degré pair.

Corollaire 5.4 : Tout graphe connexe fini ayant deux sommets impairs est recouvrable par une chaîne qui peut commencer à l'un des sommets impairs et finir à l'autre.

Un autre problème, très lié au précédent, a été posé par le mathématicien W.R. Hamilton. Il demanda s'il existait ou non une chaîne fermée qui parcourt un graphe en passant par tous les sommets une seule fois. Une telle chaîne doit être un cycle dit *hamiltonien.* Le graphe ayant un cycle hamiltonien est un graphe hamiltonien. La figure 5-6 donne un exemple de *graphe hamiltonien* qui n'est pas eulérien et vice versa. Il faut remarquer qu'il n'existe pas de critère simple pour savoir si un graphe est ou non hamiltonien, comme il en existe un pour les graphes eulériens. Ce type de problèmes est intimement lié au "problème du voyageur de commerce", c'est-à-dire la recherche du chemin minimal, passant par tous les sommets et toutes les arêtes. (En d'autres termes, on considère les sommets comme des villes, et les arêtes comme les routes les reliant.)

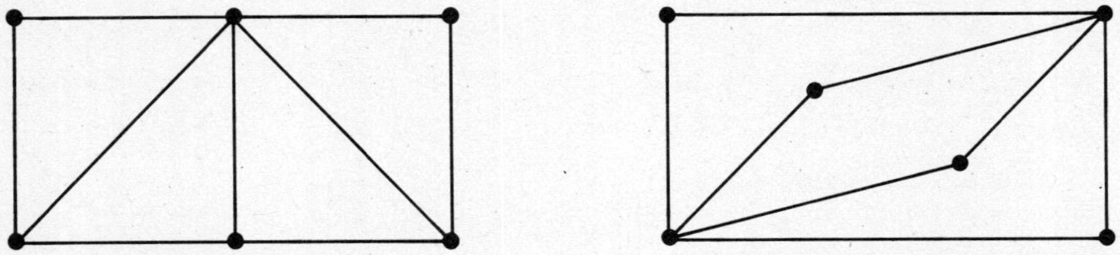

(*a*) Hamiltonien et non eulérien (*b*) Eulérien et non hamiltonien

Fig. 5-6

5.6 GRAPHES SPÉCIAUX

Il existe différents types de graphes. Nous en verrons quatre : les graphes complets, réguliers, bipartis et les arbres.

Un graphe est *complet* si chacun de ses sommets est lié à tous les autres. Un graphe complet de n sommets est représenté par K_n (de *Kuratowski*, N.d.T.). La figure 5-7 montre les graphes K_1, K_2, ..., K_6.

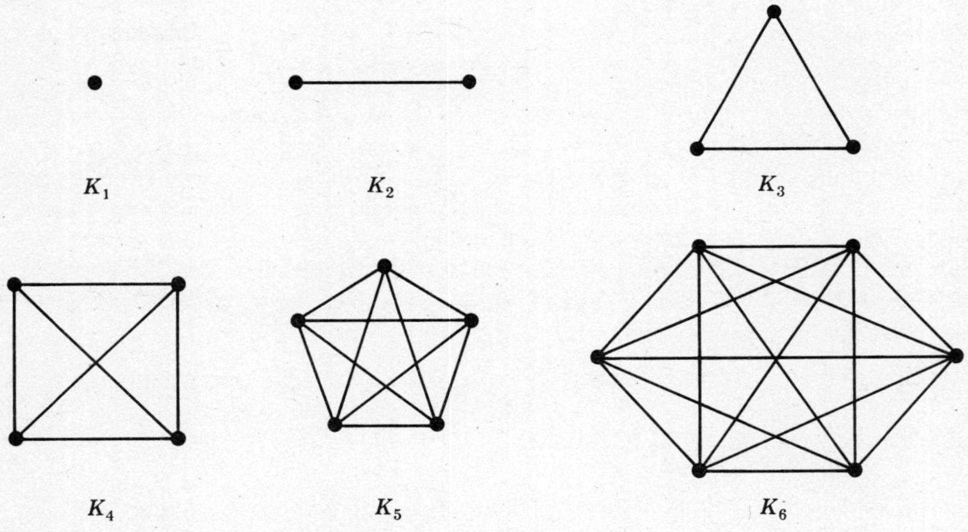

Fig. 5-7

Un graphe est *régulier de degré k*, ou *k-régulier*, si tous ses sommets sont de degré k. En d'autres termes, un graphe est régulier si tous ses sommets ont le même degré.

On peut facilement dessiner les graphes connexes réguliers de degré 0, 1 ou 2. Le graphe connexe 0-régulier est le graphe trivial constitué d'un sommet et d'aucune arête. Le graphe connexe 1-régulier comporte deux sommets et une arête. Le graphe connexe 2-régulier de n sommets est le graphe constitué d'un seul n-cycle. Voir la figure 5-8.

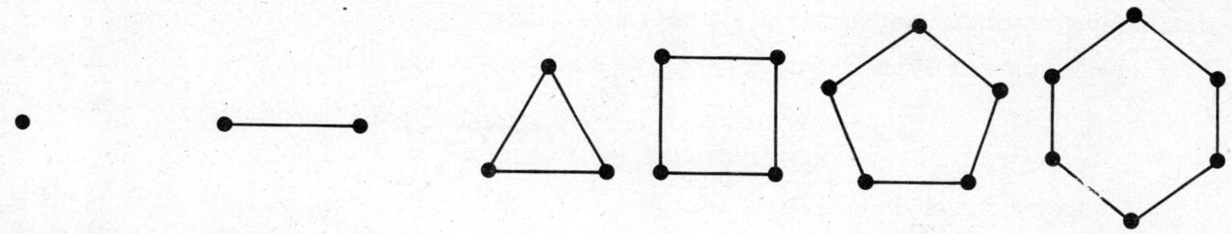

(i) 0-régulier (ii) 1-régulier (iii) 2-régulier

Fig. 5-8

Les graphes 3-réguliers doivent avoir un nombre pair de sommets puisque la somme des degrés des sommets est un nombre pair (Théorème 5.1). La figure 5-9 montre deux graphes connexes 3-réguliers ayant six sommets. En général, les graphes réguliers peuvent être très compliqués. Par exemple, il y a dix-neuf graphes 3-réguliers de dix sommets. Il faut remarquer qu'un graphe complet de n sommets K_n est régulier de degré n-1.

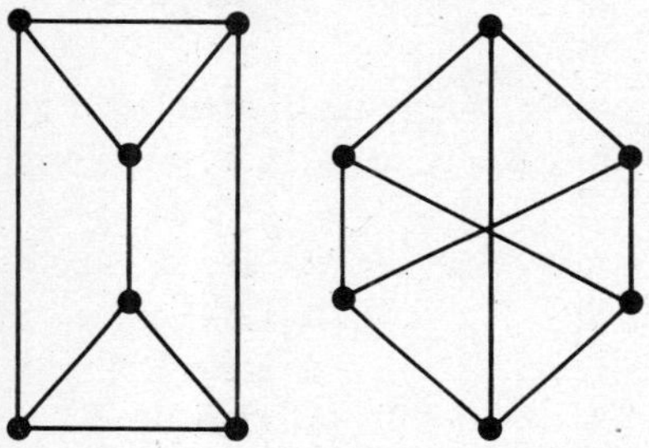

Fig. 5-9

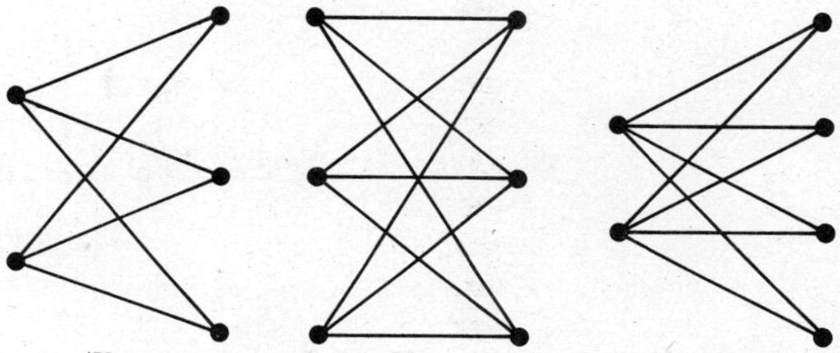

$K_{2,3}$ $K_{3,3}$ $K_{2,4}$

Fig. 5-10

Un graphe G est dit *biparti* si l'ensemble de ses sommets S peut être fractionné en deux sous-ensembles S_1 et S_2 tels que chaque arête de G relie un sommet de S_1 à un sommet de S_2. Dans un graphe complet biparti, chaque sommet de S_1 est relié à chacun des sommets de S_2, et vice versa ; un tel graphe est représenté par $K_{m,n}$ où m et n sont les nombres de sommets de S_1 et de S_2 respectivement. On suppose généralement que $m \leq n$. La figure 5-10 montre les graphes $K_{2,3}$, $K_{3,3}$ et $K_{2,4}$. Un graphe $K_{m,n}$ a mn arêtes.

Un graphe est dit *acyclique* s'il ne possède pas de cycle. Un graphe connexe sans cycle est un *arbre*. Les arbres apparaissant dans différents domaines des mathématiques, ils font l'objet du chapitre suivant. Nous ne donnons ici que sa définition et les six arbres à six sommets présentés figure 5-11.

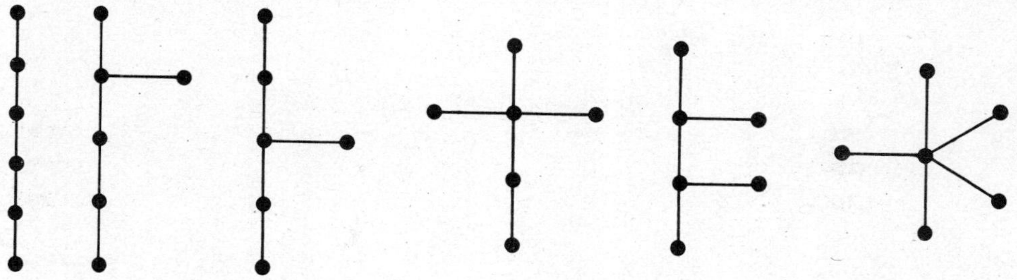

Fig. 5-11

5.7 MATRICES ET GRAPHES

Il est parfois pratique de représenter un graphe G d'arêtes a_1, a_2, ..., a_n et de sommets s_1, s_2, ..., s_m par une matrice. On remarquera que les arêtes de G peuvent constituer une matrice $n \times 2$ d'entiers, B, telle que chaque ligne de B soit une arête de G, par exemple, la ligne (3,4) figure l'arête $[s_3, s_4]$. La matrice des arêtes B ne décrit pas complètement le graphe G de m sommets. Nous avons besoin de deux autres représentations matricielles de G, largement utilisées.

(1) La matrice *associée*. Soit $A = (a_{ij})$ la matrice $m \times m$ définie par

$$a_{ij} = \begin{cases} 1 \text{ si } [s_i,\ s_j] \text{ est une arête, c'est-à-dire si } s_i \text{ est lié à } s_j \\ 0 \text{ dans l'autre cas} \end{cases}$$

La matrice A est la matrice associée à G. On remarque que $a_{ij} = a_{ji}$, de sorte que A est une matrice symétrique (par extension, dans la matrice associée à un multigraphe, le coefficient a_{ij} est égal au nombre d'arêtes $[s_i,\ s_j]$).

(2) La matrice d'*incidence*. Soit $M = (m_{ij})$ la matrice $m \times n$ définie par

$$m_{ij} = \begin{cases} 1 \text{ si l'arête } a_j \text{ est incidente au sommet } s_i \\ 0 \text{ dans l'autre cas} \end{cases}$$

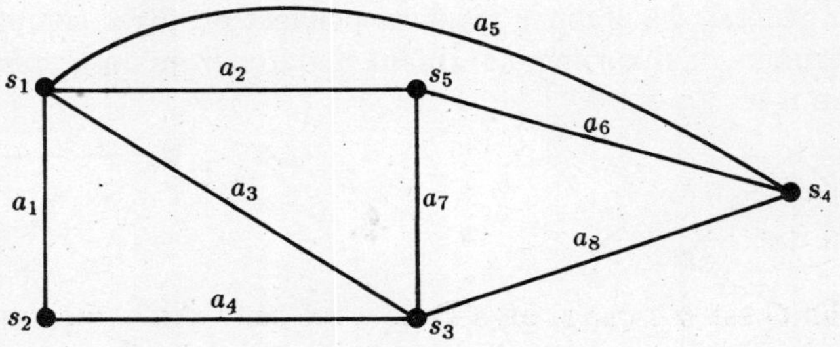

Fig. 5-12

Par exemple, pour le graphe de la figure 5-12, la matrice des arêtes B, la matrice associée A et la matrice d'incidence M sont données ci-après. Pour une lecture plus aisée, nous avons étiqueté les lignes et les colonnes de A et M par les sommets et arêtes correspondants.

$$B = \begin{pmatrix} 1 & 2 \\ 1 & 5 \\ 1 & 3 \\ 2 & 3 \\ 1 & 4 \\ 4 & 5 \\ 3 & 5 \\ 3 & 4 \end{pmatrix} \qquad A = \begin{matrix} & s_1 & s_2 & s_3 & s_4 & s_5 \\ s_1 & 0 & 1 & 1 & 1 & 1 \\ s_2 & 1 & 0 & 1 & 0 & 0 \\ s_3 & 1 & 1 & 0 & 1 & 1 \\ s_4 & 1 & 0 & 1 & 0 & 1 \\ s_5 & 1 & 0 & 1 & 1 & 0 \end{matrix}$$

$$M = \begin{matrix} & a_1 & a_2 & a_3 & a_4 & a_5 & a_6 & a_7 & a_8 \\ s_1 & 1 & 1 & 1 & 0 & 1 & 0 & 0 & 0 \\ s_2 & 1 & 0 & 0 & 1 & 0 & 0 & 0 & 0 \\ s_3 & 0 & 0 & 1 & 1 & 0 & 0 & 1 & 1 \\ s_4 & 0 & 0 & 0 & 0 & 1 & 1 & 0 & 1 \\ s_5 & 0 & 1 & 0 & 0 & 0 & 1 & 1 & 0 \end{matrix}$$

Bien que la matrice des arêtes B d'un graphe G soit la représentation la plus concise, elle n'est pas toujours la plus utilisée. Au vu du théorème suivant, la matrice associée est beaucoup plus utilisée pour discuter des problèmes de connexions.

Théorème 5.5 : Soit A la matrice associée à un graphe G de m sommets, avec $m > 1$. Le coefficient ij de la matrice A^n donne le nombre de chaînes de longueur n entre le sommet s_i et le sommet s_j.

(Il existe un théorème semblable pour les graphes orientés – théorème 7.3 – qui sera établi et démontré au cours du chapitre 7.)

Puisque G a m sommets, n'importe quelle chaîne élémentaire aura une longueur maximale égale à $m-1$. Ainsi la matrice

$$A + A^2 + ... + A^{m-1}$$

admet un coefficient ij nul seulement s'il n'existe pas de chaîne de s_i à s_j.

On appelle matrice des *connexions* du graphe G de m sommets, la matrice $m \times m$ $C = (c_{ij})$, où

$$c_{ij} = \begin{cases} 1 \text{ si } i = j \text{ ou s'il existe une chaîne de } s_i \text{ à } s_j \\ 0 \text{ dans les autres cas} \end{cases}$$

On remarque que G est connexe si et seulement si C n'a pas de coefficient nul. La précédente discussion montre que C et la matrice $A + A^2 + ... + A^{m-1}$ ont les mêmes coefficients nuls en dehors de la diagonale principale.

5.8 GRAPHES MARQUÉS

On dit qu'un graphe G est *marqué* si on associe à ses sommets et/ou ses arêtes des données. En particulier, si on associe des nombres positifs $l(a)$ à chaque arête a de G, comme l'indique la figure 5-13, ces nombres sont appelés *poids* ou *longueurs* des arêtes. En théorie des graphes, il existe un problème important qui consiste en la recherche du chemin le plus court, entre deux points donnés, en tenant compte de ce marquage. Un chemin minimal entre P et Q dans la figure 5-13 est

$$(P, A_1, A_2, A_5, A_3, A_6, Q)$$

dont la longueur est 14. Vous pouvez essayer d'en trouver un autre.

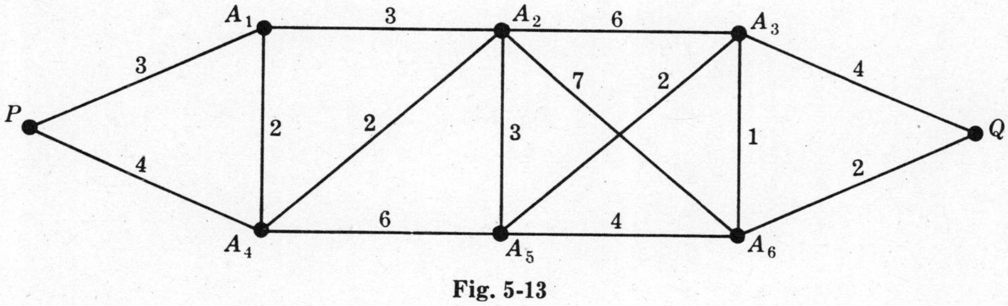

Fig. 5-13

Dans le chapitre 7, nous donnons l'algorithme du «sécateur» qui conduit au chemin minimal dans les cas simples de graphes orientés, minimisant le nombre de chemins possibles entre deux points. Une version généralisée d'un tel algorithme peut être utilisée pour le problème ci-dessus.

5.9 GRAPHES ISOMORPHES

Supposons que $G = (S, E)$ et $G^* = (S^*, E^*)$ soient des graphes et que $f : S \rightarrow S^*$ soit une bijection entre les ensembles de sommets telle que $[s_1, s_2]$ est une arête de G si et seulement si $[f(s_1), f(s_2)]$ en est une de G^*. Alors f est un *isomorphisme* entre G et G^*, et G et G^* sont des *graphes isomorphes*. Normalement, on ne distingue pas deux graphes isomorphes (même si leurs dessins peuvent sembler différents). Ainsi on peut dire que la figure 5-11 donne tous les arbres à six sommets. Si G et G^* sont isomorphes, les sommets correspondants doivent avoir les mêmes propriétés graphiques, telles que le degré, être un point d'articulation ou non. La figure 5-14 présente dix graphes ayant l'apparence de lettres. On remarque que A et R, F et T, K et X, et M, S, V et Z sont des graphes isomorphes.

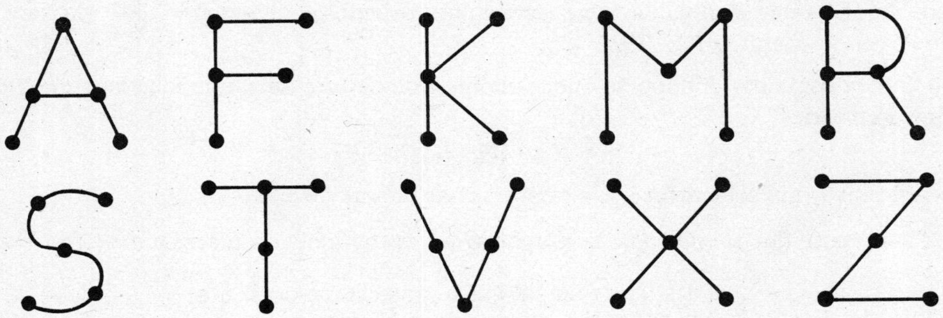

Fig. 5-14

A partir d'un graphe G, on peut obtenir un nouveau graphe en divisant une arête de G à l'aide d'un sommet supplémentaire. Deux graphes G et G^* sont dits *homéomorphes* s'ils peuvent être obtenus, par cette méthode, à partir de graphes isomorphes. Les graphes (a) et (b) de la figure 5-15 ne sont pas isomorphes, mais ils sont homéomorphes puisqu'ils sont déductibles du graphe (c) par l'ajout de sommets.

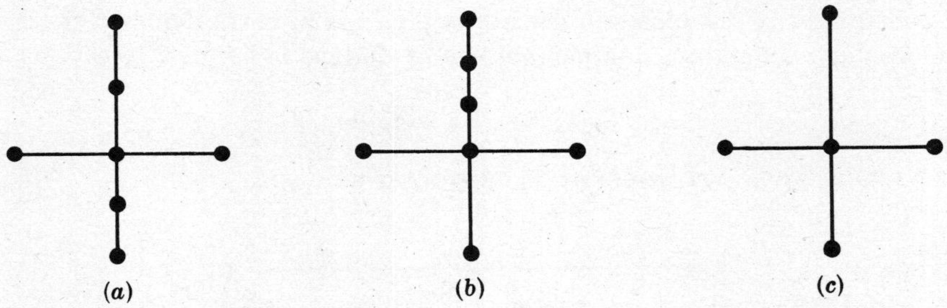

Fig. 5-15

Problèmes résolus

GRAPHES, CONNEXITÉ

5.1 Dessiner les diagrammes des graphes $G = (S, E)$ suivants :

(a) $S = \{A,B,C,D\}$, $E = [\{A,B\}, \{A,C\}, \{B,C\}, \{B,D\}, \{C,D\}]$

(b) $S = \{a,b,c,d,e\}$, $E = [\{a,b\}, \{a,c\}, \{b,c\}, \{d,e\}]$

Parmi ces graphes, quel est, s'il en existe, celui qui est connexe ?

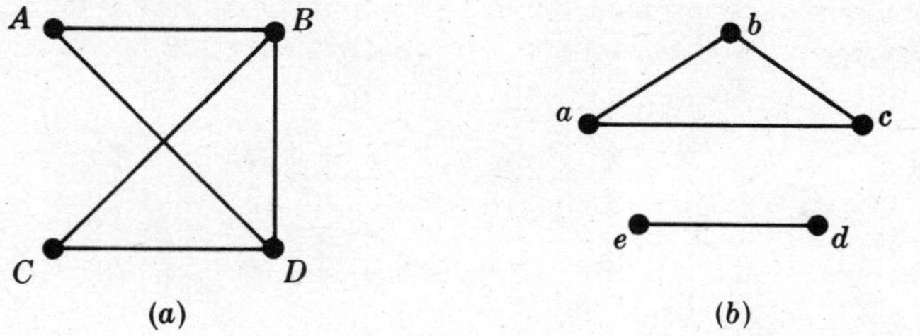

Fig. 5-16

On dessine un rond pour chaque sommet s de S, et on trace une ligne pour chaque arête $[x, y]$ de E, entre les sommets x et y ainsi que le montre la figure 5-16. Le graphe (a) est connexe, ce n'est pas le cas du graphe (b) car il n'y a pas de chaîne entre les sommets a et e ou d.

5.2 Etant donnée la figure 5-17, (a) décrire formellement le graphe G représenté, (b) donner le degré de chaque sommet et vérifier le théorème 5.1.

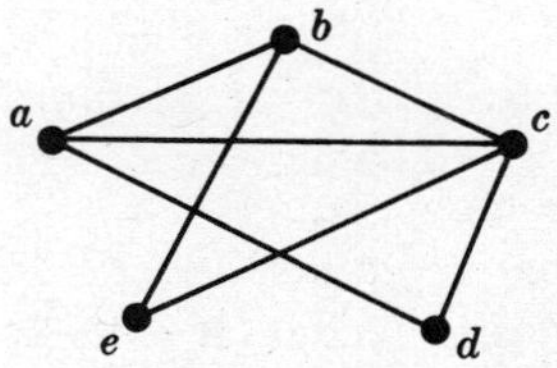

Fig. 5-17

(a) Il y a cinq sommets, donc $S = \{a, b, c, d, e\}$, et sept paires $[x, y]$ de sommets pour lesquelles le sommet x est lié au sommet y, donc :

$$E = [\{a, b\}, \{a, c\}, \{a, d\}, \{b, c\}, \{b, e\}, \{c, d\}, \{c, e\}]$$

(b) Le degré d'un sommet est égal au nombre d'arêtes incidentes à ce sommet. Ainsi, nous avons : $d(a) = 3$ en raison des arêtes $[a, b]$, $[a, c]$ et $[a, d]$; de même $d(b) = 3$, $d(c) = 4$, $d(d) = 2$ et $d(e) = 2$. La somme des degrés est

$$3 + 3 + 4 + 2 + 2 = 14$$

elle est égale à deux fois le nombre d'arêtes.

5.3 Soit le graphe de la figure 5-18. Trouver (a) toutes les chaînes élémentaires reliant le sommet A au sommet F, (b) toutes les chaînes simples reliant A à F, (c) l'écart entre A et F, (d) le diamètre du graphe.

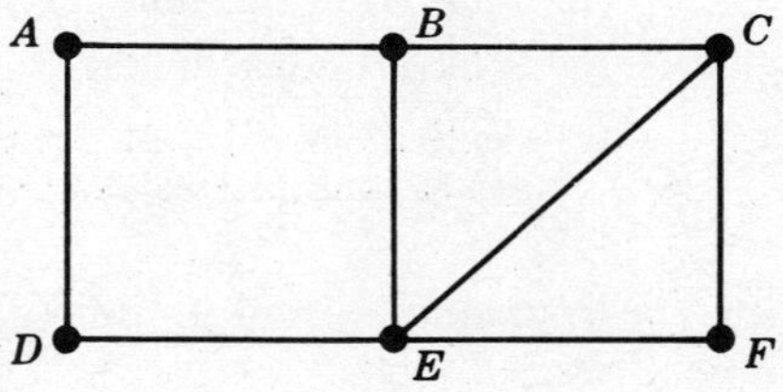

Fig. 5-18

(a) Une chaîne élémentaire de A à F est une chaîne où les sommets n'apparaissent qu'une fois. Il y a ainsi sept chaînes élémentaires :

(A, B, C, F) (A, D, E, F)
(A, B, C, E, F) (A, D, E, B, C, F)
(A, B, E, F) (A, D, E, C, F)
(A, B, E, C, F)

(b) Une chaîne simple de A à F est une chaîne où les arêtes n'apparaissent qu'une fois. Il y a ainsi neuf chaines simples dont les chaînes élémentaires citées plus haut, et

$$(A, D, E, B, C, E, F) \quad \text{et} \quad (A, D, E, C, B, E, F)$$

(c) L'écart entre A et F est 3, puisque la chaîne élémentaire la plus courte (A, B, C, F) est de longueur égale à 3.

(d) L'écart entre deux sommets n'est jamais supérieur à 3, donc le diamètre du graphe est égal à 3

5.4 A partir du graphe de la figure 5-18, trouver les sous-graphes obtenus par la suppression d'un sommet. Existe-t-il un point d'articulation ?

Quand on supprime un sommet, il faut évidemment effacer toutes les arêtes incidentes à ce sommet. Les six graphes obtenus en supprimant l'un des six sommets du graphe de la figure 5-18 sont montrés par la figure 5-19. Ces six graphes sont connexes, il n'y a donc pas de point d'articulation.

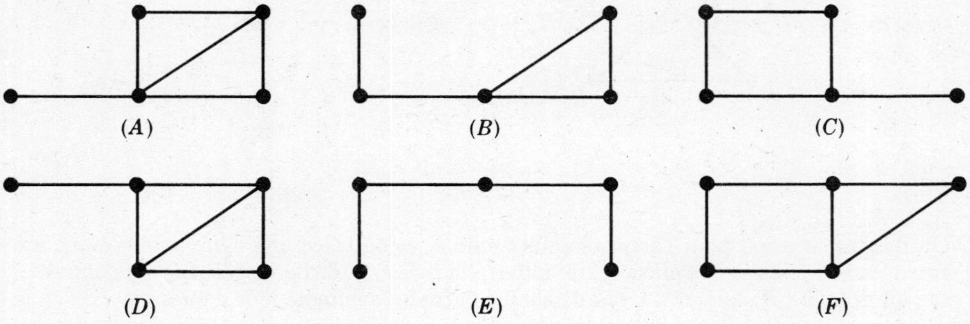

Fig. 5-19

5.5 Dire si les multigraphes de la figure 5-20 sont : (*a*) connexes, (*b*) sans boucle, (*c*) graphes simples.

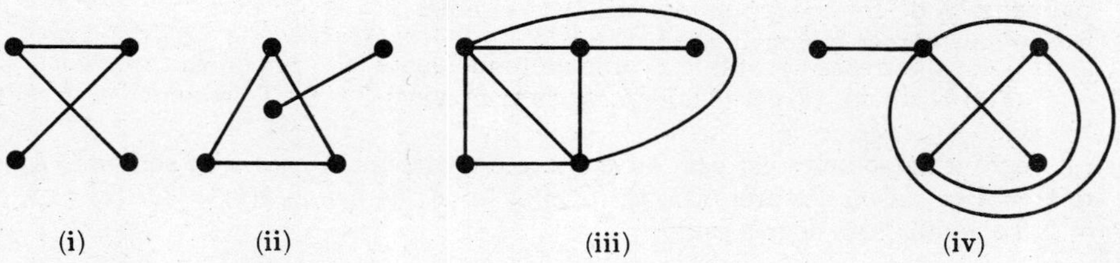

Fig. 5-20

(*a*) Seuls (i) et (iii) sont connexes.

(*b*) Seul (iv) a une boucle, c'est-à-dire une arête ayant les mêmes extrémités.

(c) Seuls (i) et (ii) sont des graphes simples. Le multigraphe (iii) a des arêtes multiples et (iv) des arêtes multiples et une boucle.

5.6 Pour quel(s) multigraphe(s) de la figure 5-21 existe-t-il une chaîne élémentaire de recouvrement ?

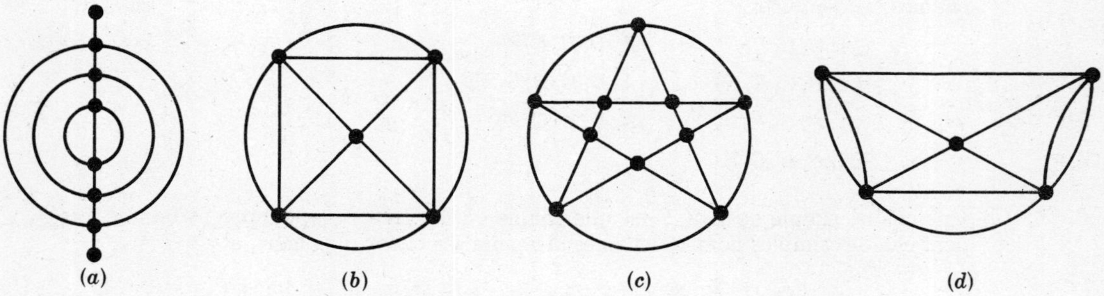

Fig. 5-21

(*a*) Oui, car il y a six sommets pairs et deux impairs.

(*b*) Non, puisqu'il y a quatre sommets impairs.

(*c*) Oui, car les dix sommets sont pairs.

(*d*) Oui, car il y deux sommets impairs. La chaîne élémentaire de recouvrement doit commencer à l'un de ces sommets, comme le montre, par exemple, la figure 5-22

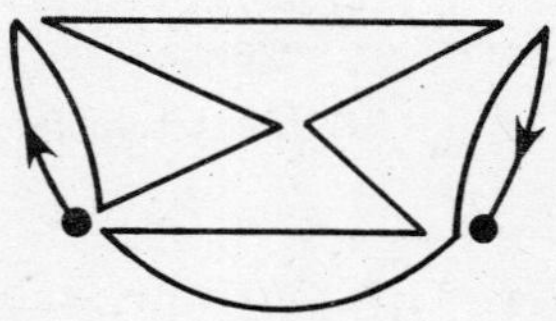

Fig. 5-22

5.7 Démontrer le théorème 5.2 : Il existe une chaîne entre les sommets s et s' si et seulement si il existe une chaîne élémentaire entre ces deux sommets.

Puisqu'une chaîne élémentaire est une chaîne, nous devons simplement prouver que si une chaîne C entre s et s' existe, alors il y a une chaîne élémentaire entre ces sommets. La preuve se fait par récurrence sur la longueur de C. Supposons que la longueur de C soit 1, c'est-à-dire que $C = (s, s')$. Alors C est une chaîne élémentaire. En outre, supposons que la longueur de C soit supérieure à 1, par exemple

$$C = (s = s_0,\ s_1,\ s_2,\ \ldots,\ s_{n-1},\ s_n = s')$$

Si aucun sommet n'est répété, C est une chaîne élémentaire de s à s'. Si un sommet est répété, tel $s_i = s_j$, avec $i < j$, alors

$$C' = (s_0,\ s_1,\ \ldots,\ s_i,\ s_{j+1},\ \ldots,\ s_n)$$

est une chaîne de $s = s_0$ à $s_n = s'$ de longueur inférieure à n, par induction, il s'agit d'une chaîne de s à s'.

5.8 Démontrer le théorème (Euler) 5.3 : Un graphe fini connexe G est eulérien si et seulement si chacun de ses sommets est de degré pair.

Supposons que G soit eulérien et que T soit une chaîne fermée eulérienne. Pour chaque sommet s de G, la chaîne T entre et sort du sommet s un même nombre de fois sans suivre plus d'une fois la même arête, donc s est de degré pair.

Réciproquement, supposons que chaque sommet de G soit de degré pair. Nous construisons une chaîne eulérienne T_1 à partir d'une arête quelconque a. Nous allongeons T_1 en lui ajoutant à chaque opération une nouvelle arête. Si T_1 n'est fermée à aucune étape, alors elle commence au sommet s et se termine à un sommet $s' \neq s$, donc seul un nombre impair d'arêtes incidentes à s' apparaît dans T_1 ; ainsi nous pouvons ajouter à T_1 une arête incidente à s'. Il s'en suit que nous pouvons prolonger T_1 jusqu'à revenir au sommet de départ, fermant ainsi T_1. Si T_1 recouvre toutes les arêtes de G, il s'agit de notre chaîne eulérienne.

Supposons que T_1 ne recouvre pas toutes les arêtes de G et examinons le graphe H obtenu à partir de G en en supprimant toutes les arêtes n'appartenant pas à T_1. H peut ne pas être connexe, mais chaque sommet de H a un degré pair puisque T_1 est constituée d'un nombre pair d'arêtes incidentes à chaque sommet. Comme G est connexe, il existe une arête a' de H qui possède une extrémité s' dans T_1. Nous construisons la chaîne simple T_2 dans H, commençant en s' par a'. Puisque tous les sommets de H sont de degré pair, nous pouvons étendre T_2 sur H jusqu'à revenir à s', ainsi que le représente la figure 5-23. Il est évident que nous pouvons coupler T_1 à T_2 pour former une chaîne de recouvrement de G, plus importante. Nous continuons ce processus jusqu'à ce que toutes les arêtes de G aient été utilisées, nous obtenons une chaîne eulérienne, donc G est eulérien.

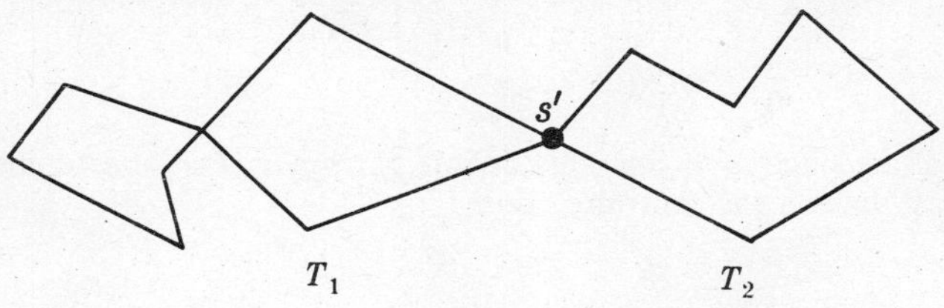

Fig. 5-23

GRAPHES SPÉCIAUX, REPRÉSENTATION MATRICIELLE

5.9 Dessiner le graphe $K_{2,5}$.

$K_{2,5}$ compte sept sommets répartis en un ensemble M de deux sommets, s_1 et s_2, et un ensemble N de cinq sommets, s_1, s_2, s_3, s_4 et s_5, et toutes les arêtes possibles liant s_i à s'_j. Ce graphe est donné par la figure 5-24.

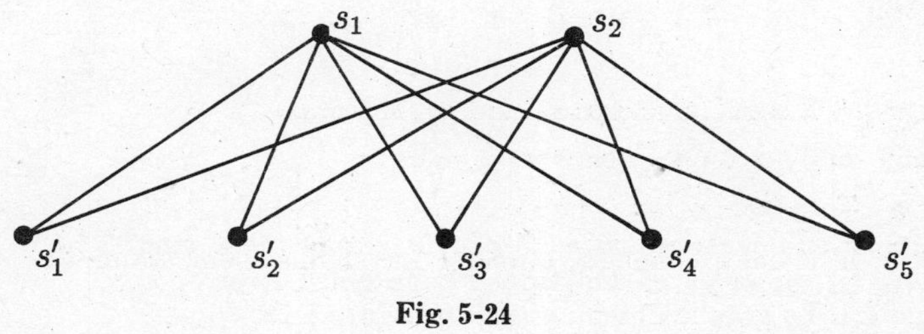

Fig. 5-24

5.10 Quel graphe connexe peut être à la fois régulier et biparti ?

Le graphe biparti $K_{m,m}$ est régulier de degré m puisque chaque sommet est relié à m autres. Les sous-graphes de $K_{m,m}$ peuvent être aussi réguliers, si on supprime m arêtes disjointes. Par exemple, le sous-graphe de $K_{4,4}$ représenté par la figure 5-25 est 3-régulier. On peut continuer à supprimer m arêtes disjointes et à chaque opération obtenir un graphe régulier de degré inférieur d'une unité. Ces graphes peuvent ne pas être connexes, mais à chaque fois leurs composantes connexes ont les propriétés désirées.

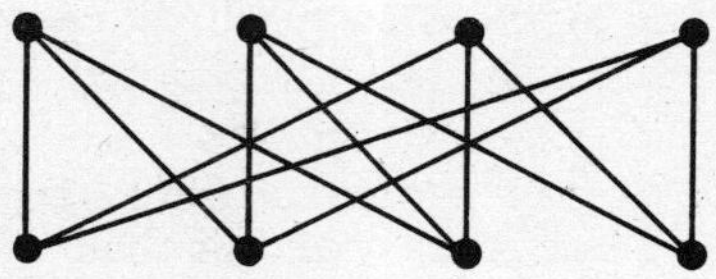

Fig. 5-25

5.11 Dessiner tous les arbres ayant au plus cinq sommets.

La figure 5-26 montre les huit arbres de ce type. Le graphe constitué d'un sommet sans arête est l'*arbre trivial.*

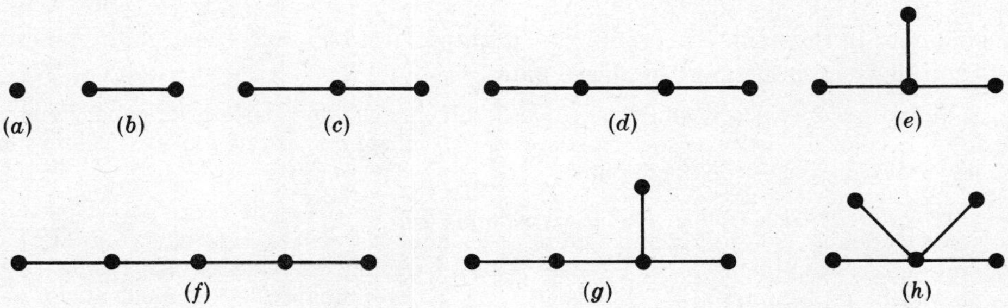

Fig. 5-26

5.12 Trouver la matrice associée $A = (a_{ij})$ et la matrice d'incidence $M = (m_{ij})$ du graphe de la figure 5-27.

La matrice associée $A = (a_{ij})$ est définie par $a_{ij} = 1$ s'il existe une arête $[s_i, s_j]$ et $a_{ij} = 0$ dans l'autre cas, donc :

$$A = \begin{pmatrix} 0 & 1 & 0 & 1 \\ 1 & 0 & 1 & 1 \\ 0 & 1 & 0 & 1 \\ 1 & 1 & 1 & 0 \end{pmatrix}$$

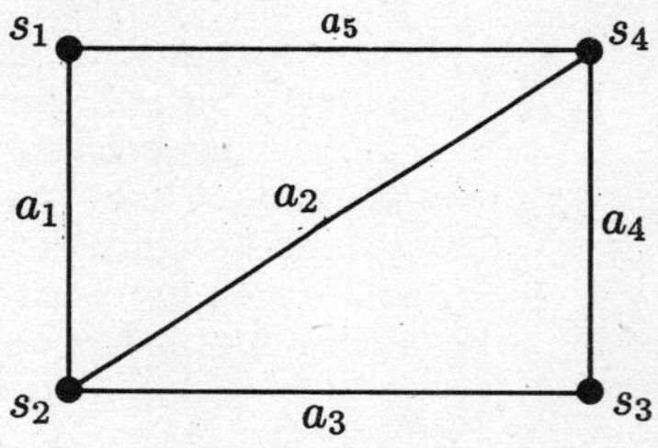

Fig. 5-27

La matrice d'incidence $M = (m_{ij})$ est définie par $m_{ij} = 1$ s'il existe une arête a_j incidente au sommet s_i, et $m_{ij} = 0$ dans le cas contraire, ainsi :

$$M = \begin{pmatrix} 1 & 0 & 0 & 0 & 1 \\ 1 & 1 & 1 & 0 & 0 \\ 0 & 0 & 1 & 1 & 0 \\ 0 & 1 & 0 & 1 & 1 \end{pmatrix}$$

5.13 Dessiner le graphe G dont la matrice associée $A = (a_{ij})$ est :

$$A = \begin{pmatrix} 0 & 1 & 0 & 1 & 0 \\ 1 & 0 & 0 & 1 & 1 \\ 0 & 0 & 0 & 1 & 1 \\ 1 & 1 & 1 & 0 & 1 \\ 0 & 1 & 1 & 1 & 0 \end{pmatrix}$$

Puisque A est une matrice carrée 5×5, le graphe G a cinq sommets, s_1, s_2, s_3, s_4 et s_5. On trace l'arête entre s_i et s_j si a_{ij} est égale à 1. Le graphe obtenu est donné figure 5-28.

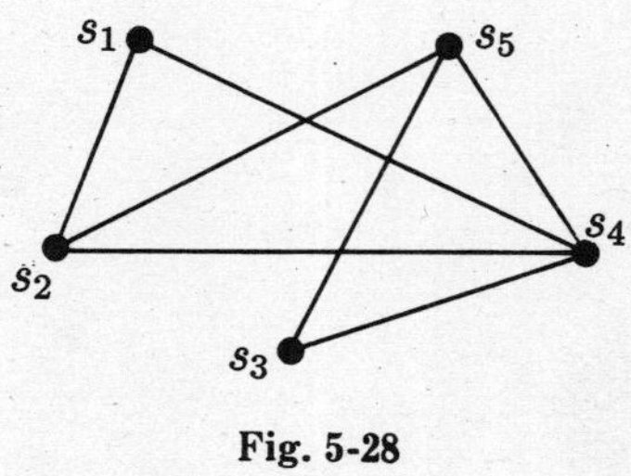

Fig. 5-28

5.14 Dessiner le multigraphe G dont la matrice associée $A = (a_{ij})$ est :

$$A = \begin{pmatrix} 1 & 3 & 0 & 0 \\ 3 & 0 & 1 & 1 \\ 0 & 1 & 2 & 2 \\ 0 & 1 & 2 & 0 \end{pmatrix}$$

Puisque A est une matrice carrée 4×4, G a quatre sommets, s_1, s_2, s_3 et s_4. On trace n arêtes entre s_i et s_j si $a_{ij} = n$. Remarquer que s_i a n boucles si $a_{ii} = n$. Le multigraphe est présenté par la figure 5-29.

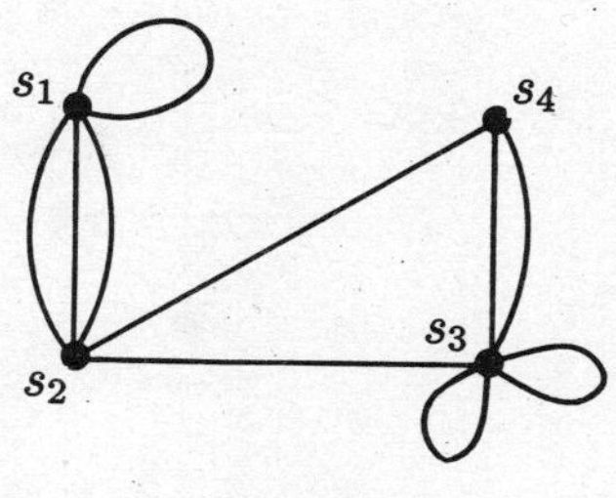

Fig. 5-29

5.15 Montrer que les six graphes obtenus au problème 5.4 sont distincts, c'est-à-dire qu'il n'y en a pas deux isomorphes. Montrer également que (B) et (C) sont homéomorphes.

Les degrés des cinq sommets de chaque graphe ne peuvent être appariés entre graphes, sauf pour (B) et (C), ainsi il n'y a pas de graphes isomorphes, sauf, peut-être (B) et (C).

Toutefois, si nous supprimons le sommet de degré 3 dans (B) et (C) nous obtenons des sous-graphes distincts. Ainsi (B) et (C) ne sont pas non plus isomorphes; en conséquence, les six graphes sont distincts. Néanmoins, (B) et (C) sont homéomorphes, puisqu'ils peuvent être obtenus à partir des graphes isomorphes de la figure 5-30, en ajoutant les sommets appropriés.

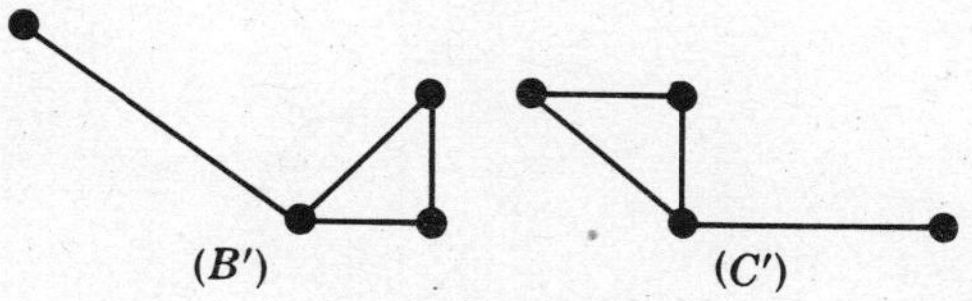

Fig. 5-30

Problèmes supplémentaires

5.16 Etant donné $S = \{s_1, s_2, s_3, s_4, s_5\}$, dessiner le diagramme des graphes $G = (S, E)$ où :

(a) $E = [\{s_1, s_2\}, \{s_1, s_4\}, \{s_2, s_3\}, \{s_2, s_4\}, \{s_2, s_5\}, \{s_4, s_5\}]$.

(b) $E = [\{s_1, s_2\}, \{s_2, s_3\}, \{s_3, s_4\}, \{s_3, s_5\}, \{s_4, s_5\}]$.

Donner le degré de chaque sommet et le diamètre des graphes.

5.17 Soit le graphe de la figure 5-31, trouver (a) toutes les chaînes élémentaires du sommet A au sommet H, (b) le diamètre du graphe, et (c) le degré de chaque sommet. (d) Existe-t-il des points d'articulation ? (e) Une arête a dans un graphe connexe G est appelée un *isthme* si $G - a$, c'est-à-dire le sous-graphe obtenu à partir de G en supprimant l'arête a, n'est pas connexe. Existe-t-il des isthmes ?

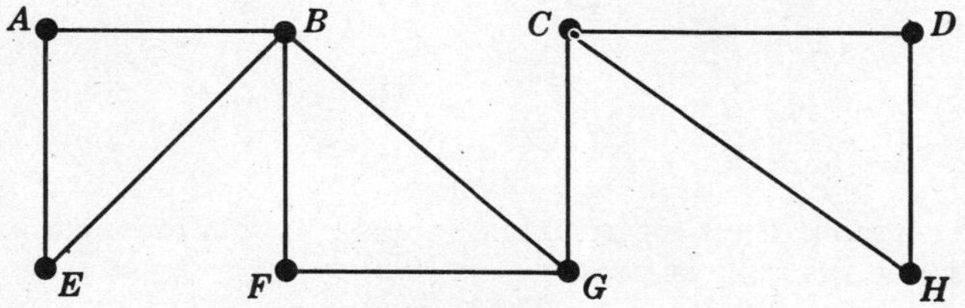

Fig. 5-31

5.18 Lesquels parmi les multigraphes de la figure 5-32 sont (a) connexes, (b) sans boucle, (c) des graphes simples ?

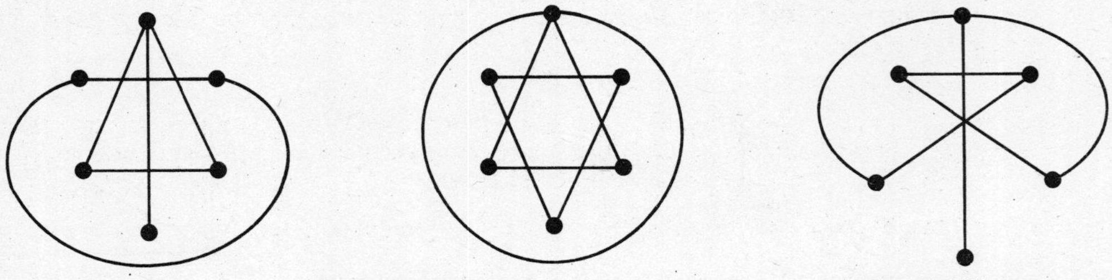

(i) (ii) (iii)

Fig. 5-32

5.19 Lesquels, parmi les multigraphes de la figure 5-33 sont recouvrables ? Trouver la chaîne de recouvrement si elle existe.

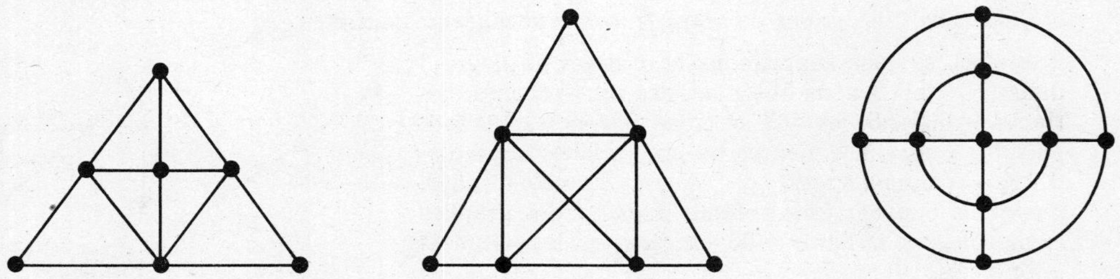

(*a*) (*b*) (*c*)

Fig. 5-33

5.20 Dessiner les graphes suivants : (*a*) K_7, (*b*) $K_{2,6}$, (*c*) $K_{3,4}$.

5.21 Dessiner tous les arbres ayant sept sommets.

5.22 Déterminer le diamètre de n'importe quel graphe biparti.

5.23 Montrer que tout arbre est un graphe biparti.

5.24 Dessiner deux graphes 3-réguliers ayant huit sommets.

5.25 Trouver la matrice associée A et la matrice d'incidence M du graphe de la figure 5-34

Fig. 5-34

5.26 Supposer que le graphe G est biparti. Montrer que l'on peut ordonner les sommets de G de sorte que la matrice associée A soit de la forme

$$A = \begin{pmatrix} 0 & B \\ C & 0 \end{pmatrix}$$

5.27 Trouver tous les graphes connexes ayant quatre sommets.

5.28 On effectue deux opérations sur un graphe G : (1) on supprime une arête, (2) on enlève un sommet et toutes les arêtes incidentes à ce sommet. Montrer que tout sous-graphe d'un graphe fini G peut être obtenu par ce processus.

5.29 Montrer que n'importe quel graphe G peut être fractionné en de grands sous-graphes connexes disjoints en choisissant judicieusement la relation d'équivalence sur l'ensemble des sommets de G.

5.30 Dessiner le multigraphe correspondant à chacune des matrices associées :

$$(a)\quad A = \begin{pmatrix} 0 & 2 & 0 & 1 \\ 2 & 1 & 1 & 1 \\ 0 & 1 & 0 & 1 \\ 1 & 1 & 1 & 0 \end{pmatrix} \qquad (b)\quad A = \begin{pmatrix} 1 & 1 & 1 & 2 \\ 1 & 0 & 0 & 0 \\ 1 & 0 & 0 & 2 \\ 2 & 0 & 2 & 2 \end{pmatrix}$$

5.31 Démontrer qu'un arbre fini (avec au moins une arête) a au moins deux sommets de degré 1.

5.32 Etant donné un graphe connexe G, démontrer que

(i) si G comporte un cycle C, avec une arête a, alors le graphe $G - a$ est également connexe

(ii) si $a = [s, s']$ est une arête telle que $G - a$ ne soit pas connexe, alors s et s' appartiennent à des composantes différentes de $G - a$.

5.33 Démontrer qu'un graphe connexe de n sommets doit avoir au moins $n - 1$ arêtes.

5.34 Quels sont les deux arbres homéomorphes de la figure 5-11 ?

5.35 Supposons que G et G^* soient des graphes homéomorphes, démontrer que G est recouvrable si et seulement si, G^* est recouvrable.

5.36 Supposons que G et G^* soient deux graphes non isomorphes ayant la même matrice des arêtes B. Montrer que l'un des graphes peut être obtenu à partir de l'autre en ajoutant à ce dernier des sommets isolés.

5.37 Supposons que le graphe G n'ait pas d'arête $a = [v_r, v_s]$ et que nous ajoutions cette arête pour obtenir le graphe $H = G + a$. Appelons $C = (c_{ij})$ et $D = (d_{ij})$ les matrices des connexions respectivement de G et H.

(*a*) si $c_{rs} = 1$, c'est-à-dire qu'il existe dans G une chaîne élémentaire de v_r à v_s, démontrer que $D = C$ et que H contient un cycle incluant a.

(*b*) si $c_{rs} = 0$, c'est-à-dire qu'il n'y a pas dans G de chaîne entre v_r et v_s, démontrer que :

(i) $d_{ij} = 1$ si et seulement si $c_{ij} = 1$ ou $c_{ir} = c_{sj} = 1$.

(ii) si G n'a pas de cycle, alors H n'a pas de cycle.

PROBLÈMES A PROGRAMMER SUR ORDINATEUR

Dans les problèmes 5.38 à 5.40 le graphe G compte six sommets $s_1, s_2, ..., s_6$ et sept arêtes. On appelle B la matrice 7×2 des arêtes de G (on rappelle que chaque ligne de B est une arête de G, c'est-à-dire que la ligne (3, 4) représente l'arête $[s_3, s_4]$). On suppose que B a été chargée en mémoire.

5.38 Ecrire le programme qui donne les degrés de chaque sommet de G.

5.39 Ecrire le programme qui fournit A, la matrice 6×6 associée de G.

5.40 Ecrire le programme qui permet de savoir si G est connexe ou non. (Conseil : utiliser le problème 5.39 et le théorème 5.5.)

Tester les programmes avec les données suivantes :

(i) $B = \begin{pmatrix} 1 & 2 \\ 1 & 4 \\ 1 & 6 \\ 5 & 3 \\ 2 & 4 \\ 2 & 6 \\ 4 & 6 \end{pmatrix}$ (ii) $B = \begin{pmatrix} 1 & 2 \\ 6 & 3 \\ 4 & 2 \\ 2 & 5 \\ 4 & 1 \\ 3 & 2 \\ 1 & 5 \end{pmatrix}$ (iii) $B = \begin{pmatrix} 5 & 2 \\ 1 & 3 \\ 2 & 6 \\ 6 & 5 \\ 1 & 6 \\ 2 & 1 \\ 3 & 5 \end{pmatrix}$

Dans les problèmes 5.41 à 5.42 nous supposons que A est une matrice $m \times m$ associée au graphe H. Les données sont A et m.

5.41 Ecrire la procédure appelée DEGRE qui calcule les degrés des sommets de H.

5.42 Ecrire la procédure appelée CONNEXE qui permet de savoir si H est connexe ou non.

5.43 Supposons que C soit la matrice m x m des connexions du graphe G, et que nous ajoutions l'arête $[v_r, v_s]$ au graphe G. Ecrire la procédure CONMAT qui calcule la nouvelle matrice $m \times m$ des connexions. (Conseil : utiliser le problème 5.37.)

Dans les problèmes 5.44 à 5.47 nous supposons que B est la matrice $n \times 2$ des arêtes du graphe G de m sommets. Les données sont B, n et m.

5.44 Ecrire la procédure DEGRE qui calcule le degré de chacun des m sommets.

5.45 Ecrire la procédure ASSOCIE qui calcule la matrice associée $m \times m$.

5.46 Ecrire la procédure CONEXION qui calcule la matrice de connexion de G.
(Conseil : ajouter les arêtes une à une en utilisant le problème 5.43 à chaque étape.)

5.47 Ecrire la procédure CONEX qui décide si le gaphe G est connexe ou non.
(Conseil : utiliser le problème 5.46, ou les problèmes 5.45 et 5.42.)

Réponses aux problèmes supplémentaires

5.16 (*a*) $\text{diam}(G) = 2$ (*b*) $\text{diam}(G) = 3$

5.17 (*a*) Il y a huit chaînes élémentaires :

(A, B, G, C, H) (A, B, F, G, C, H) (A, B, G, C, D, H) (A, B, F, G, C, D, H)
(A, E, B, G, C, H) (A, E, B, F, G, C, H) (A, E, B, G, C, D, H) (A, E, B, F, G, C, D, H)

(*b*) 4

(*c*) $d(B) = 4$, $d(C) = d(G) = 3$, les autres sont de degré 2

(*d*) B, C et G

(*e*) $[C, G]$

5.18 (*a*) (iii) (*b*) (i) et (iii) (*c*) (iii)

5.19 (*a*) et (*b*). Une chaîne simple de recouvrement doit commencer à un sommet impair, puisque (*a*) et (*b*) ont deux sommets impairs.

5.21 Il y a dix arbres de ce type.

5.22 Diam$(K_{1,1}) = 1$, tous les autres ont un diamètre de 2

5.24 Les deux graphes 3-réguliers représentés par la figure 5-35, ne sont pas isomorphes puisque (*b*) a un 5-cycle mais (*a*) n'en a pas.

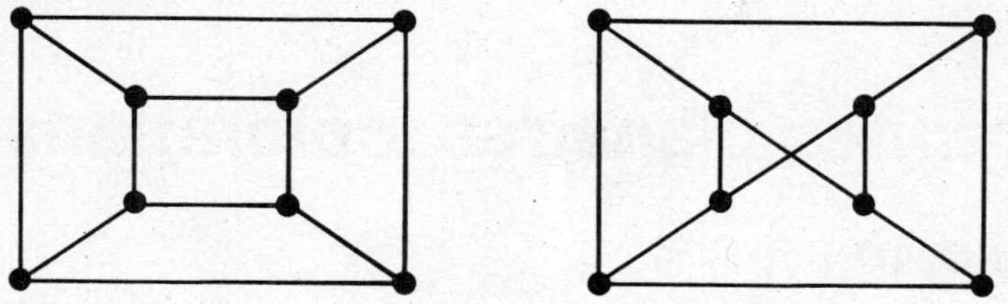

(*a*) (*b*)

Fig. 5-35

5.25 $$A = \begin{pmatrix} 0 & 1 & 1 & 1 \\ 1 & 0 & 0 & 1 \\ 1 & 0 & 0 & 0 \\ 1 & 1 & 0 & 0 \end{pmatrix}, \quad M = \begin{pmatrix} 1 & 1 & 1 & 0 \\ 1 & 0 & 0 & 1 \\ 0 & 1 & 0 & 0 \\ 0 & 0 & 1 & 1 \end{pmatrix}$$

5.26 Soient M et N deux ensembles disjoints de sommets définissant le graphe biparti. Mettre dans l'ordre les sommets de M puis ceux de N.

5.27 Il y en a cinq parmi eux, comme le montre la figure 5-36.

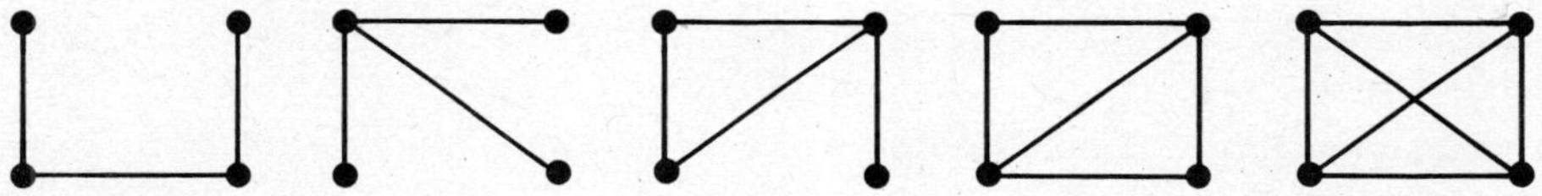

(*a*) (*b*) (*c*) (*d*) (*e*)

Fig. 5-36

5.29 Notons $s \sim s'$ si $s = s'$ ou s'il existe une chaîne élémentaire de s à s'. Montrer que $\sim$ est une relation d'équivalence.

5.30

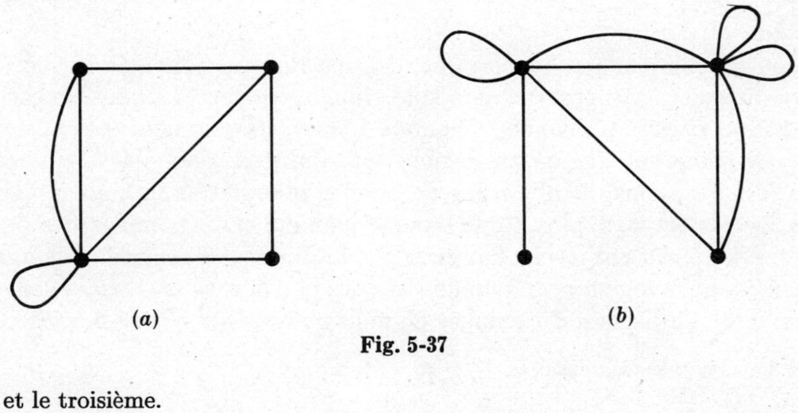

(*a*) (*b*)

Fig. 5-37

5.34 Le second et le troisième.

Chapitre 6

Graphes planaires, colorations, arbres

6.1 INTRODUCTION

On dit qu'un graphe (ou multigraphe) est *planaire*, si on peut le dessiner dans un plan de sorte que ses arêtes ne se croisent pas. Bien que le graphe complet de quatre sommets K_4 soit souvent représenté avec des arêtes se croisant comme dans le cas de la figure 6-1(a), il peut être dessiné sans croisement, ainsi que le montre la figure 6-1(b). Ainsi K_4 est un graphe planaire. Au cours de ce chapitre, nous étudierons les graphes planaires et nous verrons leurs liens avec le problème, bien connu, des quatre couleurs. Nous étudierons également une classe particulière de graphes planaires appelés arbres.

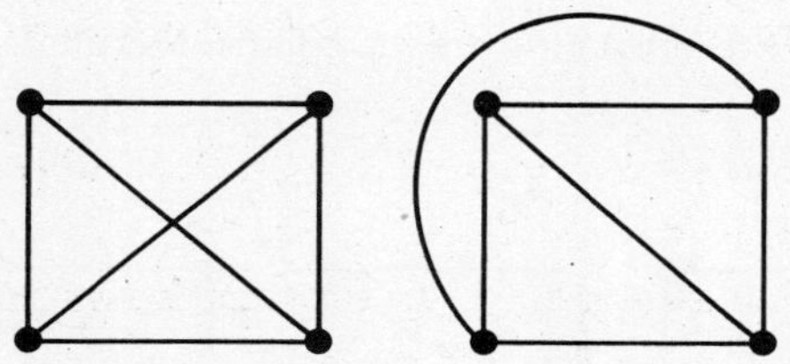

(a) (b)

Fig. 6-1

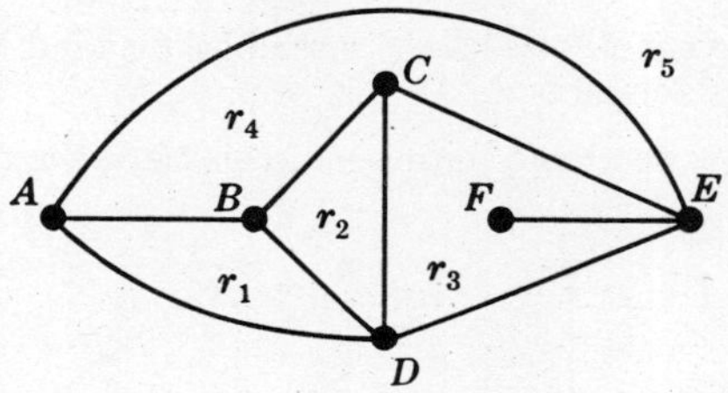

Fig. 6-2

6.2 CARTES, RÉGIONS

Une *carte*, ou graphe planaire topologique, est une représentation particulière d'un multigraphe planaire fini. On dit que la carte est *connexe* si le graphe sous-jacent l'est. Une carte divise le plan en plusieurs régions. Par exemple, celle de la figure 6-2, avec six sommets et neuf arêtes, divise le plan en cinq régions. On remarque que quatre régions sont limitées, alors que la cinquième, extérieure au diagramme, ne l'est pas. Ainsi, il n'y a pas de perte d'information si l'on suppose que la carte est incluse dans un grand rectangle plutôt que dans le plan entier. Les limites des diverses régions sont les arêtes, qui forment parfois un cycle. Par exemple, les limites de régions de la figure 6-2 sont toutes des cycles, sauf celles de la région r_3 . Toutefois, si nous parcourons ces limites dans le sens inverse des aiguilles d'une montre, en partant du sommet C, nous obtenons la chaîne fermée

$$(C,D,E,F,E,C)$$

où l'arête $[E,F]$ est comptée deux fois. Le degré d'une région r, noté $\mathrm{d}(r)$, est la longueur du cycle ou de la chaîne fermée qui limite r. On remarque que toute arête limite deux régions ou est contenue dans une région, et est alors comptée deux fois dans la chaîne fermée. Nous avons donc un théorème pour les régions, analogue au théorème 5.1 pour les sommets.

Théorème 6.1 : La somme des degrés des régions d'une carte est égale à deux fois le nombre d'arêtes.

Les degrés des régions de la figure 6-2 sont :

$$d(r_1) = 3 \qquad d(r_2) = 3 \qquad d(r_3) = 5 \qquad d(r_4) = 4 \qquad d(r_5) = 3$$

La somme des degrés est 18, comme prévu, c'est le double du nombre d'arêtes.

Nous représentons les sommets d'une carte par des points ou des petits cercles, mais nous pouvons également convenir que tout croisement de lignes dans le plan est un sommet.

6.3 FORMULE D'EULER

Euler a établi une formule qui relie le nombre de sommets S, le nombre d'arêtes A et le nombre de régions R d'une carte.

Théorème (Euler) 6.2 : $S - A + R = 2$.

Nous supposons que le graphe sous-jacent à la carte doit être connexe sinon la formule ne tient pas. Dans la figure 6-2 nous avons $S = 6$, $A = 9$ et $R = 5$ donc :

$$S - A + R = 6 - 9 + 5 = 2$$

Preuve de la formule d'Euler : Etant donnée une carte connexe C, supposons qu'elle n'ait qu'un sommet P comme celle de la figure 6-3(a), alors $S = 1$ et $A = 0$, il y a une région, d'où $R = 1$. Ainsi $S - A + R = 2$. D'autre part, C peut être construite à partir d'un seul sommet à l'aide des constructions suivantes :

(1) Ajouter un nouveau sommet Q_2 et le relier à un sommet existant Q_1, par une arête qui n'en croise aucune autre, comme sur la figure 6-3(b).

(2) Relier deux sommets existants Q_1 et Q_2 par une arête a qui n'en croise aucune autre, comme sur la figure 6-3(c).

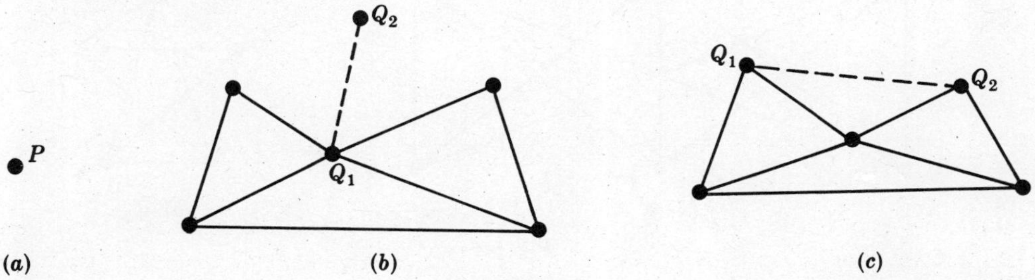

Fig. 6-3

La première opération ne change pas la valeur de $S - A + R$, puisque S et A sont augmentés de 1 et que R n'est pas modifié. La seconde opération ne modifie pas non plus la valeur de $S - A + R$, car S est inchangé alors que A et R sont augmentés de 1. En conclusion, la carte C doit avoir la même valeur de $S - A + R$ que la carte qui n'a qu'un sommet, à savoir 2, et le théorème est démontré.

Soit G un multigraphe planaire connexe ayant au moins trois sommets, ainsi G n'est ni K_1 ni K_2. Soit C une représentation planaire de G. Il est facile de voir que, premièrement une région de C ne peut avoir le degré 1 que si elle est limitée par une boucle, et deuxièmement une région de C ne peut avoir le degré 2 que si elle est limitée par deux arêtes multiples. En conséquence, si G est un graphe sans arête multiple, les régions de C auront des degrés au moins égaux à 3. Cette remarque associée à la formule d'Euler est utilisée pour démontrer le résultat suivant sur les graphes planaires.

Théorème 6.3 : Etant donné G un graphe planaire connexe de p sommets et q arêtes, où $p \geq 3$, alors $q \leq 3p - 6$.

Remarquez que le théorème n'est vrai ni pour K_1 où $p = 1$ et $q = 0$, ni pour K_2 où $p = 2$ et $q = 1$.

Preuve : Soit r le nombre de régions de la représentation planaire de G. La formule d'Euler donne :

$$p - q + r = 2$$

La somme des degrés des régions est égale à $2q$ en raison du théorème 6.1. Mais chaque région a un degré supérieur ou égal à 3, donc :

$$2q \geq 3r$$

Ainsi $r \leq 2q/3$. Portons ces résultats dans la formule d'Euler :

$$2 = p - q + r \leq p - q + 2q/3 \quad \text{ou} \quad 2 \leq p - q/3$$

La multiplication par 3 des termes de cette inégalité conduit à $6 \leq 3p - q$, qui est le résultat recherché.

6.4 GRAPHES NON PLANAIRES, THÉORÈME DE KURATOWSKI

Nous donnons deux exemples de graphes non planaires. Examinons d'abord le graphe "*des services publics*", qui figure les connexions de trois maisons A_1 , A_2 et A_3 aux bornes de distribution de l'eau, du gaz et de l'électricité, B_1, B_2 et B_3, comme le montre la figure 6-4(a). On remarque qu'il s'agit du graphe $K_{3,3}$ ayant six sommets et neuf arêtes. Supposons que ce graphe soit planaire. En raison de la formule d'Euler, la représentation planaire aura cinq régions ($6 - 9 + 5 = 2$). Il n'y a pas trois sommets liés à tous les autres, de sorte que le degré de chaque région doit être supérieur ou égal à 4, et la somme des degrés des régions doit être supérieure ou égale à 20. En raison du théorème 6.1, le graphe doit avoir au moins 10 arêtes, ce qui est contraire au fait que le graphe en compte neuf. Ce graphe n'est donc pas planaire.

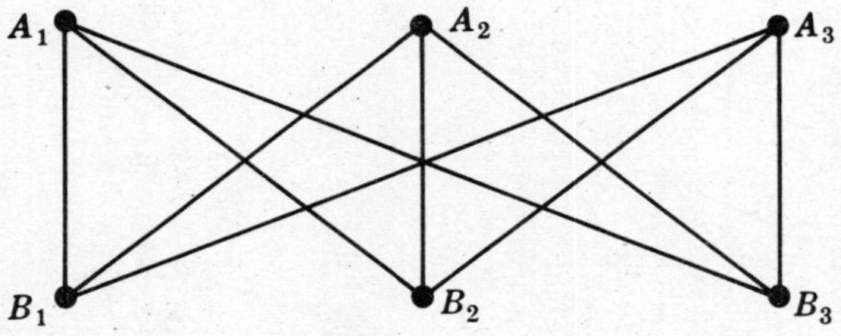

(a) $K_{3,3}$

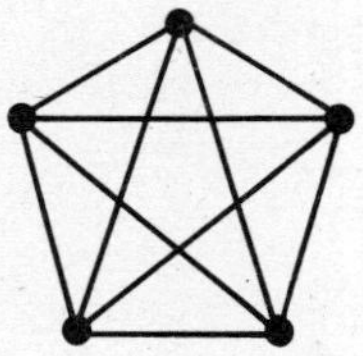

(b) K_5

Fig. 6-4

Examinons maintenant le graphe étoilé de la figure 6-4(b) qui représente un tournoi où un participant est opposé une seule fois à chaque joueur. C'est un graphe complet K_5, avec cinq sommets ($p = 5$) et dix arêtes ($q = 10$). Si ce graphe est planaire, nous devons avoir en raison du théorème 6.3 :

$$10 = q \leq 3p - 6 = 15 - 6 = 9$$

ce qui est impossible, donc K_5 n'est pas planaire.

Pendant de nombreuses années, les mathématiciens ont tenté de caractériser les graphes planaires ou non. Ce problème a été résolu en 1930 par le mathématicien polonais K. Kuratowski. La démonstration du théorème suivant dépasse le niveau du présent ouvrage.

Théorème (Kuratowski) 6.4 : Un graphe est non planaire si et seulement si il contient un sous-graphe homéomorphe à $K_{3,3}$ ou K_5.

6.5 GRAPHES COLORÉS

Une *coloration des sommets*, ou *coloration*, d'un graphe G consiste en l'attribution de couleurs aux sommets de G de sorte que deux sommets adjacents n'aient pas la même couleur. On dit que G est *q-colorable* si la coloration de G nécessite q couleurs. Le nombre minimal de couleurs nécessaires pour peindre G est appelé *nombre chromatique* de G et est noté $\chi(G)$.

L'algorithme suivant, utilisé pour colorer un graphe, est dû à Welch et Powell. On commence par classer les sommets de G par ordre de degré décroissant (ce classement peut ne pas être unique en raison de l'existence de sommets de même degré). Puis on utilise la première couleur pour peindre le premier sommet, et séquentiellement tous les sommets non adjacents à un sommet déjà marqué de la même couleur. On répète le processus avec de nouvelles couleurs jusqu'à ce que tous les sommets soient peints.

Utilisons cet algorithme pour colorer le graphe G de la figure 6-5. Classons les sommets en fonction de leur degré, par ordre décroissant :

$$A_5, A_3, A_7, A_1, A_2, A_4, A_6, A_8$$

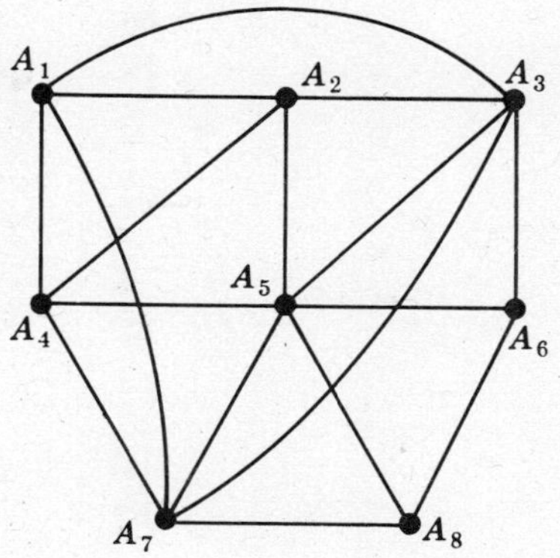

Fig. 6-5

La première couleur est utilisée pour les sommets A_5 et A_1, la deuxième pour A_3, A_4 et A_8 et la troisième pour A_7, A_2 et A_6. Ainsi G est 3-colorable. Remarquez que G ne peut être 2-colorable puisque A_1, A_2 et A_3 doivent être de couleurs différentes, en conséquence, $\chi(G) = 3$.

Il n'y a pas de moyen simple pour savoir si un graphe quelconque peut être ou non coloré à l'aide de n couleurs. Toutefois, le théorème suivant (démontré dans le problème 6.6) fournit les caractéristiques des graphes 2-colorables.

Théorème 6.5 : Pour un graphe G donné, les énoncés ci-dessous sont équivalents :

(i) G est 2-colorable.

(ii) G est biparti.

(iii) Tout cycle de G est de longueur paire.

Il est évident qu'un graphe complet K_n, de n sommets nécessite n couleurs puisque chaque sommet est adjacent à tous les autres. D'autre part, les graphes planaires d'un nombre quelconque de sommets ont la propriété suivante (voir le problème 6.8 pour la preuve).

Théorème 6.6 : Un graphe planaire est 5-colorable.

En réalité, les mathématiciens conjecturent que les graphes planaires sont 4-colorables, car tous les graphes planaires connus sont 4-colorables. Cette conjecture est équivalente au célèbre théorème des quatre couleurs que nous allons discuter.

6.6 THÉORÈME DES QUATRE COULEURS

Etant donnée une carte C (représentation planaire d'un multigraphe planaire fini), deux régions de C sont adjacentes si elles ont une arête commune. Par exemple, dans la figure 6-6(a), les régions r_2 et r_5 sont adjacentes, et les régions r_3 et r_5 ne le sont pas. La coloration de C consiste en l'attribution d'une couleur à chaque région de sorte que deux régions adjacentes n'aient pas la même couleur. Une carte C est n-colorable s'il existe une coloration de C utilisant n couleurs. La carte de la figure 6-6(a) est 3-colorable puisque l'on peut peindre les régions comme suit :

$$r_1 \text{ rouge, } r_2 \text{ blanc, } r_3 \text{ rouge, } r_4 \text{ blanc, } r_5 \text{ rouge et } r_6 \text{ bleu}$$

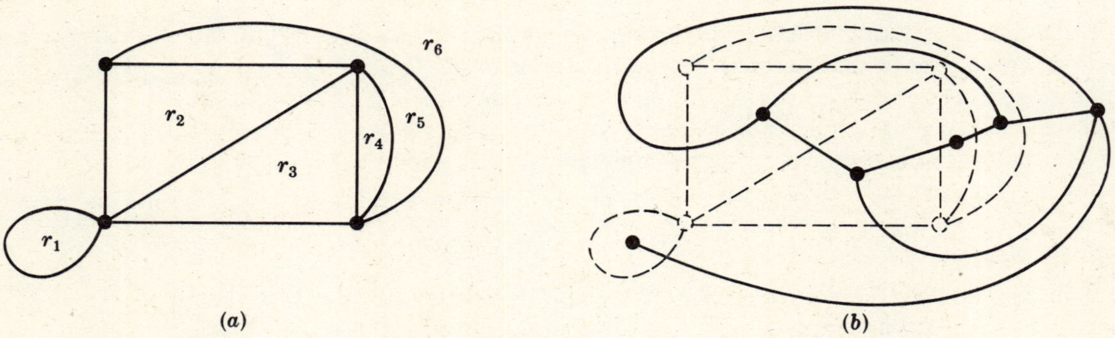

Fig. 6-6

La figure 6-7 montre une carte très simple qui nécessite cependant quatre couleurs.

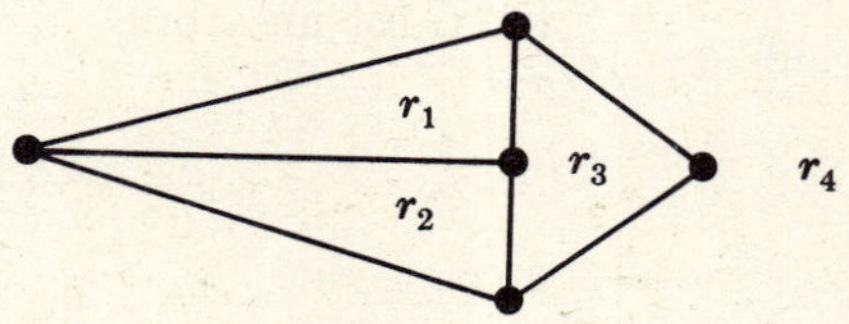

Fig. 6-7

Remarquez la similitude entre la coloration des cartes et celle des graphes préalablement évoquée. De fait, la coloration des régions est équivalente à celle des sommets des graphes planaires du point de vue du concept de la carte duale défini ci-après.

Etant donnée une carte C, nous choisissons un point dans chaque région. Si deux régions sont adjacentes, nous relions les points par une ligne qui traverse l'arête commune. Les diverses lignes peuvent être tracées de sorte qu'elles ne se croisent pas. Nous obtenons ainsi une nouvelle carte C^*, appelée *duale* de C, telle que chaque sommet de C^* corresponde à une région de C et une seule. La figure 6-6(b) donne la carte duale de celle présentée par la figure 6-6(a).

On peut montrer que chaque région de C^* contient un seul sommet de C et que chaque arête de C^* coupe une seule arête de C et vice versa. Ainsi, C est la carte duale de C^*.

On remarquera que la coloration des régions de C correspond à celle des sommets de C^*. En d'autres termes, la carte C est n-colorable si et seulement si le graphe planaire de la carte duale C^* est n-colorable. Ainsi, le théorème 6.6 peut être récrit comme suit :

Théorème 6.7 : Toute carte C est 5-colorable.

D'un autre point de vue, on n'a trouvé aucune carte qui nécessite cinq couleurs, ce qui a conduit les mathématiciens à tenter de prouver le célèbre théorème suivant.

Théorème des quatre couleurs : Si les régions d'une carte sont colorées de sorte que deux régions adjacentes n'aient pas la même couleur, alors il suffit de quatre couleurs.

En raison de ce qui précède, on peut énoncer ce théorème sous la forme :

Théorème des quatre couleurs : Tout graphe planaire est 4-colorable.

En 1976, Appel et Haken ont annoncé une preuve de ce théorème qui utilise un ordinateur pour analyser à peu près 2000 graphes constituant des millions de cas. Puisque les programmes sont longs et sujets à erreurs, ils sont testés par divers chercheurs dans le monde.

6.7 ARBRES

Nous rappelons qu'un graphe G qui ne contient aucun cycle est dit *acyclique*. Un *arbre* est un graphe connexe acyclique. Une *forêt* est un graphe acyclique dont les composantes connexes sont des arbres. La figure 5-11 du chapitre précédent montre tous les arbres de six sommets. L'arbre constitué d'un seul sommet et sans arête est appelé l'*arbre dégénéré*.

Il y a plusieurs moyens pour définir un arbre comme le montre le théorème suivant qui sera démontré au cours du problème 6.15.

Théorème 6.8 : Etant donné un graphe G ayant plus d'un sommet, les énoncés ci-après sont équivalents :

(i) G est un arbre.

(ii) Chaque paire de sommets est reliée par une chaîne élémentaire.

(iii) G est connexe, mais si une arête quelconque est supprimée, le graphe obtenu n'est plus connexe.

(iv) G est acyclique, mais si une arête est ajoutée, le graphe ne compte qu'un seul cycle.

Si le graphe est fini, nous avons d'autres moyens pour définir un arbre.

Théorème 6.9 : Etant donné G un graphe fini de $n > 1$ sommets, les énoncés suivants sont équivalents :

(i) G est un arbre,

(ii) G est acyclique et compte $n - 1$ arêtes,

(iii) G est connexe et compte $n - 1$ arêtes.

En particulier, ce théorème nous dit qu'un arbre fini de n sommets a $n - 1$ arêtes. Les arbres ont également la propriété suivante.

Théorème 6.10 : Les arbres (et, par extension, les forêts) sont 2-colorables.

Ainsi, les arbres sont des graphes bipartis. L'inverse n'est pas vrai puisque, par exemple, le graphe complet biparti non planaire $K_{3,3}$ n'est pas un arbre.

Un sous-graphe T d'un graphe G est appelé *arbre partiel* de G si T est un arbre qui contient tous les sommets de G. La figure 6-8 montre un graphe G et les arbres partiels T_1, T_2 et T_3 de G. Si G est un graphe *marqué* dont les arêtes ont des longueurs, alors un arbre partiel minimal de G est un arbre partiel de G tel que la somme des longueurs des arêtes soit la plus petite de toutes parmi les arbres partiels de G.

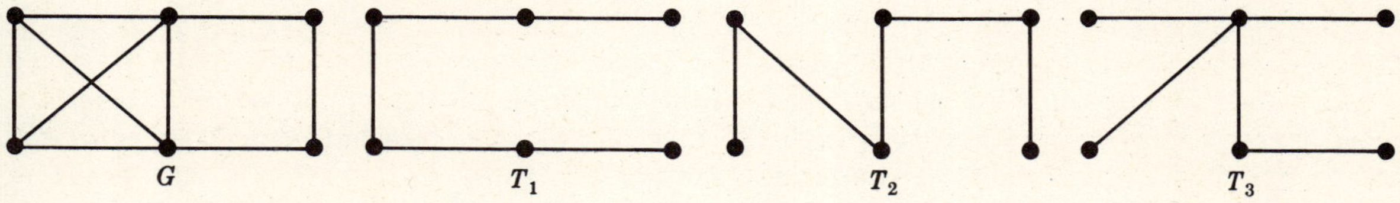

Fig. 6-8

Nous donnons deux algorithmes pour trouver l'arbre partiel minimal d'un graphe connexe fini marqué G de m sommets. Premièrement, on classe les arêtes de G en fonction de leur longueur par ordre décroissant. Puis on supprime une à une les arêtes tout en conservant un graphe connexe jusqu'à ce qu'il ne reste plus que $m - 1$ arêtes. Ces arêtes forment alors l'arbre partiel minimal de G. Cet algorithme dépend de la connaissance de l'état connexe ou non du graphe obtenu, ce qui n'est, généralement, pas facilement programmable.

Le deuxième algorithme commence par un classement des arêtes en fonction de leur longueur par ordre croissant. Puis, à partir des seuls sommets de G, on ajoute successivement les arêtes de longueur minimale sans former un cycle. Après avoir ajouté $m - 1$ arêtes, on obtient l'arbre partiel minimal de G. Le problème 5.37 nous dit que nous pouvons ajouter une arête $[s_i, s_j]$ chaque fois que le coefficient i_j de la matrice des connexions est nul. Cet algorithme peut être efficacement programmé si l'on garde en mémoire l'évolution de la matrice des connexions après chaque ajout d'arête.

Il est évident que si plusieurs arêtes ont la même longueur, nous obtiendrons divers arbres partiels minimaux. La figure 6-9 donne un graphe connexe marqué G et un arbre partiel minimal M.

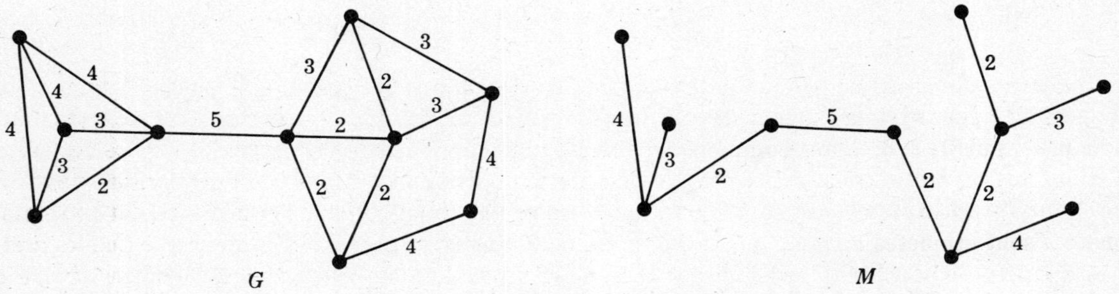

Fig. 6-9

6.8 ARBORESCENCES

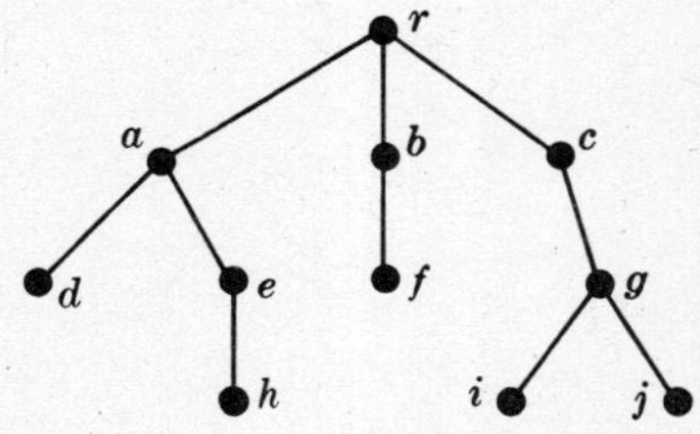

Fig. 6-10

Une *arborescence R* est un arbre avec un sommet particulier r appelé *racine*. Puisqu'il existe une chaîne élémentaire unique de r à chacun des autres sommets s, nous avons des arêtes orientées. La longueur de la chaîne de la racine r au sommet s est appelée *niveau* ou *profondeur* de s. Les sommets de degré un, autres que r, sont appelés *feuilles*. Une chaîne orientée d'un sommet vers une feuille est une *branche*. La figure 6-10 montre une arborescence, la racine r est au faîte de l'arbre. Il y a cinq feuilles d, h, f, i et j. Le niveau de a est 1, celui de f est 2 et celui de j est 3. Il est évident que tout arbre peut devenir une arborescence par le choix judicieux d'un sommet comme racine.

En raison de l'orientation des arêtes, nous dirons que le sommet s *précède* le sommet s' ou que s' suit s dans la chaîne de r à s' passant par s. En particulier, on dit que s' suit *immédiatement* s si s' suit s et est adjacent à s. Dans la figure 6-10, le sommet j suit c, mais suit immédiatement g. On observe que chaque sommet autre que la racine r suit immédiatement un seul sommet, mais peut être suivi immédiatement par plus d'un sommet, ainsi les sommets i et j suivent immédiatement g.

Une arborescence est un outil utile pour l'énumération de toutes les possibilités logiques d'une séquence d'événements, où chaque événement peut se manifester d'un nombre fini de manières. Par exemple, supposons deux joueurs de tennis, Marc et Eric, dans un tournoi où le premier à gagner deux jeux consécutifs ou trois jeux au total est déclaré vainqueur. L'arborescence de la figure 6-11 montre les différents aspects du match. On observe qu'il y a dix feuilles qui correspondent aux dix chemins que peut prendre la compétition :

MM, MEMM, MEMEM, MEMEE, MEE, EMM, EMEMM, EMEME, EMEE, EE

Spécifiquement, la chaîne de la racine à la feuille décrit qui gagne le jeu dans ce tournoi particulier.

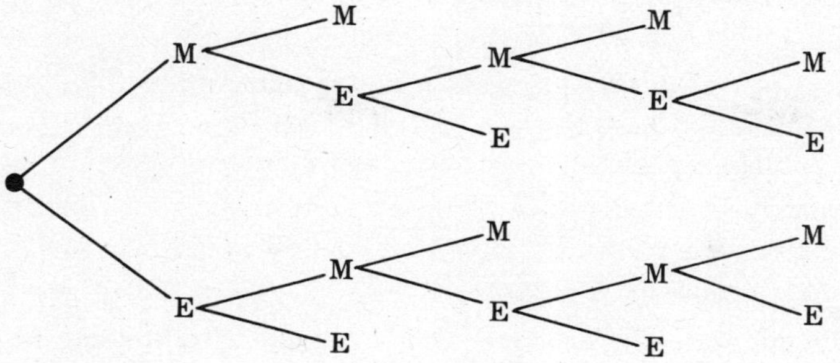

Fig. 6-11

6.9 ARBORESCENCES ORDONNÉES

Une *arborescence ordonnée* est une arborescence dont les arêtes partant de chaque sommet sont ordonnées. On peut systématiquement étiqueter les sommets d'un tel arbre comme suit : on attribue 0 à la racine r, puis 1, 2, 3, ... aux sommets qui suivent immédiatement r en respectant l'ordre des arêtes. Les étiquettes suivantes sont constituées de l'étiquette du sommet qui précède immédiatement, suivie d'un chiffre obtenu comme précédemment, ainsi, les sommets qui suivent immédiatement le sommet étiqueté a sont étiquetés a.1, a.2, a.3, ... La figure 6-12 illustre ce procédé. On remarque que les arêtes sont ordonnées de gauche à droite, et que le nombre de chiffres des étiquettes est égal au niveau du sommet diminué de 1. Cette technique est celle du *système universel d'adressage* pour les arborescences ordonnées.

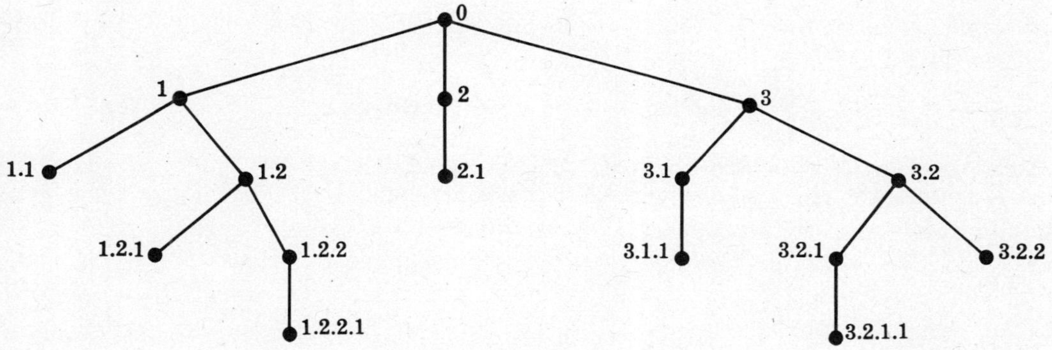

Fig. 6-12

Ce système d'adressage nous fournit un moyen puissant pour décrire (ou ranger en mémoire) les arborescences ordonnées. Plus précisément, si a et b sont deux adresses, on a $a < b$, si a est un segment initial de b, c'est-à-dire si $b = a.c$, ou s'il existe des entiers positifs m et n, avec $m < n$ tels que :

$$a = r.m.s \quad \text{et} \quad b = r.n.t$$

Cet ordre est appelé *ordre lexicographique* puisqu'il est semblable au classement des mots dans un dictionnaire. Par exemple, les adresses de la figure 6-12 sont linéairement ordonnées comme suit :

0	1.2.1	2.1	3.2
1	1.2.2	3	3.2.1
1.1	1.2.2.1	3.1	3.2.1.1
1.2	2	3.1.1	3.2.2

Cet ordre lexicographique est identique à l'ordre obtenu en parcourant de haut en bas la branche la plus à gauche de l'arbre, puis la branche immédiatement à droite, et ainsi de suite jusqu'à la branche la plus à droite.

N'importe quelle expression algébrique comprenant des opérations binaires, telles que l'addition, la soustraction, la multiplication et la division, peut être représentée par une arborescence ordonnée. Par exemple, la figure 6-13(a) représente l'expression arithmétique

$$(a-b)/((c \times d)+e) \tag{6.1}$$

On observe que les variables de l'expression, a, b, c, d et e, sont les feuilles et que les opérations sont les autres sommets. L'arbre doit être ordonné car $a-b$ et $b-a$ conduisent au même arbre mais non au même arbre ordonné.

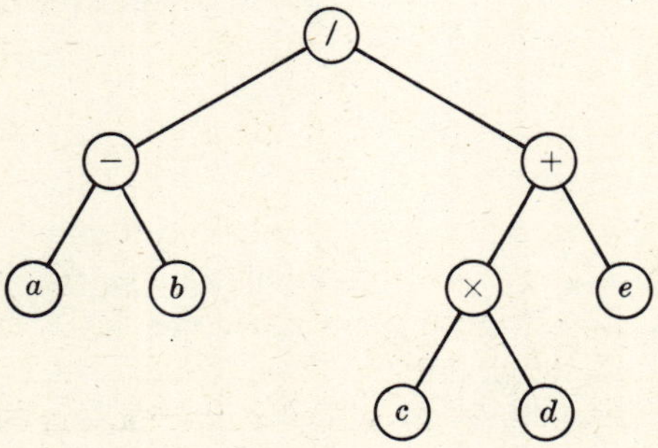

(a)

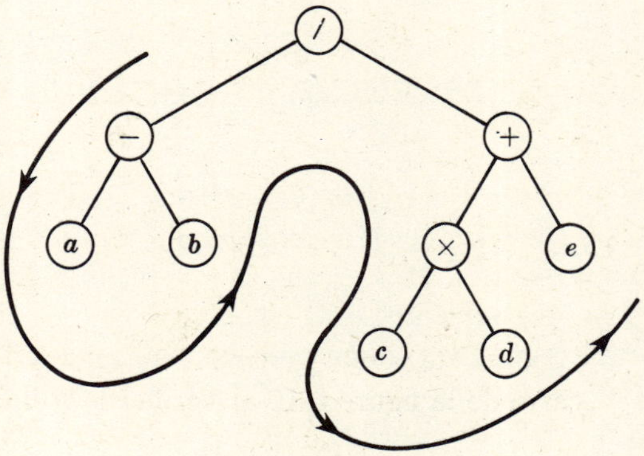

(b)

Fig. 6-13

Le mathématicien polonais Lukasiewicz a remarqué qu'en plaçant les symboles des opérations binaires avant les arguments, c'est-à-dire

$$+\,ab \text{ au lieu de } a+b \text{ et } /cd \text{ au lieu de } c/d$$

nous n'avions plus besoin de parenthèses. Il s'agit de la *notation polonaise* dans sa forme *préfixée* ou *directe* (par analogie, en *notation polonaise postfixée* ou *inverse*, on place les symboles après les arguments). L'expression (6.1) en écriture polonaise directe devient :

$$/-ab+\times cde$$

On remarque qu'il s'agit exactement de l'ordre lexicographique des sommets que l'on obtient en parcourant l'arbre figurant l'expression comme dans la figure 6-13(b).

Problèmes résolus

GRAPHES PLANAIRES, CARTES

6.1 Dessiner, si possible, une représentation planaire pour chaque graphe de la figure 6-14.

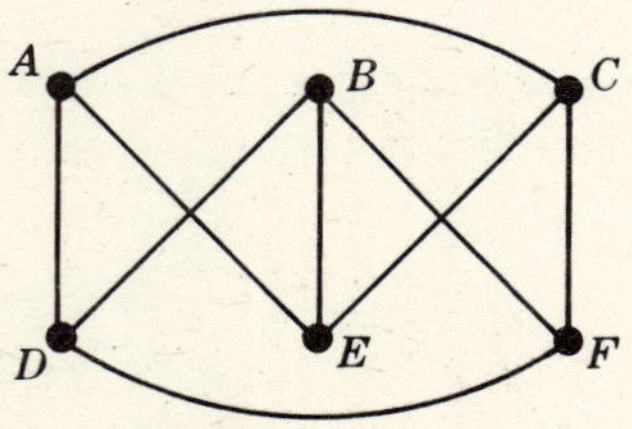

(a)

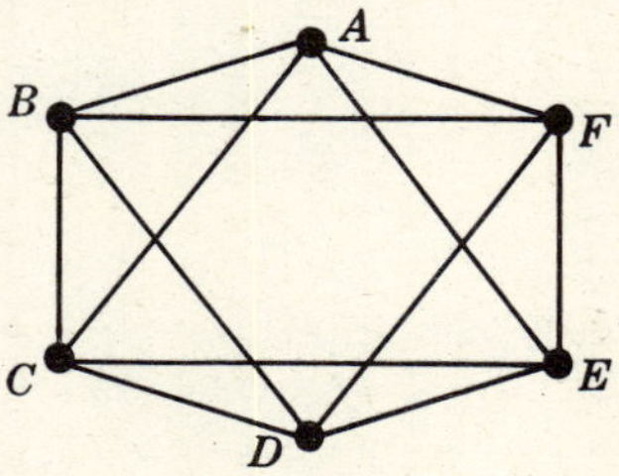

(b)

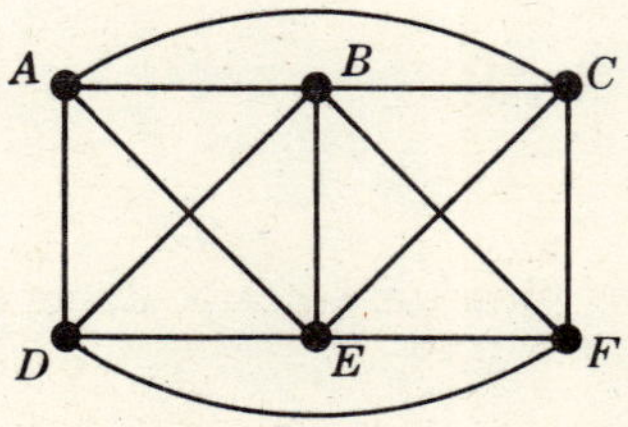

(c)

Fig. 6-14

(*a*) En déplaçant les sommets B et E on obtient la représentation planaire de la figure 6-15(i) de ce graphe.

(*b*) Il ne s'agit pas du graphe étoilé K_5 . Il a une représentation planaire comme celle de la figure 6-15(ii).

(*c*) C'est un graphe non planaire. Le graphe $K_{3,3}$ est un sous-graphe, comme le montre la figure 6-15(iii), où nous avons déplacé les sommets C et F.

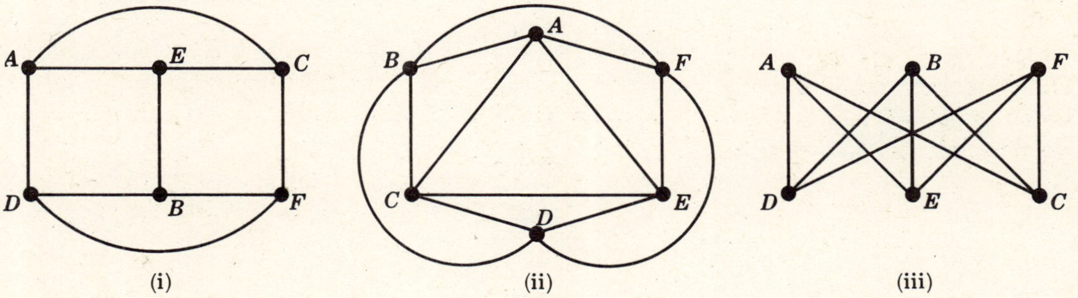

Fig. 6-15

6.2 Compter le nombre S de sommets, le nombre A d'arêtes et le nombre R de régions de chaque carte de la figure 6-16 et vérifier la formule d'Euler. Trouver le degré de la région extérieure.

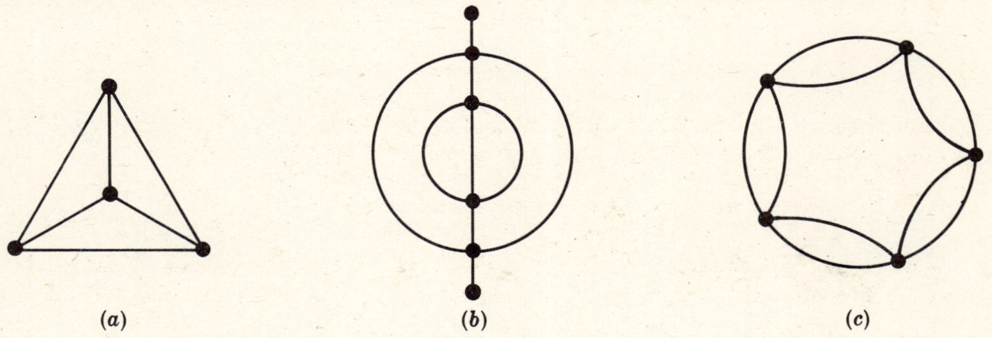

Fig. 6-16

(*a*) $S = 4$, $A = 6$, $R = 4$ donc $S - A + R = 4 - 6 + 4 = 2$, et d = 3

(*b*) $S = 6$, $A = 9$, $R = 5$ donc $S - A + R = 6 - 9 + 5 = 2$, et d = 6 car deux arêtes sont comptées deux fois.

(*c*) $S = 5$, $A = 10$, $R = 7$ donc $S - A + R = 5 - 10 + 7 = 2$ et d = 5

6.3 Trouver le nombre n minimal de couleurs nécessaires pour peindre chaque carte de la figure 6-16.

(*a*) $n = 4$, (*b*) $n = 3$, (*c*) il ne faut que deux couleurs, donc $n = 2$

6.4 Dessiner la carte duale de celle de la figure 6-16.

On place un point dans chaque région, et on relie deux sommets si les régions correspondantes ont une arête commune. Il faut remarquer que la carte et sa duale doivent avoir le même nombre d'arêtes. Le résultat est donné par la figure 6-17. On observe qu'il y a deux boucles sur la figure 6-17(*b*) qui correspondent aux deux arêtes de la carte originelle qui sont contenues dans la région extérieure.

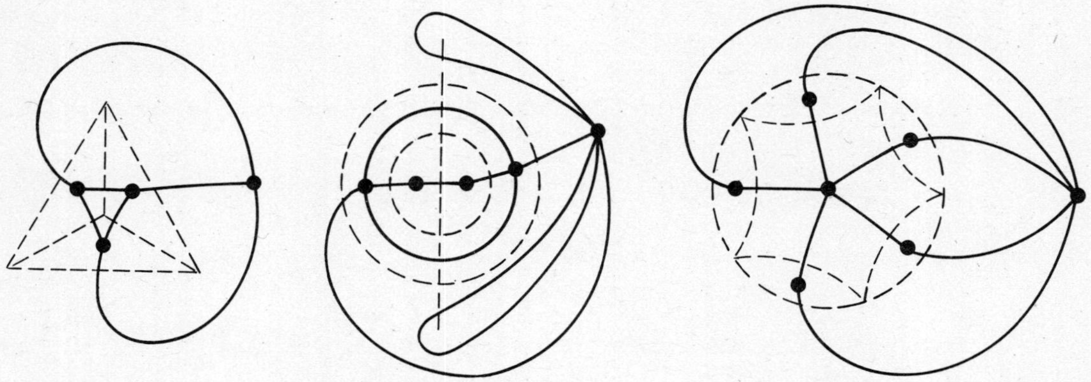

(*a*) (*b*) (*c*)

Fig. 6-17

6.5 Utiliser l'algorithme de Welch-Powell pour peindre le graphe de la figure 6-18, et trouver son nombre chromatique n.

On commence par classer les sommets par ordre de degré décroissant, obtenant la séquence

$$H,\ A,\ D,\ F,\ B,\ C,\ E,\ G$$

A l'aide de la première couleur nous peignons les sommets H, B et G. (A, D ou F ne peuvent être peints de cette couleur car ils sont liés à H, tout comme C et E). Nous utilisons une deuxième couleur pour les sommets A et D. Les sommets restants F, C et E seront peints à l'aide d'une troisième couleur. Ainsi le nombre chromatique ne peut être supérieur à 3. Toutefois, les sommets H, D et E doivent être de couleurs différentes car ils sont liés deux à deux, donc $n = 3$.

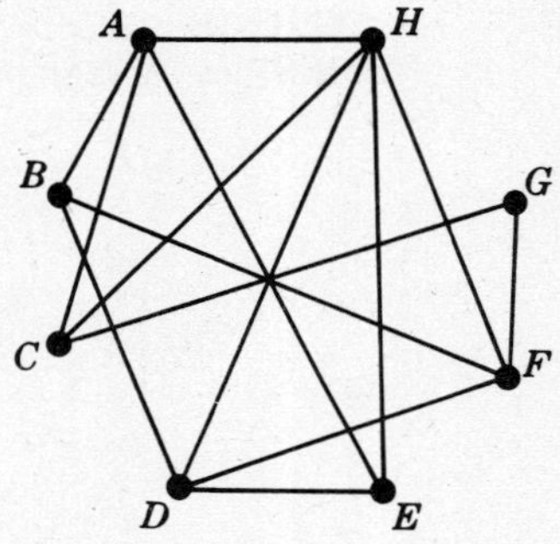

Fig. 6-18

6.6 Démontrer le théorème 6.5 : étant donné un graphe G, les énoncés suivants sont équivalents (i) G est 2-colorable, (ii) G est biparti, (iii) tout cycle de G est de longueur paire.

(i) *implique* (ii). Supposons que G soit 2-colorable. Les sommets se répartissent en deux ensembles M et N selon leur couleur, qui forment une partition bipartie de l'ensemble des sommets de G, puisque les sommets de M ne peuvent être adjacents car ils sont de la même couleur, et qu'il en est de même pour les sommets de N.

(ii) *implique* (iii). Supposons que G soit biparti et que M et N soient une partition bipartie de l'ensemble des sommets. Si un cycle commence à un sommet s de M, par exemple, il ira à un sommet de N, puis à un sommet de M, et ainsi de suite jusqu'à revenir à s. Il aura donc une longueur paire et il en sera de même pour tout cycle.

(iii) *implique* (i). Enfin, supposons que tout cycle de G soit de longueur paire. Nous prenons un sommet de chaque composante connexe et le colorons à l'aide de la première couleur, rouge par exemple. Nous peignons ensuite, successivement, tous les sommets comme suit : si un sommet est rouge, tout sommet adjacent sera peint avec une deuxième couleur, par exemple bleu, si un sommet est bleu tout sommet adjacent sera peint en rouge. Puisque tout cycle est de longueur paire nous ne verrons pas de sommets adjacents peints de la même couleur, donc G est 2-colorable, et le théorème démontré.

6.7 Etant donné un graphe G planaire connexe fini ayant au moins trois sommets, montrer que G a au moins un sommet de degré au plus égal à 5.

Soit p le nombre de sommets et q le nombre d'arêtes de G, et supposons que $d(u) \geq 6$ pour tout sommet. En vertu du théorème 5.1, $2q$ est égal à la somme des degrés des sommets de G, soit $2q \geq 6p$ ce qui conduit à :

$$q \geq 3p > 3p - 6$$

en contradiction avec le théorème 6.3. Donc quelques sommets de G ont un degré 5 ou moins.

6.8 Démontrer le théorème 6.6 : un graphe planaire G est 5-colorable.

La preuve s'établit par récurrence sur le nombre p de sommets de G. Si $p \leq 5$, alors le théorème est évident. Supposons $p > 5$, et que le théorème soit valable pour des graphes ayant moins de p sommets. Le problème précédent nous dit que G a un sommet s tel que $d(s) \leq 5$. Par récurrence, le graphe $G - s$ est 5-colorable. Admettons une telle coloration. Si les sommets adjacents à s utilisent moins de cinq couleurs, nous pourrons peindre s avec une des couleurs restantes et obtenir un graphe G 5-colorable. Le problème se pose si s est adjacent à cinq sommets qui sont peints de couleurs différentes, comme par exemple sur la figure 6-19, où le sommet s est adjacent à s_1, ..., s_5 peints respectivement avec les couleurs c_1, ..., c_5.

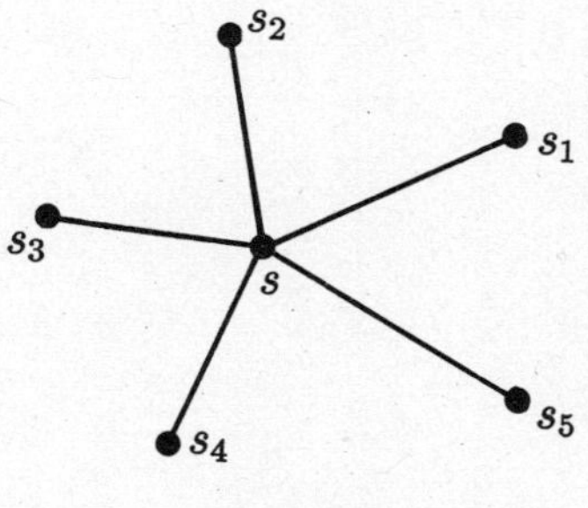

Fig. 6-19

Considérons le sous-graphe H de G généré par les sommets peints avec c_1 et c_3.

Il comprend s_1 et s_3. Si s_1 et s_3 appartiennent à diverses composantes de H, nous pouvons échanger les couleurs c_1 et c_3 dans les composantes contenant s_1 sans détruire la coloration de $G - s$. Alors s_1 et s_3 sont peints de la même couleur c_3, c_1 peut être utilisée pour peindre s et G est 5-colorable. D'autre part, supposons que s_1 et s_3 sont dans la même composante de H. Il y a alors une chaîne élémentaire P de s_1 à s_3 dont les sommets sont soit en c_1, soit en c_3. La chaîne P avec les arêtes $[s, s_1]$ et $[s, s_3]$ constitue un cycle C qui entoure s_2 ou s_4. Considérons maintenant le sous-graphe K généré par les sommets peints en c_2 ou c_4. Puisque C englobe s_2 ou s_4, mais pas les deux, les sommets s_2 et s_4 appartiennent à des composantes différentes de K. Ainsi nous pouvons échanger les couleurs c_2 et c_4 dans les composantes contenant s_2 sans détruire la coloration de $G - s$. Alors s_2 et s_4 sont peints avec c_4 et nous pouvons choisir c_2 pour peindre s et obtenir un graphe G 5-colorable. G est donc 5-chromatique et le théorème démontré.

ARBRES

6.9 Trouver tous les arbres partiels du graphe G de la figure 6-20.

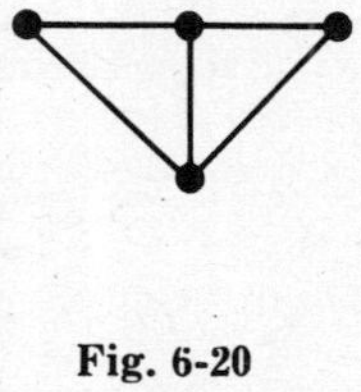

Fig. 6-20

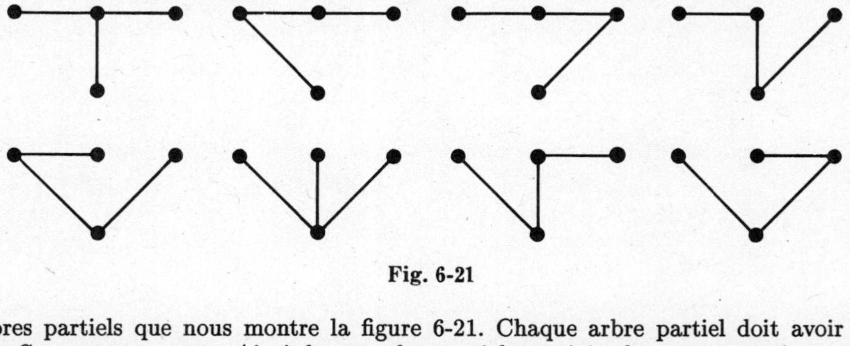

Fig. 6-21

Il existe huit arbres partiels que nous montre la figure 6-21. Chaque arbre partiel doit avoir $4-1 = 3$ arêtes puisque G a quatre sommets. Ainsi chaque arbre partiel peut être obtenu en supprimant deux des cinq arêtes de G. Ceci peut être exécuté de dix manières différentes, mais deux solutions conduisent à des graphes non connexes, ce qui conduit aux huit dessins de la figure 6-21.

6.10 Trouver l'arbre partiel minimal du graphe marqué de la figure 6-22.

On prend soin de supprimer les arêtes de longueur maximale tout en conservant un graphe connexe. On peut également ne conserver que les neuf sommets et ajouter une à une les arêtes de longueur minimale sans construire de cycle. Les deux méthodes donnent un arbre partiel minimal comme celui de la figure 6-23.

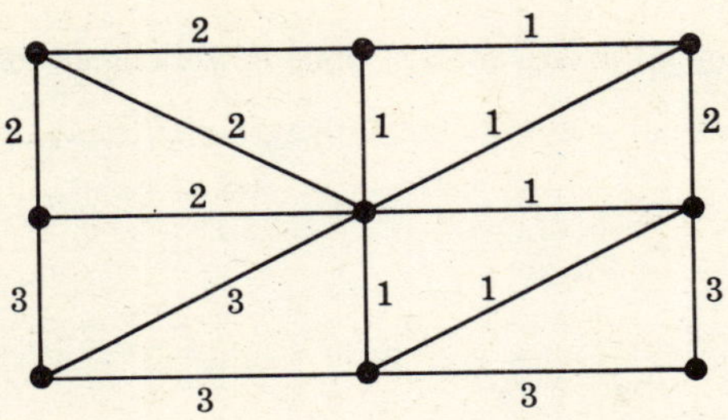

Fig. 6-22

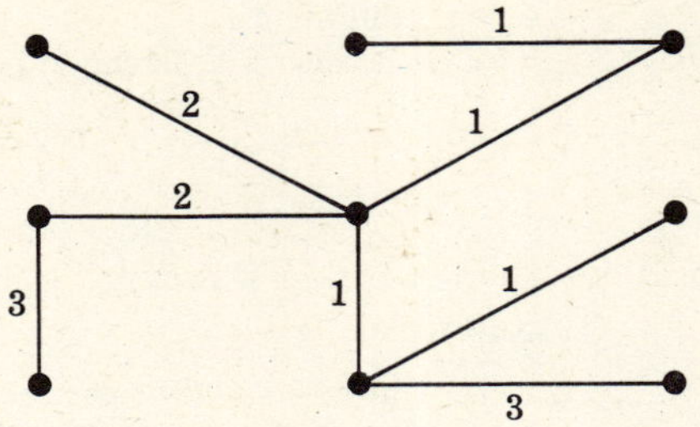

Fig. 6-23

6.11 Etant donné l'arbre de la figure 6-24, (*a*) quels sont, s'il y en a, les sommets qui sont des points d'articulation ? Quelles sont, s'il y en a, les arêtes qui sont des isthmes ? (*b*) Trouver tous les sommets de niveau 3 si le sommet choisi pour racine est (i) u, (ii) w.

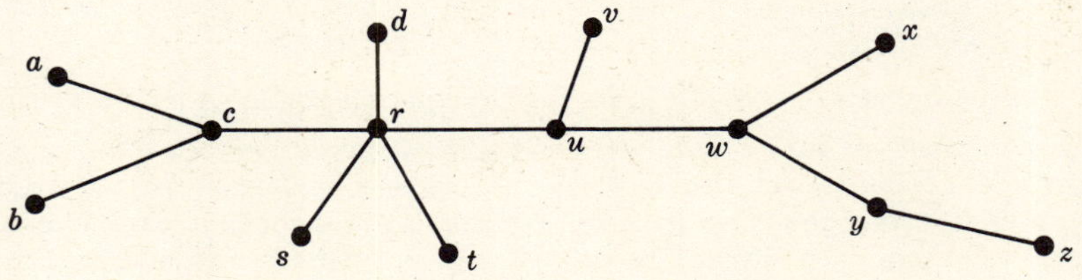

Fig. 6-24

(*a*) Chaque sommet de degré supérieur à 1 est un point d'articulation de l'arbre, c'est le cas de c, r, u, w, et y. Toute arête d'un arbre est un isthme puisque la suppression de toute arête conduit à un graphe non connexe (théorème 6.8).

(*b*) Il faut trouver toutes les chaînes élémentaires de longueur 3 depuis la racine pour obtenir les sommets de niveau (ou de profondeur) 3, ainsi (i) a, b et z, (ii) c, d, s et t.

6.12 Supposons qu'un système d'adressage universel contienne l'adresse $x = 4.5.2.3$, quelles sont les autres adresses appartenant à ce système ?

Nous devons trouver toutes les adresses telles que $y = a.m$ et $x = a.n.b$ où m et n sont des entiers avec $m \leq n$. Elles peuvent être obtenues de façon systématique comme suit. On commence par lister les segments initiaux de x qui sont :

$$a = 4.5.2.3,\ b = 4.5.2,\ c = 4.5 \text{ et } d = 4$$

Pour chaque segment initial, on forme les adresses précédentes de même longueur et de même syntaxe à l'exception du dernier nombre. Pour $a = 4.5.2.3$ on obtient trois adresses qui sont :

$$4.5.2.1,\ 4.5.2.2 \text{ et } 4.5.2.3$$

pour $b = 4.5.2$ on a deux adresses :

$$4.5.1 \text{ et } 4.5.2$$

pour $c = 4.5$, il existe cinq adresses :

$$4.1,\ 4.2,\ 4.3,\ 4.4 \text{ et } 4.5$$

et pour $d = 4$, cinq adresses :

$$0,\ 1,\ 2,\ 3 \text{ et } 4$$

Les quinze adresses ci-dessus doivent être dans le système si x est dans le système.

6.13 Etant donnée l'expression algébrique $(2x + y)(5a - b)^3$, (*a*) dessiner l'arborescence ordonnée correspondante ; (*b*) trouver la portée de l'exponentiation (la portée d'un sommet s dans une arborescence est le sous-arbre généré par s et les sommets qui le suivent avec s pour racine); (*c*) récrire l'expression en notation polonaise directe.

(*a*) On utilise une flèche (↑) pour l'exponentiation et un astérisque (*) pour la multiplication, pour obtenir l'arbre de la figure 6-25.

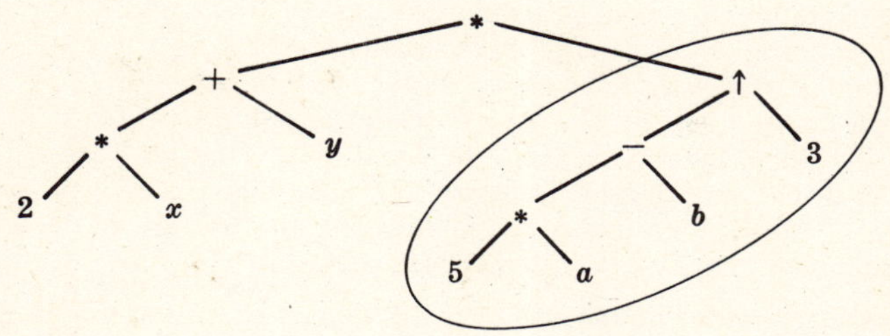

Fig. 6-25

(*b*) La portée de ↑ est l'arbre encerclé du diagramme. Il correspond à l'expression $(5a - b)^3$

(*c*) On parcourt l'arbre comme dans la figure 6-13(*b*) pour obtenir

$$* + *2xy \uparrow - * 5ab3$$

6.14 Supposons qu'il y ait deux chaînes élémentaires distinctes, P_1 et P_2 du sommet s au sommet s' dans un graphe G. Démontrer que G contient un cycle.

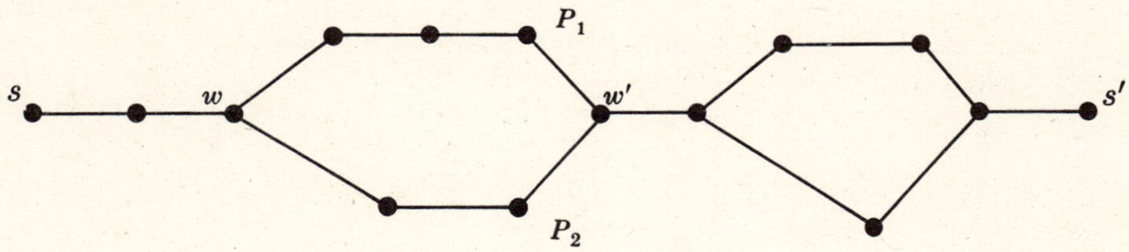

Fig. 6-26

Soit un sommet w de P_1 et P_2 tel que les sommets suivants dans P_1 et P_2 sont distincts. Soit w' le premier sommet suivant w qui appartient à la fois à P_1 et P_2 (voir figure 6-26). Ainsi les sous-graphes de P_1 et P_2 entre w et w' n'ont pas de sommets en commun à l'exception de w et w' ; donc ces deux sous-chaînes forment un cycle.

6.15 Démontrer le théorème 6.8 : soit G un graphe ayant plus d'un sommet, les énoncés suivants sont équivalents : (i) G est un arbre, (ii) toute paire de sommets est liée par une seule chaîne élémentaire, (iii) G est connexe, mais si une arête quelconque est supprimée le graphe résultant n'est pas connexe, (iv) G est acyclique, mais si on ajoute une arête le graphe résultant compte un seul cycle.

(i) *implique* (ii). Soient s et s' deux sommets de G, puisque G est un arbre, G est connexe de sorte qu'il existe au moins une chaîne élémentaire de s à s'. En raison du problème 6.14, il n'y a qu'une chaîne entre s et s', sinon G contiendrait un cycle.

(ii) *implique* (iii). Supposons que nous supprimions une arête $a = [s, s']$ *de* G, cette arête est une chaîne de s à s'. Si le graphe résultant $G - a$ a une chaîne P de s à s', alors P et a sont deux chaînes distinctes de s à s' ce qui est contraire à l'hypothèse. En conséquence, il n'y a pas de chaîne de s à s' dans $G - a$ et $G - a$ n'est pas connexe.

(iii) *implique* (iv). Supposons que G contienne un cycle C incluant l'arête $a = [s,s']$. Par hypothèse, G est connexe, mais $G' = G - a$ ne l'est pas, avec s et s' appartenant à des composantes différentes de G' (problème 5.32). Cela est contraire au fait que s et s' sont liés par la chaîne $P = C - a$ qui parcourt G'. Donc G est acyclique. Maintenant, soient x et y des sommets de G et soit H le graphe obtenu en ajoutant à G l'arête $a = [x,y]$. Puisque G est connexe, il existe une chaîne élémentaire P de x à y dans G, donc $C = P + a$ forme un cycle dans H. Supposons que H contienne un autre cycle C', puisque G est acyclique, C' doit contenir l'arête a, soit $C' = P' + a$. Ainsi P et P' sont deux chaînes dans G de x à y (voir la figure 6-27). En raison du problème 6.14, G contient un cycle, ce qui est contraire au fait que G est acyclique. Donc H ne contient qu'un cycle.

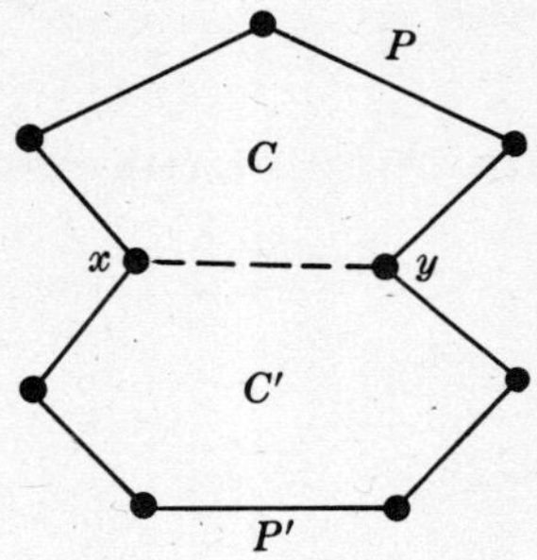

Fig. 6-27

(iv) *implique* (i). Etant donné que le fait d'ajouter une arête $a = [x,y]$ à G produise un cycle, les sommets x et y doivent être liés dans G. En conséquence G est connexe et par hypothèse sans cycle, donc G est un arbre.

6.16 Démontrer le théorème 6.9 : Etant donné un graphe G fini de n sommets, les énoncés suivants sont équivalents : (i) G est un arbre, (ii) G est acyclique et a $n-1$ arêtes, (iii) G est connexe et a $n-1$ arêtes.

La démonstration se fait par récurrence sur le nombre n de sommets de G. Supposons que $n = 1$, c'est-à-dire que G n'a qu'un sommet et $1 - 1 = 0$ arêtes, de sorte que G est connexe et acyclique. Ainsi le théorème est vrai pour $n = 1$. Supposons $n > 1$, c'est-à-dire que G a plus d'un sommet. Nous démontrons que (i), (ii) et (iii) sont équivalents pour G en supposant qu'ils sont équivalents pour tout graphe de moins de n sommets.

(i) *implique* (ii). Supposons que G soit un arbre. G est alors acyclique, de sorte que nous devons seulement montrer que G a $n-1$ arêtes. En raison du problème 5.31, G a un sommet de degré 1. En supprimant ce sommet et son arête on obtient un arbre T qui a $n-1$ sommets. Le théorème est vrai pour T, donc T a $n-2$ arêtes, par suite G a $n-1$ arêtes.

(ii) *implique* (iii). Supposons que G soit acyclique avec $n-1$ arêtes. Il suffit de démontrer que G est connexe. Si G n'est pas connexe et il a k composantes $T_1, \ldots, T_k$ qui sont des arbres puisqu'elles sont connexes et acycliques. Par exemple T_i a n_i sommets, avec $n_i < n$, donc le théorème est vrai pour T_i et T_i a $n_i - 1$ arêtes. Ainsi

$$n = n_1 + n_2 + \ldots + n_k$$

et

$$\begin{aligned} n - 1 &= (n_1 - 1) + (n_2 - 1) + \ldots + (n_k - 1) \\ &= n_1 + n_2 + \ldots + n_k - k = n - k \end{aligned}$$

donc $k = 1$, ce qui est en contradiction avec l'hypothèse d'un graphe G non connexe de $k > 1$ composantes.

(iii) *implique* (i). Supposons que G soit connexe et constitué de $n-1$ arêtes. Nous devons seulement démontrer que G est acyclique. Supposons que G ait un cycle comprenant l'arête a. En supprimant cette arête nous obtenons le graphe $H = G - a$, qui est également connexe, mais H a n sommets et $n-2$ arêtes, ce qui est en contradiction avec le résultat du problème 5.33. Ainsi G est acyclique et c'est un arbre.

Problèmes supplémentaires

GRAPHES PLANAIRES, CARTES, COLORATIONS

6.17 Dessiner la représentation planaire, si elle existe, de chacun des graphes de la figure 6-28, dans le cas contraire montrer qu'il y a un sous-graphe homéomorphe à K_5 ou $K_{3,3}$.

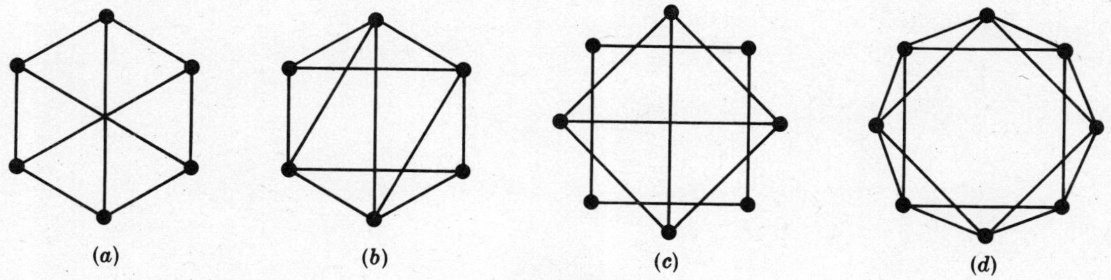

Fig. 6-28

6.18 Trouver les degrés de chaque région de la carte de la figure 6-29, et vérifier que la somme des degrés des régions est égale à deux fois le nombre des arêtes.

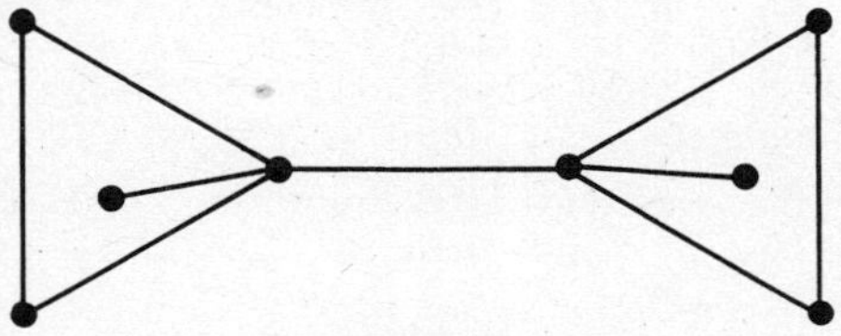

Fig. 6-29

6.19 Donner le nombre S de sommets, le nombre A d'arêtes et le nombre R de régions de chacune des cartes de la figure 6-30, et vérifier la formule d'Euler.

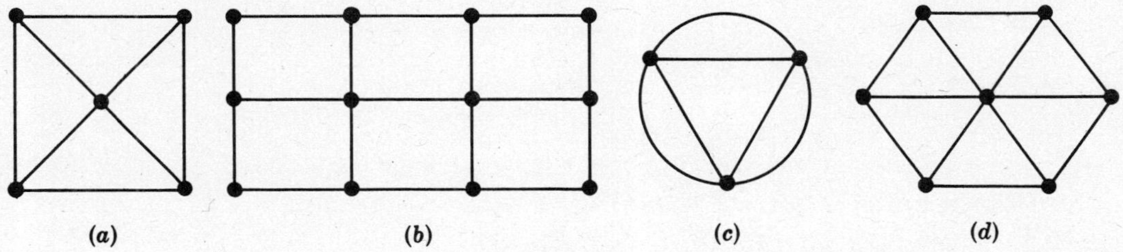

Fig. 6-30

6.20 Trouver le nombre minimal de couleurs nécessaires pour peindre les régions de chacune des cartes de la figure 6-30.

6.21 Dessiner la carte duale de chacune des cartes de la figure 6-30.

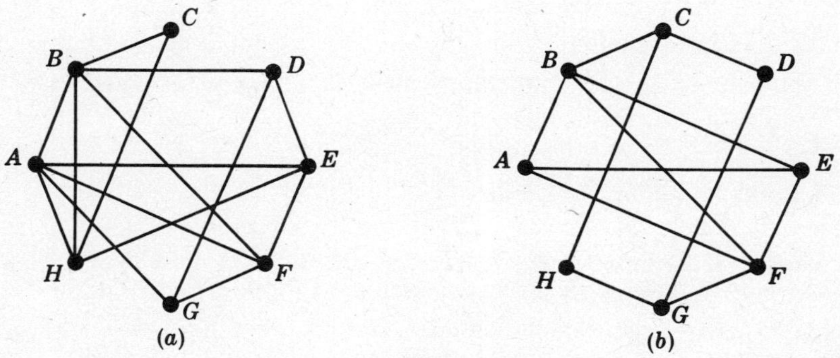

Fig. 6-31

6.22 Utiliser l'algorithme de Welch-Powell pour peindre chaque graphe de la figure 6-31. Déterminer leur nombre chromatique n.

6.23 Supposons que n soit le degré maximal des sommets d'un graphe G, démontrer que $\chi(G) \leq n+1$ où $\chi(G)$ est le nombre chromatique de G.

ARBRES

6.24 Trouver le nombre d'arbres partiels contenus dans la figure 6-32.

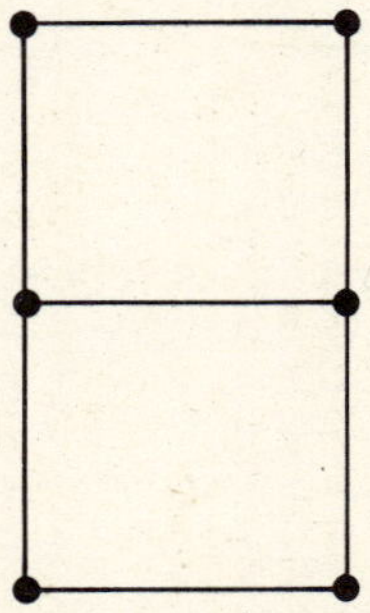

Fig. 6-32

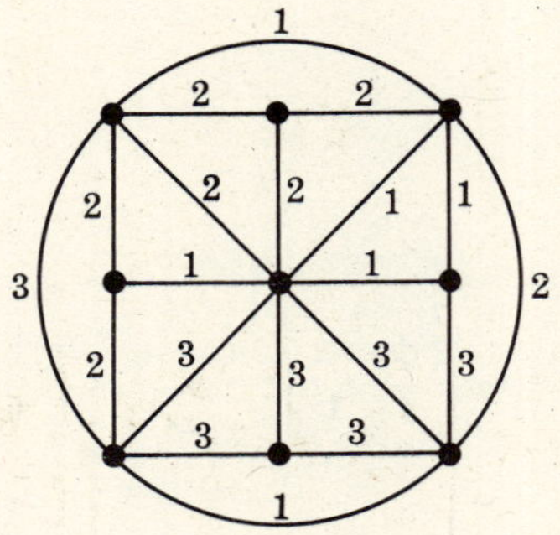

Fig. 6-33

6.25 Trouver un arbre partiel minimal dans la figure 6-33.

6.26 Etant donné un système d'adressage universel contenant l'adresse $x = 4.3.6.2$, donner les autres adresses du système.

6.27 Une adresse x précède une adresse y si le sommet x précède le sommet y dans l'arborescence sous-jacente (Il ne s'agit pas d'un ordre lexicographique.).

(a) Montrer qu'une adresse x précède une adresse y si x et y sont de la forme $x = a.m$ et $y = a.n.b$, où m et n sont des entiers avec $m \leq n$ et a et b sont des adresses partielles (éventuellement vides).

(b) Dire si x précède ou non y dans les cas suivants :

(i) $x = 3.5.4$, $y = 3.2.6.7$ (iii) $x = 3.4$, $y = 3.5.1$
(ii) $x = 4.2$, $y = 5.3.6$ (iv) $x = 4.1.3$, $y = 4.1.4$

6.28 Les adresses x_1, x_2,.....,x_k sont dites indépendantes si aucune adresse n'en précède une autre. Dire si les ensembles d'adresses suivantes sont indépendants ou non :

(a) $x_1 = 3.2.5$, $x_2 = 3.1$, $x_3 = 2.3$

(b) $x_1 = 2.5.4$, $x_2 = 3.1$, $x_3 = 1.2.3$

6.29 Démontrer que tout sommet d'un arbre de degré 2 ou plus est un point d'articulation.

6.30 Etant donnée l'expression algébrique $\dfrac{(3x-5z)^4}{a(2b+c^2)}$

(a) dessiner l'arborescence ordonnée correspondante. Utiliser la flèche (↑) pour l'exponentiation, l'astérisque (*) pour la multiplication et le slash (/) pour la division ;

(b) écrire cette expression en notation polonaise (i) directe (ii) inverse ;

(c) donner la portée de la multiplication.

PROBLÈMES A PROGRAMMER SUR ORDINATEUR

Soient G un graphe de six sommets s_1, s_2, ..., s_6 et dix arêtes, et B la matrice 10×2 des arêtes de G. Les lignes de B sont les données à traiter.

6.31 Ecrire un programme qui colore les sommets de G selon l'algorithme de Welch-Powell. Tester le programme avec les matrices B_1 et B_2 ci-dessous.

6.32 On attribue à chaque arête de G une longueur (nombre entier), et on ajoute une colonne à la matrice des arêtes. Le troisième coefficient de chaque ligne est la longueur de l'arête définie par les deux premiers coefficients. Ecrire un programme qui donne les arêtes de l'arbre partiel minimal T de G. Tester le programme avec les matrices B_3 et B_4 ci-dessous. (*Conseil* : utiliser le second algorithme de la section 6.7 et le problème 5.43.)

$$B_1 = \begin{pmatrix} 1 & 2 \\ 2 & 3 \\ 5 & 3 \\ 3 & 6 \\ 4 & 1 \\ 5 & 6 \\ 1 & 3 \\ 4 & 5 \\ 5 & 2 \\ 6 & 4 \end{pmatrix}, \quad B_2 = \begin{pmatrix} 1 & 3 \\ 2 & 1 \\ 4 & 6 \\ 4 & 3 \\ 5 & 4 \\ 3 & 6 \\ 2 & 4 \\ 3 & 2 \\ 3 & 5 \\ 1 & 4 \end{pmatrix}, \quad B_3 = \begin{pmatrix} 1 & 2 & 3 \\ 2 & 3 & 2 \\ 5 & 3 & 3 \\ 3 & 6 & 1 \\ 4 & 1 & 2 \\ 5 & 6 & 2 \\ 1 & 3 & 1 \\ 4 & 5 & 2 \\ 5 & 2 & 1 \\ 6 & 4 & 2 \end{pmatrix}, \quad B_4 = \begin{pmatrix} 1 & 3 & 2 \\ 2 & 1 & 4 \\ 4 & 6 & 3 \\ 4 & 3 & 2 \\ 5 & 4 & 3 \\ 1 & 6 & 2 \\ 2 & 4 & 4 \\ 3 & 2 & 4 \\ 5 & 6 & 2 \\ 1 & 4 & 2 \end{pmatrix}$$

Solutions des problèmes supplémentaires

6.17 Seul (*a*) n'est pas planaire.

6.18 La région extérieure est de degré 8, les deux autres régions sont de degré 5.

6.19 (*a*) $S=5,\ A=8,\ R=5$ (*c*) $S=3,\ A=6,\ R=5$
(*b*) $S=12,\ A=17,\ R=7$ (*d*) $S=7,\ A=12,\ R=7$

6.20 (*a*) 3, (*b*) 3, (*c*) 2, (*d*) 3

6.21 Voir la figure 6-34

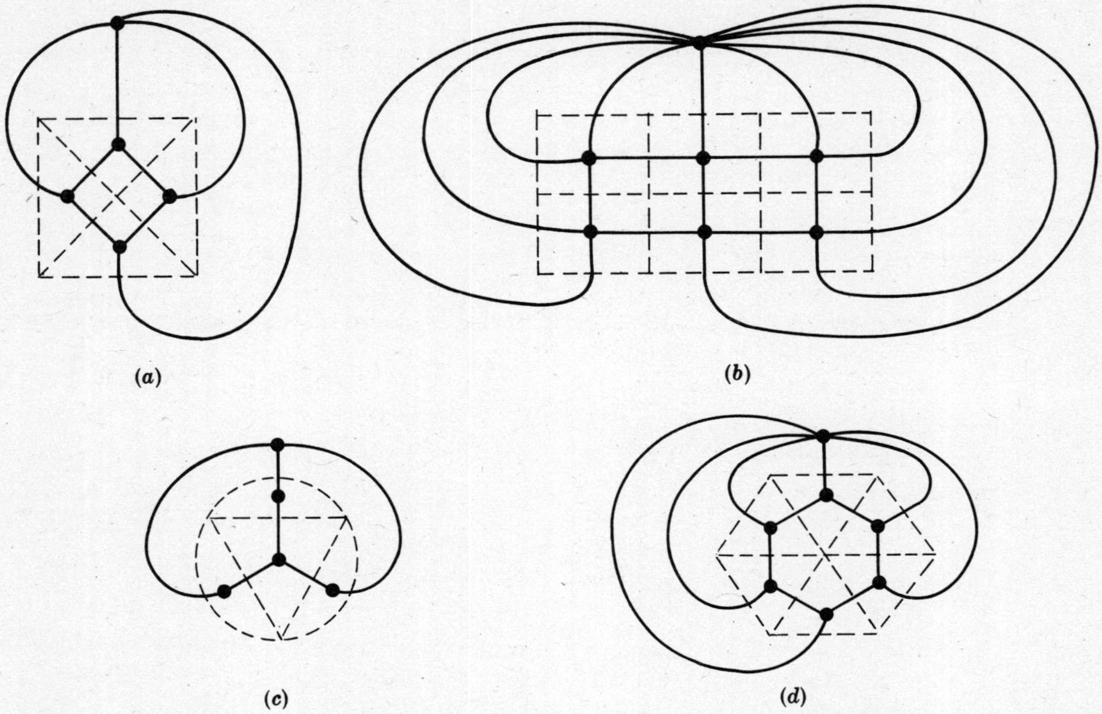

Fig. 6-34

6.22 (*a*) $n = 3$, (*b*) $n = 4$

6.24 15

6.26 0, 1, 2, 3, 4, 4.1, 4.2, 4.3, 4.3.1, 4.3.2, 4.3.3, 4.3.4, 4.3.5, 4.3.6, 4.3.6.1

6.27 (*b*) (i) non, (ii) non, (iii) oui, (iv) oui

6.28 (*a*) non, puisque x_2 précède x_1, (*b*) oui

6.30 (*a*) Voir la figure 6-35

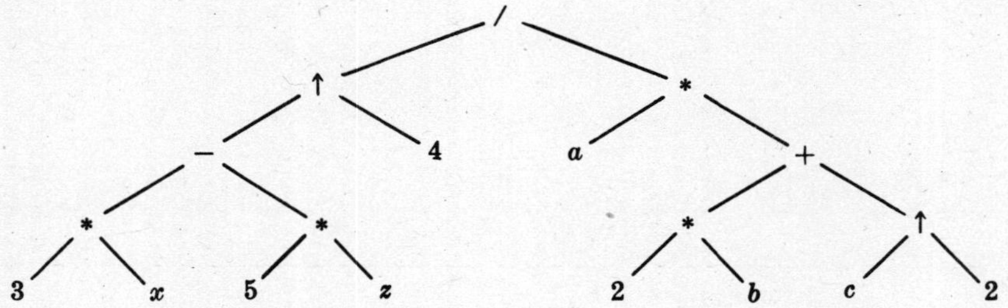

Fig. 6-35

(*b*) (i) $/ \uparrow - * 3\, x * 5\, z\, 4 * a + * 2\, b \uparrow c\, 2$

(ii) $3\, x * 5\, z * - 4 \uparrow a\, 2\, b * c\, 2 \uparrow + * /$

(*c*) $3x$, $5z$, $a(2b + c^2)$, $2b$

Chapitre 7

Graphes orientés, machines à états finis

7.1 INTRODUCTION

Les graphes non orientés sont mal adaptés aux problèmes traitant de situations dynamiques, (systèmes séquentiels, flot de données, ...) c'est pourquoi ce chapitre est consacré aux graphes orientés. Nous verrons les définitions des termes employés, et les propriétés de ces graphes, ainsi qu'un exemple important de graphe orienté marqué, une machine à états finis.

7.2 GRAPHES ORIENTÉS

Un *graphe orienté* G est constitué de deux entités :

(i) un ensemble S dont les éléments sont appelés *sommets*, *extrémités* ou *points*.

(ii) un ensemble U de paires ordonnées (ici, il s'agit de couples) de sommets appelés *arcs*.

Nous désignons un tel graphe par $G = (S,U)$ dont nous allons expliciter les deux parties. (N.d.T. Nous utilisons la terminologie française.)

Nous représentons les graphes par des dessins dans le plan. Les sommets s de S sont figurés par des points (ou des petits cercles), et les arcs $a = (s,s')$ par des flèches, c'est-à-dire par une courbe orientée, d'une extrémité initiale s vers une extrémité terminale s'. Par exemple la figure 7-1 représente le graphe $G = (S,U)$ où :

(i) S comprend quatre sommets A, B, C, D ; et

(ii) U comprend sept arcs :

$$a_1 = (A,D),\ a_2 = (B,A),\ a_3 = (B,A),\ a_4 = (D,B)$$
$$a_5 = (B,C),\ a_6 = (D,C),\ a_7 = (B,B)$$

L'arc a_7 est une *boucle* puisque son extrémité initiale B est la même que son extrémité terminale. Les arcs a_2 et a_3 sont dits *parallèles* puisqu'ils ont même sommet initial B et même sommet terminal A.

Il est bien entendu plus facile de représenter un graphe par un dessin, que de le décrire par ses sommets et ses arcs.

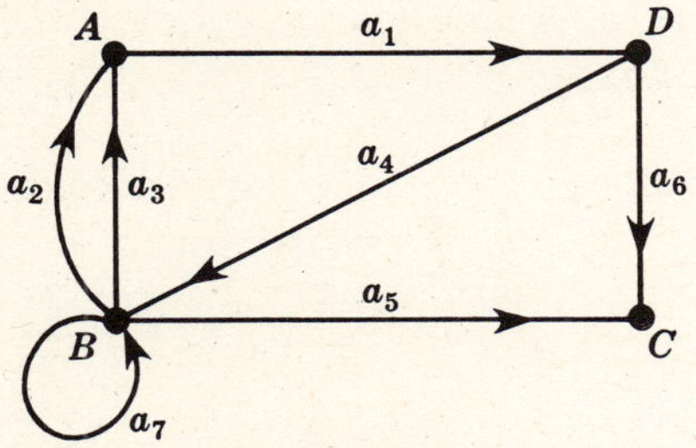

Fig. 7-1

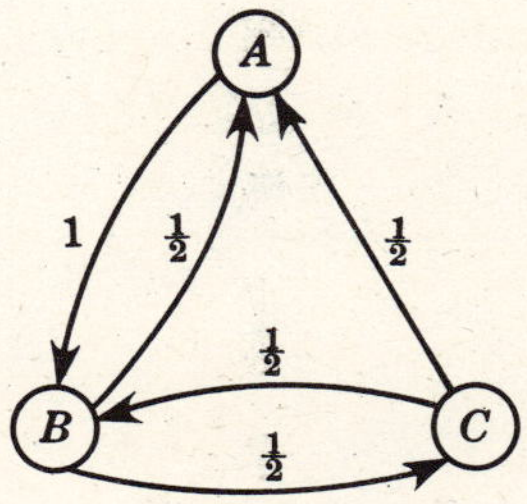

Fig. 7-2

Si les arcs ou/et les sommets d'un graphe sont étiquetés à l'aide de données de divers types, on dit que le graphe est *marqué*. De tels graphes sont fréquemment utilisés pour représenter des situations dynamiques. Par exemple, supposons que trois garçons A, B et C jouent au ballon de sorte que A

passe toujours à B, mais B et C peuvent le faire entre eux ou à A. La figure 7-2 illustre cette situation dynamique, les arcs sont marqués par les probabilités respectives, c'est-à-dire que A passe le ballon à B avec une probabilité égale à 1, alors que les échanges de B vers C ou A ont une probabilité de 1/2, comme ceux de C vers A ou B.

Etant donné un graphe $G = (S,U)$, on dit qu'il est fini si l'ensemble S des sommets et l'ensemble U des arcs sont finis. Soit S' un sous-ensemble de S et U' un sous-ensemble de U, dont les extrémités sont dans S', le graphe $G = (S',U')$ est un *sous-graphe* de $G = (S,U)$. Si U' contient tous les arcs de U dont les extrémités appartiennent à S', alors $G = (S',U')$ est un sous-graphe *engendré* par S'.

7.3 DÉFINITIONS

Soit un graphe G. Un arc $a = (s,s')$ *commence* à son extrémité initiale s et se *termine* à son extrémité terminale s'. Le *degré extérieur* et le *degré intérieur* du sommet s sont respectivement égaux aux nombres d'arcs commençant et se terminant en s. Puisque chaque arc commence et finit à un sommet, on voit que la somme des degrés extérieurs est égale à la somme des degrés intérieurs qui est égale au nombre d'arcs. Un sommet avec un degré intérieur égal à zéro est une *entrée*, et un sommet dont le degré extérieur est nul est une *sortie*. Ainsi, sur la figure 7-1, par exemple, le sommet C est une sortie d'un graphe qui n'a aucune entrée, et le sommet D a un degré intérieur 1 et un degré extérieur 2.

Les concepts de chaîne, chaîne élémentaire, chaîne simple et cycle, rencontrés lors de l'étude des graphes simples, existent ici, à condition que la direction des arcs soit en accord avec la direction de la chaîne (orientée) que nous nommons *chemin*. Ainsi, un chemin W dans un graphe G est une séquence de sommets et d'arcs,

$$W = (s_0, a_1, s_1, a_2, s_2, \ldots, a_n, s_n)$$

telle que tout arc a_1 commence au sommet s_{i-1} et se termine au sommet s_i. S'il n'y a pas d'ambiguïté, on représente W par sa séquence de sommets ou sa séquence d'arcs. La *longueur* de W est égale au nombre de ses arcs. Un *lacet* est un chemin fermé, il commence et se termine au même sommet, et un *chemin partiel* contient tous les sommets du graphe. Un *chemin simple* a des arcs distincts et un *chemin élémentaire* des sommets distincts. Un *circuit* est un lacet dont les sommets sont distincts. Un sommet s est *accessible* depuis un sommet s', s'il existe un chemin élémentaire de s' à s. Un chemin *illégal* est un chemin dont l'arc a_i peut commencer aussi bien au sommet s_i qu'au sommet s_{i-1} et se terminer à un autre sommet.

Il y a trois types de connexité pour les graphes orientés. On dit que G est *faiblement connexe* s'il existe un chemin élémentaire illégal entre deux sommets u et v de G. On dit que G est *quasi fortement connexe* si, pour tous sommets s et s' de G, soit s est accessible depuis s', soit s' est accessible depuis s, c'est-à-dire qu'il existe un chemin élémentaire de l'un à l'autre. On dit que G est *fortement connexe* si, pour n'importe quels sommets s et s' de G, à la fois s est accessible depuis s' et s' est accessible depuis s, c'est-à-dire qu'il existe deux chemins élémentaires, un de s à s' et un de s' à s. Il faut remarquer que fortement, implique quasi fortement qui implique faiblement connexe. On dit que G est *strictement quasi fortement connexe* s'il est quasi fortement connexe sans l'être fortement, et qu'il est strictement faiblement connexe, sans l'être quasi fortement. La figure 7-3 montre un graphe strictement faiblement connexe (a), un graphe strictement quasi fortement connexe (b) et un graphe fortement connexe.

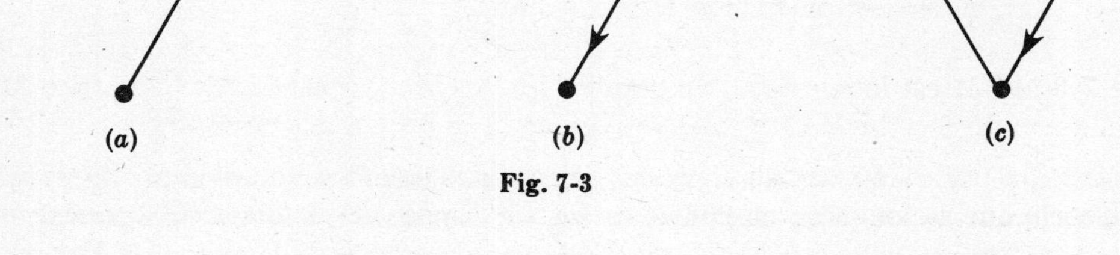

(*a*) (*b*) (*c*)

Fig. 7-3

La connexité peut être caractérisée en termes de chemins partiels, comme suit :

Théorème 7.1 : Soit G un graphe orienté fini. Alors

(*a*) G est faiblement connexe si et seulement si G a un chemin partiel illégal.

(*b*) G est quasi fortement connexe si et seulement si G a un chemin partiel.

(*c*) G est fortement connexe si et seulement si G a un lacet partiel.

Les graphes orientés avec entrées et sorties apparaissent dans diverses applications (comme les diagrammes de flux). Une condition suffisante pour que de tels sommets existent, est :

Théorème 7.2 : Supposons qu'un graphe G fini ne contienne pas de circuit alors G contient une entrée et une sortie.

Démonstration : Soit $C = (s_0, s_1, .., s_n)$ le chemin élémentaire de longueur maximale qui existe dans G puisque G est fini. Alors le dernier sommet s_n doit être une sortie, sinon un arc (s_n, s) pourra prolonger C ou former un circuit si $s = s_i$ pour un i quelconque. De même le premier sommet s_0 doit être une entrée.

7.4 GRAPHES, RELATIONS, MATRICES CARRÉES

Soit $G = (S,U)$ un graphe orienté sans arc parallèle. U est alors un sous-ensemble de $S \times S$, donc une relation dans S. Inversement, si R est une relation dans l'ensemble S, alors $G = (S,R)$ est un graphe orienté sans arc parallèle. Ainsi les concepts de relations dans un ensemble et de graphes orientés sans arcs parallèles sont une seule et même chose. En fait, au chapitre 2, nous avons déjà introduit le graphe correspondant à une relation dans un ensemble.

Soit, maintenant, un graphe G de sommets $s_1, s_2, ..., s_m$. La matrice de G est la matrice $m \times m$ $M_G = (m_{ij})$ où

$$m_{ij} = \text{nombre d'arcs commençant en } s_i \text{ et se terminant en } s_j$$

Si G n'a pas d'arc parallèle, les coefficients de M_G seront uniquement zéro ou un. Dans le cas contraire, il s'agira d'entiers positifs. Réciproquement, toute matrice $m \times m$, dont les coefficients sont des entiers positifs ou nuls définit un graphe de m sommets. La figure 7-4 montre un graphe G et sa matrice M.

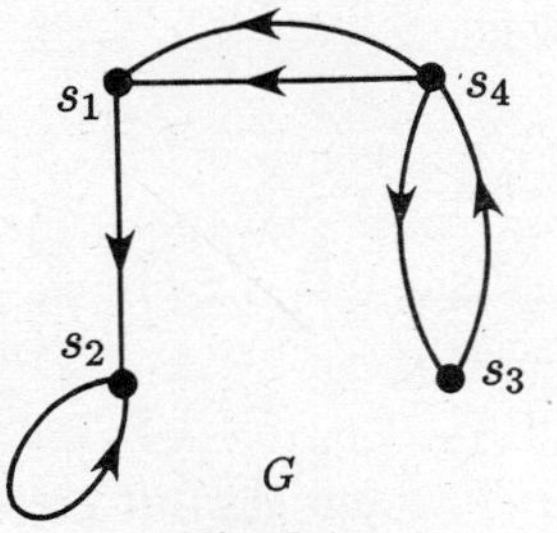

G

$$M = \begin{pmatrix} 0 & 1 & 0 & 0 \\ 0 & 1 & 0 & 0 \\ 0 & 0 & 0 & 1 \\ 2 & 0 & 1 & 0 \end{pmatrix}$$

Fig. 7-4

La matrice d'un graphe est très utile dans la recherche de l'accessibilité des sommets. Cela provient du résultat suivant qui est démontré dans le problème 7.5.

Théorème 7.3 : Si M est la matrice d'un graphe G, alors le coefficient ij de la matrice M^n donne le nombre de chemins de longueur n reliant le sommet s_i au sommet s_j.

Supposons que G ait m sommets, alors tout chemin élémentaire ne peut contenir plus de m sommets de sorte que sa longueur maximale est $m - 1$. Donc, G est fortement connexe si pour tout sommet s, s' il existe un chemin de s à s' et un de s' à s, chacun de longueur $m - 1$ au moins.

Corollaire 7.4 : Soit M la matrice d'un graphe G de m sommets et

$$C = M + M^2 + M^3 + ... + M^{m-1}$$

Le graphe G est fortement connexe si et seulement si C n'a aucun coefficient nul hors de la diagonale principale.

Démonstration. Le coefficient ij de C est nul si et seulement si les ij coefficients de M, M^2, ..., M^{m-1} sont tous nuls. Ce qui signifie qu'il n'y a pas de chemin de s_i à s_j de longueur $m-1$ ou moins, il n'y a donc pas de chaine élémentaire de s_i à s_j. Ainsi G est fortement connexe si et seulement si les coefficients ij de C, pour $i \neq j$ ne sont pas nuls.

7.5 ALGORITHME DE RECHERCHE DU CHEMIN MINIMAL

Soit un graphe G dont les arcs ont des longueurs associées (nombres positifs). Nous recherchons le chemin élémentaire minimal $C(G)$ entre deux sommets donnés, u et w par exemple. Nous supposons que G est fini de sorte que chaque étape n'offre qu'un nombre fini de possibilités, et que G n'a pas de circuit. Par suite, toutes les possibilités de chemins entre u et w sont données par une arborescence. Par exemple, la figure 7-5(b) énumère tous les chemins de u à w dans le graphe de la figure 7-5(a).

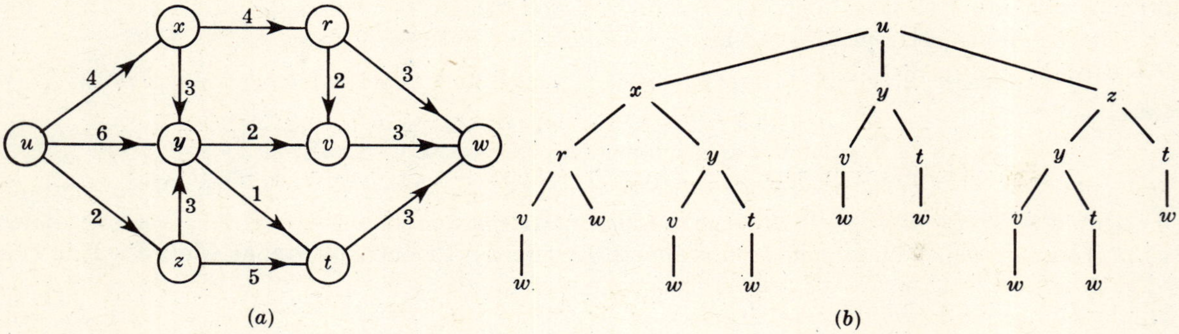

Fig. 7-5

Pour trouver le chemin le plus court, on peut calculer les longueurs de tous les chemins de l'arbre. Remarquons que si deux chemins partiels conduisent à un même sommet intermédiaire s, il faut considérer uniquement le plus court, c'est-à-dire que nous élaguons l'arbre au niveau du sommet correspondant au chemin partiel le plus long. Cet algorithme «*du sécateur*» est décrit formellement ci-après.

Dans cet algorithme on associe à chaque sommet s', un nombre $\ell(s')$ qui représente la longueur minimale existant entre l'origine u et s', et un chemin $c(s')$ de u à s' qui a la longueur $\ell(s')$. A chaque étape, on examine un arc (s', s) depuis s qui a la longueur k. S'il s'agit de la première rencontre avec s, on écrit

$$\ell(s) = \ell(s') + k \quad \text{et} \quad c(s) = c(s')s \tag{7.1}$$

Si s a déjà été rencontré, on teste si

$$\ell(s') + k < \ell(s)$$

Si cela est vrai, alors on a trouvé un chemin plus court menant à s, et on change $\ell(s)$ et $c(s)$ comme en (7.1) ; sinon on garde $\ell(s)$ et $c(s)$. De plus, s'il n'y a pas d'autre arc incident à s non examiné, on dit que $c(s)$ *a été déterminé.* On commence par fixer $\ell(u) = 0$ et $c(u) = u$, où u est la racine. Il est bien entendu plus facile, et plus judicieux, de commencer à un sommet dont le chemin a été déterminé.

Appliquons cet algorithme au graphe de la figure 7-5(a) :

A partir de u : les successeurs rencontrés pour la première fois sont x, y et z, donc

$$\ell(x) = 4, \quad c(x) = ux; \qquad \ell(y) = 6, \quad c(y) = uy; \qquad \ell(z) = 2, \quad c(z) = uz$$

On note que $c(x)$ et $c(z)$ ont été déterminés.

A partir de x : les successeurs sont r, rencontré pour la première fois, et y, donc

$$\ell(r) = 4 + 4 = 8 \quad \text{et} \quad c(r) = c(x)r = uxr$$

et $c(r)$ a été déterminé. Le test suivant est

$$\ell(x) + k = 4 + 3 \text{ qui n'est pas plus petit que } \ell(y) = 6$$

on ne touche pas à $\ell(y)$ et $c(y)$.

A partir de z : les successeurs sont t, rencontré pour la première fois, et y, donc

$$\ell(t) = 2 + 5 = 7 \quad \text{et} \quad c(t) = c(z)t = uzt$$

Le test suivant est

$$\ell(z) + k = 2 + 3 = 5 \text{ qui est plus petit que } \ell(y) = 6$$

ainsi on a trouvé un chemin plus court menant à y et on change $\ell(y)$ et $c(y)$ en :

$$\ell(y) = \ell(z) + k = 5 \quad \text{et} \quad c(y) = c(z)y = uzy$$

Maintenant $c(y)$ a été déterminé.

A partir de y : les successeurs sont v, rencontré pour la première fois, et t, donc

$$\ell(v) = \ell(y) + k = 5 + 2 = 7 \quad \text{et} \quad c(v) = c(y)v = uzyv$$

Le test suivant est

$$\ell(y) + k = 5 + 1 = 6 \text{ qui est plus petit que } \ell(t) = 7$$

ainsi on a trouvé un chemin plus court menant à t et on change $\ell(t)$ et $c(t)$ en :

$$\ell(t) = \ell(y) + 1 = 6 \quad \text{et} \quad c(t) = c(y)t = uzyt$$

Maintenant $c(t)$ a été déterminé.

A partir de r : les successeurs sont w, rencontré pour la première fois, et v, donc

$$\ell(w) = \ell(r) + 3 = 11 \quad \text{et} \quad c(w) = c(r)w = uxrw$$

Le test suivant est

$$\ell(r) + k = 8 + 2 = 10 \text{ qui n'est pas plus petit que } \ell(v) = 7$$

on ne change donc pas $\ell(v)$ ni $c(v)$ qui, dès lors, ont été déterminés.

A partir de v : le successeur est w. On remarque que

$$\ell(v) + k = 7 + 3 = 10 \text{ est plus petit que } \ell(w) = 11$$

donc on change $\ell(w)$ et $c(w)$ en :

$$\ell(w) = \ell(v) + 3 = 10 \quad \text{et} \quad c(w) = c(v)w = uzyvw$$

A partir de t : le successeur est w. On remarque que

$$\ell(t) + k = 6 + 3 = 9 \text{ est plus petit que } \ell(w) = 10$$

donc on change $\ell(w)$ et $c(w)$ en :

$$\ell(w) = \ell(t) + 3 = 9 \quad \text{et} \quad c(w) = c(t)w = uzytw$$

Ainsi $c(w)$ a été déterminé et c'est le plus court chemin recherché, sa longueur est $\ell(w) = 9$.

La figure 7-6 donne l'arbre des arcs examinés. C'est l'arbre de la figure 7-5(b) qui a été élagué des sommets appartenant aux chemins partiels trop longs. On remarquera que seulement treize arcs parmi les vingt-trois que compte l'arbre initial ont été examinés.

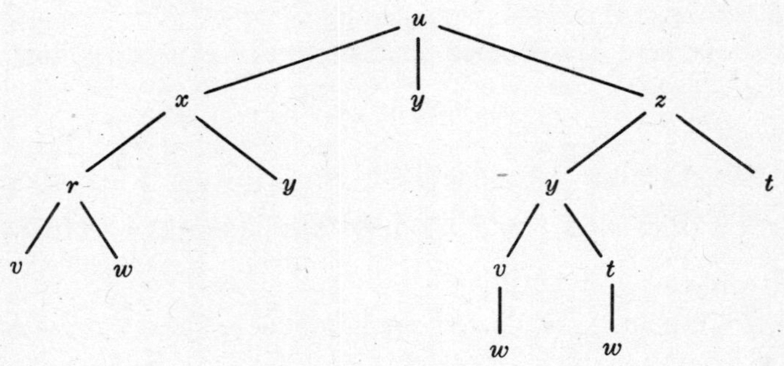

Fig. 7-6

Quand l'algorithme ci-dessus est utilisé, il est pratique de fixer $\ell(s) = \infty$ pour tout sommet s autre que la racine, ainsi la relation

$$\ell(s') + k < \ell(s)$$

est vraie dès que l'on rencontre s pour la première fois.

7.6 MACHINES A ÉTATS FINIS

Nous pouvons considérer qu'un ordinateur est une machine qui a, à tout instant, un certain «état interne». L'ordinateur «lit» une donnée, «imprime» un résultat et change «d'état». Le résultat ne dépend que de la donnée et de l'état interne de la machine, qui lui même ne dépend que de l'état précédent et de la précédente donnée. Le nombre d'états, de données et de résultats est supposé fini. Ces idées sont formalisées dans la définition suivante.

Une *machine à états finis* (ou *machine complètement séquentielle*) M est constituée :

(1) d'un ensemble fini A de données

(2) d'un ensemble fini S d'états internes

(3) d'un ensemble fini Z de résultats

(4) d'une fonction d'état-suivant f de $S \times A$ dans S

(5) d'une fonction de sortie g de $S \times A$ dans Z

Cette machine est symbolisée par $M = (A, S, Z, f, g)$ quand on veut indiquer ses cinq composantes. Parfois, on ajoute son état initial q_0, et on obtient un six-uplet $M = (A, S, Z, q_0, f, g)$.

EXEMPLE 7.1. Les énoncés suivants définissent une machine à états finis qui lit deux données, a trois états internes et imprime trois résultats :

(1) $A = \{a, b\}$

(2) $S = \{q_0, q_1, q_2\}$

(3) $Z = \{x, y, z\}$

(4) fonction d'état-suivant $f : S \times A \to S$ définie par

$$f(q_0, a) = q_1 \quad f(q_1, a) = q_2 \quad f(q_2, a) = q_0$$
$$f(q_0, b) = q_2 \quad f(q_1, b) = q_1 \quad f(q_2, b) = q_1$$

(5) fonction de sortie $g : S \times A \to Z$ définie par

$$g(q_0, a) = x \qquad g(q_1, a) = x \qquad g(q_2, a) = z$$
$$g(q_0, b) = y \qquad g(q_1, b) = z \qquad g(q_2, b) = y$$

On a l'habitude de noter q les états d'une machine et q_0 son état initial.

Il existe deux façons pour représenter une machine à états finis d'une manière concise. La première consiste en une table, appelée *table des états* de la machine, et l'autre en un graphe marqué, appelé *diagramme d'état* de la machine.

La table des états de la machine de l'exemple 7.1 est donnée figure 7-7. On remarque que le terme de la table correspondant à q_i et a_j est la paire $f(q_i, a_j), g(q_i, a_j)$.

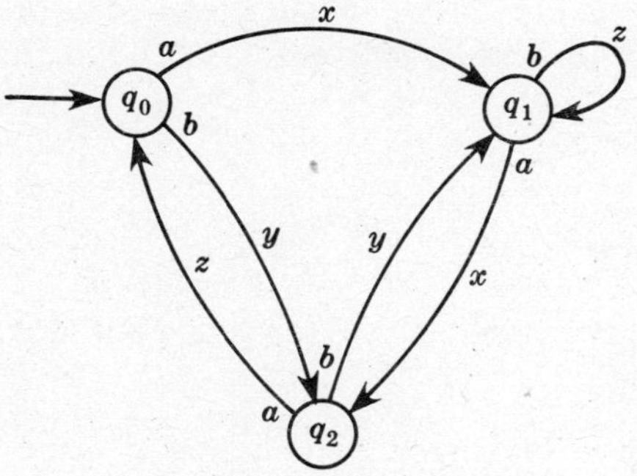

	a	b
q_0	q_1, x	q_2, y
q_1	q_2, x	q_1, z
q_2	q_0, z	q_1, y

Fig. 7-7

Le diagramme d'état D de la machine à états finis $M = (A, S, Z, f, g)$ est un graphe orienté marqué. Les sommets de D sont les états de M, et si

$$f(q_i, a_j) = q_k \quad \text{et} \quad g(q_i, a_j) = z_r$$

alors il existe un arc de q_i à q_k marqué par la paire a_j, z_r. On place généralement le symbole de la donnée a_j près de la base de la flèche (près de q_i) et le symbole du résultat z_r, au voisinage du centre de la flèche. Si un état initial q_0 est donné, on caractérise le sommet q_0 en dessinant une flèche supplémentaire pointant ce sommet. Par exemple, la figure 7-7 est le diagramme d'état de la machine de l'exemple 7.1 avec q_0 pour état initial.

7.7 LISTES, SUITES D'ENTRÉE/SORTIE

La section précédente ne montre pas la dynamique de la machine. Supposons qu'on fournisse à une machine à états finis M une suite de données :

$$U = a_1 a_2 \ldots a_n$$

On matérialise ces données en une «bande d'entrée»; la machine M les «lit» une à une et, simultanément, change d'état selon la suite

$$V = s_0 s_1 s_2 \ldots s_n$$

où s_0 est l'état initial, tout en imprimant une suite de résultats

$$W = z_1 z_2 \ldots z_n$$

sur une «bande de sortie». Formellement, l'état initial s_0 et la suite d'entrée U déterminent les suites V et W par

$$s_i = f(s_{i-1}, a_i) \quad \text{et} \quad z_i = g(s_{i-1}, a_i)$$

où $i = 1, 2, \ldots, n$.

EXEMPLE 7.2. Supposons que la machine de l'exemple 7.1 soit dans l'état initial q_0, et que nous lui fournissions la suite de données

$$abaab$$

Nous calculons la suite d'états et la suite de sortie à partir du diagramme d'états en commençant au sommet q_0 et en suivant les flèches marquées par les données :

$$q_0 \xrightarrow{a,\,x} q_1 \xrightarrow{b,\,z} q_1 \xrightarrow{a,\,x} q_2 \xrightarrow{a,\,z} q_0 \xrightarrow{b,\,y} q_2$$

Ce qui conduit aux suites d'états et de sortie :

$$q_0q_1q_1q_2q_0q_2 \quad \text{et} \quad xzxzy$$

Nous décrirons maintenant les états d'une machine qui peut effectuer l'addition en base 2. Les deux nombres à additionner ont le même nombre de bits, si nécessaire, le plus petit est étendu par l'ajout de 0 à gauche. Si les données sont

$$\begin{array}{r} 1101011 \\ +0111011 \end{array}$$

la sortie doit être

$$10100110$$

Dans le cas présent, la chaîne d'entrée est constituée de paires de bits à additionner :

$$11, 11, 00, 11, 01, 11, 10, b$$

où b représente un espace, et la chaîne de sortie sera

$$0, 1, 1, 0, 0, 1, 0, 1$$

Nous désirons également que la machine entre dans un état appelé «halte» dès que l'addition est terminée.

Les données entrées sont

$$A = \{00, 01, 10, 11, b\}$$

et les résultats sortis sont

$$Z = \{0, 1, b\}$$

La machine que nous construisons aura trois états :

$$S = \{\text{carry}(c),\ \text{pas de carry}(n),\ \text{halte}(s)\}$$

(N.d.T. On emploie le mot «carry» utilisé en informatique pour désigner la retenue de l'addition.)

Ici n est l'état initial. La machine est représentée par la figure 7-8.

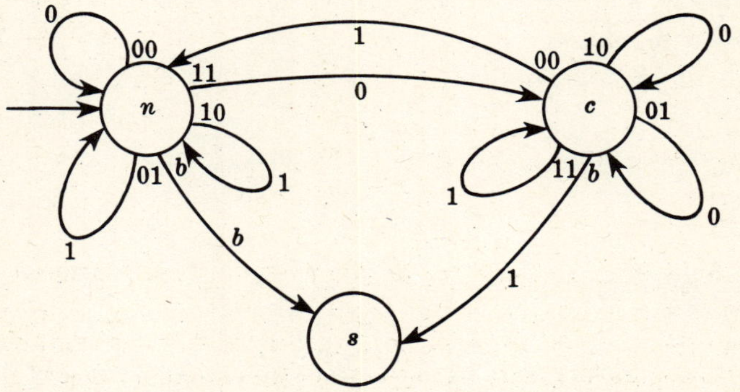

Fig. 7-8

Afin de montrer les limitations de nos machines, nous établissons le théorème suivant.

Théorème 7.5 : Il n'y a pas de machine à états finis qui puisse effectuer la multiplication binaire.

Si nous limitons la taille des opérandes de la multiplication, une telle machine existera. Les ordinateurs constituent un excellent exemple de machines à états finis capables d'effectuer le produit de deux nombres, mais ces nombres sont limités.

7.8 AUTOMATE FINI

Un automate fini est semblable à une machine à états finis, excepté que l'automate a des états «réceptifs» et «répulsifs» plutôt qu'une entrée. Un automate fini M est constitué plus précisément, de cinq objets :

(1) un ensemble fini A de données

(2) un ensemble fini S d'états internes

(3) un sous-ensemble T de S (dont les éléments sont les états réceptifs)

(4) un état initial q_0 de S

(5) une fonction d'état-suivant f de $S \times A$ dans S

L'automate M est représenté par $M = (A,S,T,q_0,f)$ quand on veut désigner toutes ses composantes.

EXEMPLE 7.3. Les énoncés suivants définissent un automate qui a deux entrées et trois états :

(1) $A = \{a,b\}$, données d'entrée

(2) $S = \{q_0,q_1,q_2\}$, états

(3) $T = \{q_0,q_1\}$, états réceptifs

(4) q_0, état initial

(5) fonction d'état-suivant $f : S \times A \to S$ définie par la table ci-contre.

f	a	b
q_0	q_0	q_1
q_1	q_0	q_2
q_2	q_2	q_2

On peut, d'une façon concise, décrire un automate fini M par son diagramme d'état comme on l'a fait pour une machine à états finis, sauf que l'on utilise deux cercles concentriques pour les états réceptifs et que chaque arc est marqué du symbole de la donnée entrée. Plus précisément, le diagramme d'état D de M est un graphe orienté marqué dont les sommets sont les états de S, les états réceptifs étant désignés par un double cercle, et si $f(q_j,a_i) = q_k$ on trace un arc de q_j à q_k auquel est associée la valeur a_i. L'état initial q_0 est repéré par une flèche pointant le sommet q_0. Par exemple, le diagramme d'état de l'automate M décrit ci-dessus, est donné par la figure 7-9

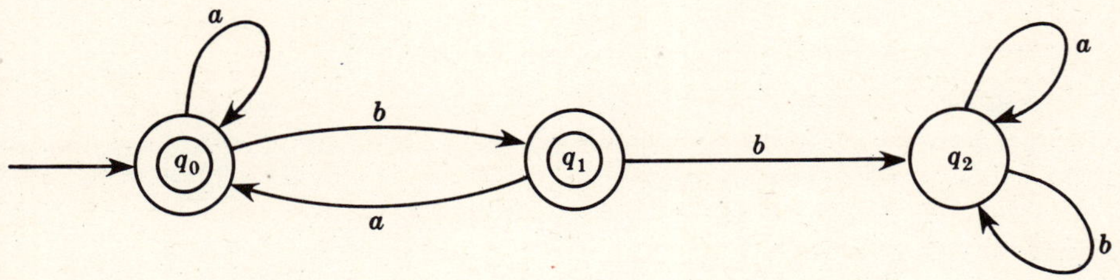

Fig. 7-9

A partir d'une suite finie $W = a_1a_2a_3...a_n$ de données d'entrée fournie à un automate M, on obtient une séquence d'états $s_0s_1s_2...s_n$, où s_0 est l'état initial et $s_i = f(s_{i-1},a_i)$ pour $i > 0$. On dit que M reconnaît ou accepte la suite W si l'état final s_n est un état réceptif, c'est-à-dire, si $s_n \in T$. On représente par $L(M)$ l'ensemble de toutes les suites qui sont reconnues par M. Par exemple, on peut montrer que l'automate M, décrit par la figure 7-9, reconnaît toutes les suites qui n'ont pas deux b successifs. Ainsi M accepte

$$aababaaba, \; aaa, \; baab, \; abaaababab, \; b, \; aabaaab$$

mais rejette

$$aabaabba, \; bbaaa, \; ababbaab, \; bb, \; abbbbaa$$

On montrera la relation existant entre les automates finis et les langages au chapitre 9.

Remarque : On peut également considérer qu'un automate fini M est une machine à états finis avec deux résultats, OUI et NON, selon que la machine arrive à un état réceptif ou répulsif. En d'autres termes, on fait de M une machine à états finis en définissant la fonction de sortie g de $S \times A$ dans $Z = \{\text{OUI}, \text{NON}\}$ comme suit :

$$g(q_i, a_j) = \begin{cases} \text{OUI, si } f(q_i, a_j) \text{ est réceptif (appartient à } T) \\ \text{NON, si } f(q_i, a_j) \text{ est répulsif} \end{cases}$$

Réciproquement, une machine à états finis avec deux résultats à sortir peut être vue, d'une manière analogue, comme un automate fini.

Problèmes résolus

GRAPHES ORIENTÉS

7.1 Soit le graphe G représenté par la figure 7-10. (*a*) Décrire G formellement. (*b*) Trouver le nombre de chemins élémentaires de X à Z. (*c*) Trouver le nombre de chemins élémentaires de Y à Z. (*d*) Existe-t-il des entrées et des sorties ? (*e*) Trouver la matrice M_G du graphe G. (*f*) G est-il faiblement, quasi fortement, fortement connexe ?

(*a*) Il y a quatre sommets : X, Y, Z et W, et sept arcs : (X,Y), (X,W), (X,Z), (Y,W), (Z,Y), (Z,W) et (W,Z).

(*b*) Il y a trois chemins de X à Z : (X,Z), (X,W,Z) et (X,Y,W,Z).

(*c*) Il n'y a qu'un chemin de Y à Z : (Y,W,Z).

(*d*) X est une source parce qu'il n'est le point terminal d'aucun arc, c'est-à-dire que son degré intérieur est nul. Il n'y a pas de sortie car les degrés extérieurs de tous les sommets sont différents de zéro, c'est-à-dire que chaque sommet est le point initial d'au moins un arc.

(*e*) La matrice M_G de G est

$$M_G = \begin{pmatrix} 0 & 1 & 1 & 1 \\ 0 & 0 & 0 & 1 \\ 0 & 1 & 0 & 1 \\ 0 & 0 & 1 & 0 \end{pmatrix}$$

(Ici les lignes et les colonnes de M_G sont étiquetées respectivement par X, Y, Z et W.) Le coefficient m_{ij} représente le nombre d'arcs liant le i-ème sommet au j-ème.

(*f*) Le diagramme n'est pas fortement connexe puisque le sommet X est une source, donc il n'existe pas de chemin provenant d'un sommet quelconque et aboutissant à X. Néanmoins G est quasi fortement connexe puisque le chemin (X, Y, W, Z) passe par tous les sommets, il y a donc un sous-chemin liant chaque paire de sommets.

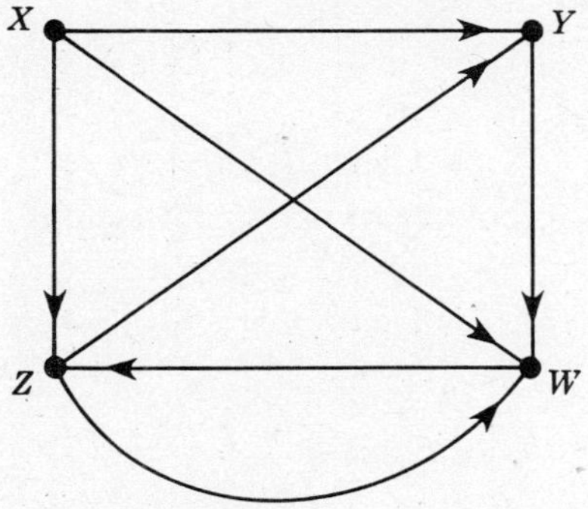

Fig. 7-10

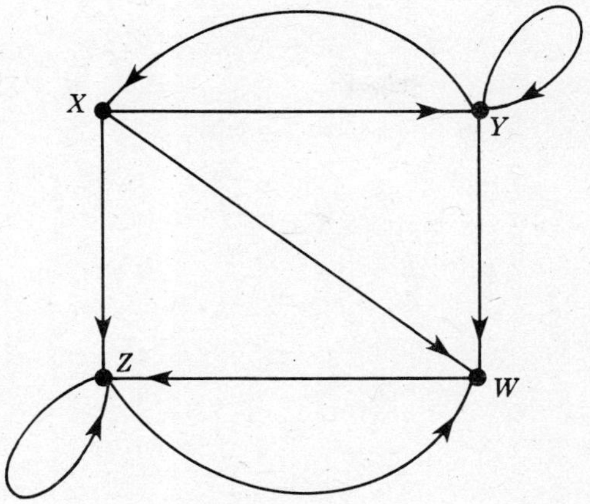

Fig. 7-11

7.2 Soit le graphe dessiné figure 7-11

(a) Existe-t-il des sources ou des sorties ?

(b) Utiliser le corollaire 7.4 pour montrer que G n'est pas fortement connexe.

(a) Il n'y a ni source ni sortie.

(b) On cherche la matrice M de G et on calcule M^2, M^3 et $C = M + M^2 + M^3$

$$M = \begin{pmatrix} 0 & 1 & 1 & 1 \\ 1 & 1 & 0 & 1 \\ 0 & 0 & 1 & 1 \\ 0 & 0 & 1 & 0 \end{pmatrix} \qquad M^2 = \begin{pmatrix} 1 & 1 & 2 & 2 \\ 1 & 2 & 2 & 2 \\ 0 & 0 & 2 & 1 \\ 0 & 0 & 1 & 1 \end{pmatrix}$$

$$M^3 = \begin{pmatrix} 1 & 2 & 5 & 4 \\ 2 & 3 & 5 & 5 \\ 0 & 0 & 3 & 2 \\ 0 & 0 & 2 & 1 \end{pmatrix} \qquad C = \begin{pmatrix} 2 & 4 & 8 & 7 \\ 4 & 6 & 7 & 8 \\ 0 & 0 & 6 & 4 \\ 0 & 0 & 4 & 2 \end{pmatrix}$$

Les lignes et les colonnes de ces matrices sont étiquetées respectivement par les sommets X, Y, Z et W. L'existence de coefficients nuls dans C (en dehors de la diagonale principale) montre que G n'est pas fortement connexe. En particulier, C nous montre qu'il n'y a pas de chemins de Z ou W vers X ou Y.

7.3 Etant donnés $V = \{2,3,4,5,6\}$, et R la relation dans V définie par xRy si x est plus petit que y et si x et y sont premiers entre eux.

(a) Ecrire R comme un ensemble de couples.

(b) Dessiner un diagramme du graphe qui correspond à R.

(a) $R = \{(2,3), (2,5), (3,4), (3,5), (4,5), (5,6)\}$

(b) On trace un arc de x à y si (x,y) appartient à R, comme le montre la figure 7-12

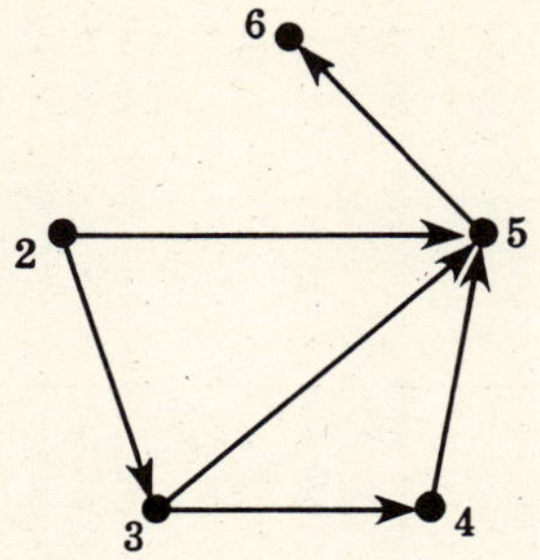

Fig. 7-12

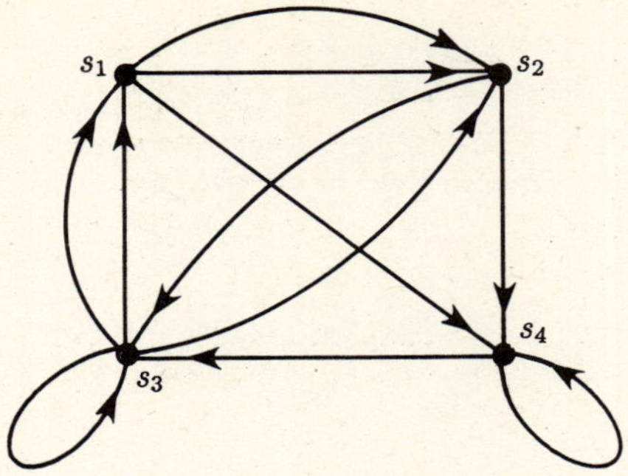

Fig. 7-13

7.4 Dessiner le graphe G correspondant à la matrice M suivante qui n'a pas de coefficients négatifs :

$$M = \begin{pmatrix} 0 & 2 & 0 & 1 \\ 0 & 0 & 1 & 1 \\ 2 & 1 & 1 & 0 \\ 0 & 0 & 1 & 1 \end{pmatrix}$$

Puisque M est une matrice 4×4, G a quatre sommets appelés s_1, s_2, s_3 et s_4. Pour chaque coefficient m_{ij} on trace m_{ij} arcs du sommet s_i au sommet s_j pour obtenir le graphe de la figure 7-13.

7.5 Démontrer le théorème 7.3 : Soit M la matrice du graphe G, le coefficient ij de la matrice M^n est le nombre de chemins de longueur n reliant le sommet s_i au sommet s_j.

La preuve est apportée par induction sur n. On remarque qu'un chemin de longueur 1 de s_i à s_j est un arc (s_i, s_j). Ainsi le théorème est vrai pour $n = 1$ puisque le coefficient ij de M est le nombre d'arcs (s_i, s_j) qui est le nombre de chaînes de longueur 1 entre s_i et s_j.

Supposons $n > 1$ avec $M^{n-1} = (a_{ik}), M = (b_{kj})$ et $M^n = (c_{ij})$; donc $c_{ij} = \sum_{k=1}^{n} a_{ik}b_{kj}$. Par récurrence, a_{ik} est égal au nombre de chemins de longueur $n-1$ de s_i à s_k. De même b_{kj} est le nombre d'arcs de s_k à s_j. Ainsi $a_{ik}b_{kj}$ donne le nombre de chemins de longueur n de s_i à s_j où s_k est l'avant dernier sommet du chemin, donc tous les chemins de longueur n de s_i à s_j peuvent être obtenus en sommant les $a_{ik}b_{kj}$ pour toutes les valeurs de k, ce qui donne c_{ij}. Le théorème est donc démontré.

MACHINES A ÉTATS FINIS

7.6 Considérons une machine à états finis M avec deux données a et b, et trois résultats x, y et z, et le diagramme d'états de la figure 7-14. (a) Donner la table des états de M. (b) Déterminer la suite de résultats si la suite de données est $W = aababaabbab$.

(a) On étiquette les rangées de la table par les quatre états q_0, q_1, q_2 et q_3 et les colonnes par les données a et b. En utilisant le diagramme d'état de la figure 7-14 on obtient les termes de la table comme suit. A partir de l'état q_0 la flèche marquée a conduit à l'état q_1 et indique un résultat égal à x. On porte donc q_1, x à l'emplacement correspondant à la rangée q_0 et à la colonne a. Les autres termes sont obtenus de la même manière.

	a	b
q_0	q_1, x	q_2, y
q_1	q_3, y	q_1, z
q_2	q_1, z	q_0, x
q_3	q_0, z	q_2, x

(b) En partant de l'état initial q_0, on va d'état en état en suivant les flèches marquées respectivement par les données lues :

$$q_0 \xrightarrow{a} q_1 \xrightarrow{a} q_3 \xrightarrow{b} q_2 \xrightarrow{a} q_1 \xrightarrow{b} q_1 \xrightarrow{a} q_3 \xrightarrow{a} q_0 \xrightarrow{b} q_2 \xrightarrow{b} q_0 \xrightarrow{a} q_1 \xrightarrow{b} q_1$$

La suite de résultats est donc $xyxzzyzyxxz$.

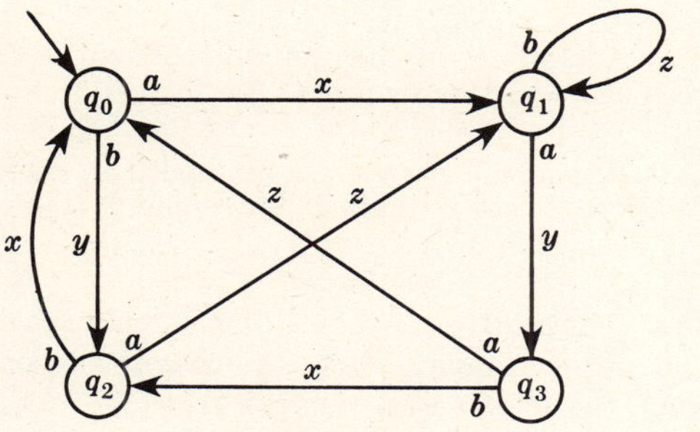

Fig. 7-14

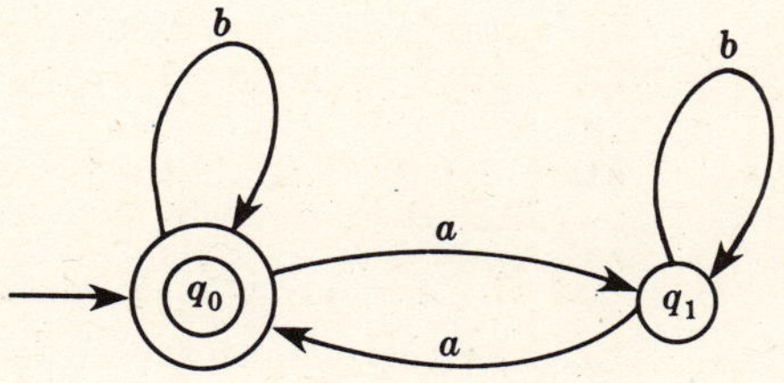

Fig. 7-15

7.7 Soient a et b deux données d'entrée, construire l'automate fini M qui acceptera les suites de a et b qui ont un nombre pair de a (par exemple *aababbab*, *aa*, *bbb*, *ababaa* seront acceptées mais *ababa*, *aaa*, *bbabb* seront rejetées).

Nous n'avons besoin que de deux états q_0 et q_1. Nous supposons que M est dans l'état q_0 ou q_1 selon que le nombre de a reçus à l'instant donné est pair ou impair (Ainsi q_0 est un état réceptif et q_1 un état répulsif.). Ainsi seul a permet un changement d'état. Puisque q_0 est l'état initial, le diagramme de M est celui de la figure 7-15.

7.8 Etant donnés $M = (A,S,T,q_0,f)$ et $M' = (A,S',T',q_0',f')$ deux automates finis ayant le même ensemble A de données, $L(M)$ et $L(M')$ les ensembles de suites acceptées respectivement par M et M', construire un automate fini N ayant l'ensemble A de données et qui accepte $L(M) \cap L(M')$, c'est-à-dire des suites appartenant à la fois à $L(M)$ et $L(M')$.

Soit $S \times S'$ l'ensemble des états de N. On pose que (q,q') est un état réceptif de N si q et q' sont des états réceptifs de M et M', et on appelle $(q_0,\ q_0')$ l'état initial de N. La fonction d'état-suivant

$$g : (S \times S') \times A \to (S \times S')$$

de N est définie comme suit

$$g((q, q'), a) = (f(q, a), f'(q', a))$$

de sorte que N acceptera les suites de $L(M) \cap M(M')$

Problèmes supplémentaires

GRAPHES

7.9 Soit le graphe G de la figure 7-16

(*a*) Trouver les degrés extérieurs et intérieurs de chaque sommet

(*b*) Trouver le nombre de chemins élémentaires de s_1 à s_4

(*c*) Existe-t-il des sources et des sorties?

(*d*) Trouver la matrice M de G.

(*e*) Trouver le nombre de chemins de longueur 3 ou moins de s_1 à s_3

(*f*) G est-il quasi fortement, fortement connexe?

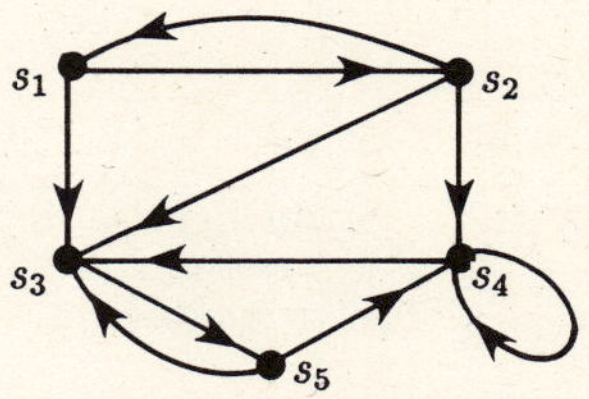

Fig. 7-16

7.10 Soit G le graphe de sommets s_1, s_2, s_3 et s_4 correspondant à la matrice

$$M = \begin{pmatrix} 0 & 1 & 1 & 1 \\ 0 & 1 & 1 & 0 \\ 1 & 1 & 0 & 2 \\ 1 & 0 & 0 & 0 \end{pmatrix}$$

(a) Dessiner le diagramme de G (b) Trouver le nombre de chemins de longueur 3 de s_1 à (i) s_1, (ii) s_2, (iii) s_3, (iv) s_4 (c) G est-il quasi fortement, fortement connexe ?

7.11 Etant donnée la relation R sur $V = \{2,3,4,9,15\}$ définie par «x est plus petit et premier relatif de y» (a) Dessiner le diagramme du graphe de R (b) R est-elle faiblement, quasi fortement, fortement connexe ?

7.12 Un graphe est complet si pour toute paire de sommets distincts s_i et s_j, il existe un arc de l'un d'eux à l'autre, soit (s_i, s_j) soit (s_j, s_i). Montrer qu'un graphe complet fini G a un chemin élémentaire incluant tous les sommets (ceci est vrai pour les graphes complets, non orientés). Ainsi G est quasi fortement connexe.

7.13 Utiliser l'algorithme du sécateur (section 7.5) pour déterminer le chemin le plus court de s à t sur la figure 7-17.

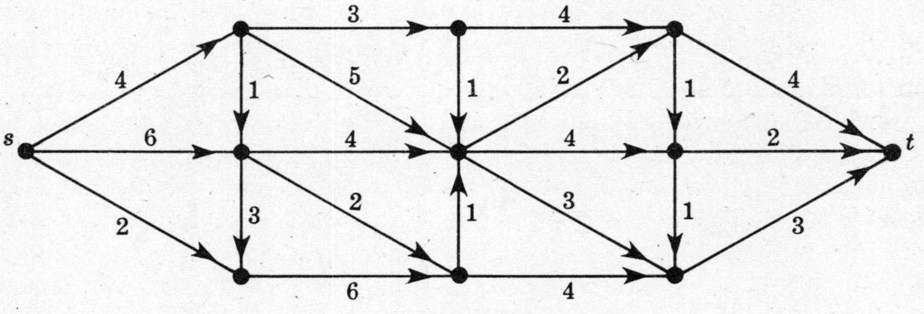

Fig. 7-17

MACHINES A ÉTATS FINIS

7.14 Soit la machine à états finis M dont les données sont a, b, c et les résultats x, y, z décrite par le diagramme d'état de la figure 7-18. (a) Construire la table d'état de M (b) Trouver la suite de résultats obtenue pour la suite de données $W = caabbaccab$

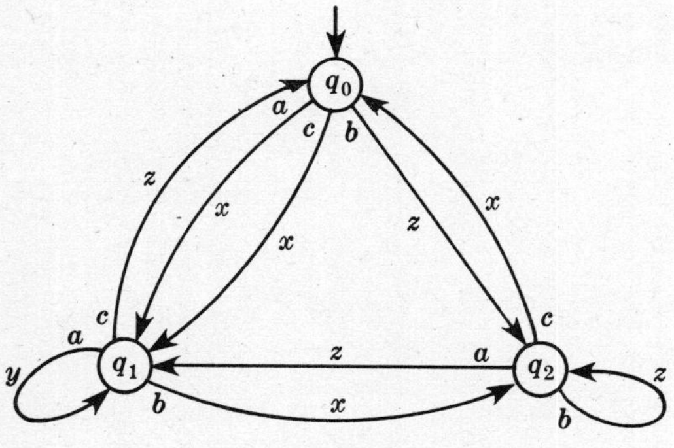

Fig. 7-18

	a	b
q_0	q_2, y	q_1, z
q_1	q_2, x	q_3, y
q_2	q_2, y	q_1, z
q_3	q_3, z	q_0, x

7.15 Etant donnée une machine à états finis dont la table d'état est ci-dessus : (a) Tracer le diagramme d'état de M, avec q_0 pour état initial (b) Trouver la suite de résultats obtenue pour la suite de données $W = aabbabbaab$

7.16 Pour chaque machine de la figure 7-19 dont les données sont a et b et les résultats x, y et z donner la suite de résultats obtenue pour la suite de données $W = abaabbabbaabaa$

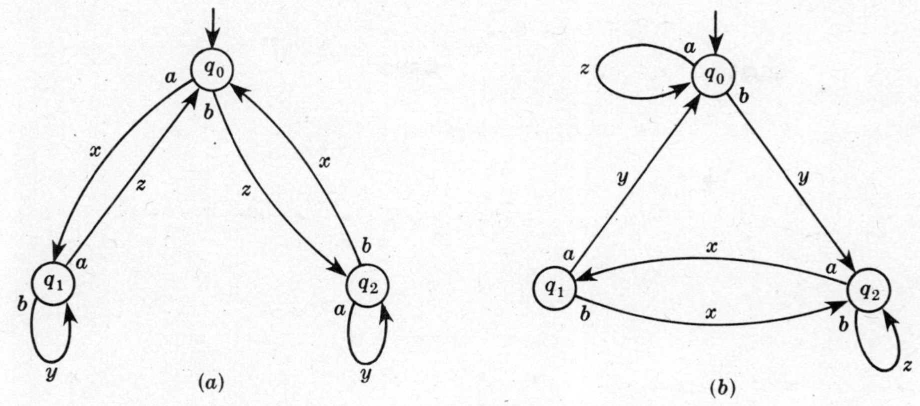

Fig. 7-19

7.17 Construire un automate fini M, avec les entrées a et b qui n'accepte que les suites de a et b dans lesquelles le nombre de b est divisible par 3. (*Conseil* : il faut trois états.)

7.18 Construire un automate fini M, avec les entrées a et b qui n'accepte que les suites de a et b dans lesquelles le nombre de a est pair et le nombre de b divisible par 3. (*Conseil* : utiliser les problèmes 7.7, 7.8 et 7.17.)

7.19 Construire un automate fini M, avec les entrées a et b qui n'accepte les suites de a et b que si elles contiennent la séquence *aabb*. Par exemple, *baaabbba* et *babaabba* sont acceptées, alors que *babbaa* et *aababaa* ne le sont pas.

7.20 Soient $M = (A,S,T,q_0,f)$ et $M' = (A,S',T',q'_0,f')$ deux automates finis ayant le même ensemble A d'entrées, et $L(M)$ et $L(M')$ les ensembles de suites acceptées respectivement par M et M'. Construire un automate fini N ayant l'ensemble d'entrées A qui accepte : (a) $L(M)^c$, c'est-à-dire l'ensemble des suites qui n'appartiennent pas à $L(M)$ (b) $L(M) \cup L(M')$, c'est-à-dire l'ensemble des suites qui appartiennent à $L(M)$ ou à $L(M')$.

PROBLÈMES A PROGRAMMER SUR ORDINATEUR

Etant donnés un graphe G de six sommets, s_1, s_2, ..., s_6 et huit arcs, et B la matrice 8×2 des arcs de D – une ligne, par exemple (4,2) de B représente l'arc (s_4, s_2) – qui constitue les informations données à l'ordinateur :

7.21 Ecrire un programme qui calcule les degrés intérieurs et extérieurs de chaque sommet.

7.22 Ecrire un programme qui détermine la matrice M de G

7.23 Ecrire un programme qui précise si G est faiblement, quasi-fortement ou fortement connexe

Tester les programmes avec les matrices suivantes :

$$\text{(i)}\quad B = \begin{pmatrix} 1 & 4 \\ 2 & 2 \\ 6 & 5 \\ 1 & 5 \\ 3 & 2 \\ 4 & 1 \\ 4 & 3 \\ 4 & 6 \end{pmatrix} \qquad \text{(ii)}\quad B = \begin{pmatrix} 1 & 4 \\ 5 & 4 \\ 4 & 2 \\ 6 & 1 \\ 2 & 5 \\ 3 & 5 \\ 2 & 6 \\ 4 & 3 \end{pmatrix} \qquad \text{(iii)}\quad B = \begin{pmatrix} 1 & 6 \\ 5 & 6 \\ 2 & 3 \\ 4 & 1 \\ 5 & 2 \\ 3 & 5 \\ 1 & 5 \\ 6 & 3 \end{pmatrix}$$

Solutions des problèmes supplémentaires

7.9 (*a*) Degrés intérieurs 1, 1, 4, 3, 1. Degrés extérieurs 2, 3, 1, 2, 2

(*b*) Trois : (s_1, s_2, s_4), (s_1, s_3, s_5, s_4), $(s_1, s_2, s_3, s_5, s_4)$ (*c*) Non

(*d*) $M = \begin{pmatrix} 0 & 1 & 1 & 0 & 0 \\ 1 & 0 & 1 & 1 & 0 \\ 0 & 0 & 0 & 0 & 1 \\ 0 & 0 & 1 & 1 & 0 \\ 0 & 0 & 1 & 1 & 0 \end{pmatrix}$ (*e*) 5 (*f*) Quasi fortement , mais non fortement connexe

7.10 (*a*) Voir la figure 7-20 (*b*) 3, 5, 4, 4 (*c*) Quasi fortement et fortement connexe

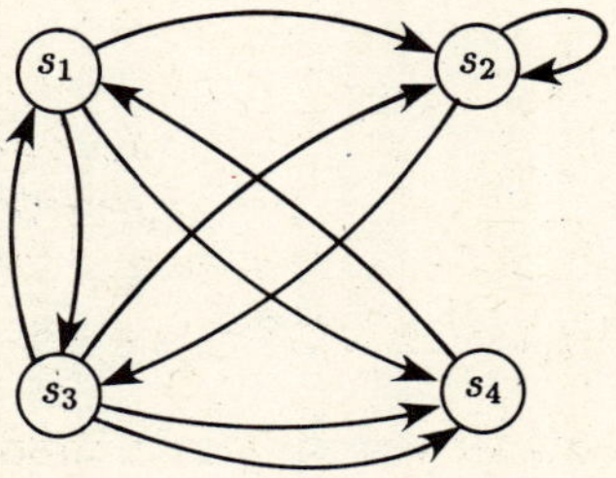

Fig. 7-20

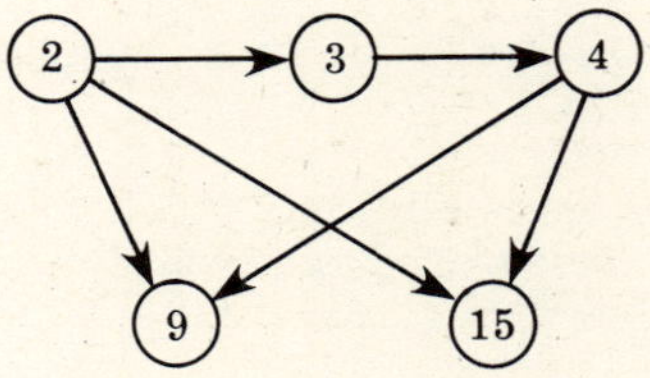

Fig. 7-21

7.11 (*a*) Voir la figure 7-21 (*b*) Seulement faiblement connexe

7.12 *Conseil* : Supposons que $(s_1, s_2, ..., s_m)$ soit le chemin le plus long dans G et qu'il ne contienne pas le sommet u. Alors (u, s_1) et (s_m, u) ne sont pas des arcs, puisque, s'ils l'étaient, le chemin pourrait être prolongé. Donc (s_1, u) et (s_m, u) sont des arcs. Soit k le plus petit entier tel que (s_k, u) et (u, s_{k+1}) soient des arcs, alors $(s_1, ..., s_k, u, s_{k+1}, ..., s_m)$ est un chemin plus long.

7.13

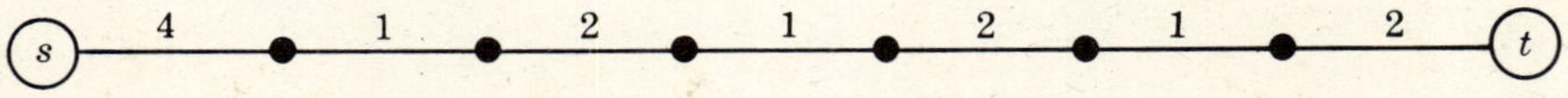

7.14 (*a*)

	a	b	c
q_0	q_1, x	q_2, z	q_1, x
q_1	q_1, y	q_2, x	q_0, z
q_2	q_1, z	q_2, z	q_0, x

(*b*) *xyyxzzzzxyx*

7.15 (*a*) Voir la figure 7-22 (*b*) *yyzyzxzxyz*

7.16 (*a*) *xyzxyyzzxxzzyy*, (*b*) *zyxyyzxxzxyyxy*

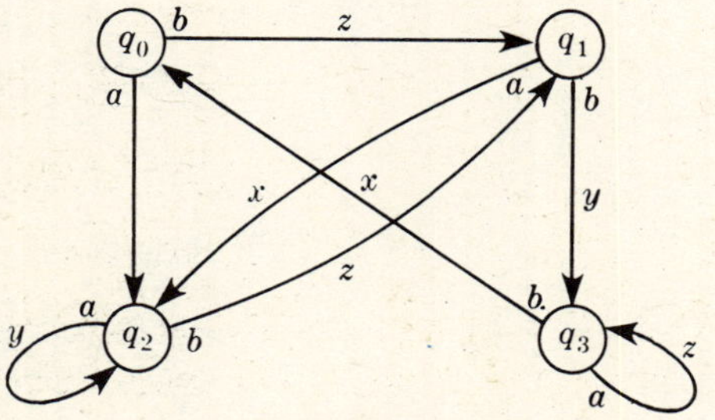

Fig. 7-22

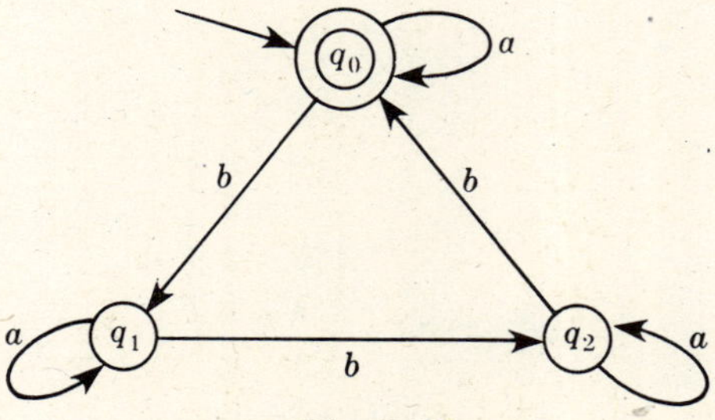

Fig. 7-23

7.17 Voir la figure 7-23

7.18 Voir la figure 7-24

7.19 Voir la figure 7-25

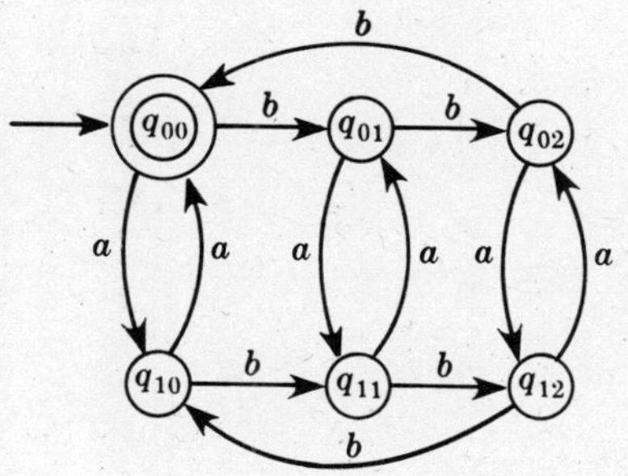

Fig. 7-24

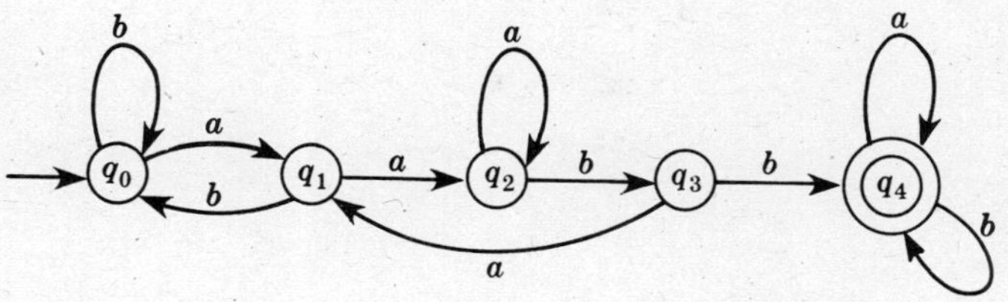

Fig. 7-25

7.20 (*a*) $N = \langle A, S, S \setminus T, q_0, f\rangle$

(*b*) $N = \langle A, S \times S', (S \times T') \cup (T \times S'), (q_0, q'_0), g\rangle$ où

$$g((q, q'), a) \;=\; (f(q, a), f'(q', a))$$

Chapitre 8

Analyse combinatoire

8.1 PRINCIPE FONDAMENTAL

L'analyse combinatoire, qui comprend l'étude des permutations, des arrangements, des combinaisons et des partitions, concerne la détermination du nombre de possibilités logiques d'existence de certains événements sans avoir, obligatoirement, à énumérer chaque cas. Le principe de dénombrement suivant sera utilisé au cours de ce chapitre.

Principe fondamental de dénombrement : si un événement peut se produire de n_1 manières différentes, et si, à la suite de cet événement, un deuxième peut se produire de n_2 façons différentes, et ainsi de suite, le nombre de possibilités de cette suite d'événements est égal à $n_1 \cdot n_2 \cdot n_3 \ldots$.

EXEMPLE 8.1.

(a) Supposons que le code d'accès à un service soit constitué de deux lettres suivies de trois chiffres, dont le premier n'est pas zéro, combien de cartes différentes peuvent être éditées ?

Chaque lettre peut être imprimée de vingt-six manières différentes, le premier chiffre de neuf et les suivants de dix, ce qui conduit à

$$26 \cdot 26 \cdot 9 \cdot 10 \cdot 10 = 608\,400$$

cartes différentes.

(b) Quel est le nombre de possibilités offertes à une association de vingt-six membres pour élire le président, le trésorier et le secrétaire en supposant que toute personne ne peut être élue qu'à un poste ?

Le président peut être élu de vingt-six façons différentes, donc le trésorier ne peut être élu que de vingt-cinq manières (puisque le président ne peut être trésorier) et le secrétaire de vingt-quatre. Ainsi, en vertu du principe de dénombrement, il y a

$$26 \cdot 25 \cdot 24 = 15\,600$$

manières de définir le bureau de l'association.

8.2 NOTATION FACTORIELLE

Le produit des nombres entiers de 1 à n inclus est noté $n!$ (lire «factorielle n») :

$$n! = 1 \cdot 2 \cdot 3 \cdot \ldots \cdot (n-2) \cdot (n-1) \cdot n$$

En d'autres termes, $n!$ est définie par

$$1! = 1 \quad \text{et} \quad n! = n \cdot (n-1)!$$

Il faut également savoir que $0! = 1$.

EXEMPLE 8.2.

(a) $2! = 1 \cdot 2 = 2 \qquad 3! = 1 \cdot 2 \cdot 3 = 6 \qquad 4! = 1 \cdot 2 \cdot 3 \cdot 4 = 24$

$5! = 5 \cdot 4! = 5 \cdot 24 = 120 \qquad 6! = 6 \cdot 5! = 6 \cdot 120 = 720$

(*b*) $\frac{8!}{6!} = \frac{8 \cdot 7 \cdot 6!}{6!} = 8 \cdot 7 = 56 \qquad 12 \cdot 11 \cdot 10 = \frac{12 \cdot 11 \cdot 10 \cdot 9!}{9!} = \frac{12!}{9!}$

$$\frac{12 \cdot 11 \cdot 10}{1 \cdot 2 \cdot 3} = 12 \cdot 11 \cdot 10 \cdot \frac{1}{3!} = \frac{12!}{3!\,9!}$$

(*c*) $n(n-1)\cdots(n-r+1) = \frac{n(n-1)\cdots(n-r+1)(n-r)(n-r-1)\cdots 3 \cdot 2 \cdot 1}{(n-r)(n-r-1)\cdots 3 \cdot 2 \cdot 1} = \frac{n!}{(n-r)!}$

$$\frac{n(n-1)\cdots(n-r+1)}{1 \cdot 2 \cdot 3 \cdots (r-1)r} = n(n-1)\cdots(n-r+1) \cdot \frac{1}{r!} = \frac{n!}{(n-r)!} \cdot \frac{1}{r!} = \frac{n!}{r!\,(n-r)!}$$

8.3 COEFFICIENTS BINOMIAUX

Le symbole $\binom{n}{p}$ (lire *Cpn*, écrit également C_n^p) où p et n sont des entiers positifs avec $p \leq n$, est défini comme suit

$$\binom{n}{p} = \frac{n(n-1)(n-2)\ldots(n-p+1)}{1 \cdot 2 \cdot 3 \ldots (p-1)p}$$

En raison de l'exemple 8.2(*c*), nous voyons que

$$\binom{n}{p} = \frac{n(n-1)\ldots(n-p+1)}{1 \cdot 2 \cdot 3 \ldots (p-1)p} = \frac{n!}{p!(n-p)!}$$

mais $n-(n-p)=p$, de sorte que nous obtenons la relation suivante :

$$\binom{n}{n-p} = \binom{n}{p} \quad \text{ou, en d'autres termes, si } a+b=n \text{ nous avons} \quad \binom{n}{a} = \binom{n}{b}$$

EXEMPLE 8.3.

(*a*) $\binom{8}{2} = \frac{8 \cdot 7}{1 \cdot 2} = 28 \qquad \binom{9}{4} = \frac{9 \cdot 8 \cdot 7 \cdot 6}{1 \cdot 2 \cdot 3 \cdot 4} = 126 \qquad \binom{12}{5} = \frac{12 \cdot 11 \cdot 10 \cdot 9 \cdot 8}{1 \cdot 2 \cdot 3 \cdot 4 \cdot 5} = 792$

$$\binom{10}{3} = \frac{10 \cdot 9 \cdot 8}{1 \cdot 2 \cdot 3} = 120 \qquad \binom{13}{1} = \frac{13}{1} = 13$$

Remarquez que $\binom{n}{p}$ comporte exactement p facteurs tant au numérateur qu'au dénominateur.

(*b*) Calculer $\binom{10}{7}$. Par définition

$$\binom{10}{7} = \frac{10 \cdot 9 \cdot 8 \cdot 7 \cdot 6 \cdot 5 \cdot 4}{1 \cdot 2 \cdot 3 \cdot 4 \cdot 5 \cdot 6 \cdot 7} = 120$$

D'un autre point de vue, puisque $10-7=3$, on peut également calculer $\binom{10}{7}$ comme suit :

$$\binom{10}{7} = \binom{10}{3} = \frac{10 \cdot 9 \cdot 8}{1 \cdot 2 \cdot 3} = 120$$

ce qui gagne de la place et du temps.

Les nombres $\binom{n}{p}$ sont appelés *coefficients binomiaux* car ils apparaissent dans le développement du binôme $(a+b)^n$. Plus particulièrement on peut démontrer que

$$(a+b)^n = \sum_{k=0}^{n} \binom{n}{k} a^{n-k} b^k$$

Les coefficients des puissances successives de $a+b$ peuvent être présentés sous forme d'un tableau triangulaire, appelé triangle de Pascal, comme suit :

$$\begin{array}{rl}
(a+b)^0 = & 1\\
(a+b)^1 = & a + b\\
(a+b)^2 = & a^2 + 2ab + b^2\\
(a+b)^3 = & a^3 + 3a^2b + 3ab^2 + b^3\\
(a+b)^4 = & a^4 + 4a^3b + 6a^2b^2 + 4ab^3 + b^4\\
(a+b)^5 = & a^5 + 5a^4b + 10a^3b^2 + 10a^2b^3 + 5ab^4 + b^5\\
(a+b)^6 = & a^6 + 6a^5b + 15a^4b^2 + 20a^3b^3 + 15a^2b^4 + 6ab^5 + b^6\\
\ldots & \ldots
\end{array}$$

$$\begin{array}{c}
1\\
1 \quad 1\\
1 \quad 2 \quad 1\\
1 \quad 3 \quad 3 \quad 1\\
1 \quad 4 \quad 6 \quad 4 \quad 1\\
1 \quad 5 \quad 10 \quad 10 \quad 5 \quad 1\\
1 \quad 6 \quad 15 \quad 20 \quad 15 \quad 6 \quad 1\\
\ldots
\end{array}$$

Le triangle de Pascal présente les propriétés suivantes :

(i) Le premier et le dernier nombre de chaque ligne sont égaux à 1.

(ii) Tout nouveau nombre du tableau peut être calculé en sommant les deux nombres qui apparaissent dans la ligne précédente. Par exemple $10 = 4 + 6$, $15 = 5 + 10$, $20 = 10 + 10$.

Puisque les nombres du triangle de Pascal sont les coefficients binomiaux, la propriété (ii) découle du théorème ci-dessous, démontré dans le problème 8.8.

Théorème 8.1 : $\displaystyle\binom{n+1}{p} = \binom{n}{p-1} + \binom{n}{p}$

8.4 PERMUTATIONS ET ARRANGEMENTS

Tout ensemble de n objets classés dans un certain ordre est appelé *permutation* de ces objets. Toute permutation de $p \leq n$ de ces objets pris dans un certain ordre est un *arrangement* de n objets pris p à p. A titre d'exemple, considérons l'ensemble des lettres a, b, c et d. Alors :

(i) *bdca*, *dcba* et *acdb* sont des permutations de ces quatre lettres.

(ii) *bad*, *adb*, *cbd* et *bca* sont des arrangements de ces quatre lettres prises trois à trois.

(iii) *ad*, *cb*, *da* et *bd* sont des arrangements de ces quatre lettres prises deux à deux.

Le nombre d'arrangements de n objets pris p à p est noté

$$\mathrm{A}_n^p$$

Avant d'établir la formule générale de A_n^p, nous allons examiner un cas particulier.

EXEMPLE 8.4. Combien existe-t-il d'arrangements de six objets, par exemple a, b, c, d, e et f, pris trois à trois ? En d'autres termes nous cherchons les «mots» de trois lettres parmi les six lettres données sans répétition.

Représentons un mot par trois cases :

$$\square \quad \square \quad \square$$

La première lettre peut être choisie de six façons différentes, la seconde de cinq (la première étant définie) et la troisième de quatre. Nous écrivons ces nombres dans les cases correspondantes :

$$\boxed{6} \quad \boxed{5} \quad \boxed{4}$$

Ainsi, en raison du principe de dénombrement, il y a $6 \cdot 5 \cdot 4 = 120$ mots différents de trois lettres, sans répétition, choisies parmi les six données, ou plus généralement il y a 120 arrangements de six objets pris trois à trois :

$$\mathrm{A}_6^3 = 120$$

L'extension de la formule pour le nombre d'arrangements de n objets pris p à p, part du même principe. Le premier élément d'un arrangement de n objets pris p à p peut être choisi de n manières différentes, le deuxième de $n-1$, le troisième de $n-2$ et ainsi de suite jusqu'au p-ième (le dernier) qui peut être choisi de $n-(p-1) = n-p+1$ façons. Ainsi, en raison du principe fondamental de dénombrement, nous avons

$$\mathrm{A}_n^p = n(n-1)(n-2)\dots(n-p+1)$$

L'exemple 8.2(c) nous dit que :

$$n(n-1)(n-2)\dots(n-p+1) = \frac{n(n-1)(n-2)\dots(n-p+1)\cdot(n-p)!}{(n-p)!} = \frac{n!}{(n-p)!}$$

Ainsi nous avons démontré le théorème suivant.

Théorème 8.2 : $\mathrm{A}_n^p = \dfrac{n!}{(n-p)!}$

Dans le cas particulier où $p = n$, nous avons

$$\mathrm{A}_n^n = n(n-1)(n-2)\dots 3\cdot 2\cdot 1 = n!$$

En conséquence,

Corollaire 8.3 : Il y a $n!$ permutations de n objets.

Par exemple il y a $3! = 1\cdot 2\cdot 3 = 6$ permutations de trois lettres a, b et c qui sont abc, acb, bac, bca, cab et cba.

8.5 PERMUTATIONS ET RÉPÉTITIONS

Il arrive fréquemment que nous ayons besoin de connaître le nombre de permutations d'objets dont quelques-uns sont semblables, ainsi que l'illustre l'exemple qui suit. La formule générale est :

Théorème 8.4 : Le nombre de permutations de n objets dont $n_1, n_2, \dots, n_r$ sont identiques, est

$$\frac{n!}{n_1!n_2!\dots n_r!}$$

Nous démontrons ce théorème à l'aide d'un exemple particulier. Supposons que nous désirions trouver tous les «mots» de cinq lettres formés à l'aide de celles de «TUTTI» (ensemble des instruments de l'orchestre). Il existe $5! = 20$ permutations des objets T_1, U, T_2, T_3 et I, où les trois T sont distincts, mais on observe que les six permutations

$$T_1T_2T_3UI,\quad T_2T_1T_3UI,\quad T_3T_1T_2UI,\quad T_1T_3T_2UI,\quad T_2T_3T_1UI \quad \text{et} \quad T_3T_2T_1UI$$

conduisent au même mot quand les indices sont supprimés. Le nombre 6 provient du fait qu'il y a $3! = 3\cdot 2\cdot 1 = 6$ façons de placer trois objets à des places différentes. Ceci est vrai pour les trois emplacements où apparaît T, en conséquence il y a

$$\frac{5!}{3!} = \frac{120}{6} = 20$$

mots différents de cinq lettres construits avec celles de «TUTTI».

EXEMPLE 8.5.

(*a*) Combien de mots de sept lettres peuvent être formés en utilisant celles de «BENZENE» (lettres majuscules) ? On cherche le nombre de permutations de sept objets dont trois (E) et deux (N) sont identiques. D'après le théorème 8.4 on obtient

$$\frac{7!}{3!2!} = \frac{7 \cdot 6 \cdot 5 \cdot 4 \cdot 3 \cdot 2 \cdot 1}{3 \cdot 2 \cdot 1 \cdot 2 \cdot 1} = 420$$

mots différents.

(*b*) Combien de signaux peut-on générer à l'aide de huit fanions disposés le long d'un mât, si l'on dispose de quatre rouges, trois blancs et un bleu ? On cherche le nombre de permutations de huit objets dont quatre et trois sont identiques, donc il y aura

$$\frac{8!}{4!3!} = \frac{8 \cdot 7 \cdot 6 \cdot 5 \cdot 4 \cdot 3 \cdot 2 \cdot 1}{4 \cdot 3 \cdot 2 \cdot 1 \cdot 3 \cdot 2 \cdot 1} = 280$$

signaux différents.

8.6 COMBINAISONS

Supposons que nous ayons un ensemble de n objets, une combinaison de ces n objets pris p à p est une sélection de p d'entre eux sans tenir compte de l'ordre. En d'autres termes, une combinaison de n objets pris p à p est un quelconque sous-ensemble de p objets parmi les n. Par exemple, les combinaisons des lettres a, b, c et d prises trois à trois sont

$$\{a,b,c\}, \quad \{a,b,d\}, \quad \{a,c,d\}, \quad \{b,c,d\} \quad \text{ou tout simplement} \quad abc,\ abd,\ acd,\ bcd.$$

On observe que les combinaisons suivantes sont égales :

$$abc, \quad acb, \quad bac, \quad bca, \quad cab \quad \text{et} \quad cba$$

car elles représentent le même ensemble $\{a,b,c\}$.

Le nombre de combinaisons de n objets pris p à p est noté C_n^p. Avant de donner la formule générale, examinons un cas particulier.

EXEMPLE 8.6. Combien y a-t-il de combinaisons de quatre objets pris trois à trois ?

Chaque combinaison de trois objets donne $3! = 6$ permutations de ces trois objets

Combinaisons	Permutations
abc	*abc, acb, bac, bca, cab, cba*
abd	*abd, adb, bad, bda, dab, dba*
acd	*acd, adc, cad, cda, dac, dca*
bcd	*bcd, bdc, cbd, cdb, dbc, dcb*

Ainsi le nombre de combinaisons multiplié par 3! est égal au nombre de permutations donc au nombre d'arrangements de quatre objets pris trois à trois :

$$C_4^3 \cdot 3! = A_4^3 \quad \text{ou} \quad C_4^3 = \frac{A_4^3}{3!}$$

mais $A_4^3 = 4 \cdot 3 \cdot 2 = 24$ et $3! = 6$, donc $C_4^3 = 4$ comme on l'a vu plus haut.

Puisque toute combinaison de n objets pris p à p conduit à $p!$ permutations de ces objets, on peut conclure que

$$A_n^p = p! C_n^p$$

Nous avons donc

Théorème 8.5 : On se souvient que le coefficient binomial noté $\binom{n}{p}$ est égal à $\frac{n!}{p!(n-p)!}$; donc ce coefficient est égal au nombre de combinaisons de n objets pris p à p, ce qui explique l'identité des symboles :

$$C_n^p = \binom{n}{p}$$

Dans la suite du chapitre nous utiliserons de préférence le symbole C_n^p.

EXEMPLE 8.7.

(*a*) Combien de commissions de trois personnes peut-on former à partir de huit individus ?

Chaque commission est une combinaison de huit personnes prises trois à trois, donc

$$C_8^3 = \binom{8}{3} = \frac{8 \cdot 7 \cdot 6}{1 \cdot 2 \cdot 3} = 56$$

commissions peuvent être constituées.

(*b*) Un fermier achète trois vaches, deux cochons et quatre poules à un voisin qui possède six vaches, cinq cochons et huit poules. Quel est le nombre de choix du fermier ?

Le fermier peut choisir les vaches de C_6^3 manières différentes, les cochons de C_5^2 façons et il a C_8^4 possibilités pour les poules, donc il peut choisir son cheptel de

$$C_6^3 C_5^2 C_8^4 = \frac{6 \cdot 5 \cdot 4}{1 \cdot 2 \cdot 3} \cdot \frac{5 \cdot 4}{1 \cdot 2} \cdot \frac{8 \cdot 7 \cdot 6 \cdot 5}{1 \cdot 2 \cdot 3 \cdot 4} = 20 \times 10 \times 70 = 14\,000 \text{ manières différentes}$$

8.7 PARTITIONS ORDONNÉES

Supposons qu'une urne contienne sept billes numérotées de 1 à 7. Calculons le nombre de possibilités que nous avons de tirer deux billes, puis trois et enfin deux de l'urne. En d'autres termes, nous cherchons à établir le nombre de *partitions ordonnées*

$$(A_1, A_2, A_3)$$

de l'ensemble des sept billes, A_1 en contenant deux, A_2 trois et A_3 deux. On appelle cela des partitions ordonnées car on distingue

$$(\{1,2\}, \quad \{3,4,5\}, \quad \{6,7\}) \quad \text{de} \quad (\{6,7\}, \{3,4,5\}, \{1,2\})$$

qui déterminent la même partition de A.

Nous commençons avec sept billes dans l'urne. Nous avons C_7^2 manières d'en extraire deux qui constituent le premier groupe A_1. Il reste cinq objets, donc C_5^3 façons d'en tirer trois qui constituent le deuxième groupe A_2, et enfin C_2^2 possibilités pour former le dernier paquet A_3. Donc il y a

$$C_7^2 C_5^3 C_2^2 = \frac{7 \cdot 6}{1 \cdot 2} \cdot \frac{5 \cdot 4 \cdot 3}{1 \cdot 2 \cdot 3} \cdot \frac{2 \cdot 1}{1 \cdot 2} = 210$$

partitions différentes de A en A_1, contenant deux billes, A_2 en contenant trois et A_3 en contenant deux.

On remarque que

$$C_7^2 C_5^3 C_2^2 = \frac{7!}{2!5!} \cdot \frac{5!}{3!2!} \cdot \frac{2!}{2!0!} = \frac{7!}{2!3!2!}$$

où chaque numérateur est égal au deuxième terme du dénominateur précédent.

La discussion ci-dessus peut être étendue au cas général, c'est-à-dire :

Théorème 8.6 : Etant donné A contenant n éléments et $n_1, n_2, \ldots, n_r$ des nombres positifs tels que $n_1 + n_2 + \ldots + n_r = n$, il existe

$$\frac{n!}{n_1! n_2! \ldots n_r!}$$

partitions ordonnées différentes de A de la forme $(A_1, A_2, \ldots, A_r)$ où A_1 contient n_1 éléments, A_2, n_2 éléments ... et A_r, n_r éléments.

Appliquons ce théorème à l'exemple ci-dessous.

EXEMPLE 8.8 De combien de façons différentes neuf jouets peuvent être partagés entre quatre enfants si le plus jeune en reçoit trois et les autres deux ?

Nous cherchons à connaître le nombre de partitions ordonnées de neuf objets en quatre parties contenant respectivement 3, 2, 2 et 2 jouets. En vertu du théorème 8.6, nous avons

$$\frac{9!}{3!2!2!2!} = 7\,560$$

partitions de ce type.

8.8 ARBRES

L'arbre est un outil bien adapté à l'énumération de toutes les possibilités logiques d'une séquence d'événements où chacun peut survenir d'un nombre fini de manières. Nous illustrerons cette méthode par un exemple.

EXEMPLE 8.9 Un homme peut jouer à la roulette au maximum cinq fois. A chaque jeu il gagne ou perd un jeton. Il commence avec un jeton et s'arrête avant le cinquième jeu s'il n'a plus d'argent, ou s'il a gagné trois jetons, c'est-à-dire qu'il en a quatre. L'arborescence ci-après (figure 8-1) décrit le chemin que les paris peuvent prendre. Chaque chiffre indique le nombre de jetons que le joueur possède à cet instant du jeu.

Le jeu peut évoluer de onze manières différentes, et il s'arrête avant les cinq coups seulement dans trois cas.

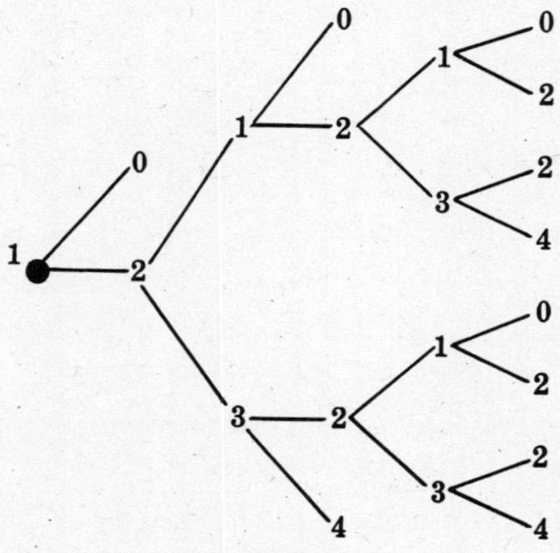

Fig. 8-1

Problèmes résolus

NOTATION FACTORIELLE ET COEFFICIENTS BINOMIAUX

8.1 Calculer $4!$, $5!$, $6!$, $7!$ et $8!$

$4! = 1 \cdot 2 \cdot 3 \cdot 4 = 24$

$5! = 5 \cdot 4! = 5 \cdot 24 = 120$

$6! = 6 \cdot 5! = 6 \cdot 120 = 720$

$7! = 7 \cdot 6! = 7 \cdot 720 = 5\,040$

$8! = 8 \cdot 7! = 8 \cdot 5\,040 = 40\,320$

8.2 Calculer (*a*) $\dfrac{13!}{11!}$, (*b*) $\dfrac{7!}{10!}$

(*a*) $$\frac{13!}{11!} = \frac{13 \cdot 12 \cdot 11 \cdot 10 \cdot 9 \cdot 8 \cdot 7 \cdot 6 \cdot 5 \cdot 4 \cdot 3 \cdot 2 \cdot 1}{11 \cdot 10 \cdot 9 \cdot 8 \cdot 7 \cdot 6 \cdot 5 \cdot 4 \cdot 3 \cdot 2 \cdot 1} = 13 \cdot 12 = 156$$

ou $$\frac{13!}{11!} = \frac{13 \cdot 12 \cdot 11!}{11!} = 13 \cdot 12 = 156$$

(*b*) $$\frac{7!}{10!} = \frac{7!}{10 \cdot 9 \cdot 8 \cdot 7!} = \frac{1}{10 \cdot 9 \cdot 8} = \frac{1}{720}$$

8.3 Ecrire à l'aide de factorielles : (*a*) $27 \cdot 26$, (*b*) $\dfrac{1}{14 \cdot 13 \cdot 12}$

(*a*) $$27 \cdot 26 = \frac{27 \cdot 26 \cdot 25!}{25!} = \frac{27!}{25!}$$

(*b*) $$\frac{1}{14 \cdot 13 \cdot 12} = \frac{11!}{14 \cdot 13 \cdot 12 \cdot 11!} = \frac{11!}{14!}$$

8.4 Simplifier (*a*) $\dfrac{n!}{(n-1)!}$, (*b*) $\dfrac{(n+2)!}{n!}$

(*a*) $$\frac{n!}{(n-1)!} = \frac{n(n-1)(n-2)\ldots 3 \cdot 2 \cdot 1}{(n-1)(n-2)\ldots 3 \cdot 2 \cdot 1} = n \text{ ou plus simplement } \frac{n!}{(n-1)!} = \frac{n(n-1)!}{(n-1)!} = n$$

(*b*) $$\frac{(n+2)!}{n!} = \frac{(n+2)(n+1)n(n-1)(n-2)\ldots 3 \cdot 2 \cdot 1}{n(n-1)(n-2)\ldots 3 \cdot 2 \cdot 1} = (n+2)(n+1) = n^2 + 3n + 2$$

ou plus simplement $$\frac{(n+2)!}{n!} = \frac{(n+2)(n+1) \cdot n!}{n!} = (n+2)(n+1) = n^2 + 3n + 2$$

8.5 Calculer (*a*) C_{16}^3, (*b*) C_{12}^4, (*c*) C_{15}^5

Rappel : il y a le même nombre de facteurs au dénominateur et au numérateur.

(*a*) $C_{16}^3 = \dfrac{16 \cdot 15 \cdot 14}{1 \cdot 2 \cdot 3} = 560$

(*b*) $C_{12}^4 = \dfrac{12 \cdot 11 \cdot 10 \cdot 9}{1 \cdot 2 \cdot 3 \cdot 4} = 495$

(*c*) $C_{15}^5 = \dfrac{15 \cdot 14 \cdot 13 \cdot 12 \cdot 11}{1 \cdot 2 \cdot 3 \cdot 4 \cdot 5} = 3\,003$

8.6 Calculer (*a*) C_8^5, (*b*) C_9^7

(*a*) $C_8^5 = \dfrac{8 \cdot 7 \cdot 6 \cdot 5 \cdot 4}{1 \cdot 2 \cdot 3 \cdot 4 \cdot 5} = 56$

En remarquant que $8 - 5 = 3$, on peut calculer C_8^5 comme suit :

$$C_8^5 = C_8^3 = \frac{8 \cdot 7 \cdot 6}{1 \cdot 2 \cdot 3} = 56$$

(*b*) De même, $C_9^7 = C_9^2 = \dfrac{9 \cdot 8}{1 \cdot 2} = 36$

8.7 Démontrer que $C_{17}^6 = C_{16}^5 + C_{16}^6$

Nous avons $C_{16}^5 + C_{16}^6 = \dfrac{16!}{5!11!} + \dfrac{16!}{6!10!}$.

Multiplions la première fraction par $\dfrac{6}{6}$ et la seconde par $\dfrac{11}{11}$ pour obtenir le même dénominateur, puis additionnons :

$$C_{16}^5 + C_{16}^6 = \frac{6 \cdot 16!}{6 \cdot 5!11!} + \frac{11 \cdot 16!}{6!11 \cdot 10!} = \frac{6 \cdot 16!}{6!11!} + \frac{11 \cdot 16!}{6!11!}$$

$$= \frac{6 \cdot 16! + 11 \cdot 16!}{6!11!} = \frac{(6+11) \cdot 16!}{6!11!} = \frac{17 \cdot 16!}{6!11!} = \frac{17!}{6!11!} = C_{17}^6$$

8.8 Démontrer le théorème 8.1 : $C_{n+1}^r = C_n^{r-1} + C_n^r$.

On applique la même technique que dans l'exercice précédent, soit :

$$C_n^{r-1} + C_n^r = \frac{n!}{(r-1)!(n-r+1)!} + \frac{n!}{r!(n-r)!}$$

On multiplie la première fraction par $\dfrac{r}{r}$ et la seconde par $\dfrac{n-r+1}{n-r+1}$, ce qui donne :

$$C_n^{r-1} + C_n^r = \frac{r \cdot n!}{r \cdot (r-1)!(n-r+1)!} + \frac{(n-r+1)n!}{r!(n-r+1)(n-r)!}$$

$$= \frac{r \cdot n!}{r!(n-r+1)!} + \frac{(n-r+1)n!}{r!(n-r+1)!}$$

$$= \frac{r \cdot n! + (n-r+1)n!}{r!(n-r+1)!} = \frac{[r + (n-r+1)]n!}{r!(n-r+1)!}$$

$$= \frac{(n+1)n!}{r!(n-r+1)!} = \frac{(n+1)!}{r!(n-r+1)!} = C_{n+1}^r$$

PERMUTATIONS

8.9 Il y a quatre lignes de bus entre A et B, et trois lignes entre B et C. Quel est le nombre de possibilités offertes à un voyageur qui veut : (*a*) se rendre de A à C en passant par B ? (*b*) effectuer un aller et retour de A à C en passant par B ? (*c*) effectuer un aller et retour de A à C en passant par B mais en empruntant une ligne de bus qu'une fois ?

(*a*) Il y a quatre chemins qui mènent de A à B et trois de B à C, il y a donc $4 \cdot 3 = 12$ moyens pour se rendre de A à C.

(*b*) Il y a douze façons de se rendre de A à C en passant par B et douze pour effectuer le voyage de retour, donc $12 \cdot 12 = 144$ allers et retours possibles.

(*c*) Le voyageur se rend de A à B, et de B à C, puis de C à B et enfin de B à A, ce que l'on peut matérialiser par :

$$A \longrightarrow B \longrightarrow C \longrightarrow B \longrightarrow A$$

Il a quatre possibilités pour aller de A à B, trois pour se rendre à C, mais seulement deux pour retourner à B et trois pour arriver à A, ce que l'on indique sur les flèches :

$$A \xrightarrow{4} B \xrightarrow{3} C \xrightarrow{2} B \xrightarrow{3} A$$

Il dispose donc de $4 \cdot 3 \cdot 2 \cdot 3 = 72$ allers et retours possibles qui n'utilisent les lignes de bus qu'une fois.

8.10 On suppose que les répétitions ne sont pas autorisées. (*a*) Combien de nombres de trois chiffres peut-on écrire avec les six chiffres 2, 3, 5, 6, 7 et 9 ? (*b*) Combien de ces nombres sont inférieurs à 400 ? (*c*) Combien sont pairs ? (*d*) impairs ? (*e*) Combien sont multiples de 5 ?

Pour chaque question, on représente un nombre par trois cases $\boxed{}\,\boxed{}\,\boxed{}$, et on écrit dans ces cases le nombre de chiffres que l'on peut placer à cet endroit.

(*a*) La case de gauche peut être remplie de six façons différentes, celle du milieu de cinq et la dernière de quatre : $\boxed{6}\,\boxed{5}\,\boxed{4}$. Ainsi, nous aurons $6 \cdot 5 \cdot 4 = 120$ nombres.

(*b*) La case de gauche ne peut recevoir que deux chiffres, 2 ou 3, puisque le nombre doit être inférieur à 400. Le nombre de possibilités pour les autres cases est inchangé : $\boxed{2}\,\boxed{5}\,\boxed{4}$, donc nous aurons $2 \cdot 5 \cdot 4 = 40$ nombres inférieurs à 400.

(*c*) La case de droite ne peut être remplie que par deux chiffres, 2 ou 6, puisque le nombre doit être pair. Le nombre de possibilités pour les deux autres cases devient alors cinq pour la plus à gauche et quatre pour l'autre : $\boxed{5}\,\boxed{4}\,\boxed{2}$, nous aurons donc $5 \cdot 4 \cdot 2 = 40$ nombres pairs.

(*d*) La case de droite peut recevoir quatre chiffres, 3, 5, 7 et 9, puisque le nombre doit être impair. Le nombre de possibilités pour les autres cases est cinq pour la plus à gauche et quatre pour l'autre : $\boxed{5}\,\boxed{4}\,\boxed{4}$, ainsi nous aurons $5 \cdot 4 \cdot 4 = 80$ nombres impairs. (On a bien 80 nombres impairs + 40 nombres pairs = 120.)

(*e*) La case de droite ne peut recevoir qu'un chiffre : 5. Le nombre de possibilités est donc $\boxed{5}\,\boxed{4}\,\boxed{1}$, nous aurons donc $5 \cdot 4 \cdot 1 = 20$ nombres divisibles par 5.

8.11 De combien de manières un groupe de sept personnes peut-il être agencé (*a*) sur une rangée de sept chaises ? (*b*) autour d'une table ?

(*a*) Les sept personnes peuvent se placer en ligne de $7 \cdot 6 \cdot 5 \cdot 4 \cdot 3 \cdot 2 \cdot 1 = 7!$ manières.

(*b*) Une personne peut s'asseoir à n'importe quelle place autour de la table, les six autres ont donc $6 \cdot 5 \cdot 4 \cdot 3 \cdot 2 \cdot 1 = 6!$ façons de le faire. C'est un exemple de *permutation circulaire*. En général, n objets peuvent se répartir sur un cercle de $(n-1)(n-2)\ldots 3 \cdot 2 \cdot 1 = (n-1)!$ façons.

8.12 (*a*) Quel est le nombre de possibilités offertes à trois garçons et deux filles pour s'asseoir en ligne ? (*b*) Quel est le nombre de possibilités si les filles et les garçons veulent être regroupés ? (*c*) Quel est le nombre de possibilités dans le cas où seules les filles veulent être regroupées ?

(*a*) Pour cinq personnes assises en ligne, il y a $5 \cdot 4 \cdot 3 \cdot 2 \cdot 1 = 5! = 120$ manières de le faire.

(*b*) Il y a deux solutions pour répartir les sexes : GGGFF ou FFGGG. Dans chaque cas, les garçons peuvent s'asseoir de $3 \cdot 2 \cdot 1 = 3! = 6$ façons, et les filles de $2 \cdot 1 = 2! = 2$ façons. Ainsi, ils auront $2 \cdot 3!2! = 24$ manières de le faire.

(*c*) Il y a quatre façons de se répartir : FFGGG, GFFGG, GGFFG et GGGFF. On remarque que chaque cas correspond à 0, 1, 2 et 3 garçons assis à la gauche des filles. Dans chaque cas les garçons ont 3! manières de s'asseoir et les filles 2!, le groupe a donc $4 \cdot 3!2! = 48$ possibilités de se répartir.

8.13 Résoudre le problème précédent dans le cas de r garçons et s filles.

(*a*) Il y a $r + s$ personnes donc $(r + s)!$ possibilités.

(*b*) Il y a toujours deux façons de distribuer les garçons et les filles, qui à l'intérieur de leur groupe ont respectivement $r!$ et $s!$ pour se répartir, donc pour l'ensemble il existe $2 \cdot r!s!$ manières de s'asseoir.

(*c*) Il y a $r + 1$ façons de se répartir selon qu'il y a $0, 1, 2, \ldots, r$ garçons à gauche des filles. Dans chaque cas, les garçons ont $r!$ et les filles $s!$ manières de se répartir, donc au total, il y a $(r+1)r!s!$ possibilités de répartition.

8.14 Trouver le nombre de permutations distinctes que l'on peut avoir avec les lettres de chacun des mots suivants : (*a*) CHAT, (*b*) PIPE, (*c*) RADAR, (*d*) ENTREE, (*e*) MICROPROCESSEUR.

(*a*) $4! = 24$, puisqu'il y a quatre lettres différentes.

(*b*) $\dfrac{4!}{2!} = 12$ puisqu'il y a quatre lettres et deux P.

(*c*) $\dfrac{5!}{2!2!} = 30$ car il y a cinq lettres, avec deux A et deux R.

(*d*) $\dfrac{6!}{3!} = 120$ car il y a six lettres dont trois E.

(*e*) $\dfrac{15!}{3!2!2!2!2!}$ car il y a quinze lettres, dont trois R, deux C, deux O, deux E et deux S.

8.15 Quel est le nombre de rangements autorisés de quatre livres de mathématiques, deux d'histoire, trois de chimie et trois de physique si l'on veut que sur l'étagère ils soient regroupés par matière ?

Premièrement, les livres doivent être disposés sur l'étagère en quatre groupes [ ] [ ] [ ] [ ]. La case de gauche peut être occupée par l'une quelconque des quatre matières, la suivante avec l'un des trois thèmes restants, la suivante par un sujet parmi deux et enfin, la plus à droite par le dernier : [4] [3] [2] [1]. il y a donc $4 \cdot 3 \cdot 2 \cdot 1 = 4!$ manières de ranger les livres par thèmes.

Dans chaque case, les livres de mathématiques peuvent être classés de 4! manières, ceux d'histoire de 2! façons, ceux de chimie de 3! manières et ceux de physique de 3!. Ainsi, nous aurons $4!4!2!3!3! = 41\,472$ rangements possibles.

8.16 Trouver le nombre total d'entiers positifs formés des chiffres 1, 2, 3 et 4 sans répétition.

Aucun entier ne peut être formé de plus de quatre chiffres. Soient s_1, s_2, s_3 et s_4 les nombres d'entiers constitués respectivement de 1, 2, 3 et 4 chiffres. On calcule séparément chaque s_i.

Puisqu'il y a quatre chiffres, il y a exactement quatre entiers de un chiffre, donc $s_1 = 4$; il y a $4 \cdot 3 = 12$ entiers de deux chiffres, donc $s_2 = 12$; de même il y a $4 \cdot 3 \cdot 2 = 24$ entiers de trois chiffres et $4 \cdot 3 \cdot 2 \cdot 1$ entiers de quatre chiffres.

Donc le nombre total de ces entiers est $s_1 + s_2 + s_3 + s_4 = 4 + 12 + 24 + 24 = 64$.

8.17 Trouver n si (*a*) $A_n^2 = 72$, (*b*) $A_n^4 = 42A_n^2$, (*c*) $2A_n^2 + 50 = A_{2n}^2$.

(*a*) $A_n^2 = n(n-1) = n^2 - n = 72$ soit $n^2 - n - 72 = 0$ ou $(n-9)(n+8) = 0$. Puisque n est positif, nous avons $n = 9$.

(*b*) $A_n^4 = n(n-1)(n-2)(n-3)$ et $A_n^2 = n(n-1)$. Donc

$$n(n-1)(n-2)(n-3) = 42n(n-1) \quad \text{ou si} \quad n \neq 0, n \neq 1, \quad (n-2)(n-3) = 42$$
$$\text{ou} \quad n^2 - 5n + 6 = 42 \quad \text{ou} \quad n^2 - 5n - 36 = 0 \quad \text{ou} \quad (n-9)(n+4) = 0$$

Puisque n est positif, nous avons $n = 9$.

(*c*) $A_n^2 = n(n-1) = n^2 - n$ et $A_{2n}^2 = 2n(2n-1) = 4n^2 - 2n$. Donc

$$2(n^2 - n) + 50 = 4n^2 - 2n \quad \text{ou} \quad 2n^2 - 2n + 50 = 4n^2 - 2n \quad \text{ou} \quad 50 = 2n^2 \quad \text{soit} \quad n^2 = 25$$

Puisque n est positif, nous avons $n = 5$.

COMBINAISONS

8.18 Quel est le nombre de commissions composées de trois hommes et deux femmes qu'un ensemble de sept hommes et cinq femmes peut constituer ?

Il y a C_7^3 groupes de trois hommes pris parmi sept, et C_5^2 groupes de deux femmes prises parmi cinq, donc on peut créer

$$C_7^3 \cdot C_5^2 = \frac{7 \cdot 6 \cdot 5}{1 \cdot 2 \cdot 3} \times \frac{5 \cdot 4}{1 \cdot 2} = 350 \quad \text{commissions}$$

8.19 Un sac contient six billes blanches et cinq noires. Trouver le nombre de possibilités de sortie de quatre billes dans les cas suivants : (*a*) les couleurs ne sont pas importantes, (*b*) il faut deux blanches et deux noires, (*c*) elles doivent être de la même couleur.

(*a*) Quatre billes peuvent être choisies parmi onze de

$$C_{11}^4 = \frac{11 \cdot 10 \cdot 9 \cdot 8}{1 \cdot 2 \cdot 3 \cdot 4} = 330 \text{ façons}$$

(*b*) Les deux billes blanches peuvent être tirées de C_6^2 manières et les deux billes noires de C_5^2 façons, donc il y a $C_6^2 \cdot C_5^2 = \frac{6 \cdot 5}{1 \cdot 2} \cdot \frac{5 \cdot 4}{1 \cdot 2} = 150$ possibilités.

(*c*) Il y a $C_6^4 = 15$ manières d'obtenir quatre billes blanches et $C_5^4 = 5$ manières d'obtenir des billes noires, donc $15 + 5 = 20$ façons de tirer quatre billes de la même couleur.

8.20 Une équipe de quatre étudiants est élue chaque année pour représenter sa faculté au congrès annuel des étudiants. (*a*) Quel est le nombre de choix possibles s'il y a douze étudiants éligibles ? (*b*) Que devient ce nombre si deux étudiants ne peuvent être élus ensemble ? (*c*) Que devient ce nombre si deux étudiants sont mariés et ne peuvent être séparés ?

(a) On peut élire quatre étudiants parmi douze de $C_{12}^4 = \dfrac{12 \cdot 11 \cdot 10 \cdot 9}{1 \cdot 2 \cdot 3 \cdot 4} = 495$ façons différentes.

(b) A et B représentent les étudiants que l'on ne peut élire simultanément.

Méthode 1.

Si A et B ne sont pas élus, la délégation sera choisie parmi dix étudiants, donc de $C_{10}^4 = \dfrac{10 \cdot 9 \cdot 8 \cdot 7}{1 \cdot 2 \cdot 3 \cdot 4} = 210$ manières. Si l'un des deux est élu, nous avons $2 \cdot C_{10}^3 = \dfrac{10 \cdot 9 \cdot 8}{1 \cdot 2 \cdot 3} = 240$ manières. Soit un total de $210 + 240 = 450$ possibilités.

Méthode 2.

Si A et B sont élus, on dispose de $C_{10}^2 = 45$ façons d'élire les deux autres étudiants. Ainsi il y a $495 - 45$ manières d'élire quatre étudiants sans que A et B figurent ensemble dans la délégation.

(c) C et D sont mariés, s'ils ne sont pas élus il y a $C_{10}^4 = 210$ manières de constituer la délégation. S'ils sont élus il y en a $C_{10}^2 = 45$, donc au total $210 + 45 = 255$.

8.21 Un étudiant doit répondre à huit questions parmi dix. (a) De combien de choix dispose-t-il? (b) Que devient ce nombre s'il doit répondre aux trois premières questions? (c) Que devient ce nombre s'il doit répondre à au moins quatre des cinq premières?

(a) Les huit questions peuvent être choisies de $C_{10}^8 = C_{10}^2 = \dfrac{10 \cdot 9}{1 \cdot 2} = 45$ façons.

(b) S'il doit répondre aux trois premières il ne peut choisir que cinq questions parmi sept, il dispose donc de $C_7^5 = C_7^2 = \dfrac{7 \cdot 6}{1 \cdot 2} = 21$ possibilités.

(c) S'il répond aux cinq premières, il peut en choisir trois parmi les cinq autres avec $C_5^3 = 10$ possibilités. Par contre, s'il en choisit quatre parmi les cinq premières, il dispose de $C_5^4 = C_5^1 = 5$ possibilités, et également de 5 possibilités pour en choisir quatre autres parmi les cinq suivantes; il a donc $5 \cdot 5 = 25$ choix possibles. Soit un total de trente-cinq possibilités.

8.22 Etant donnés douze points d'un plan $A, B, \ldots$ sans que trois d'entre eux soient alignés, (a) trouver le nombre de droites définies par ces points, (b) trouver le nombre de droites passant par A, (c) trouver le nombre de triangles définis par ces points, (d) trouver le nombre de triangles ayant A pour sommet.

(a) Deux points définissant une droite, il existe $C_{12}^2 = \dfrac{12 \cdot 11}{1 \cdot 2} = 66$ droites.

(b) Les droites passant par A sont définies par un autre point, il y a donc onze droites différentes passant par A.

(c) Un triangle est défini par trois points, il y a donc $C_{12}^3 = \dfrac{12 \cdot 11 \cdot 10}{1 \cdot 2 \cdot 3} = 220$ triangles différents.

(*d*) **Méthode 1.**

Pour définir un triangle de sommet A nous avons besoin de deux autres points parmi onze, il y a donc $C_{11}^2 = \frac{11 \cdot 10}{1 \cdot 2} = 55$ triangles ayant A pour sommet.

Méthode 2.

Il y a $C_{11}^3 = \frac{11 \cdot 10 \cdot 9}{1 \cdot 2 \cdot 3} = 165$ triangles n'ayant pas A pour sommet, donc il en existe $220 - 165 = 55$ ayant A pour sommet.

8.23 Combien de commissions de cinq personnes avec un président donné peut-on constituer à partir d'un ensemble de douze individus ?

Le président peut être choisi de douze façons, de sorte que les quatre autres personnes seront choisies parmi onze de C_{11}^4 manières. Il y a donc $12 \cdot C_{11}^4 = 12 \cdot 330 = 3\,960$ commissions possibles.

8.24 Trouver le nombre de sous-ensembles d'un ensemble X contenant n éléments.

Méthode 1.

Le nombre de sous-ensembles de X avec $p \leq n$ éléments est C_n^p. Donc il existe

$$C_n^0 + C_n^1 + C_n^2 + \ldots + C_n^{n-1} + C_n^n$$

sous-ensembles de X. La somme ci-dessus est égale à 2^n (Problème 8.41).

Méthode 2.

Il y a deux possibilités pour chaque élément de X, il appartient ou non, à un sous-ensemble ; il y a donc

$$\overbrace{2 \cdot 2 \cdot \ldots \cdot 2}^{n \text{ fois}} = 2^n$$

manières de former un sous-ensemble de X, autrement dit, il y a 2^n sous-ensembles différents de X.

8.25 Quel est le nombre de possibilités offertes à un professeur s'il doit choisir au moins un étudiant parmi six ?

Méthode 1.

En utilisant le résultat précédent, appliqué à un ensemble de 6 éléments, et en rejetant l'ensemble vide puisqu'il faut au moins un étudiant, on voit que le professeur a $2^6 - 1 = 64 - 1 = 63$ possibilités.

Méthode 2.

Le professeur peut choisir 1, 2, 3, 4, 5 ou 6 étudiants, le nombre de choix est donc

$$C_6^1 + C_6^2 + C_6^3 + C_6^4 + C_6^5 + C_6^6 = 6 + 15 + 20 + 15 + 6 + 1 = 63$$

8.26 Quel est le nombre de sélections possibles d'un groupe de trois personnes au moins, parmi douze ?

Il y a $2^{12} - 1 = 4096 - 1 = 4095$ choix possibles pour constituer un groupe d'au moins une personne parmi douze. Il y a $C_{12}^1 + C_{12}^2 = 12 + 66 = 78$ possibilités pour former un groupe d'un ou deux individus parmi douze. Il y a donc $4095 - 78 = 4017$ possibilités pour en choisir au moins trois.

PARTITIONS ORDONNÉES ET NON ORDONNÉES

8.27 Quel est le nombre de partages possibles de sept jouets entre trois enfants si le plus jeune en reçoit trois et les autres deux ?

Il s'agit de trouver le nombre de partitions ordonnées de sept objets en parties contenant respectivement 3, 2 et 2 éléments. En vertu du théorème 8.6, ce nombre est $\frac{7!}{3!2!2!} = 210$.

8.28 Une classe comprend douze étudiants. Quel est le nombre de possibilités pour leur faire passer trois tests si quatre étudiants subissent le même test ?

Méthode 1.

Il s'agit de trouver le nombre de partitions ordonnées de douze étudiants en parties contenant quatre individus. D'après le théorème 8.6 ce nombre est $\frac{12!}{4!4!4!} = 34\,650$.

Méthode 2.

Il y a C_{12}^4 moyens de choisir quatre étudiants qui passent le premier test, en conséquence, il y a C_8^4 façons de choisir ceux qui passent le deuxième test, les quatre restants subissent la troisième épreuve. Ainsi, il y a $C_{12}^4 \cdot C_8^4 = 495 \cdot 70 = 34\,650$ façons de faire passer ces tests aux douze étudiants.

8.29 Combien d'équipes de quatre joueurs, A_1, A_2 et A_3, peut-on constituer avec douze étudiants ?

Méthode 1.

Remarquer que chaque partition $\{A_1, A_2, A_3\}$ peut être arrangée de $3! = 6$ façons en une partition ordonnée. Puisqu'il y a (problème précédent) $\frac{12!}{4!4!4!} = 34\,650$ partitions ordonnées, il y a $\frac{34\,650}{6} = 5775$ équipes possibles.

Méthode 2.

Un étudiant A a C_{11}^3 manières pour choisir ses trois partenaires. L'étudiant B n'appartenant pas à l'équipe de A, a C_7^3 possibilités pour choisir les siens. Les quatre restants forment la troisième équipe. Il y a donc $C_{11}^3 \cdot C_7^3 = 165 \cdot 35 = 5775$ équipes possibles.

8.30 Quel est le nombre d'équipes que l'on peut former avec six étudiants (a) si les équipes comprennent trois joueurs ? (b) si les équipes comprennent deux joueurs ?

(a) **Méthode 1.**

Il y a $\frac{6!}{3!3!} = 20$ partitions ordonnées de deux parties contenant chacune trois étudiants. Puisque chaque partition non ordonnée conduit à $2! = 2$ partitions ordonnées, il y a $\frac{20}{2} = 10$ partitions non ordonnées.

Méthode 2.

Un étudiant A à $C_5^2 = 10$ possibilités pour choisir ses partenaires. Les autres étudiants constituent la deuxième équipe.

(*b*) **Méthode 1.**

Il y a donc $\frac{6!}{2!2!2!} = 90$ partitions ordonnées de trois parties contenant deux étudiants chacune.

Puisque chaque partition non ordonnée conduit $3! = 6$ partitions ordonnées, il y a $\frac{90}{6} = 15$ partitions non ordonnées.

Méthode 2.

Un étudiant A a cinq possibilités pour choisir son partenaire. L'étudiant B, qui n'est pas équipier de A, a trois façons pour choisir le sien, les deux étudiants restants forment la troisième équipe. Il y a donc $5 \cdot 3 = 15$ partitions non ordonnées.

8.31 Quel est le nombre de possibilités pour constituer, dans une classe X de dix étudiants, quatre équipes A_1, A_2, B_1, B_2 ayant respectivement deux joueurs (A_1 et A_2) et trois joueurs (B_1 et B_2) ?

Méthode 1.

Il y a $\frac{10!}{2!2!3!3!} = 25\,200$ partitions ordonnées de X en quatre parties contenant 2, 2, 3 et 3 étudiants. Toutefois, chaque partition non ordonnée $\{A_1, A_2, B_1, B_2\}$ de X génère $2! \cdot 2! = 4$ partitions ordonnées de X. Ainsi, il y a $\frac{25\,200}{4} = 6300$ partitions non ordonnées.

Méthode 2.

Il y a C_{10}^4 façons de choisir quatre étudiants qui feront partie des équipes A_1 et A_2 et il y a trois possibilités de répartition de quatre étudiants en deux équipes de deux joueurs. D'autre part, il y a dix moyens (voir le problème 8.30) de répartir les six autres étudiants en deux équipes de trois joueurs. Ainsi, il y a

$$C_{10}^4 \cdot 3 \cdot 10 = 210 \cdot 3 \cdot 10 = 6300$$

possibilités pour constituer ces équipes.

8.32 Quel est le nombre de possibilités de former trois équipes constituées respectivement de 4, 3 et 2 joueurs dans une classe de neuf étudiants ?

Puisque chaque partie contient un nombre différent d'étudiants, le nombre de partitions non ordonnées est égal au nombre de partitions ordonnées, soit $\frac{9!}{4!3!2!} = 1260$.

ARBRES

8.33 Les équipes A et B participent à un tournoi de basket. La première équipe qui gagne trois jeux est déclarée vainqueur du match. Trouver le nombre de phases que le tournoi peut comporter.

L'arbre représentatif est donné par la figure 8.2.

Le tournoi peut évoluer de vingt manières différentes :
AAA, AABA, AABBA, AABBB, ABAA, ABABA, ABABB, ABBAA, ABBAB, ABBB
BAAA, BAABA, BAABB, BABAA, BABAB, BABB, BBAAA, BBAAB, BBAB, BBB

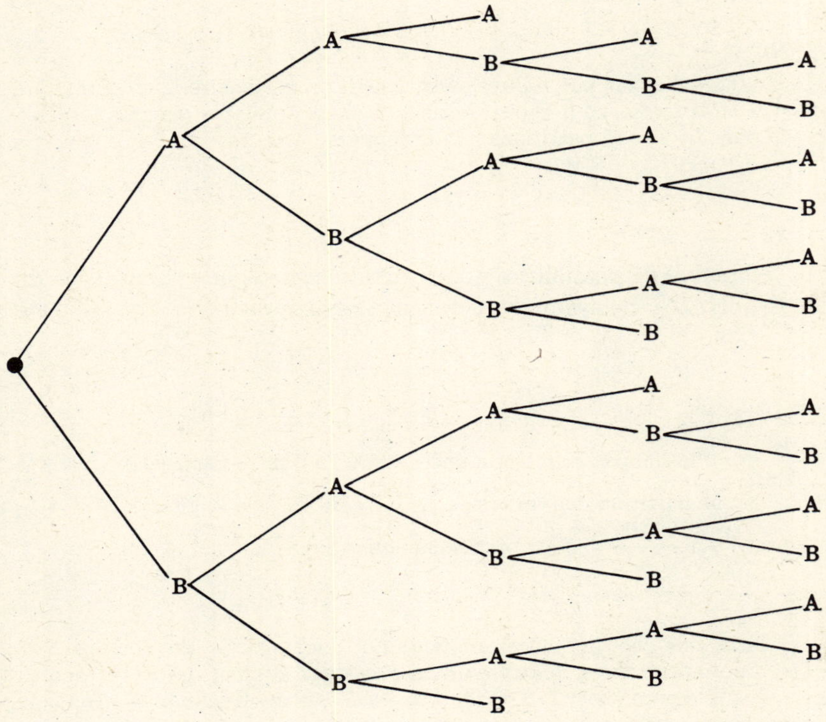

Fig. 8-2

8.34 Trouver les permutations de $\{a, b, c\}$.

Le corollaire 8.3 nous dit qu'il existe $3! = 3 \cdot 2 \cdot 1 = 6$ permutations. Néanmoins, un arbre peut être utilisé pour établir ce résultat, comme le montre la figure 8-3.

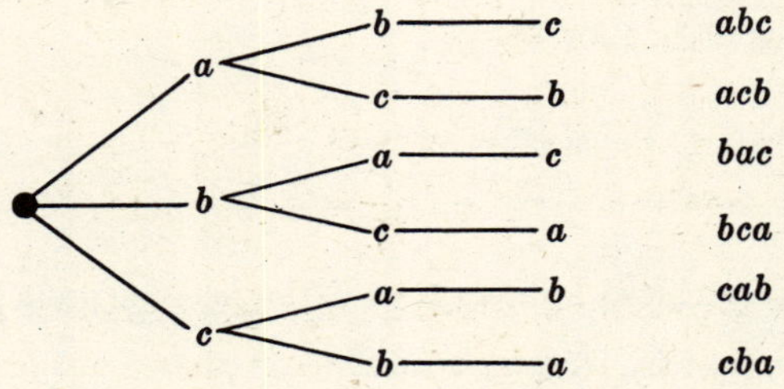

Fig. 8-3

Les six permutations sont écrites à la droite de l'arbre.

Problèmes supplémentaires

NOTATION FACTORIELLE ET COEFFICIENTS BINOMIAUX

8.35 Calculer : (*a*) 9!, (*b*) 10!, (*c*) 11!

8.36 Calculer : (*a*) 16!/14!, (*b*) 14!/11!, (*c*) 8!/10!, (*d*) 10!/13!

8.37 Ecrire avec des factorielles : (*a*) $24 \cdot 23 \cdot 22 \cdot 21$, (*b*) $\dfrac{1}{10 \cdot 11 \cdot 12}$

8.38 Simplifier : (*a*) $\dfrac{(n+1)!}{n!}$, (*b*) $\dfrac{n!}{(n-2)!}$, (*c*) $\dfrac{(n-1)!}{(n+2)!}$, (*d*) $\dfrac{n-r+1)!}{(n-r-1)!}$

8.39 Calculer : (*a*) C_5^2, (*b*) C_7^3, (*c*) C_{14}^2, (*d*) C_6^4, (*e*) C_{20}^{17}, (*f*) C_{18}^{15}

8.40 La huitième ligne du triangle de Pascal est :

1 8 28 56 70 56 28 8 1

Calculer la neuvième et la dixième lignes de ce triangle.

8.41 Montrer que $C_n^0 + C_n^1 + C_n^2 + C_n^3 + \ldots + C_n^n = 2^n$

8.42 Montrer que $C_n^0 - C_n^1 + C_n^2 - C_n^3 + \ldots + (-1)^n \cdot C_n^n = 0$

PERMUTATIONS

8.43 (*a*) Combien de plaques minéralogiques peut-on avoir si le numéro est constitué de trois chiffres différents suivis de deux lettres différentes ? (*b*) Que devient ce nombre si le premier chiffre ne peut être zéro ?

8.44 Il y a six routes entre A et B, et quatre entre B et C.

(*a*) Quel est le nombre de trajets offerts entre A et C passant par B ?

(*b*) Quel est le nombre de chemins aller et retour offerts entre A et C passant par B ?

(*c*) Quel est le nombre de chemins aller et retour n'empruntant pas deux fois la même route, offerts entre A et C passant par B ?

8.45 Quel est le nombre de possibilités pour six personnes de monter sur une luge si le conducteur ne peut être choisi que parmi trois d'entre elles ?

8.46 (*a*) Quel est le nombre de possibilités offertes à cinq personnes pour s'asseoir sur une rangée ?

(*b*) Que devient ce nombre si deux d'entre elles veulent être côte à côte ?

8.47 Même problème que le précédent, mais les personnes s'asseyent autour d'une table.

8.48 Quel est le nombre de possibilités offertes à un juge pour attribuer les premièrė, deuxième et troisième places dans un litige opposant dix plaignants ?

8.49 Combien de messages peuvent être constitués à l'aide de huit drapeaux dont quatre rouges, deux bleus et deux verts ?

8.50 Trouver le nombre de «mots» composés à l'aide des lettres de chacun des mots suivants : (*a*) QUEUE, (*b*) COMMETTRE, (*c*) PROPOSITION, (*d*) BASEBALL

8.51 (*a*) Quel est le nombre de possibilités offertes à quatre garçons et quatre filles de s'asseoir sur un banc en alternant garçons et filles ?

(*b*) Même question, mais un garçon et une fille ne veulent pas être séparés ?

(*c*) Même question que (*a*) , mais un garçon et une fille ne veulent pas être côte à côte ?

8.52 Trouver le nombre de rangements possibles, sur une étagère, de cinq gros livres, quatre moyens et trois petits, si on désire les regrouper par formats.

8.53 Etant donnés tous les nombres positifs de trois chiffres (0 ne peut être le premier chiffre). (*a*) Combien sont supérieurs à 700 ? (*b*) Combien sont impairs ? (*c*) Combien sont pairs ? (*d*) Combien sont divisibles par 5 ?

8.54 (*a*) Trouver le nombre de «mots» que l'on peut construire avec les lettres de ELEVER.

(*b*) Combien d'entre eux commencent et finissent par E ?

(*c*) Combien d'entre eux ont les trois E consécutifs ?

(*d*) Combien commencent par E et finissent par R ?

COMBINAISONS

8.55 Une classe comprend neuf garçons et trois filles. (*a*) Combien de groupes de quatre peuvent-ils former ? (*b*) Combien d'entre eux comptent au moins une fille ? (*c*) Combien d'entre eux ne comptent qu'une fille ?

8.56 Une femme a onze amis intimes. (*a*) Combien de groupes de cinq invités peut-elle constituer ? (*b*) Quel est ce nombre si deux d'entre eux sont mariés et ne peuvent être séparés ? (*c*) Quel est ce nombre si deux d'entre eux ne peuvent être invités ensemble ?

8.57 Une femme a onze amis intimes dont six femmes. (*a*) Combien de groupes de trois invités ou plus peut-elle constituer ? (*b*) Que devient ce nombre si elle désire avoir autant d'hommes que de femmes (elle comprise) ?

8.58 Il y a dix points $A, B, \ldots$ dans un plan sans que trois d'entre eux soient alignés. (*a*) Combien de droites définissent-ils ? (*b*) Combien de ces droites ne passent pas par A ou B ? (*c*) Combien de triangles peut-on construire ? (*d*) Parmi ces triangles, combien ont A pour sommet ? (*e*) Combien ont AB pour côté ?

8.59 Un étudiant doit répondre à dix questions sur treize à un examen. (*a*) Quel est le nombre de possibilités ? (*b*) Quel est ce nombre s'il doit répondre aux deux premières ? (*c*) Quel est ce nombre s'il doit répondre à la première ou à la deuxième mais pas aux deux ? (*d*) Quel est ce nombre s'il doit répondre à trois des cinq premières ? (*e*) Quel est ce nombre s'il doit répondre à au moins trois des cinq premières ?

8.60 (*a*) Combien de triangles sont définis par les sommets d'un octogone ?

(*b*) Quel est ce nombre si les côtés de l'octogone ne peuvent être côtés d'aucun triangle ?

8.61 Combien de triangles sont définis par les sommets d'un polygone régulier de n côtés si ces côtés ne peuvent être ceux des triangles ?

8.62 Un joueur de poker distribue cinq cartes. Combien (*a*) de quintes floches, (*b*) de carrés, (*c*) de quintes, (*d*) de paires d'as, (*e*) de paires peut-on avoir ?

8.63 L'alphabet comprend vingt-six lettres dont cinq voyelles. Nous nous intéressons aux «mots» constitués de cinq lettres dont trois consonnes différentes et deux voyelles différentes. Combien de mots de ce type (*a*) peuvent être formés, (*b*) contiennent la lettre B, (*c*) contiennent les lettres B et C, (*d*) commencent par B et contiennent C, (*e*) commencent par B et se terminent par C (*f*) contiennent les lettres A et B, (*g*) commencent par A et contiennent B, (*h*) commencent par B et contiennent A, (*i*) commencent par A et se terminent par B, (*j*) contiennent les lettres A, B et C?

PARTITIONS ORDONNÉES ET NON ORDONNÉES

8.64 Quel est le nombre de partages équitables de neuf jouets entre trois enfants?

8.65 Combien d'équipes de trois joueurs peuvent former neuf étudiants?

8.66 Combien d'équipes dont l'une comprend quatre joueurs et les deux autres trois, peuvent former dix étudiants?

8.67 Il y a douze billes dans un sac. Quel est le nombre de possibilités d'extraction de trois billes en quatre tirages consécutifs?

8.68 Quel est le nombre de possibilités de créations de commissions de 5, 4 et 3 membres offertes à un club de douze adhérents?

8.69 Quel est le nombre de possibilités offertes à n étudiants désirant former deux équipes constituées d'au moins un joueur?

8.70 Quel est le nombre de possibilités offertes à quatorze hommes désirant créer six commissions dont deux comprennent trois individus et les autres deux?

8.71 (*a*) En supposant qu'une partie puisse être vide, quel est le nombre possible de partitions d'un ensemble de trois éléments, (i) en trois parties ordonnées, (ii) en trois parties non ordonnées? (*b*) Mêmes questions pour un ensemble de quatre éléments.

8.72 Au bridge, treize cartes sont distribuées à chacun des quatre joueurs appelés Nord, Sud, Est et Ouest. Une distribution est une main. (*a*) Combien de mains peut-on avoir? (*b*) Quel est le nombre de possibilités pour un joueur de recevoir quatre as? (*c*) Quel est ce nombre si chaque joueur reçoit un as? (*d*) Quel est le nombre de possibilités pour que Nord reçoive huit piques et Sud cinq? (*e*) Quel est le nombre de possibilités pour que Nord et Sud aient à eux deux les quatre as? (On laissera les nombres en expression factorielle.)

ARBRES

8.73 Trouver l'ensemble produit $\{1,2\} \times \{a,b,c\} \times \{3,4\}$ en construisant l'arbre adapté.

8.74 Deux équipes A et B s'affrontent dans un match de baseball au cours duquel l'équipe qui, la première, gagne quatre jeux est déclarée vainqueur. En supposant que A gagne le premier jeu et que l'équipe qui gagne le deuxième jeu gagne également le quatrième, combien de phases peut comprendre ce match?

8.75 Un homme est à l'origine de l'axe des x, et il fait un pas en avant ou en arrière, et s'arrête quand il atteint 3 ou -3, ou s'il occupe n'importe quelle place, autre que l'origine, plus d'une fois. Trouver le nombre de chemins que peut suivre cet homme.

8.76 Un homme peut jouer cinq fois à la roulette. Il gagne ou perd un franc à chaque jeu. Il commence avec deux francs en poche, et s'arrête avant le cinquième jeu s'il a gagné trois francs (il a cinq francs en poche) ou s'il a tout perdu. Trouver le nombre de phases que peut comprendre cette soirée.

8.77 Dans le diagramme suivant A, B, ..., F représentent des îles reliées par des ponts. Un promeneur part de A et va d'île en île. Il s'arrête pour se restaurer quand il ne peut pas continuer son périple sans emprunter un pont pour la deuxième fois. Trouver le nombre de chemins que peut prendre ce voyageur.

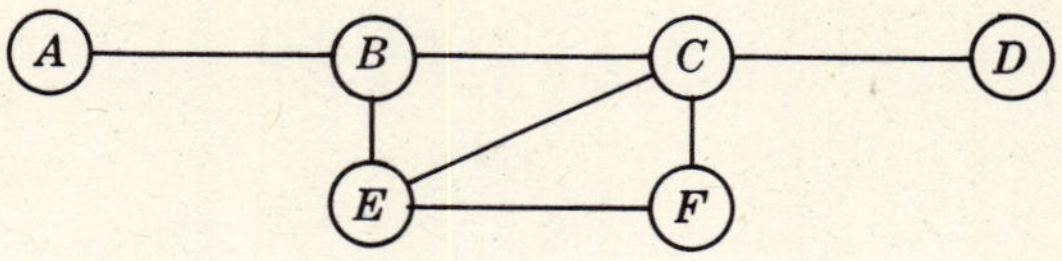

Fig. 8-4

8.78 Deux équipes A et B s'affrontent dans un tournoi de basket. La première équipe qui gagne deux jeux de suite ou au total quatre est déclarée vainqueur. Trouver le nombre de phases que peut prendre ce match.

PROBLÈMES À PROGRAMMER SUR ORDINATEUR

8.79 Ecrire une procédure NFACT telle que NFACT(K) calcule la factorielle K.

8.80 Ecrire une procédure NARR telle que NARR(M,K) calcule le nombre d'arrangements de m objets pris k à k.

8.81 Ecrire la procédure NCOMB telle que NCOMB(M,K) calcule le nombre de combinaisons de m objets pris k à k.

8.82 Une donnée est constituée de cinq lettres qui peuvent être ou non différentes. Ecrire le programme qui imprime les mots de cinq lettres formés à l'aide de celles de la donnée. Tester le programme avec : (i) A, B, A, C, D (ii) A, B, B, C, A (iii) A, B, B, A, A.

Solutions des problèmes supplémentaires

8.35 (*a*) 362 880 (*b*) 3 628 800 (*c*) 39 916 800

8.36. (*a*) 240 (*b*) 2184 (*c*) 1/90 (*d*) 1/1716

8.37. (*a*) 24!/20! (*b*) 9!/12!

8.38. (*a*) $n+1$ (*b*) $n(n-1)=n^2-n$ (*c*) $1/[n(n+1)(n+2)]$ (*d*) $(n-r)(n-r+1)$

8.39. (*a*) 10 (*b*) 35 (*c*) 91 (*d*) 15 (*e*) 1140 (*f*) 816

8.40.

1 8 28 56 70 56 28 8 1

1 9 36 84 126 126 84 36 9 1

1 10 45 120 210 252 210 120 45 10 1

8.41 *Conseil :* Développer $(1+1)^n$

8.42 *Conseil :* Développer $(1-1)^n$

8.43 (*a*) $26 \cdot 25 \cdot 10 \cdot 9 \cdot 8 = 468\,000$ (*b*) $26 \cdot 25 \cdot 9 \cdot 9 \cdot 8 = 421\,200$

8.44. (*a*) 24 (*b*) 576 (*c*) 360

8.45. 360

8.46. (*a*) 120 (*b*) 48

8.47. (*a*) 24 (*b*) 12

8.48. 720

8.49. 420

8.50 (*a*) 30 (*b*) $\dfrac{9!}{2!2!2!} = 45\,360$ (*c*) $\dfrac{11!}{2!3!2!} = 1\,663\,200$ (*d*) $\dfrac{8!}{2!2!2!} = 5\,040$

8.51. (*a*) 1152 (*b*) 504 (*c*) 648

8.52 $3!5!4!3! = 103\,680$

8.53. (*a*) 216 (*b*) 320 (*c*) 328 (*d*) 136

8.54. (*a*) 120 (*b*) 24 (*c*) 24 (*d*) 12

8.55. (*a*) 495 (*b*) 369 (*c*) 252

8.56. (*a*) 462 (*b*) 210 (*c*) 252

8.57 (*a*) $2^{11} - 1 - C_{11}^1 - C_{11}^2 = 1\,981$ ou $C_{11}^3 + C_{11}^4 + \ldots + C_{11}^{11} = 1\,981$
(*b*) $C_5^5 C_6^4 + C_5^4 C_6^3 + C_5^3 C_6^2 + C_5^2 C_6^1 = 325$

8.58 (*a*) 45 (*b*) 28 (*c*) 120 (*d*) 36 (*e*) 8

8.59 (*a*) 286 (*b*) 165 (*c*) 110 (*d*) 80 (*e*) 276

8.60 (*a*) 56 (*b*) 16

8.61 $C_n^3 - nC_{n-4}^1 - n = \dfrac{n}{6}(n-5)(n-4)$

8.62 (*a*) $4 \cdot 10 = 40$, (*b*) $13 \cdot 48 = 624$, (*c*) $10 \cdot 4^5 - 40 = 10\,200$
(Nous soustrayons le nombre de quintes floches.)
(*d*) $C_4^2 C_{12}^3 \cdot 4^3 = 84\,480$ (*e*) $C_4^2 C_{12}^3 \cdot 4^3 = 1\,098\,240$

8.63 (*a*) $C_{21}^3 C_5^2 \cdot 5! = 1\,596\,000$

(*b*) $C_{20}^2 C_5^2 \cdot 5! = 228\,000$

(*c*) $19 \cdot C_5^2 \cdot 5! = 22\,800$

(*d*) $19 \cdot C_5^2 \cdot 4! = 4\,560$

(*e*) $19 \cdot C_5^2 \cdot 3! = 1\,140$

(*f*) $4 \cdot C_{20}^2 \cdot 5! = 91\,200$

(*g*) $4 \cdot C_{20}^2 \cdot 4! = 18\,240$

(*h*) 18 240

(*i*) $4 \cdot C_{20}^2 \cdot 3! = 4\,456$

(*j*) $4 \cdot 19 \cdot 5! = 9\,120$

8.64 $\dfrac{9!}{3!3!3!} = 1\,680$

8.65 $\dfrac{1\,680}{3!} = 280$ ou $C_8^2 C_5^2 = 280$

8.66 $\dfrac{10!}{4!3!3!} \cdot \dfrac{1}{2!} = 2\,100$ ou $C_{10}^4 C_5^2 = 2\,100$

8.67 $\dfrac{12!}{3!3!3!3!} = 369\,600$

8.68 $\dfrac{12!}{5!4!3!} = 27\,720$

8.69 $2^{n-1} - 1$

8.70 $\dfrac{14!}{3!3!2!2!2!2!} \cdot \dfrac{1}{2!4!} = 3\,153\,150$

8.71 (*a*) (i) $3^3 = 27$ (Chaque élément peut être mis dans l'une des trois cellules.)

(ii) Le nombre d'éléments des trois cellules peut se distribuer comme suit

(*a*) $[\{3\}, \{0\}, \{0\}]$, (*b*) $[\{2\}, \{1\}, \{0\}]$ (*c*) $[\{1\}, \{1\}, \{1\}]$

Le nombre de partitions est donc $1 + 3 + 1 = 5$.

(*b*) (i) $3^4 = 81$

(ii) Le nombre d'éléments dans les trois cellules peut se distribuer comme suit

(*a*) $[\{4\}, \{0\}, \{0\}]$, (*b*) $[\{3\}, \{1\}, \{0\}]$, (*c*) $[\{2\}, \{2\}, \{0\}]$, (*d*) $[\{2\}, \{1\}, \{1\}]$

Le nombre de partitions est donc $1 + 4 + 3 + 6 = 14$.

8.72. (*a*) $\dfrac{52!}{13!\,13!\,13!\,13!}$ (*b*) $4 \cdot \dfrac{48!}{9!\,13!\,13!\,13!}$ (*c*) $4! \cdot \dfrac{48!}{12!\,12!\,12!\,12!}$ (*d*) $\dbinom{13}{8} \dfrac{39!}{5!\,8!\,13!\,13!}$

(*e*) $2 \cdot \dfrac{48!}{9!\,13!\,13!\,13!} + 2 \cdot 4 \cdot \dfrac{48!}{10!\,12!\,13!\,13!} + 2 \cdot 3 \cdot \dfrac{48!}{11!\,11!\,13!\,13!} = 2\,300 \dfrac{48!}{11!\,13!\,13!\,13!}$

8.74. 15

8.75. 14

8.76. 20

8.77. 11

8.78. 14

Chapitre 9

Systèmes algébriques, langages formels

9.1 OPÉRATIONS ET SEMI-GROUPES

Une *opération n-aire* sur un ensemble E est une application de E^n dans E. En particulier, une *opération binaire* (2-aire) est une application de $E \times E$ dans E. Au cours de ce chapitre, nous étudierons principalement les opérations binaires de sorte que nous ne préciserons qu'exceptionnellement la nature de l'opération analysée.

Soit $*$ une opération sur l'ensemble E, on écrit généralement

$$a * b \quad \text{ou plus simplement} \quad ab$$

au lieu de $*(a,b)$. Si E est un ensemble fini, on peut définir cette opération par sa table où le terme situé dans la ligne a et la colonne b est $a * b$. Si A est un sous-ensemble de E, on dit que A est *stable* par $*$ si $a * b$ appartient à A pour tout élément a et b de A. Supposons par exemple que E soit un ensemble d'entiers et A un sous-ensemble d'entiers positifs, alors A est stable pour l'addition mais ne l'est pas pour la soustraction.

L'opération $*$ sur E est dite *associative*, ou satisfait à la *loi d'associativité*, si

$$(a * b) * c = a * (b * c)$$

pour tout élément a, b, c de E. Un élément e de E est dit *élément neutre* pour $*$ si

$$a * e = e * a = a$$

pour tout élément a de E. Plus généralement, on définit un élément *neutre à droite* si $a * e = a$ pour tout a de E, et un élément *neutre à gauche* si $e * a = a$ pour tout a de E.

Théorème 9.1 : Soient e l'élément neutre à droite et f l'élément neutre à gauche pour une opération, alors $e = f$.

La démonstration est très simple. Puisque e est l'élément neutre à droite, $ef = f$, et puisque f est l'élément neutre à gauche $ef = e$, donc $e = f$. Ce théorème précise qu'un élément neutre pour une opération est unique et que, si une opération a plus d'un élément neutre à gauche, elle n'en aura pas à droite et vice versa.

L'opération $*$ sur E admet un élément *régulier* ou *simplifiable à gauche* si

$$a * b = a * c \quad \text{implique que} \quad b = c$$

et un élément *régulier* ou *simplifiable à droite* si

$$b * a = c * a \quad \text{implique que} \quad b = c$$

L'opération est dite *commutative*, ou satisfaisant à la *loi de commutativité*, si

$$a * b = b * a$$

pour tout a, b de E.

Supposons une opération $*$ sur l'ensemble E ayant un élément neutre e. L'*inverse* d'un élément a dans E, communément noté a^{-1} est un élément qui vérifie la propriété suivante :

$$a * a^{-1} = a^{-1} * a = e$$

Si l'opération est associative, alors l'inverse de a, s'il existe, est unique (problème 9.3).

Un ensemble E et une opération associative $*$ forment un *semi-groupe*, que l'on note $(E,*)$ ou plus simplement E quand l'opération est sous-entendue.

EXEMPLE 9.1.

(*a*) Considérons l'ensemble $\mathbf{Z} = \{\ldots, -1, 0, 1, \ldots\}$ des entiers, alors $(\mathbf{Z},+)$ est un semi-groupe puisque l'addition est associative, c'est-à-dire que :

$$(a+b)+c = a+(b+c)$$

quels que soient a, b, c de $\mathbf{Z}$. En fait, $(\mathbf{Z},+)$ est un semi-groupe commutatif avec pour élément neutre 0, puisque

$$a+b = b+a \quad \text{et} \quad a+0 = 0+a = a$$

pour tout entier a, b de $\mathbf{Z}$.

Par contre, $(\mathbf{Z},-)$ n'est pas un semi-groupe car la soustraction n'est pas associative. Par exemple,

$$(12-6)-2 \neq 12-(6-2)$$

(*b*) Considérons l'ensemble $\mathbf{N} = (1, 2, 3, ...)$ des entiers positifs, et

$$a * b = \text{pgcd}(a,b)$$
$$a \circ b = a^b$$

où pgcd(a,b) représente le ***plus grand commun diviseur*** de a et b. Alors $(\mathbf{N},*)$ est un semi-groupe car l'opération $*$ est associative, mais $(\mathbf{N},\circ)$ n'est pas un semi-groupe puisque l'opération $\circ$ n'est pas associative. Par exemple

$$(2 \circ 2) \circ 3 = (2^2)^3 = 4^3 = 64 \quad \text{et} \quad 2 \circ (2 \circ 3) = 2^{2^3} = 2^8 = 256$$

(*c*) Soient E un ensemble non vide et l'opération

$$a * b = a$$

alors $(E,*)$ est un semi-groupe puisque l'opération $*$ est associative. En fait

$$(a*b)*c = a*c = a \quad \text{et} \quad a*(b*c) = a*b = a$$

9.2 SEMI-GROUPES LIBRES, LANGAGES

Soit S un ensemble de symboles. Un *mot* dans S est une séquence finie de ses éléments. Par exemple,

$$U = ababb \quad \text{et} \quad V = accba$$

sont des mots dans $S = \{a,b,c\}$. On dit souvent que S est l'*alphabet* et que ses éléments sont des *lettres*. La séquence vide, représentée par ε ou 1, est considérée comme un mot dans S. L'écriture des séquences peut être simplifiée en utilisant a^2 pour aa, a^3 pour aaa, etc. L'ensemble de tous les mots dans S est noté S^*.

A l'aide de deux mots U et V dans S, on peut en construire un troisième UV obtenu en écrivant les lettres de V à la suite de celles de U. Par exemple, si U et V sont les mots définis plus haut, cela donne

$$UV = ababbaccba = abab^2ac^2ba$$

Cette opération est une *concaténation*. Cette opération est évidemment associative, donc l'ensemble des mots dans S, muni de l'opération de concaténation, est un semi-groupe. Ce semi-groupe est appelé *semi-groupe libre* sur S ou généré par S. Il est évident que le mot vide ε est l'élément neutre de ce semi-groupe dont les éléments sont réguliers à droite comme à gauche.

Supposons que S soit un ensemble non vide de symboles. Nous interprétons maintenant les éléments de S comme des mots, et les séquences finies d'éléments de S comme des phrases. Nous pouvons également penser qu'un langage est un ensemble significatif de phrases. En fait, nous définissons formellement un langage L sur un ensemble comme une collection de mots dans S. Par exemple, si $S = \{a, b\}$, les énoncés suivants définissent des langages sur S :

$$L_1 = \{a, ab, ab^2, ab^3, \ldots\}$$
$$L_2 = \{a^n b^m : n \text{ et } m \text{ sont des entiers positifs}\}$$
$$L_3 = \{b^n a b^m : n \text{ et } m \text{ sont des entiers positifs}\}$$

Remarquez que L_1 est un sous-langage de L_2 qui comprend tous les mots commençant par a et se terminant par b, et L_1 est un sous-langage de L_3 qui comprend tous les mots contenant un seul a.

9.3 GRAMMAIRES ET LANGAGES

La figure 9-1 montre la construction grammaticale d'une phrase. Remarquez qu'il y a (1) diverses variables, comme <phrase>, <groupe nominal>, (2) divers mots terminaux, comme "Le", "garçon" (3) une variable de début <phrase> et (4) diverses substitutions ou productions, comme

< phrase >→< groupe nominal >< groupe verbal >

< groupe complément >→< article >< nom >

< nom >→ pomme

La phrase finale ne comprend que les terminaux, bien que variables et terminaux apparaissent dans cette construction lors de productions. Cette description intuitive est donnée pour justifier la définition suivante d'une grammaire et du langage qu'elle génère.

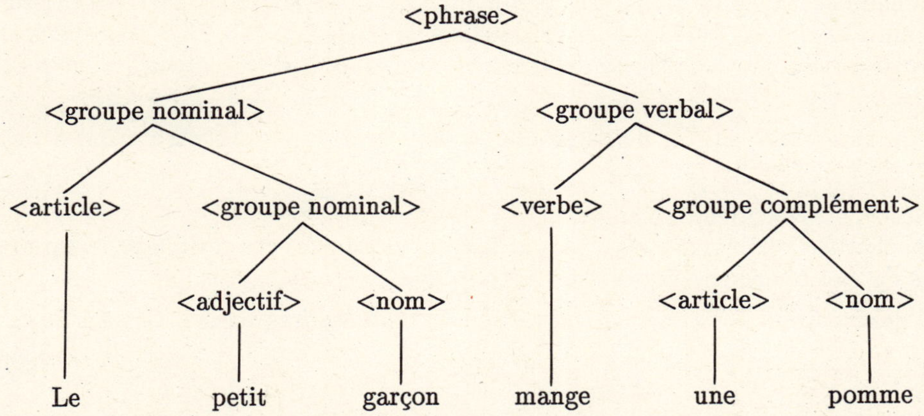

Fig. 9-1

Une *grammaire* G est constituée de quatre entités :

(1) Un ensemble fini V d'éléments appelés *variables.*

(2) Un ensemble fini T d'éléments appelés *terminaux.*

(3) Un élément D de V appelé *symbole initial* ou *axiome.*

(4) Un ensemble fini P de productions. Une *production* est une paire ordonnée (α, β) souvent écrite $\alpha \to \beta$ où α et β sont des mots dans $V \cup T$. Au moins un des α doit contenir une variable.

Nous notons la grammaire ci-dessus par $G = G(V, T, D, P)$ quand nous voulons préciser toutes les composantes de G. Nous supposons également qu'aucun élément n'est à la fois terminal et variable, c'est-à-dire que V et T sont disjoints.

Etant donnés une grammaire G et W, W' des mots dans $V \cup T$, nous écrivons

$$W \Rightarrow W'$$

si W' peut être obtenu à partir de W en utilisant une des productions, c'est-à-dire si

$$W = L\alpha M,\ W' = L\beta M \quad \text{et} \quad \alpha \rightarrow \beta$$

est une production. Nous écrivons

$$W \Rightarrow\Rightarrow W'$$

si W' peut être obtenu à partir de W en utilisant une séquence finie de productions. Le langage de G, noté $L(G)$, est constitué de tous les terminaux qui peuvent être obtenus à partir du symbole D en utilisant le processus ci-dessus, c'est-à-dire

$$L(G) = \{W : D \Rightarrow\Rightarrow W\}$$

EXEMPLE 9.2. Examinons la grammaire G suivante :

$$V = \{A, B, D\}, \qquad T = \{a, b\}$$

$$P = \{D \rightarrow AB,\ A \rightarrow Aa,\ B \rightarrow Bb,\ A \rightarrow a,\ B \rightarrow b\}$$

Il n'est pas difficile de voir que $L(G)$ est l'ensemble de tous les mots de la forme

$$a^n b^m$$

c'est-à-dire des mots qui commencent par une suite de a suivie d'une suite de b. Par exemple, a^2b^4 peut être obtenu depuis D comme suit :

$$D \Rightarrow AB \Rightarrow AaB \Rightarrow aaB \Rightarrow aaBb \Rightarrow aaBbb \Rightarrow aaBbbb \Rightarrow aabbbb = a^2b^4$$

Ici nous utilisons respectivement les productions 1, 2, 4, 3, 3, 3 et 5. Ainsi nous pouvons écrire $D \Rightarrow\Rightarrow a^2b^4$.

La grammaire de la définition ci-dessus est dite du type 0. En plaçant des restrictions sur le type de productions autorisées, nous obtenons des grammaires de types 1, 2 et 3. Elles sont définies ci-dessous où A et B représentent des variables, a un terminal et α, α' et β représentent des mots (qui peuvent être vides) dans $V \cup T$:

(1) Une grammaire G est dite *à contexte lié* ou de type 1 si les productions sont de la forme

$$\alpha A \alpha' \rightarrow \alpha\beta\alpha'$$

L'appellation "à contexte lié" vient du fait que nous pouvons remplacer la variable A par β dans un mot seulement quand A est entre α et α'.

(2) Une grammaire G est dite *hors contexte* ou de type 2 si les productions sont de la forme

$$A \rightarrow \beta$$

L'appellation "hors contexte" vient du fait que nous pouvons remplacer la variable A par β sans souci de la place de A.

(3) Une grammaire G est dite *régulière* (ou de Kleene) ou de type 3 si les productions sont de la forme

$$A \rightarrow aB \quad \text{ou} \quad A \rightarrow a$$

Observez que chaque grammaire appartient à l'un des types ci-dessus, c'est-à-dire qu'une grammaire de type 3 est de type 2, qu'une grammaire de type 2 est de type 1 et qu'une grammaire de type 1 est de type 0.

Un langage L est dit *à contexte lié, hors contexte* ou *régulier* selon qu'il peut être généré respectivement par une grammaire à contexte lié, hors contexte ou régulière. Par exemple, le langage $L = \{a^n b^m\}$, où n et m sont des entiers positifs, est hors contexte puisqu'il est généré par la grammaire G de l'exemple 9.2 qui est hors contexte. En fait, le problème 9.10 montre que L peut être aussi généré par une grammaire de type 3, c'est-à-dire que L est régulier.

Une relation fondamentale entre les grammaires régulières et les automates finis (voir chapitre 7) est donnée par le théorème suivant :

Théorème 9.2 : Un langage L peut être généré par une grammaire de type 3, c'est-à-dire que L est régulier, si et seulement si, il existe un automate fini M qui accepte L.

Lors des discussions concernant les langages et les grammaires, nous utiliserons les notations suivantes sauf indications contraires ou implicites. Les terminaux seront représentés par des lettres minuscules italiques a, b, c... et les variables par des lettres majuscules italiques A, B, C, ... où D est le début. Les lettres grecques α, β, ... représenteront aussi bien variables que terminaux. De plus, nous écrirons

$$\alpha \to (\beta_1, \ldots, \beta_k)$$

pour les productions $\alpha \to \beta_1, \ldots, \alpha \to \beta_k$.

9.4 GROUPES

Soit G un ensemble non vide muni d'une loi de composition (opération binaire), G est un *groupe* si les axiomes suivants sont vérifiés :

[$\mathbf{G}_1$] *Associativité*, c'est-à-dire que pour tout a, b, c dans G nous avons $(ab)c = a(bc)$.

[$\mathbf{G}_2$] *Elément neutre*, c'est-à-dire qu'il existe un élément e dans G tel que $ae = ea = a$ quel que soit a dans G.

[$\mathbf{G}_3$] *Inverses*, c'est-à-dire que pour tout élément a dans G, il existe un élément a^{-1} (l'*inverse* de a) dans G tel que $aa^{-1} = a^{-1}a = e$.

Un groupe G est dit *abélien* (ou *commutatif*) si l'opération est commutative, c'est-à-dire que $ab = ba$ quels que soient a et b dans G.

Quand l'opération binaire est écrite en juxtaposant les opérateurs, comme nous venons de le faire, le groupe G est décrit *multiplicativement*. Il arrive, quand G est abélien, que l'opération binaire soit représentée par $+$ et G est alors décrit *additivement*. Dans ce cas, l'élément neutre est représenté par 0 et est appelé l'*élément nul*, et l'inverse de a est représenté par $-a$ et appelé l'*opposé* de a.

Le nombre d'éléments dans un groupe, représenté par $|G|$, est appelé *ordre* de G, et G est un groupe fini si son ordre est fini. Si A et B sont des sous-ensembles de G nous écrivons

$$AB = \{ab : a \in A, b \in B\} \quad \text{ou} \quad A + B = \{a + b : a \in A, b \in B\}$$

EXEMPLE 9.3.

(*a*) L'ensemble $\mathbf{Z}$ des entiers, muni de l'addition, est un groupe abélien. L'élément neutre est 0 et $-a$ est l'opposé de a dans $\mathbf{Z}$.

(*b*) L'ensemble des nombres rationnels non nuls $Q\backslash\{0\}$, muni de la multiplication, forme un groupe abélien. Le nombre 1 est l'élément neutre et q/p est l'inverse du nombre rationnel p/q.

(*c*) Soit E l'ensemble des matrices 2×2 à coefficients rationnels, muni de la multiplication matricielle. Cet ensemble n'est pas un groupe car certaines matrices n'ont pas d'inverse. Néanmoins, le sous-ensemble G des matrices 2×2 à déterminant non nul, muni de la multiplication, forme un groupe dont l'élément neutre est

$$I = \begin{pmatrix} 1 & 0 \\ 0 & 1 \end{pmatrix}$$

L'inverse de $A = \begin{pmatrix} a & b \\ c & d \end{pmatrix}$ est $A^{-1} = \begin{pmatrix} d/|A| & -b/|A| \\ -c/|A| & a/|A| \end{pmatrix}$. C'est un exemple de groupe non abélien, puisque la multiplication matricielle n'est pas commutative.

EXEMPLE 9.4. Une permutation est une application bijective σ de l'ensemble $\{1, 2, \ldots, n\}$ sur lui-même, que l'on représente par

$$\sigma = \begin{pmatrix} 1 & 2 & \ldots & n \\ j_1 & j_2 & \ldots & j_n \end{pmatrix}$$

où $j_i = \sigma(i)$.

L'ensemble des permutations est noté S_n et compte $n! = 1 \cdot 2 \cdot \ldots \cdot n$ éléments. La composition de permutations dans S_n appartient à S_n tout comme l'élément neutre ε et les inverses des permutations. Ainsi S_n, muni de la loi de composition des applications, est un groupe appelé *groupe symétrique d'ordre n*. Par exemple, les éléments de S_3 sont

$$\epsilon = \begin{pmatrix} 1 & 2 & 3 \\ 1 & 2 & 3 \end{pmatrix} \qquad \sigma_2 = \begin{pmatrix} 1 & 2 & 3 \\ 3 & 2 & 1 \end{pmatrix} \qquad \phi_1 = \begin{pmatrix} 1 & 2 & 3 \\ 2 & 3 & 1 \end{pmatrix}$$

$$\sigma_1 = \begin{pmatrix} 1 & 2 & 3 \\ 1 & 3 & 2 \end{pmatrix} \qquad \sigma_3 = \begin{pmatrix} 1 & 2 & 3 \\ 2 & 1 & 3 \end{pmatrix} \qquad \phi_2 = \begin{pmatrix} 1 & 2 & 3 \\ 3 & 1 & 2 \end{pmatrix}$$

La table de multiplication dans S_3 est :

	ϵ	σ_1	σ_2	σ_3	ϕ_1	ϕ_2
ϵ	ϵ	σ_1	σ_2	σ_3	ϕ_1	ϕ_2
σ_1	σ_1	ϵ	ϕ_1	ϕ_2	σ_2	σ_3
σ_2	σ_2	ϕ_2	ϵ	ϕ_1	σ_3	σ_1
σ_3	σ_3	ϕ_1	ϕ_2	ϵ	σ_1	σ_2
ϕ_1	ϕ_1	σ_3	σ_1	σ_2	ϕ_2	ϵ
ϕ_2	ϕ_2	σ_2	σ_3	σ_1	ϵ	ϕ_1

9.5 SOUS-GROUPES ET SOUS-GROUPES NORMAUX

Un sous-ensemble H d'un groupe G est un *sous-groupe* si H muni de l'opération de G forme un groupe. On peut montrer que H est un sous-groupe s'il possède les trois propriétés suivantes : (i) L'élément neutre e appartient à H. (ii) H, muni de l'opération de G, est stable c'est-à-dire que si a, $b \in H$ alors $ab \in H$. (iii) H est stable par les inverses, c'est-à-dire que si $a \in H$ alors $a^{-1} \in H$. Tout groupe G a pour sous-groupes triviaux $\{e\}$ et G lui-même. Tout autre sous-groupe de G est dit *sous-groupe non trivial.*

Si H est un sous-groupe de G et $a \in G$, l'ensemble

$$Ha = \{ha : h \in H\}$$

est appelé *classe à droite* suivant H. (Par analogie, aH est la *classe à gauche* suivant H.) Nous avons les résultats importants suivants, que nous démontrons dans les problèmes 9.13 et 9.15.

Théorème 9.3 : Si H est un sous-groupe du groupe G, alors les classes à droite Ha forment une partition de G.

Théorème 9.4 (Lagrange) : Si H est un sous-groupe du groupe fini G, alors l'ordre de H divise l'ordre de G.

On peut montrer que le nombre de classes à droite de H dans G, appelé *index de H dans G*, est égal au nombre de classes à gauche de H dans G, et les deux nombres sont égaux à $|G|$ divisé par $|H|$.

Définition : Un sous-groupe H de G est dit sous-groupe *normal* si $a^{-1}Ha \subset H$ pour tout $a \in G$. Autrement dit, H est normal si $aH = Ha$ pour tout $a \in G$, c'est-à-dire si les classes à gauche et à droite coïncident.

En particulier, tout sous-groupe d'un groupe abélien est normal.

Théorème 9.5 : Si H est un sous-groupe normal de G, alors les classes suivant H dans G forment un groupe muni de la multiplication des classes. Ce groupe est appelé *groupe quotient* et est représenté par G/H.

EXEMPLE 9.5. Considérons le groupe $\mathbf{Z}$ des entiers, muni de l'addition. Soit H l'ensemble des multiples de 5, c'est-à-dire

$$H = \{\ldots, -10, -5, 0, 5, 10, \ldots\}$$

alors H est un sous-groupe (forcément normal) de $\mathbf{Z}$. Les classes suivant H dans $\mathbf{Z}$ sont :

$$\begin{aligned}
\bar{0} &= 0 + H = H = \{\ldots, -10, -5, 0, 5, 10, \ldots\} \\
\bar{1} &= 1 + H = \{\ldots, -9, -4, 1, 6, 11, \ldots\} \\
\bar{2} &= 2 + H = \{\ldots, -8, -3, 2, 7, 12, \ldots\} \\
\bar{3} &= 3 + H = \{\ldots, -7, -2, 3, 8, 13, \ldots\} \\
\bar{4} &= 4 + H = \{\ldots, -6, -1, 4, 9, 14, \ldots\}
\end{aligned}$$

Pour tout autre entier $n \in \mathbf{Z}$, $\bar{n} = n + H$ est égal à l'une des classes ci-dessus. Ainsi, en vertu du théorème 9.5, $\mathbf{Z}/H = \{0, 1, 2, 3, 4\}$ muni de l'addition, est un groupe, dont la table d'addition est :

$+$	$\bar{0}$	$\bar{1}$	$\bar{2}$	$\bar{3}$	$\bar{4}$
$\bar{0}$	$\bar{0}$	$\bar{1}$	$\bar{2}$	$\bar{3}$	$\bar{4}$
$\bar{1}$	$\bar{1}$	$\bar{2}$	$\bar{3}$	$\bar{4}$	$\bar{0}$
$\bar{2}$	$\bar{2}$	$\bar{3}$	$\bar{4}$	$\bar{0}$	$\bar{1}$
$\bar{3}$	$\bar{3}$	$\bar{4}$	$\bar{0}$	$\bar{1}$	$\bar{2}$
$\bar{4}$	$\bar{4}$	$\bar{0}$	$\bar{1}$	$\bar{2}$	$\bar{3}$

Ce groupe quotient $\mathbf{Z}/H$ est celui des entiers modulo 5 que l'on représente par $\mathbf{Z}_5$. De même, pour tout entier positif n il existe un groupe quotient $\mathbf{Z}_n$ des entiers modulo n.

EXEMPLE 9.6.

(*a*) Etant donné le groupe des permutations S_3 de degré 3 que nous avons vu dans l'exemple 9.4, l'ensemble $H = \{\varepsilon, \sigma_1\}$ est un sous-groupe de S_3. Ses classes à droite et à gauche sont

Classes à droite	Classes à gauche
$H = \{\epsilon, \sigma_1\}$	$H = \{\epsilon, \sigma_1\}$
$H\phi_1 = \{\phi_1, \sigma_2\}$	$\phi_1 H = \{\phi_1, \sigma_3\}$
$H\phi_2 = \{\phi_2, \sigma_3\}$	$\phi_2 H = \{\phi_2, \sigma_2\}$

(*b*) Soient G le groupe des matrices 2×2 à déterminant non nul et coefficients rationnels – voir l'exemple 9.3(*c*) – et H le sous-ensemble de G constitué des matrices dont le coefficient de la première ligne et de la deuxième colonne est nul, c'est-à-dire des matrices de la forme

$$\begin{pmatrix} a & 0 \\ c & d \end{pmatrix}$$

Alors H est un sous-groupe de G car H muni de la multiplication est stable, les inverses et I appartenant à H. Néanmoins, H n'est pas un sous-groupe normal, puisque, par exemple,

$$\begin{pmatrix} 1 & 2 \\ 1 & 3 \end{pmatrix}^{-1} \begin{pmatrix} 1 & 0 \\ 1 & 1 \end{pmatrix} \begin{pmatrix} 1 & 2 \\ 1 & 3 \end{pmatrix} = \begin{pmatrix} -1 & -4 \\ 1 & 3 \end{pmatrix}$$

n'appartient pas à H.

D'un autre point de vue, si K est un sous-ensemble de G constitué des matrices dont le déterminant est égal à 1, on peut démontrer que K est aussi un sous-groupe de G. De plus, pour toute matrice X de G et toute matrice A de K nous avons

$$\det(X^{-1}AX) = 1$$

de sorte que $X^{-1}AX$ appartient à K, donc K est un sous-groupe normal de G.

(*c*) Etant donnés un groupe quelconque G et un élément quelconque a de G, nous définissons, comme à l'accoutumée, $a^0 = e$ et $a^{n+1} = a^n \cdot a$. Plus exactement, $a^m \cdot a^n = a^{m+n}$ et $(a^m)^n = a^{mn}$ pour tout entier m, n. Toutes les puissances de a,

$$\ldots, a^{-3}, a^{-2}, a^{-1}, e, a, a^2, a^3, \ldots$$

forment un sous-groupe de G appelé *groupe cyclique*, généré par a. Supposons que les puissances de a ne soient pas distinctes, comme $a^r = a^s$ avec $r > s$. Alors $a^{r-s} = e$ pour $r - s > 0$. Le plus petit entier positif m tel que $a^m = e$ est appelé l'*ordre* de a et est représenté par $|a|$. Si $|a| = m$, alors le sous-groupe cyclique $gp(a)$ compte m éléments donnés par

$$gp(a) = \{e, a, a^2, a^3, \ldots, a^{m-1}\}$$

Par exemple, l'élément ϕ_1 du groupe symétrique S_3 examiné dans l'exemple 9.4, conduit à :

$$\phi_1^1 = \phi_1, \phi_1^2 = \phi_2, \phi_1^3 = \phi_2 \cdot \phi_1 = \varepsilon$$

Ainsi $|\phi_1| = 3$ et $gp(\phi_1) = \{\varepsilon, \phi_1, \phi_2\}$. On remarque que $|\phi_1|$ divise l'ordre de S_3. Cela est généralement vrai : c'est-à-dire que pour tout élément a d'un groupe G nous avons $|a|$ égal à l'ordre du groupe cyclique $gp(a)$ qui divise $|G|$ selon le théorème 9.4 de Lagrange. On remarque également qu'un groupe G est dit *cyclique* s'il a un élément a tel que $G = gp(a)$

L'application f du groupe G dans le groupe G' est un *homomorphisme* si

$$f(ab) = f(a)f(b)$$

pour tout a, b de G. De plus si f est bijective, il s'agit d'un *isomorphisme* et G, G' sont *isomorphes*, ce que nous écrivons $G \simeq G'$. Si $f : G \to G'$ est un *homomorphisme*, alors le *noyau* de f, noté Ker$f$ (de l'anglais *kernel*, ou de l'allemand *kern* = noyau), est l'ensemble des éléments de G dont l'image est l'élément neutre e' de G' :

$$\text{Ker} f = \{a \in G : f(a) = e'\}$$

On se souvient que l'image de f, notée $f(G)$ ou Imf, est l'ensemble des images des éléments par f :

$$\text{Im} f = \{b \in G' : \text{ il existe } a \in G \text{ tel que } f(a) = b\}$$

Le théorème suivant (démontré dans le problème 9.17) est fondamental pour la théorie des groupes.

Théorème 9.6 : Soit $f : G \to G'$ un homomorphisme de noyau K, alors K est un sous-groupe normal de G, et le groupe quotient G/K est isomorphe à l'image de f.

EXEMPLE 9.7.

(*a*) Etant donné G le groupe des nombres réels munis de l'addition, et G' le groupe des nombres réels positifs munis de la multiplication, l'application $f : G \to G'$ définie par $f(a) = 2^a$ est un homomorphisme car

$$f(a + b) = 2^{a+b} = 2^a 2^b = f(a)f(b)$$

En fait, f est bijective donc G et G' sont isomorphes.

(*b*) Soient G le groupe des nombres complexes non nuls munis de la multiplication, et G' le groupe des nombres réels non nuls munis de la multiplication. L'application $f : G \to G'$ définie par $f(z) = |z|$ est un homomorphisme puisque

$$f(z_1 z_2) = |z_1 z_2| = |z_1|\,|z_2| = f(z_1)f(z_2)$$

Le noyau K de f est l'ensemble des nombres complexes z de module 1 ($|z| = 1$). Ainsi G/K est isomorphe à l'image de f, c'est-à-dire au groupe des nombres réels positifs muni de la multiplication.

(*c*) Etant donné a un élément quelconque d'un groupe G, la fonction $f : Z \to G$ définie par $f(n) = a^n$ est un homomorphisme puisque

$$f(m + n) = a^{m+n} = a^m \cdot a^n = f(m) \cdot f(n)$$

L'image de f est $gp(a)$, le sous-groupe cyclique généré par a. En vertu du théorème 9.6,

$$gp(a) \simeq \mathbf{Z}/K$$

où K est le noyau de f. Si $K = \{0\}$, alors $gp(a) \simeq \mathbf{Z}$. D'un autre point de vue, si m est l'ordre de a, alors, $K = \{\text{multiples de } m\}$, et $gp(a) \simeq \mathbf{Z}_m$. En d'autres termes, tout groupe cyclique est isomorphe au groupe des entiers $\mathbf{Z}$ muni de l'addition, ou au groupe $\mathbf{Z}_m$ des entiers modulo m, muni de l'addition.

9.6 ANNEAUX, DOMAINES D'INTÉGRITÉ ET CORPS

Soit R un ensemble non vide, muni de deux opérations binaires, une opération d'addition (notée +) et une opération de multiplication (écrite par juxtaposition), R est un *anneau* si les axiomes suivants sont valides :

[R_1] Pour tout a, b, $c \in R$ nous avons $(a+b)+c = a+(b+c)$.

[R_2] Il existe un élément $0 \in R$, appelé *élément nul*, tel que $a+0 = 0+a = a$, quel que soit $a \in R$.

[R_3] Pour tout $a \in R$, il existe un élément $-a \in R$, appelé *symétrique* de a, tel que $a+(-a) = (-a)+a = 0$.

[R_4] Pour tout a, $b \in R$, nous avons $a+b = b+a$.

[R_5] Pour tout a, b, $c \in R$, nous avons $(ab)c = a(bc)$.

[R_6] Pour tout a, b, $c \in R$, nous avons :

$$\text{(i) } a(b+c) = ab+ac, \quad \text{et} \quad \text{(ii) } (b+c)a = ba+ca$$

On observe que les axiomes de [R_1] à [R_4] peuvent être résumés en disant que R, muni de l'addition est un groupe abélien.

La soustraction est définie dans R par $a-b \equiv a+(-b)$.

On peut montrer (voir le problème 9.22) que $a \cdot 0 = 0 \cdot a = 0$ pour tout $a \in R$.

R est un *anneau commutatif* si $ab = ba$ pour tout a, $b \in R$. On dit également que R est un *anneau avec un élément neutre* s'il existe un élément non nul $1 \in R$ tel que $a \cdot 1 = 1 \cdot a = a$, pour tout $a \in R$.

Un sous-ensemble non vide J de l'anneau R est un *idéal* dans R si : (i) $a-b \in J$ pour tout a, $b \in J$ et (ii) ra, $ar \in J$ pour tout $r \in R$, $a \in J$. J est donc un sous-anneau de R, mais également un sous-groupe (nécessairement normal) du groupe additif R. Ainsi, nous pouvons constituer une collection de classes suivant J

$$\{a+J : a \in R\}$$

qui forment une partition de R.

Théorème 9.7 : Soit J un idéal d'un anneau R, alors les classes $\{a+J : a \in R\}$ forment un anneau muni des opérations des classes

$$(a+J)+(b+J) = a+b+J \quad \text{et} \quad (a+J)(b+J) = ab+J$$

cet anneau est noté R/J et appelé *anneau quotient.*

Maintenant si R est un anneau commutatif avec un élément neutre, pour tout $a \in R$, l'ensemble $(a) = \{ra : r \in R\}$ est un idéal; c'est l'*idéal principal* généré par a. Si tout idéal dans R est un idéal principal, alors R est un *anneau idéal principal.*

Un élément non nul a dans un anneau commutatif R est un *diviseur de zéro* s'il existe un élément non nul b tel que $ab = 0$.

Définition : Un anneau commutatif R avec un élément neutre, sans diviseur de zéro, est un *domaine d'intégrité*, c'est-à-dire que $ab = 0$ implique $a = 0$ ou $b = 0$.

Définition : Un anneau commutatif R, avec un élément neutre 1 (différent de zéro), est un *corps* si tout élément non nul $a \in R$ a un inverse multiplicatif, c'est-à-dire qu'il existe un élément $a^{-1} \in R$ tel que $aa^{-1} = a^{-1}a = 1$.

Un corps est nécessairement un domaine d'intégrité car, si $ab = 0$ et $a \neq 0$, alors

$$b = 1 \cdot b = a^{-1}ab = a^{-1} \cdot 0 = 0$$

On remarque qu'un corps peut être considéré comme un anneau commutatif dans lequel les éléments non nuls forment un groupe muni de la multiplication.

EXEMPLE 9.8.

(*a*) L'ensemble **Z** des entiers munis de l'addition et de la multiplication est un exemple classique de domaine d'intégrité (avec un élément neutre). Tout idéal J dans **Z** est un idéal principal, c'est-à-dire que $J = (m)$ pour un certain entier m. L'anneau quotient $\mathbf{Z}_m = \mathbf{Z}/(m)$ est appelé *anneau des entiers modulo m*. Si m est premier, alors $\mathbf{Z}_m$ est un corps. D'un autre point de vue, si m n'est pas premier alors $\mathbf{Z}_m$ a des diviseurs de zéro. Par exemple, dans l'anneau $\mathbf{Z}_6$ nous avons

$$\bar{2} \cdot \bar{3} = \bar{0} \quad \text{mais} \quad \bar{2} \neq \bar{0} \quad \text{et} \quad \bar{3} \neq \bar{0}$$

(*b*) Les nombres rationnels **Q** et les réels **R** munis de l'addition et de la multiplication, forment chacun un corps.

(*c*) Si **C** représente un ensemble de paires ordonnées de nombres réels muni de l'addition et de la mutiplication définies par

$$(a,b) + (c,d) = (a + c,\ b + d)$$
$$(a,b) \cdot (c,d) = (ac - bd,\ ad + bc)$$

Alors **C** a toutes les propriétés d'un corps. En fait **C** est le corps des nombres complexes.

(*d*) L'ensemble M des matrices 2×2 à coefficients réels, muni de l'addition et de la multiplication matricielle, forme un anneau non commutatif avec des diviseurs de zéro.

(*e*) Soit R un anneau quelconque, l'ensemble $R[x]$ de tous les polynômes, muni de l'addition et de la multiplication des polynômes, forme un anneau. De plus, si R est un domaine d'intégrité, alors $R[x]$ l'est également.

Soit D un domaine d'intégrité, on dit que b *divise* a dans D si $a = bc$ pour un $c \in D$ quelconque. Un élément $u \in D$ est appelé *unité* si u divise 1, c'est-à-dire que u admet un inverse multiplicatif. Un élément $b \in D$ est dit *associé* de $a \in D$ si $b = ua$ pour un $u \in D$ quelconque. Un élément non unité $p \in D$ est dit *irréductible* si $p = ab$ implique que a ou b est une unité.

Un domaine d'intégrité D est un *domaine de factorisation unique* si tout élément non unité $a \in D$ peut être écrit de manière unique comme un produit d'éléments irréductibles.

EXEMPLE 9.9.

(*a*) L'anneau **Z** des entiers est un exemple de domaine de factorisation unique. Les unités sont 1 et -1. Les seuls associés de $n \in \mathbf{Z}$ sont n et $-n$. Les élément irréductibles de **Z** sont les nombres premiers.

(*b*) L'ensemble $D = \{a + b\sqrt{13} : a, b \text{ entiers}\}$ est un domaine d'intégrité. Les unités de D sont ± 1, $18 \pm 5\sqrt{13}$ et $-18 \pm 5\sqrt{13}$. Les éléments 2, $3 - \sqrt{13}$ et $-3 - \sqrt{13}$ sont irréductibles dans D. On observe que $4 = 2 \cdot 2 = (3 - \sqrt{13})(-3 - \sqrt{13})$. Ainsi D n'est pas un domaine de factorisation unique (voir le problème 9.81).

Problèmes résolus

OPÉRATIONS ET SEMI-GROUPES

9.1 Etant donnés l'ensemble **N** des entiers positifs, et l'opération de recherche du plus petit commun multiple (ppcm) notée $*$,

(*a*) Trouver $4 * 6$, $3 * 5$, $9 * 18$ et $1 * 6$.

(*b*) Est-ce que $(\mathbf{N},*)$ forme un semi-groupe ? Est-il commutatif ?

(*c*) Trouver l'élément neutre de $*$.

(*d*) Quels sont, s'il y en a, les éléments de **N** ayant des inverses, et quels sont ces derniers ?

(*a*) Puisque $x * y$ signifie le plus petit commun multiple de x et y, nous avons :

$$4 * 6 = 12 \qquad 3 * 5 = 15 \qquad 9 * 18 = 18 \qquad 1 * 6 = 6$$

(*b*) On démontre, en théorie des nombres, que $(a * b) * c = a * (b * c)$, c'est-à-dire que l'opération ppcm est associative, et que $a * b = b * a$, c'est-à-dire qu'elle est commutative. Donc $(\mathbf{N},*)$ est un semi-groupe commutatif.

(*c*) L'entier 1 est l'élément neutre puisque le ppcm de 1 et de tout autre entier positif a est a, c'est-à-dire que $1 * a = a * 1 = a$ quel que soit $a \in \mathbf{N}$.

(*d*) Puisque le ppcm $(a,b) = 1$, si et seulement si $a = 1$ et $b = 1$, le seul entier ayant un inverse est 1 qui est son propre inverse.

9.2 Etant donnés l'ensemble $\mathbf{Q}$ des nombres rationnels, et l'opération $*$ dans $\mathbf{Q}$ définie par

$$a * b = a + b - ab$$

(*a*) Trouver $3 * 4$, $2 * (-5)$ et $7 * (1/2)$.

(*b*) Est-ce que $(\mathbf{Q},*)$ est un semi-groupe ? Est-il commutatif ?

(*c*) Trouver l'élément neutre de $*$.

(*d*) Quels sont, s'il y en a, les éléments de $\mathbf{Q}$ ayant des inverses ? Quels sont ces derniers ?

(*a*) $3 * 4 = 3 + 4 - 3 \cdot 4 = 3 + 4 - 12 = -5$

$2 * (-5) = 2 + (-5) - 2 \cdot (-5) = 2 - 5 + 10 = 7$

$7 * (1/2) = 7 + (1/2) - 7(1/2) = 4$

(*b*) Nous avons

$$\begin{aligned} (a * b) * c &= (a + b - ab) * c \\ &= (a + b - ab) + c - (a + b - ab)c \\ &= a + b - ab + c - ac - bc + abc \\ &= a + b + c - ab - ac - bc + abc \end{aligned}$$

$$\begin{aligned} a * (b * c) &= a * (b + c - bc) \\ &= a + (b + c - bc) - a(b + c - bc) \\ &= a + b + c - bc - ab - ac + abc \end{aligned}$$

Donc $*$ est associative et $(\mathbf{Q},*)$ est un semi-groupe. De plus,

$$a * b = a + b - ab = b + a - ba = b * a$$

en conséquence, $(\mathbf{Q},*)$ est un semi-groupe commutatif.

(*c*) Un élément e est un élément neutre si $a * e = a$ quel que soit $a \in \mathbf{Q}$. Le calcul est le suivant :

$$a * e = a, \; a + e - ae = a, \; e - ea = 0, \; e(1 - a) = 0, \; e = 0$$

donc 0 est l'élément neutre.

(*d*) Pour que a ait un inverse x, il faut que $a * x = 0$, puisque 0 est l'élément neutre. Le calcul est le suivant :

$$a * x = 0 = a + x - ax, \; a = ax - x, \; a = x(a - 1), \; x = a/(a - 1)$$

Ainsi, si $a \neq 1$, a a un inverse qui est $a/(a - 1)$.

9.3 Soit S un semi-groupe avec un élément neutre e, et soient b et b' les inverses de a. Montrer que $b = b'$, c'est-à-dire que les inverses, s'ils existent, sont uniques.

Nous avons :

$$b * (a * b') = b * e = b \quad \text{et} \quad (b * a) * b' = e * b' = b'$$

Puisque S est associatif, $(b * a) * b' = b * (a * b')$, donc $b = b'$

9.4 Etablir si les sous-ensembles suivants de l'ensemble des entiers positifs **N**, sont ou non stables pour la multiplication :

(*a*) $A = \{0,1\}$
(*b*) $B = \{1,2\}$
(*c*) $C = \{x : x \text{ est premier}\}$
(*d*) $D = \{2,4,6,\ldots\} = \{x : x \text{ est pair}\}$
(*e*) $E = \{1,3,5,\ldots\} = \{x : x \text{ est impair}\}$
(*f*) $F = \{2,4,8,\ldots\} = \{x : x = 2^n, n \in \mathbf{N}\}$

(*a*) Nous avons :

$$0 \cdot 0 = 0, \ 0 \cdot 1 = 0, \ 1 \cdot 0 = 0 \quad \text{et} \quad 1 \cdot 1 = 1$$

donc A est stable pour la multiplication.

(*b*) Puisque $2 \cdot 2 = 4$, qui n'appartient pas à B, B n'est pas stable pour la multiplication.

(*c*) 2 et 3 sont premiers, mais $2 \cdot 3 = 6$ n'est pas premier, donc C n'est pas stable pour la multiplication.

(*d*) Le produit de nombres pairs est pair, donc D est stable pour la multiplication.

(*e*) Le produit de nombres impairs est impair, donc E est stable pour la multiplication.

(*f*) Puisque $2^r \cdot 2^s = 2^{r+s}$, F est stable pour la multiplication.

9.5 Etablir si les ensembles du problème précédent, munis de l'addition, sont stables ou non.

Puisque la somme de deux entiers pairs est paire, l'ensemble D est stable pour l'addition. Ce n'est pas le cas des autres ensembles :

$$1+1=2 \notin A \qquad 1+3=4 \notin E$$
$$1+2=3 \notin B \qquad 2+4=6 \notin F$$
$$3+5=8 \notin C$$

LANGAGES ET GRAMMAIRES

9.6 Supposons qu'une grammaire G ait les productions suivantes :

(*a*) $S \to aA, \ A \to aAB, \ B \to b, \ A \to a$

(*b*) $S \to aAB, \ AB \to bB, \ B \to b, \ A \to aB$

(*c*) $S \to aAB, \ AB \to c, \ A \to b, \ B \to AB$

(*d*) $S \to aB, \ B \to bA, \ B \to b, \ B \to a, \ A \to aB, \ A \to a$

Quel est le type de G?

(*a*) Puisque chaque production est de la forme $A \to \alpha$, c'est-à-dire qu'une variable est à gauche, G est hors contexte, il s'agit d'une grammaire de type 2.

(*b*) Chaque production est de la forme $\alpha A \beta \to \alpha\gamma\beta$, c'est-à-dire que l'on peut remplacer la variable A par γ pourvu que A soit entre α et β. Par exemple, dans la deuxième production, on peut remplacer A par b seulement si A est suivi de B. En conséquence, G est du type 1.

(*c*) La production $AB \to c$ signifie que G est de type 0.

(*d*) G est régulière ou de type 3 puisque chaque production est de la forme $A \to a$ ou $A \to aB$.

9.7 Soit une grammaire G hors contexte avec les productions suivantes :

$$S \to aAB, \ A \to Bba, \ B \to bB, \ B \to c$$

Le mot $M = acbabc$ peut être obtenu à partir de S comme suit :

$$S \Rightarrow aAB \Rightarrow a(Bba)B \Rightarrow acbaB \Rightarrow acba(bB) \Rightarrow acbabc$$

Dessiner l'*arbre des dérivations* de M.

L'arbre des dérivations est l'arborescence ordonnée de la figure 9-2(e). On remarque que S est la racine de l'arbre et que les feuilles ordonnées forment le mot M. Les extrémités des branches qui ne sont pas des feuilles sont des variables, par exemple A, qui ont pour successeurs immédiats des mots, par exemple a où $A \to a$ est une production de G. La figure 9-2 montre la construction de cet arbre. (Cette technique n'est applicable qu'aux grammaires de type 2 et 3.)

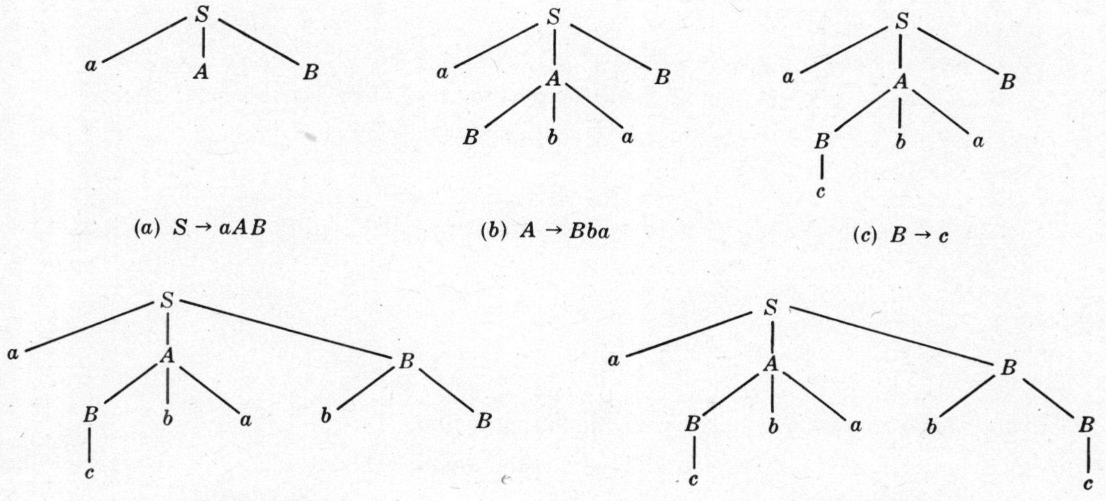

(a) $S \to aAB$ (b) $A \to Bba$ (c) $B \to c$ (d) $B \to bB$ (e) $B \to c$

Fig. 9-2

9.8 Trouver le langage $L(G)$ généré par la grammaire G avec les variables S, A, B, les extrémités a, b et les productions $S \to aB$, $B \to b$, $B \to bA$, $A \to aB$.

Quel est le type du langage $L(G)$?

On remarque que l'on ne peut utiliser la première production qu'au départ, puisque le symbole S n'apparaît qu'une fois. On ne peut également obtenir un mot terminal qu'en utilisant la deuxième production, les autres productions ajoutent alternativement a et b. En d'autres termes

$$L(G) = \{(ab)^n = ababab\ldots ab : n \in \mathbf{N}\}$$

$L(G)$ est de type 3, c'est-à-dire régulier puisque les productions dans la grammaire sont de la forme $A \to a$ ou $A \to aB$.

9.9 Etant donné l'ensemble L de tous les mots construits avec a et b ayant un nombre pair de a, trouver une grammaire régulière G qui génère L (Comparer avec le problème 7.7).

Nous affirmons que la grammaire G avec les productions suivantes génère L :

$$S \to aA,\ S \to bB,\ B \to bB,\ B \to aA,\ A \to aB,\ A \to bA,\ A \to a,\ B \to b$$

Observer que la somme des a et A dans n'importe quel mot α soit reste constante, soit est augmentée de 2 quand une quelconque production est appliquée à α. Ainsi, tout mot M de terminaux a et b qui dérive de S doit contenir un nombre pair de a. En d'autres termes $L(G) \subset L$. D'un autre point de vue, il est clair que les productions seront utilisées pour former n'importe quel mot V dans L ; c'est-à-dire que nous utilisons $S \to aA$ ou $S \to bB$ suivant que V commence par a ou b, et que nous utilisons $A \to aB$ ou $B \to aA$ si la lettre qui suit est un a, et $A \to bA$ ou $B \to bB$ si la lettre qui suit est un b. Pour la dernière lettre de V nous utilisons $A \to a$ ou $B \to b$. Ainsi $L(G) = L$.

9.10 Soient les deux langages suivants de lettres a et b :

$$L = \{a^r b^s : r, s > 0\} \quad \text{et} \quad L' = \{a^n b^n : n > 0\}$$

Remarquer que les deux langages sont formés de mots qui commencent par a et se terminent par b, mais dans L' le nombre de a est égal au nombre de b.

(a) Trouver une grammaire G régulière qui génère L.

(b) Trouver une grammaire G' hors contexte qui génère L'.

(a) Il est clair que la grammaire G avec les productions suivantes génère L :

$$S \to aA,\ A \to aA,\ A \to b,\ A \to bB,\ B \to bB,\ B \to b$$

Remarquer que G est régulière.

(b) Il est clair que la grammaire G' avec les productions suivantes génère L' :

$$S \to ab,\ S \to aSb$$

Remarquer que G' est hors contexte. Nous ne démontrerons pas que L' n'est pas un langage régulier, car cela dépasse l'objet de cet ouvrage.

GROUPES

9.11 Etant donné le groupe symétrique S_3 de l'exemple 9.4,

(a) Trouver l'ordre et le groupe généré par chaque élément de S_3 (Utiliser la table de multiplication de S_3 de l'exemple 9.4.)

(b) Trouver tous les sous-groupes de S_3.

(c) Soit $A = \{\sigma_1, \sigma_2\}$ et $B = \{\phi_1, \phi_2\}$, trouver AB, $\sigma_3 A$ et $A\sigma_3$.

(d) Soit $H = gp(\sigma_1)$ et $K = gp(\sigma_2)$, montrer que HK n'est pas un sous-groupe de G (comparer au problème 9.20).

(e) S_3 est-il cyclique ?

(a) $\varepsilon^1 = \varepsilon$, donc $|\varepsilon| = 1$ et $gp(\varepsilon) = \{\varepsilon\}$. $\sigma_1^1 = \sigma_1$, $\sigma_1^2 = \varepsilon$; donc $|\sigma_1| = 2$ et $gp(\sigma_1) = \{\sigma_1, \varepsilon\}$. De même, $|\sigma_2| = 2$, $gp(\sigma_2) = \{\sigma_2, \varepsilon\}$; et $|\sigma_3| = 2$, $gp(\sigma_3) = \{\sigma_3, \varepsilon\}$. D'après l'exemple 9.6($c$) $|\phi_1| = 3$, et $gp(\phi_1) = \{\varepsilon, \phi_1, \phi_2\}$. De plus, $\phi_2^1 = \phi_2$, $\phi_2^2 = \phi_1$, $\phi_2^3 = \phi_1 \cdot \phi_2 = \varepsilon$; donc $|\phi_2| = 3$ et $gp(\phi_2) = \{\varepsilon, \phi_2, \phi_1\}$.

(b) Tout d'abord, $H_1 = \{\varepsilon\}$ et $H_2 = S_3$ sont des sous-groupes de S_3. Tout autre sous-groupe de S_3 doit avoir un ordre 2 ou 3 puisque son ordre doit diviser $|S_3| = 6$. Puisque 2 et 3 sont des nombres premiers, ces sous-groupes doivent être cycliques (problème 9.52) et doivent donc figurer en (a). Ainsi les autres sous-groupes de S_3 sont

$$H_3 = \{\varepsilon, \sigma_1\},\ H_4 = \{\varepsilon, \sigma_2\},\ H_5 = \{\varepsilon, \sigma_3\},\ H_6 = \{\varepsilon, \phi_1, \phi_2\}$$

En conséquence, S_3 a six sous-groupes.

(c) En multipliant chaque élément de A par chaque élément de B nous obtenons :

$$\sigma_1\phi_1 = \sigma_2,\ \sigma_1\phi_2 = \sigma_3,\ \sigma_2\phi_1 = \sigma_3,\ \sigma_2\phi_2 = \sigma_1$$

Ainsi $AB = \{\sigma_1, \sigma_2, \sigma_3\}$.

Le produit de σ_3 par chaque élément de A donne :

$$\sigma_3\sigma_1 = \phi_1,\ \sigma_3\sigma_2 = \phi_2, \quad \text{donc} \quad \sigma_3 A = \{\phi_1, \phi_2\}$$

Le produit de chaque élément de A par σ_3 donne :

$$\sigma_1\sigma_3 = \phi_2,\ \sigma_2\sigma_3 = \phi_1, \quad \text{donc} \quad A\sigma_3 = \{\phi_1, \phi_2\}$$

(*d*) $H = \{\varepsilon,\sigma_1\}, K = \{\varepsilon,\sigma_2\}$ donc $HK = \{\varepsilon,\sigma_1,\sigma_2,\phi_1\}$ qui n'est pas un sous-groupe de S_3 puisque HK a quatre éléments.

(*e*) S_3 n'est pas cyclique puisqu'il n'est généré par aucun de ses éléments.

9.12 Etant donné le groupe $G = \{1,2,3,4,5,6\}$ muni de la multiplication modulo 7.

(*a*) Trouver la table de multiplication de G.

(*b*) Trouver 2^{-1}, 3^{-1}, 6^{-1}.

(*c*) Trouver les ordres et les sous-groupes générés par 2 et 3.

(*d*) G est-il cyclique ?

(*a*) Pour trouver $a*b$ dans G, il faut trouver le reste du produit ab divisé par 7. Par exemple, $5\cdot 6 = 30$ divisé par 7 conduit à un reste de 2, donc $5 * 6 = 2$ dans G. La table de multiplication de G est donc :

*	1	2	3	4	5	6
1	1	2	3	4	5	6
2	2	4	6	1	3	5
3	3	6	2	5	1	4
4	4	1	5	2	6	3
5	5	3	1	6	4	2
6	6	5	4	3	2	1

(*b*) L'élément neutre de G est 1, et l'inverse a^{-1} est l'élément de G tel que $aa^{-1} = 1$, ainsi $2^{-1} = 4$, $3^{-1} = 5$ et $6^{-1} = 6$.

(*c*) Nous avons $2^1 = 2$, $2^2 = 4$ mais $2^3 = 1$, ainsi $|2| = 3$ et $gp(2) = \{1,2,4\}$. Nous avons $3^1 = 3$, $3^2 = 2$, $3^3 = 6$, $3^4 = 4$, $3^5 = 5$, $3^6 = 1$, ainsi $|3| = 6$ et $gp(3) = G$.

(*d*) G est cyclique car $G = gp(3)$.

9.13 Démontrer le théorème 9.3 : Soit H un sous-groupe du groupe G, les classes à droite Ha forment une partition de G.

Puisque $e \in H$, $a = ea \in Ha$, ainsi tout élément appartient à une classe. En fait, $a \in Ha$. Supposons maintenant que Ha et Hb ne soient pas disjoints, disons que $c \in Ha \cap Hb$. La preuve sera complète si nous montrons que $Ha = Hb$.

Puisque c appartient à la fois à Ha et Hb, nous avons $c = h_1a$ et $c = h_2b$ où $h_1,h_2 \in H$. Alors $h_1a = h_2b$ et ainsi $a = h_1^{-1}h_2b$. Soit $x \in Ha$, alors

$$x = h_3a = h_3h_1^{-1}h_2b$$

où $h_3 \in H$. Puisque H est un sous-groupe, $h_3h_1^{-1}h_2 \in H$, ainsi $x \in Hb$. Puisque x était n'importe quel élément de Ha, nous avons $Ha \subset Hb$. De même, $Hb \subset Ha$. Les deux conclusions impliquent $Ha = Hb$ et le théorème est démontré.

9.14 Soit H un sous-groupe fini de G, montrer que H et toute classe Ha ont le même nombre d'éléments.

Soit $H = \{h_1,h_2,\ldots,h_k\}$ où H a k éléments, alors $Ha = \{h_1a,h_2a,\ldots,h_ka\}$. Toutefois, $h_ia = h_ja$ implique $h_i = h_j$, ainsi les k éléments listés dans Ha sont distincts. Alors H et Ha ont le même nombre d'éléments.

9.15 Démontrer le théorème 9.4 (Lagrange) : Soit H un sous-groupe du groupe G, alors l'ordre de H divise l'ordre de G.

Supposons que H ait r éléments et qu'il y ait s classes à droite,

$$Ha_1,Ha_2,\ldots,Ha_s$$

En vertu du théorème 9.3, les classes suivant H forment une partition de G et d'après le problème 9.14 chaque classe a r éléments. En conséquence G a rs éléments, de sorte que l'ordre de H divise l'ordre de G.

9.16 Supposons que $f : G \to G'$ soit un homomorphisme de groupes.
Démontrer $(a) f(e) = e'$, et $(b) f(a^{-1}) = f(a)^{-1}$.

(a) Puisque $e = ee$ et que f est un homomorphisme, nous avons

$$f(e) = f(ee) = f(e)f(e)$$

La multiplication de chaque membre par $f(e)^{-1}$ donne notre résultat.

(b) En utilisant le résultat ci-dessus et le fait que $aa^{-1} = a^{-1}a = e$, nous avons

$$e' = f(e) = f(aa^{-1}) = f(a)f(a^{-1}) \quad \text{et} \quad e' = f(e) = f(a^{-1}a) = f(a^{-1})f(a)$$

Ainsi, $f(a^{-1})$ est l'inverse de $f(a)$, c'est-à-dire que $f(a^{-1}) = f(a)^{-1}$.

9.17 Démontrer le théorème 9.6 : Si $f : G \to G'$ est un homomorphisme de noyau K, ce dernier est un sous-groupe normal de G, et le groupe quotient G/K est isomorphe de l'image de f.

Preuve que K est normal. En raison du problème 9.16, $f(e) = e'$, donc $e \in K$. Supposons que a, $b \in K$ et $g \in G$, alors $f(a) = e'$ et $f(b) = e'$. En conséquence

$$\begin{aligned} f(ab) &= f(a)\,f(b) = e'e' = e' \\ f(a^{-1}) &= f(a)^{-1} = e'^{-1} = e' \\ f(gag^{-1}) &= f(g)\,f(a)\,f(g^{-1}) = f(g)e'\,f(g)^{-1} = e' \end{aligned}$$

Donc ab, a^{-1} et gag^{-1} appartiennent à K et K est un sous-groupe normal.

Preuve que $G/K \cong H$, où H est l'image de f. Soit $\phi : G/K \to H$ définie par

$$\phi(Ka) = f(a)$$

Nous montrons que ϕ est bien définie, c'est-à-dire que, si $Ka = Kb$ alors $\phi(Ka) = \phi(Kb)$. Supposons que $Ka = Kb$, alors $ab^{-1} \in K$ (problème 9.48), et $f(ab^{-1}) = e'$. Ce qui conduit à

$$f(a)f(b)^{-1} = f(a)f(b^{-1}) = f(ab^{-1}) = e'$$

et $f(a) = f(b)$, de sorte que $\phi(Ka) = \phi(Kb)$. Ainsi ϕ est bien définie. Montrons maintenant que ϕ est un homomorphisme :

$$\phi(KaKb) = \phi(Kab) = f(ab) = f(a)f(b) = \phi(Ka)\phi(Kb)$$

Ainsi ϕ est un homomorphisme. Il faut montrer que ϕ est injective. Supposons que $\phi(Ka) = \phi(Kb)$, alors

$$f(a) = f(b) \quad \text{ou} \quad f(a)f(b)^{-1} = e' \quad \text{ou} \quad f(a)f(b^{-1}) = e' \quad \text{ou} \quad f(ab^{-1}) = e'$$

Ainsi, $ab^{-1} \in K$ et en raison du problème 9.48 nous avons $Ka = Kb$. Ainsi ϕ est injective. Il faut montrer que ϕ est surjective. Si $h \in H$, H étant l'image de f, il existe $a \in G$ tel que $f(a) = h$. Ainsi $\phi(Ka) = f(a) = h$, donc ϕ est surjective, et $G/K \cong H$, c.q.f.d.

9.18 Soient un groupe G et $g \in G$. On définit une fonction $\hat{g} : G \to G$ par $\hat{g}(x) = gxg^{-1}$. Montrer que $\hat{g}$ est un isomorphisme de G sur G, c'est-à-dire, montrer que (a) $\hat{g}$ est un homomorphisme. (b) $\hat{g}$ est injective. (c) $\hat{g}$ est surjective.

(a) Nous avons $\hat{g}(xy) = gxyg^{-1} = (gxg^{-1})(gyg^{-1}) = \hat{g}(x)\hat{g}(y)$. Donc g est un homomorphisme

(b) Supposons que $\hat{g}(x) = \hat{g}(y)$. Alors $gxg^{-1} = gyg^{-1}$. Après simplification, $x = y$. Ainsi $\hat{g}$ est injective.

(c) Supposons que $z \in G$. Alors $\hat{g}(g^{-1}zg) = gg^{-1}zgg^{-1} = z$. Donc $\hat{g}$ est surjective.

9.19 Démontrer que tout sous-groupe d'un groupe G cyclique est cyclique.

Puisque G est cyclique, il y a un élément a dans G tel que $G = gp(a)$. Soit H un sous-groupe de G, si $H = \{e\}$ alors $H = gp(e)$ et H est cyclique. Dans le cas contraire, H contient une puissance non nulle de a. Puisque H est un sous-groupe, il doit être stable pour les inverses et doit donc contenir des puissances positives de a. Soit m la plus petite de ces puissances telle que a^m appartient à H. Nous affirmons que $b = a^m$ génère H. Soit x un autre élément de H, puisque x appartient à G, nous avons $x = a^n$ pour un entier n quelconque. En divisant n par m, nous obtenons un quotient q et un reste r, c'est-à-dire :

$$n = mq + r$$

où $0 \leq r < m$. Alors

$$a^n = a^{mq+r} = a^{mq} \cdot a^r = b^q \cdot a^r \quad \text{donc} \quad a^r = b^{-q}a^n$$

Mais $a^n, b \in H$. Puisque H est un sous-groupe, $b^{-q}a^n \in H$, ce qui signifie que $a^r \in H$. Toutefois, m est la plus petite puissance positive de a appartenant à H, donc $r = 0$ et $a^n = b^q$. Ainsi b génère H et H est cyclique.

9.20 Etant donnés un sous-groupe H et un sous-groupe normal K du groupe G, démontrer que HK est un sous-groupe de G.

Nous devons démontrer que $e \in HK$ et que HK est stable pour la multiplication et les inverses. Puisque H et K sont des sous-groupes, $e \in H$ et $e \in K$, donc $e = e.e$ appartient à HK. Supposons que x, $y \in HK$, donc $x = h_1k_1$ et $y = h_2k_2$ où h_1, $h_2 \in H$ et k_1, $k_2 \in K$.

Alors

$$xy = h_1k_1h_2k_2 = h_1h_2(h_2^{-1}k_1h_2)k_2$$

Puisque K est normal, $h_2^{-1}k_1h_2 \in K$, et puisque H et K sont des sous-groupes, $h_1h_2 \in H$ et $(h_2^{-1}k_2h_2)k_2 \in K$. Ainsi $xy \in HK$ et HK est stable pour la multiplication. Nous avons également

$$x^{-1} = (h_1k_1)^{-1} = k_1^{-1}h_1^{-1} = h_1^{-1}(h_1k_1^{-1}h_1^{-1})$$

Puisque K est un sous-groupe normal $h_1k_1^{-1}h_1^{-1}$ appartient à K, de même h_1^{-1} appartient à H. Donc $x^{-1} \in HK$ et HK est stable pour les inverses. En conséquence, HK est un sous-groupe.

ANNEAUX, DOMAINES D'INTÉGRITÉ ET CORPS

9.21 Etant donné l'anneau $\mathbf{Z}_{10} = \{0,1,2,\ldots,9\}$ des entiers modulo 10,

(a) Trouver les unités de $\mathbf{Z}_{10}$.

(b) Trouver -3, -8 et 3^{-1}.

(c) Trouver les racines de $f(x) = 2x^2 + 4x + 4$, dans $\mathbf{Z}_{10}$.

(a) En raison du problème 9.71, les entiers premiers relatifs du coefficient $m = 10$ sont les unités de $\mathbf{Z}_{10}$, il s'agit donc de 1, 3, 7 et 9.

(b) Dans un anneau R, $-a$ représente un élément tel que $a + (-a) = (-a) + a = 0$. Donc $-3 = 7$ puisque $3 + 7 = 7 + 3 = 0$ dans $\mathbf{Z}_{10}$. De même, $-8 = 2$. La notation a^{-1} représente un élément tel que $a \cdot a^{-1} = a^{-1} \cdot a = 1$. Donc $3^{-1} = 7$ puisque $3 \cdot 7 = 7 \cdot 3 = 1$ dans $\mathbf{Z}_{10}$.

(c) On remplace x par chaque élément de $\mathbf{Z}_{10}$ dans $f(x)$ pour voir ceux qui conduisent à un résultat nul.

$$\begin{array}{lllll} f(0) = 4, & f(2) = 0, & f(4) = 2, & f(6) = 0, & f(8) = 4 \\ f(1) = 0, & f(3) = 4, & f(5) = 4, & f(7) = 0, & f(9) = 2 \end{array}$$

Les racines sont 1, 2, 6 et 7. (Cet exemple montre qu'un polynôme de degré n peut avoir plus de n racines dans un anneau arbitraire. Cela ne peut se produire si l'anneau est un corps.)

9.22 Démontrer que dans un anneau R nous avons :

(i) $a \cdot 0 = 0 \cdot a = 0$, (ii) $a(-b) = (-a)b = -ab$, (iii) $(-1)a = -a$ si R a un élément neutre égal à 1.

(i) Puisque $0 = 0 + 0$ nous avons

$$a \cdot 0 = a(0+0) = a \cdot 0 + a \cdot 0$$

En ajoutant $-(a \cdot 0)$ aux deux termes, nous obtenons $0 = a \cdot 0$, de même $0 \cdot a = 0$.

(ii) En utilisant $b + (-b) = (-b) + b = 0$, nous avons

$$ab + a(-b) = a(b + (-b)) = a \cdot 0 = 0$$
$$a(-b) + ab = a((-b) + b) = a \cdot 0 = 0$$

Donc $a(-b)$ est l'opposé de ab, c'est-à-dire que $a(-b) = -ab$. De même, $(-a)b = -ab$.

(iii) Nous avons

$$a + (-1)a = 1 \cdot a + (-1)a = (1 + (-1))a = 0 \cdot a = 0$$
$$(-1)a + a = (-1)a + 1 \cdot a = ((-1) + 1)a = 0 \cdot a = 0$$

Donc $(-1)a$ est l'opposé de a, c'est-à-dire que $(-1)a = -a$.

9.23 Dans un domaine d'intégrité D, montrer que si $ab = ac$ avec $a \neq 0$ alors $b = c$.

Puisque $ab = ac$ nous avons

$$ab - ac = 0 \quad \text{donc} \quad a(b-c) = 0$$

Puisque $a \neq 0$, nous devons avoir $b - c = 0$, D n'ayant pas de diviseur de zéro. Donc $b = c$.

9.24 Supposons que J et K soient idéaux dans l'anneau R, démontrer que $J \cap K$ est idéal dans R.

Puisque J et K sont idéaux, $0 \in J$ et $0 \in K$, donc $0 \in J \cap K$. Si a, $b \in J \cap K$ et $r \in R$, nous avons a, $b \in J$ et a, $b \in K$. Puisque J et K sont idéaux,

$$a - b, ra, ar \in J \quad \text{et} \quad a - b, ra, ar \in K$$

Ainsi $a - b$, ra, $ar \in J \cap K$, donc $J \cap K$ est un idéal.

9.25 Soit J un idéal dans l'anneau R avec un élément neutre 1. Démontrer que :

(a) Si $1 \in J$, alors $J = R$. (b) Si toute unité $u \in J$ alors $J = R$.

(a) Si $1 \in J$ alors pour tout $r \in R$ nous avons $r \cdot 1 \in J$ ou $r \in J$, donc $J = R$.

(b) Si $u \in J$ alors $u^{-1} \cdot u \in J$ ou $1 \in J$, donc $J = R$ en raison de (a).

9.26 Démontrer que (a) un domaine d'intégrité fini D est un corps.

(b) $\mathbf{Z}_p$ est un corps si p est un nombre premier.

(c) (Fermat) si p est premier, alors $a^p \equiv a \pmod p$ pour tout entier a.

(a) Supposons que D ait n éléments, par exemple $D = \{a_1, a_2, \ldots, a_n\}$. Soit a n'importe quel élément non nul de D. Considérons les n éléments

$$aa_1, aa_2, \ldots, aa_n$$

Puisque $a \neq 0$, nous avons $aa_i = aa_j$ implique que $a_i = a_j$ (problème 9.23). Ainsi les n éléments ci-dessus sont distincts, et forment un réarrangement des éléments de D. L'un d'entre eux, disons aa_k doit être égal à l'élément neutre 1 de D, soit $aa_k = 1$. Ainsi a_k est l'inverse de a. Puisque a est un élément non nul de D, nous voyons que D est un corps.

(b) Nous rappelons que $\mathbf{Z}_p = \{0, 1, 2, \ldots, p-1\}$. Nous montrons que $\mathbf{Z}_p$ n'a pas de diviseur de zéro. Supposons que $a * b = 0$ dans $\mathbf{Z}_p$, c'est-à-dire que $ab \equiv 0 \pmod p$. Ainsi p divise ab. Puisque p est premier, p divise a ou p divise b. Ainsi $a \equiv 0 \pmod p$ ou $b \equiv 0 \pmod p$, c'est-à-dire $a \equiv 0$ ou $b \equiv 0$ dans $\mathbf{Z}_p$. En conséquence, $\mathbf{Z}_p$ n'a pas de diviseur de zéro, et est donc un domaine d'intégrité. En raison de (a), $\mathbf{Z}_p$ est un corps.

(c) Si p divise a, alors $a \equiv 0 \pmod p$ et $a^p \equiv a \equiv 0 \pmod p$. Supposons que p ne divise pas a, donc a peut être considéré comme un élément non nul de $\mathbf{Z}_p$. Puisque $\mathbf{Z}_p$ est un corps, ses éléments non nuls forment un groupe G muni de la multiplication d'ordre $p-1$. En raison du problème 9.47(f), $a^{p-1} = 1$ dans $\mathbf{Z}_p$. En d'autres termes, $a^{p-1} \equiv 1 \pmod p$. En multipliant par a nous obtenons $a^p \equiv a \pmod p$ c.q.f.d.

Problèmes supplémentaires

OPÉRATIONS ET SEMI-GROUPES

9.27 Etant donnée $*$ l'opération sur les nombres réels définie par

$$a * b = a + b + 2ab$$

(*a*) Trouver $2 * 3$, $3 * (-5)$ et $7 * (1/2)$.

(*b*) Est-ce que $(R, *)$ forme un semi-groupe ? Est-il commutatif ?

(*c*) Trouver l'élément neutre.

(*d*) Quels éléments ont des inverses et quels sont-ils ?

9.28 Soit A un ensemble non vide muni de l'opération $*$ définie par $a * b = a$. En supposant que A ait plus d'un élément, (*a*) A est-il un semi-groupe ? (*b*) A est-il commutatif ? (*c*) A a-t-il un élément neutre ? (*d*) Quels sont les éléments, s'il y en a, qui ont des inverses et quels sont ces derniers ?

9.29 Etant donné $A = \{a, b\}$, trouver le nombre d'opérations sur A, et préciser celle qui n'est ni associative, ni commutative.

9.30 Soit S l'ensemble $\mathbf{Q} \times \mathbf{Q}$ des paires ordonnées de nombres rationnels, muni de l'opération $*$ définie par

$$(a, b) * (x, y) = (ax, ay + b)$$

(*a*) Trouver $(3, 4) * (1, 2)$ et $(-1, 3) * (5, 2)$

(*b*) Est-ce que S forme un semi-groupe ? Est-il commutatif ?

(*c*) Trouver l'élément neutre de S.

(*d*) Quels sont les éléments, s'il y en a, qui ont des inverses et quels sont ces derniers ?

9.31 Soit $A = \{\ldots, -9, -6, -3, 0, 3, 6, \ldots\}$ c'est-à-dire l'ensemble des entiers multiples de trois. A est-il stable pour (*a*) l'addition, (*b*) la multiplication, (*c*) la soustraction, (*d*) la division (sauf par zéro) ?

9.32 Trouver un ensemble A de trois nombres réels qui est stable pour (*a*) la multiplication, (*b*) l'addition.

9.33 Soient S un ensemble infini, A l'ensemble des parties finies de S et B l'ensemble des parties infinies de S.

(*a*) A est-il stable pour (*i*) l'union, (*ii*) l'intersection, (*iii*) la complémentation ?

(*b*) B est-il stable pour (*i*) l'union, (*ii*) l'intersection, (*iii*) la complémentation ?

9.34 Soit S un ensemble muni d'une opération $*$. Sachant que le produit de trois éléments peut être défini de deux manières, $(a * b) * c$ et $a * (b * c)$, (*a*) combien de produits de quatre éléments peuvent être définis ? (*b*) Démontrer que $*$ est associative quand le produit de n éléments, $a_1 * a_2 * \ldots * a_n$, est le même quelle que soit la place des parenthèses.

LANGAGES ET GRAMMAIRES

9.35 Etant donnés les mots $U = a^2ba^3b^2$ et $V = bab^2a$ dans $A = \{a, b\}$, trouver UV, VU et V^2.

9.36 Etant donnés un alphabet dénombrable $A = \{a_1, a_2, a_3, \ldots\}$ et B_k le sous-ensemble de mots de A tel que la somme des indices des lettres de chaque mot soit égale à k. Par exemple, $W = a_2a_3a_3a_6a_4$ appartient à B_{18} puisque $2 + 3 + 3 + 6 + 4 = 18$. (*a*) Trouver B_4. (*b*) Prouver que chaque B_k est fini. (*c*) Prouver que l'ensemble $W(A)$ de tous les mots dans A est dénombrable. (*d*) Démontrer que tout langage L dans A est dénombrable.

9.37 Trouver une grammaire régulière G qui génère le langage L qui consiste en tous les mots formés de a et b avec un seul b, tel que

$$L = \{b, a^rb, ba^s, a^rba^s : r, s > 0\}$$

9.38 Trouver une grammaire régulière G qui génère le langage L qui consiste en tous les mots formés de a et b tels qu'il n'y ait pas deux a consécutifs.

9.39 Trouver une grammaire régulière G qui génère le langage L qui consiste en tous les mots de la forme $a^r b^s c^t$; $r, s, t > 0$, c'est-à-dire que a est suivi de b qui est suivi de c.

9.40 Trouver une grammaire G hors contexte qui génère le langage L constitué de tous les mots formés de a et b avec deux fois plus de a que de b.

9.41 Etant données une grammaire hors contexte G avec les productions $S \to (a, aAS)$ et $A \to bS$, dessiner l'arborescence du mot $M = abaabaa$.

9.42 Soient une grammaire G hors contexte, et l'arborescence d'un mot M donnée par la figure 9-3, (a) trouver M. (b) Quels sont les terminaux, variables et productions que doit comporter G?

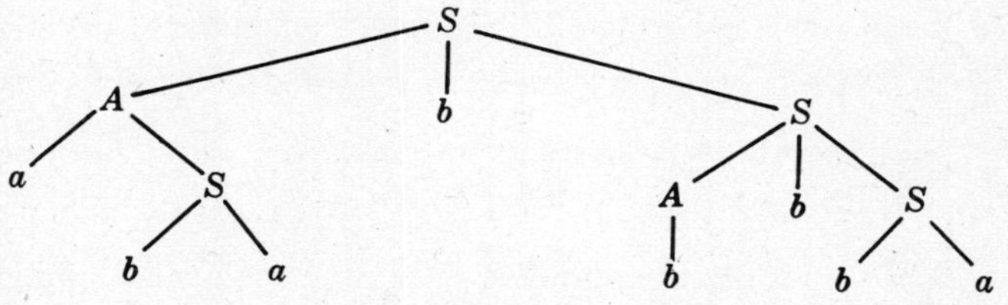

Fig. 9-3

GROUPES

9.43 Etant donnés $\mathbf{Z}_{20} = \{0, 1, \ldots, 19\}$ muni de l'addition modulo 20, et H le groupe généré par 5, trouver (a) les éléments et l'ordre de H, (b) les classes suivant H dans $\mathbf{Z}_{20}$.

9.44 Soit $G = \{1, 5, 7, 11, 13, 17\}$ muni de la multiplication modulo 18.

(a) Etablir la table de multiplication de G.

(b) Trouver 5^{-1}, 7^{-1} et 17^{-1}.

(c) Trouver l'ordre de (i) 5 et le groupe qu'il génère (ii) 13 et le groupe généré.

(d) G est-il cyclique?

9.45 Etant donné $G = \{1, 5, 7, 11\}$ muni de la multiplication modulo 12, (a) Trouver l'ordre de chaque élément (b) G est-il cyclique? (c) Trouver tous les sous-groupes.

9.46 Considérons le groupe symétrique S_4 (voir l'exemple 9.4). Soit

$$\alpha = \begin{pmatrix} 1 & 2 & 3 & 4 \\ 3 & 4 & 2 & 1 \end{pmatrix} \quad \text{et} \quad \beta = \begin{pmatrix} 1 & 2 & 3 & 4 \\ 2 & 4 & 3 & 1 \end{pmatrix}$$

(a) Trouver $\alpha\beta, \beta\alpha, \alpha^2$ et α^{-1}

(b) Donner les ordres de α, β et de $\alpha\beta$.

9.47 Démontrer les résultats suivants pour un groupe G :

(a) L'élément neutre e est unique.

(b) Chaque a de G a un inverse unique a^{-1}.

(c) $(a^{-1})^{-1} = a$, $(ab)^{-1} = b^{-1}a^{-1}$ et plus généralement, $(a_1 a_2 \ldots a_k)^{-1} = a_k^{-1} \ldots a_2^{-1} a_1^{-1}$.

(d) $ab = ac$ implique que $b = c$, $ba = ca$ implique que $b = c$.

(e) Pour tout entier r, s, nous avons $a^r a^s = a^{r+s}$ et $(a^r)^s = a^{rs}$

(f) $a^{|G|} = e$ quand G est fini.

(g) G est abélien si et seulement si $(ab)^2 = a^2 b^2$ pour tout $a, b \in G$.

9.48 Soit H un sous-groupe de G, démontrer que :

(a) $H = Ha$ si et seulement si $a \in H$. (b) $Ha = Hb$ si et seulement si $ab^{-1} \in H$.

9.49 Supposons que H soit un sous-ensemble d'un groupe G, montrer que H est un sous-groupe si :

(a) $e \in H$, (b) pour tout a, $b \in H$ nous avons ab, $a^{-1} \in H$.

9.50 Démontrer que l'intersection d'un nombre quelconque de sous-groupes (normaux) de G est également un sous-groupe (normal) de G.

9.51 Supposons que G soit un groupe abélien, montrer que tout groupe quotient G/H est abélien.

9.52 Supposons que $|G| = p$ où p est premier. Démontrer que (a) G n'a pas d'autre sous-groupe que G et $\{e\}$. (b) G est cyclique et tout élément $a \neq e$ génère G.

9.53 Supposons que G n'ait pas de sous-groupe à l'exception de $\{e\}$ et G. Montrer que G est cyclique d'ordre premier.

9.54 Montrer que $G = \{1, -1, i, -i\}$ est un groupe muni de la multiplication, et que $G \cong \mathbf{Z}_4$ en explicitant un isomorphisme $f : G \to \mathbf{Z}_4$.

9.55 Etant donné H un sous-groupe de G avec seulement deux classes à droite, montrer que H est normal.

9.56 Soient G un groupe abélien et n un entier, montrer que la fonction $f : G \to G$ définie par $f(a) = a^n$ est un homomorphisme.

9.57 Etant donnés G, groupe multiplicatif des nombres complexes z de module égal à 1, et $\mathbf{R}$ le groupe additif des nombres réels, montrer que $G \cong \mathbf{R}/\mathbf{Z}$.

9.58 Etant donnés deux groupes H et K, et G l'ensemble produit $H \times K$ muni de l'opération

$$(h,k) * (h',k') = (hh',kk')$$

(a) Montrer que G est un groupe (appelé *produit direct* de H et K).

(b) Soit $H' = H \times \{e\}$, montrer que (i) $H' \cong H$, (ii) H' est un sous-groupe normal de G, (iii) $G/H' \cong K$.

9.59 Montrer qu'il n'y a que deux groupes non isomorphes d'ordre 4 : $\mathbf{Z}_4$ et $\mathbf{Z}_2 \times \mathbf{Z}_2$.

9.60 Supposons que H et N sont des sous-groupes de G avec N normal, montrer que $H \cap N$ est normal dans H et que $H/(H \cap N) \cong HN/N$.

ANNEAUX

9.61 Soit l'anneau $\mathbf{Z}_{12} = \{0, 1, \ldots, 11\}$ des entiers modulo 12.

(a) Trouver les unités de $\mathbf{Z}_{12}$.

(b) Trouver les racines de $f(x) = x^2 + 4x + 4$ dans $\mathbf{Z}_{12}$.

(c) Trouver les éléments associés de 2.

9.62 Considérons l'anneau $\mathbf{Z}_{30} = \{0, 1, \ldots, 29\}$ des entiers modulo 30.

(a)Trouver -2, -7 et -11. (b) Trouver 7^{-1}, 11^{-1} et 26^{-1}.

9.63 Montrer que dans un anneau R :

(a) $(-a)(-b) = ab$, (b) $(-1)(-1) = 1$, si l'élément neutre de R est 1.

9.64 Supposons que $a^2 = a$ pour tout $a \in R$ (un tel anneau est dit *booléen*). Montrer que R est commutatif.

9.65 Etant donné un anneau R avec un élément neutre. Nous créons à partir de R un autre anneau R' défini par $a \oplus b = a + b + 1$ et $a \cdot b = ab + a + b$, (a) vérifier que R' est un anneau. (b) Déterminer l'élément 0 et l'élément 1 de R'.

9.66 Soit G un groupe abélien additif quelconque, définir une multiplication dans G par $a * b = 0$ pour tout élément de G et montrer qu'elle fait de G un anneau.

9.67 Etant donnés J et K deux idéaux dans l'anneau R, montrer que $J + K$ et $J \cap K$ sont aussi idéaux.

9.68 Soit R un anneau avec un élément neutre, montrer que $(a) = \{ra : r \in R\}$ est le plus petit idéal contenant a.

9.69 Montrer que R et $\{0\}$ sont idéaux de n'importe quel anneau R.

9.70 Montrer que tout idéal non nul J de $\mathbf{Z}$ est de la forme (m) où m est le plus petit entier positif dans J.

9.71 Montrer que :

(a) Les unités d'un anneau R forment un groupe muni de la multiplication.

(b) Les unités dans $\mathbf{Z}_m$ sont les entiers qui sont premiers relatifs de m.

9.72 Démontrer le théorème 9.7 : si J est un idéal dans un anneau R, alors les classes $\{a + J : a \in R\}$ forment un anneau muni des opérations suivantes sur les classes :

$$(a + J) + (b + J) = a + b + J \quad \text{et} \quad (a + J)(b + J) = ab + J$$

9.73 Soient R et R' deux anneaux, l'application $f : R \to R'$ est appelée homomorphisme d'anneaux si :

$$(i)\ f(a + b) = f(a) + f(b) \quad \text{et} \quad (ii)\ f(ab) = f(a)f(b)$$

pour tout $a, b \in R$. Montrer que si $f : R \to R'$ est un homomorphisme d'anneaux, alors l'ensemble $K = \{r \in R : f(r) = 0\}$ est un idéal dans R. (L'ensemble K est le *noyau* de f.)

9.74 Pour tout entier positif m, vérifier que $m\mathbf{Z} = \{rm : r \in \mathbf{Z}\}$ est un anneau. Démontrer que $2\mathbf{Z}$ et $3\mathbf{Z}$ ne sont pas isomorphes. (Les anneaux R et R' sont isomorphes s'il existe un homomorphisme d'anneaux $f : R \to R'$ qui soit bijectif)

DOMAINES D'INTÉGRITÉ ET CORPS

9.75 Montrer que si $x^2 = 1$ dans un domaine d'intégrité D alors $x = 0$ ou $x = 1$.

9.76 Soit R un anneau commutatif fini n'ayant pas de diviseur de zéro, montrer que R est un domaine d'intégrité, c'est-à-dire que R a un élément neutre égal à 1.

9.77 Montrer que $F = \{a + b\sqrt{2} : a, b \text{ rationnels}\}$ est un corps.

9.78 Démontrer que $D = \{a + b\sqrt{2} : a, b \text{ entiers}\}$ est un domaine d'intégrité mais pas un corps.

9.79 Un nombre complexe $a + bi$, où a, b sont des entiers, est appelé entier gaussien. Montrer que l'ensemble G des entiers gaussiens est un domaine d'intégrité. Montrer également que les unités sont ± 1 et $\pm i$.

9.80 Soient D un domaine d'intégrité et I un idéal dans D. Montrer que l'anneau quotient D/I est un domaine d'intégrité si et seulement si I est un idéal premier. (Un idéal I est *premier* si $ab \in I$ implique que $a \in I$ ou $b \in I$).

9.81 Considérons le domaine d'intégrité $D = \{a + b\sqrt{13} : a, b \text{ entiers}\}$ (voir l'exemple 9.9(b)). Si $\alpha = a + b\sqrt{13}$, nous définissons $N(\alpha) = a^2 - 13b^2$. Montrer que : (i) $N(\alpha\beta) = N(\alpha)N(\beta)$; (ii) α est une unité si et seulement si $N(\alpha) = \pm 1$; (iii) les unités de D sont ± 1, $18 \pm 5\sqrt{13}$ et $-18 \pm 5\sqrt{13}$; (iv) les nombres 2, $3 - \sqrt{13}$ et $-3 - \sqrt{13}$ sont irréductibles.

PROBLÈMES À PROGRAMMER SUR ORDINATEURS

Une opération $*$ sur un ensemble $E = \{a, b, c, d\}$ est donnée par une matrice 4×4 dont les coefficients sont les éléments de E.

9.82 Ecrire un programme qui donne, s'il existe, l'élément neutre de $*$.

9.83 Ecrire un programme qui détermine si $*$ est ou non commutative. Si $*$ n'est pas commutative, le programme doit fournir une paire d'éléments x, y tels que $xy \neq yx$.

9.84 Ecrire un programme qui détermine si $*$ est ou non associative. Si $*$ n'est pas associative, le programme doit fournir un triplet d'éléments x, y, z tels que $(xy)z \neq x(yz)$.

Tester les trois programmes ci-dessus avec les données suivantes :

(i) $\begin{pmatrix} d & a & b & c \\ a & b & c & d \\ b & c & d & a \\ c & d & a & b \end{pmatrix}$ (ii) $\begin{pmatrix} a & b & c & d \\ a & b & c & d \\ a & b & c & d \\ a & b & c & d \end{pmatrix}$ (iii) $\begin{pmatrix} a & a & b & b \\ a & a & b & b \\ c & c & d & d \\ c & c & d & d \end{pmatrix}$

9.85 Ecrire un programme qui détermine si le sous-ensemble $\mathbf{Z}_{24} = \{0, 1, 2, \ldots, 23\}$ muni de la multiplication modulo 24, est ou non stable. Tester le programme avec les données suivantes :

(i) 0, 6, 18, 1, 12
(ii) 0, 2, 4, 8, 16
(iii) 1, 5, 7, 11
(iv) 0, 1, 17, 23, 5
(v) 1, 5, 7, 11, 13, 17, 19, 23
(vi) 1, 3, 9, 7, 15

Solutions des problèmes supplémentaires

9.27 (*a*) 17, −32, 29/2, (*b*) oui, oui, (*c*) zéro, (*d*) si $a \neq 1/2$ alors a a un inverse qui est $-a/(1+2a)$.

9.28 (*a*) Oui, (*b*) non, (*c*) non, (*d*) on ne peut parler d'un inverse quand il n'y a pas d'élément neutre.

9.29 Seize, puisqu'il y a deux choix, a ou b, pour chacun des quatre produits aa, ab, ba et bb. Dans la table ci-contre, nous avons $ab \neq ba$. De même, $(aa)b = bb = a$, mais $a(ab) = aa = b$.

$*$	a	b
a	b	a
b	b	a

9.30 (*a*) (3,10), (−5,1), (*b*) oui, non, (*c*) (1,0), (*d*) l'élément (a,b) a un inverse si $a \neq 0$, qui est $(1/a, -b/a)$.

9.31 (*a*) Oui, (*b*) oui, (*c*) oui, (*d*) non.

9.32 (*a*) $\{1, -1, 0\}$, (*b*) il n'y a pas d'ensemble.

9.33 (*a*) Oui, oui, non, (*b*) oui, non, non.

9.34 (*a*) Cinq : $(ab)(cd)$, $a((bc)d)$, $a(b(cd))$, $((ab)c)d$ et $(a(bc))d$.

9.35 $UV = a^2ba^3b^3ab^2a$, $VU = bab^2a^3ba^3b^2$, $V^2 = bab^2abab^2a$

9.36 (*a*) a_1^4, $a_1^2a_2$, $a_1a_2a_1$, $a_2a_1^2$, a_1a_3, a_3a_1, a_2^2, a_4

(*b*) Aucun mot dans B_k ne peut avoir plus de k lettres et aucun indice ne peut être plus grand que k ; donc B_k est fini.

(*c*) $M(A) = \cup_k B_k$ et B_k est fini.

(*d*) L est un sous-ensemble de l'ensemble dénombrable $M(A)$.

9.37 $S \to (b, aA)$, $A \to (b, aA, bB)$, $B \to (a, aB)$

9.38 $S \to (a, b, aB, bA)$, $A \to (bA, ab, a, b)$, $B \to (b, bA)$

9.39 $S \to aA,\ A \to (aA, bB),\ B \to (bB, c, cC),\ C \to (c, cC)$

9.40 $S \to (AAB, ABA, BAA),\ A \to (a, BAAA, ABAA, AABA, AAAB),$

$B \to (b, BBAA, BABA, BAAB, ABAB, AABB)$

9.41 Voir Fig. 9-4.

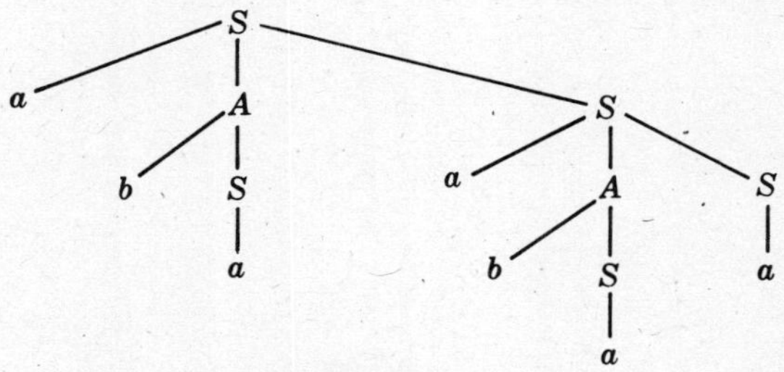

Fig. 9-4

9.42 (*a*) *ababbbba*, (*b*) a, b doivent être des terminaux, A, S des variables et $S \to (AbS, ba)$, $A \to (aS, b)$ des productions.

9.43 (*a*) $H = \{0, 5, 10, 15\}$ et $|H| = 4$.

(*b*) $H, 1 + H = \{1, 6, 11, 16\},\ 2 + H = \{2, 7, 12, 17\},\ 3 + H = \{3, 8, 13, 18\},\ 4 + H = \{4, 9, 14, 19\}$.

9.44 (*a*) Voir la table ci-dessous.

(*b*) $5^{-1} = 11,\ 7^{-1} = 13,\ 17^{-1} = 17$.

(*c*) (i) $gp(5) = G,\ |5| = 6$, (ii) $gp(13) = \{1, 7, 13\},\ |13| = 3$.

(*d*) Oui, car $G = gp(5)$.

1	5	7	11	13	17
5	7	17	1	11	13
7	17	13	5	1	11
11	1	5	13	17	7
13	11	1	17	7	5
17	13	11	7	5	1

9.45 (*a*) $|1| = 1,\ |5| = 2,\ |7| = 2,\ |11| = 2$, (*b*) Non, (*c*) $G, \{1\}, \{1, 7\}, \{1, 5\}, \{1, 11\}$

9.46 (*a*) $\alpha\beta = 3142,\ \beta\alpha = 4123,\ \alpha^2 = 2143,\ \alpha^{-1} = 4312$

(*b*) $|\alpha| = 4,\ |\beta| = 3,\ |\alpha\beta| = 4$

9.54 $f(1) = 0,\ f(i) = 1,\ f(-1) = 2,\ f(-i) = 3$

9.61 (*a*) 1, 5, 7, 11, (*b*) 4, 10, (*c*) $\{2, 10\}$

9.62 (*a*) $-2 = 28,\ -7 = 23,\ -11 = 19$

(*b*) $7^{-1} = 13,\ 11^{-1} = 11,\ 26^{-1}$ n'existe pas car 26 n'est pas une unité.

9.64 Montrer que $-a = a$ en utilisant $a + a = (a + a)^2$. Puis montrer que $ab = -ba$ à l'aide de $a + b = (a + b)^2$.

9.65 (*b*) -1 est l'élément 0 et 0 est l'élément 1.

Chapitre 10

Ensembles partiellement ordonnés et treillis

10.1 ENSEMBLES PARTIELLEMENT ORDONNÉS

Une relation R sur une ensemble E est dite d'*ordre partiel* dans E si R est :

(1) réflexive, c'est-à-dire que aRa pour tout a de E;

(2) antisymétrique, c'est-à-dire que si aRb et bRa alors $a = b$; et

(3) transitive, c'est-à-dire que si aRb et bRc alors aRc.

Un ensemble E associé à une relation d'ordre partiel dans E est dit *ensemble partiellement ordonné* ou *poset*, en anglais, terme que nous utiliserons dans ce livre.

EXEMPLE 10.1.

(*a*) Etant donnée une classe quelconque d'ensembles $\mathcal{S}$, l'inclusion $\subset$ est une relation d'ordre partiel dans $\mathcal{S}$, car $A \subset A$ pour tout ensemble de $\mathcal{S}$, si $A \subset B$ et $B \subset A$ alors $A = B$, et si $A \subset B$ et $B \subset C$ alors $A \subset C$.

(*b*) Considérons l'ensemble $\mathbf{N}$ des entiers positifs. Nous disons que «a divise b», noté $a \mid b$, s'il existe un entier c tel que $ac = b$. Par exemple, $2 \mid 4$, $3 \mid 12$, $7 \mid 21$, etc. Cette relation de divisibilité est d'ordre partiel dans $\mathbf{N}$.

(*c*) La relation $\leq$ est également d'ordre partiel dans l'ensemble $\mathbf{N}$. (En fait $\leq$ est une relation d'ordre partiel dans tout sous-ensemble de nombres réels.) Cette relation est quelquefois appelée l'*ordre usuel* dans $\mathbf{N}$.

Nous notons une relation d'ordre partiel par $\precsim$, et

$$a \precsim b$$

est lu «a précède b». Nous ajoutons à cette notation les suivantes :

$a \prec b$ signifie que $a \precsim b$ et $a \neq b$, c'est-à-dire que «a précède strictement b».

$b \succsim a$ signifie $a \precsim b$, on dit que «b succède à a».

$b \succ a$ signifie que $a \prec b$, on dit que «b succède strictement à a».

$\not\precsim$, $\not\prec$, $\not\succsim$ et $\not\succ$ sont explicites.

Quand il n'y a pas d'ambiguïté, on utilise les symboles $\leq$, $<$, $>$ et $\geq$ à la place respectivement de $\precsim$, $\prec$, $\succ$ et $\succsim$. On notera que si $\precsim$ est un ordre partiel dans l'ensemble E, alors la relation inverse $\succsim$ est également d'ordre partiel dans E et dite d'*ordre inverse*.

Deux éléments a et b d'un poset sont dit *comparables* si

$$a \precsim b \quad \text{ou} \quad b \precsim a$$

c'est-à-dire l'un précède l'autre, sinon a et b *ne sont pas comparables*. Par exemple, les entiers 3 et 5 dans l'exemple 10.1(*b*) ne sont pas comparables puisqu'aucun ne divise l'autre.

Le mot «partiel» est utilisé pour définir un ensemble partiellement ordonné A car quelques éléments de A peuvent ne pas être comparables. Si, par contre, tout élément d'un poset A est comparable à un autre, A est dit *totalement*, ou *linéairement*, *ordonné* et il s'agit d'une *chaîne*. Par exemple, l'ensemble des entiers positifs $\mathbf{N}$ avec la relation $\leq$ est linéairement ordonné.

Si S et T sont des ensembles totalement ordonnés, alors l'ensemble produit $S \times T$ peut être totalement ordonné comme suit :

$$(a,b) \prec (a',b') \quad \text{si} \quad a \prec a' \quad \text{ou si} \quad a = a' \quad \text{et} \quad b \prec b'$$

Cet ordre est l'*ordre lexicographique* dans $S \times T$ puisqu'il est semblable à l'arrangement des mots dans un dictionnaire.

Tout sous-ensemble A d'un poset S est partiellement ordonné par la relation dans S, c'est-à-dire que pour tout a, b de A nous avons $a \leq b$ aussi bien dans A que dans S. Nous remarquons que les sous-ensembles de S peuvent être linéairement ordonnés même si S ne l'est pas. Par exemple, $\{2,4,16,64\}$ est un sous-ensemble linéairement ordonné de l'ensemble non linéairement ordonné $\mathbf{N}$ des entiers positifs ordonnés par divisibilités.

10.2 DIAGRAMME D'UN POSET

Soit E un ensemble partiellement ordonné. Nous disons que a dans E est un *prédécesseur immédiat* de b dans E ou b est un *successeur immédiat* de a, noté

$$a \ll b$$

si $a < b$ et qu'il n'existe aucun élément entre a et b, c'est-à-dire qu'il n'y a pas d'élément x tel que $a < x < b$.

Supposons que E soit un ensemble fini, alors l'ordre de E est parfaitement défini dès lors que nous connaissons toutes les paires a,b dans E telles que $a \ll b$, donc la relation $\ll$ dans E. Cela découle du fait que $x < y$ si et seulement si il existe des éléments

$$x = a_0, a_1, \ldots, a_n = y \quad \text{tels que} \quad a_{i-1} \ll a_i \quad \text{pour} \quad i = 1, \ldots, n$$

On appelle *diagramme* du poset fini E, un graphe orienté dont les sommets sont les éléments de E, et dans lequel on trace un arc entre a et b si $a \ll b$ dans E. (Au lieu de tracer une flèche de a à b, nous plaçons généralement b au-dessus de a dans le diagramme et dessinons une ligne oblique montant de a à b.) Dans le diagramme de E, il y a un chemin élémentaire du sommet x au sommet y si et seulement si $x < y$. De plus, nous ne pouvons pas avoir de cycle dans le diagramme de E puisque la relation d'ordre est antisymétrique.

EXEMPLE 10.2.

(*a*) $A = \{1,2,3,4,6,8,9,12,18,24\}$ ordonné par la relation «x divise y». Le diagramme de A est celui de la figure 10-1(*a*) (Contrairement aux arborescences, la direction d'un diagramme de poset est toujours de bas en haut.)

(*b*) Etant donné $B = \{a,b,c,d,e\}$, le diagramme de la figure 10-1(*b*) défini un ordre partiel dans B de manière naturelle. C'est-à-dire que, $d \leq b$, $d \leq a$, $e \leq c$ etc.

(*c*) Le diagramme d'un ensemble fini linéairement ordonné, c'est-à-dire d'une chaîne finie, est constitué d'un seul chemin élémentaire. Par exemple, la figure 10-1(*c*) montre celui d'une chaîne de cinq éléments.

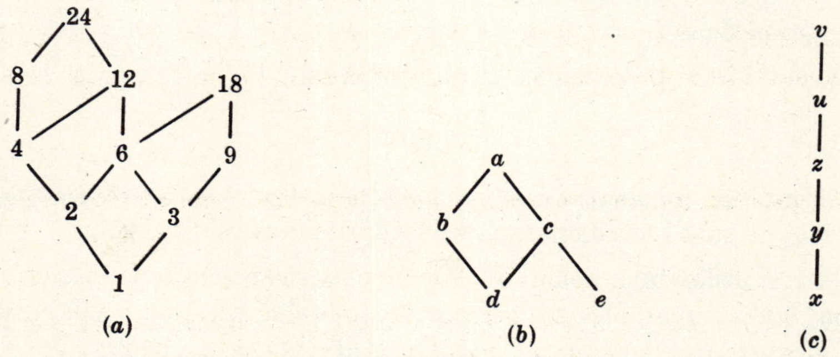

Fig. 10-1

EXEMPLE 10.3.

Une *partition* d'un entier positif m est un ensemble d'entiers positifs dont la somme est égale à m. Par exemple, il y a 7 partitions de $m = 5$:

5, 3-2, 2-2-1, 1-1-1-1-1, 4-1, 3-1-1, 2-1-1-1

Nous ordonnons les partitions d'un entiers m comme suit. Une partition P_1 précède une partition P_2 si les entiers de P_1 peuvent être additionnés pour obtenir ceux de P_2 ou, en d'autres termes, si les entiers de P_2 peuvent être décomposés en ceux de P_1. Par exemple,

2-2-1 précède 3-2

puique $2 + 1 = 3$. D'autre part 3-1-1 et 2-2-1 ne sont pas comparables. La figure 10-2 est le diagramme des partitions de $m = 5$.

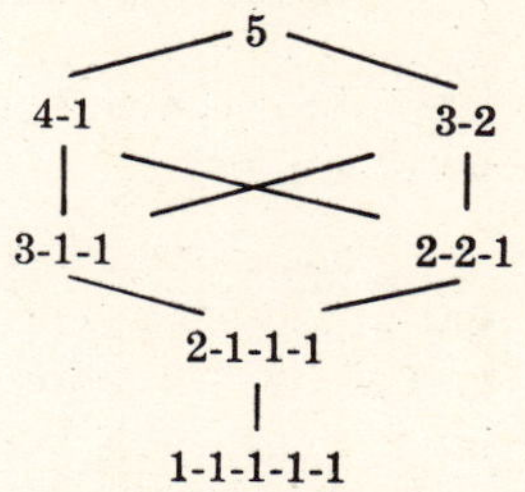

Fig. 10-2

Il arrive fréquemment que nous ayons besoin d'attribuer des nombres positifs entiers aux éléments d'un ensemble fini partiellement ordonné E de telle sorte que l'ordre de E soit conservé. C'est-à-dire que nous cherchons une fonction $f : E \to \mathbf{N}$ telle que si $a \precsim b$ alors $f(a) \leq f(b)$. Une telle fonction est appelée *énumération consistante* de E. Le fait que nous puissions toujours le faire est le contenu du théorème suivant.

Théorème 10.1 : Il existe une énumération consistante pour tout poset fini.

Nous affirmons qu'une telle énumération peut ne pas être unique. Par exemple, les deux énumérations suivantes s'appliquent au poset de la figure 10-1(b) :

(i) $f(d) = 1$, $f(e) = 2$, $f(b) = 3$, $f(c) = 4$, $f(a) = 5$

(ii) $g(e) = 1$, $g(d) = 2$, $g(c) = 3$, $g(b) = 4$, $g(a) = 5$

Toutefois, la chaîne de la figure 10-1(c) n'admet qu'une énumération consistante si nous lions cet ensemble à $\{1,2,3,4,5\}$ nous aurons :

$$h(x) = 1, \quad h(y) = 2, \quad h(z) = 3, \quad h(u) = 4, \quad h(v) = 5$$

Un élément a d'un poset E est dit *maximal* si aucun élément ne lui succède, c'est-à-dire que $a \leq x$ implique que $x = a$. Par analogie, un élément b d'un poset est dit *minimal* si aucun élément ne le précède, c'est-à-dire que $y \leq b$ implique que $y = b$. Il peut y avoir plus d'un élément maximal, ainsi, dans la figure 10-1(a), 18 et 14 sont des éléments maximaux mais 1 est le seul élément minimal. Dans la figure 10-1(b), d et e sont des éléments minimaux et a est le seul élément maximal. La figure 10-1(c) présente un seul élément maximal v et un seul élément minimal x.

Un ensemble infini peut n'avoir aucun élément minimal ou maximal. Par exemple, l'ensemble des entiers $\mathbf{Z} = \{\ldots, -2, -1, 0, 1, 2, \ldots\}$ avec l'ordre habituel n'a ni élément maximal ni élément minimal. Toutefois, le théorème 10.1 conduit à l'existence dans un poset fini E d'au moins un élément maximal et d'au moins un élément minimal. Plus précisément, si a dans E est l'élément auquel on a attribué le plus grand (petit) entier lors d'une énumération consistante, alors a est l'élément maximal (minimal).

10.3 BORNES SUPÉRIEURE ET INFÉRIEURE

Soit A un sous-ensemble d'un ensemble partiellement ordonné E. Un élément M de E est appelé *majorant* de A si M succède à tout élément de A, c'est-à-dire que pour tout x de A, nous avons

$$x \precsim M$$

Si un majorant de A précède tout autre majorant, on l'appelle *borne supérieure* de A, que l'on écrit

$$\sup(A)$$

Nous écrivons également $\sup(a_1, \ldots, a_n)$ à la place de $\sup(A)$ si A est constitué des éléments $a_1, \ldots, a_n$. Il faut remarquer qu'il ne peut y avoir plus d'un $\sup(A)$; néanmoins, $\sup(A)$ peut ne pas exister.

Par exemple, dans la figure 10-2, les partitions 4-1, 3-2 et 5 sont les majorants de 3-1-1 et 2-2-1 ; mais sup (3-1-1,2-2-1) n'existe pas, car aucun majorant ne précède les deux autres.

Par analogie, un élément m d'un poset E est appelé *minorant* d'un sous-ensemble A de A si m précède tout élément de A, c'est-à-dire, que pour tout y de A nous avons

$$m \precsim y$$

Si un minorant de A succède à tous les autres minorants de A, il s'agit de la *borne inférieure* de A, notée

$$\inf(A) \quad \text{ou} \quad \inf(a_1, \ldots, a_n)$$

si A est constitué des éléments $a_1, \ldots, a_n$. Il ne peut y avoir plusieurs inf (A) ; néanmoins, inf (A) peut ne pas exister. Par exemple, dans la figure 10-2, les partitions 4-1 et 3-2 ont quatre minorants mais inf (4-1,3,2) n'existe pas car aucun minorant ne succède aux trois autres.

Nous donnons, ci-après deux exemples importants de posets où sup (a,b) et inf (a,b) existent pour toute paire d'éléments a et b.

EXEMPLE 10.4.

(*a*) Soient l'ensemble des entiers positifs **N** partiellement ordonné par la relation de divisibilité, et deux éléments a et b de **N**.

Le *plus grand commun diviseur* de a et b, noté

$$\text{pgcd } (a,b)$$

est le plus grand entier qui divise a et b. Le *plus petit commun multiple* de a et b, noté

$$\text{ppcm } (a,b)$$

est le plus petit entier que divisent a et b.

Un théorème important de la théorie des nombres dit que tout diviseur commun de a et b, divise pgcd (a,b). On peut également démontrer que ppcm (a,b) divise tout multiple de a et b. Ainsi

$$\text{pgcd } (a,b) = \inf(a,b) \quad \text{et} \quad \text{ppcm } (a,c) = \sup(a,b)$$

En d'autres termes, inf (a,b) et sup (a,b) existent pour toute paire d'éléments de **N** ordonné par la relation de divisibilité.

(*b*) Pour tout entier positif m, nous appelons D_m l'ensemble des diviseurs de m ordonné par la relation de divisibilité. Le diagramme de

$$D_{36} = \{1,2,3,4,6,9,12,18,36\}$$

est donné figure 10-3. Une nouvelle fois, inf (a,b) = pgcd (a,b) et sup (a,b) = ppcm (a,b) existent.

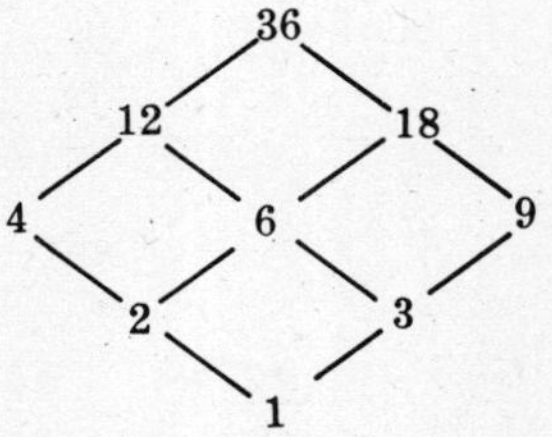

Fig. 10-3

10.4 TREILLIS

Soit T un ensemble non vide stable pour deux opérations binaires notées $\wedge$ et $\vee$, appelées respectivement inf et sup. On dit que T un treillis si les axiomes suivants sont vérifiés quels que soient les éléments a, b et c de T.

[$\mathbf{T}_1$] Commutativité :

(1*a*) $a \wedge b = b \wedge a$ (1*b*) $a \vee b = b \vee a$

[$\mathbf{T}_2$] Associativité :

(2*a*) $(a \wedge b) \wedge c = a \wedge (b \wedge c)$ (2*b*) $a \vee (b \vee c) = a \vee (b \vee c)$

[$\mathbf{T}_3$] Absorption :

(3*a*) $a \wedge (a \wedge b) = a$ (3*b*) $a \vee (a \vee b) = a$

On représente parfois le treillis par $(T, \wedge, \vee)$ quand on veut montrer les opérations impliquées.

Le dual de tout énoncé dans un treillis $(T, \wedge, \vee)$ est défini comme l'énoncé obtenu en échangeant $\wedge$ et $\vee$. Par exemple, le dual de

$$a \wedge (b \vee a) = a \vee a \quad \text{est} \quad a \vee (b \wedge a) = a \wedge a$$

Remarquez que toute propriété duale d'une propriété d'un treillis est également une propriété, de ce fait le principe de dualité est valide, et :

Théorème 10.2 (Principe de dualité) : Le dual d'un théorème dans un treillis est aussi un théorème.

Cela résulte du fait que le dual d'un théorème peut être démontré en utilisant à chaque étape de la démonstration l'expression duale de celle ayant servie à la démonstration du théorème originel.

Une propriété importante des treillis découle directement des lois d'absorptions.

Théorème 10.3 (Idempotence) : (i) $a \wedge a = a$, (ii) $a \vee a = a$.

La preuve de (i) est apportée en deux lignes :

$$\begin{aligned} a \wedge a &= a \wedge (a \vee (a \wedge b)) && \text{(en utilisant } (3b)) \\ &= a && \text{(en utilisant } (3a)) \end{aligned}$$

La preuve de (ii) dérive du principe de dualité (ou peut être établie de la même manière).

Etant donné un treillis T, on peut définir un ordre partiel dans T comme suit :

$$a \precsim b \quad \text{si} \quad a \wedge b = a$$

Par analogie, on peut établir que

$$a \precsim b \quad \text{si} \quad a \vee b = b$$

Ce qui conduit au théorème ci-dessous.

Théorème 10.4 : Soit T un treillis, alors

(i) $a \wedge b = a$ si et seulement si $a \vee b = b$

(ii) La relation $a \precsim b$ (définie par $a \wedge b = a$ ou $a \vee b = b$) est d'ordre partiel dans T.

Dès lors que nous avons un ordre partiel dans tout treillis, nous pouvons le représenter par un diagramme comme nous l'avons fait pour les ensembles partiellement ordonnés.

EXEMPLE 10.5.

Une collection C d'ensembles stables pour l'intersection et l'union, forme un treillis noté $(C, \cap, \cup)$. Dans ce treillis, la relation d'ordre partiel est la même que la relation d'inclusion des ensembles. La figure 10-4 montre le diagramme du treillis de tous les sous-ensembles de $\{a, b, c\}$.

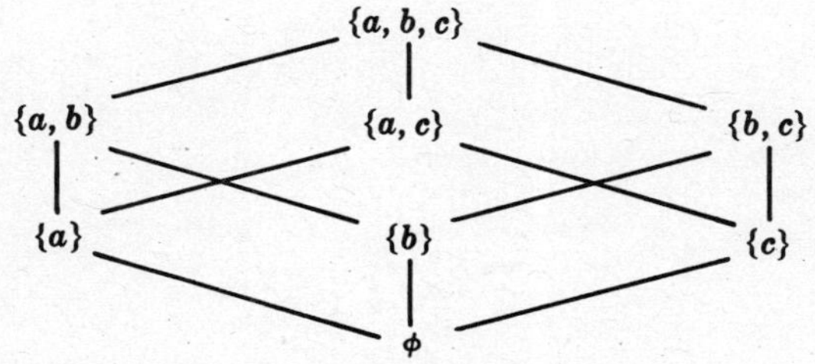

Fig. 10-4

Nous venons de voir la manière de définir un ordre partiel dans un treillis. Le prochain théorème nous dit comment définir un treillis dans un ensemble partiellement ordonné P, de sorte que le treillis nous informe de l'ordre initial dans P.

Théorème 10.5 : Soit P un poset tel que inf (a,b) et sup (a,b) existent pour tout a,b de P. En posant que

$$a \wedge b = \inf(a,b) \quad \text{et} \quad a \vee b = \sup(a,b)$$

nous obtenons que $(P, \wedge, \vee)$ est un treillis. De plus, l'ordre partiel dans P induit par le treillis est le même que l'ordre partiel existant dans P.

La réciproque du théorème ci-dessus est également vraie. C'est-à-dire que si T est un treillis et que $\precsim$ induit un ordre partiel dans T, alors inf (a,b) et sup (a,b) existent pour toute paire $\{a,\ b\}$ de T et le treillis obtenu à partir du poset $(T, \precsim)$ est le treillis initial. En conséquence,

Autre définition : Un treillis est un ensemble partiellement ordonné dans lequel

$$a \wedge b = \inf(a,b) \quad \text{et} \quad a \vee b = \sup(a,b)$$

existent pour toute paire d'éléments a et b.

Nous remarquons que tout ensemble linéairement ordonné est un treillis puisque inf $(a,b) = a$ et sup $(a,b) = b$ chaque fois que $a \precsim b$. Dans l'exemple 10.4, l'ensemble $\mathbf{N}$ des entiers positifs et l'ensemble D_m des diviseurs de m sont des treillis munis de la relation de divisibilité.

Supposons que M soit un sous-ensemble non vide d'un treillis T. Nous disons que M est un sous-treillis de T si M est lui-même un treillis (sur la base des opérations de T). Nous notons que M est un sous-treillis de T si et seulement si M est stable pour les opérations $\wedge$ et $\vee$ de T. Par exemple l'ensemble D_m des diviseurs de m est un sous-treillis de l'ensemble des entiers positifs $\mathbf{N}$, muni de la divisibilité.

Deux treillis T et T' sont *isomorphes* s'il existe une bijection $f: T \to T'$ telle que

$$f(a \wedge b) = f(a) \wedge f(b) \quad \text{et} \quad f(a \vee b) = f(a) \vee f(b)$$

pour tout élément a, b de T.

10.5 TREILLIS BORNÉS

Un treillis T possède une *borne inférieure* 0 si pour tout élément x de T nous avons $0 \precsim x$. De même, T possède une *borne supérieure* I si pour tout élément x de T nous avons $x \precsim I$. Nous disons que T est *borné* si T possède les deux bornes. Dans un tel treillis, nous avons les identités

$$a \vee I = I, \quad a \wedge I = a, \quad a \vee 0 = a, \quad a \wedge 0 = 0$$

pour tout élément a de T.

Les entiers positifs dans l'ordre habituel

$$0 < 1 < 2 < 3 < 4 < \ldots$$

ont 0 pour borne inférieure, mais n'ont pas de borne supérieure. D'un autre point de vue, le treillis $P(U)$ de tous les sous-ensembles d'un univers quelconque U, est un treillis borné avec U comme borne supérieure et l'ensemble vide $\varnothing$ comme borne inférieure.

Supposons que $T = \{a_1, a_2, \ldots, a_n\}$ soit un treillis fini, alors

$$a_1 \vee a_2 \vee \ldots \vee a_n \quad \text{et} \quad a_1 \wedge a_2 \wedge \ldots \wedge a_n$$

sont respectivement les bornes supérieure et inférieure de T. Ainsi nous avons

Théorème 10.6 : Tout treillis fini est borné.

10.6 TREILLIS DISTRIBUTIFS

Un treillis est *distributif* si pour n'importe quel élément a, b, c de T nous avons :

[$\mathbf{T}_4$] Distributivité :

(4*a*) $a \wedge (b \vee c) = (a \wedge b) \vee (a \wedge c)$ (4*b*) $a \vee (b \wedge c) = (a \vee b) \wedge (a \vee c)$

Dans le cas contraire T n'est pas distributif. Nous notons qu'en vertu du principe de dualité, la condition (4*a*) n'est valide que si la condition (4*b*) l'est.

La figure 10-5(*a*) est un treillis non distributif car

$$a \vee (b \wedge c) = a \vee 0 = a$$

mais $$(a \vee b) \wedge (a \vee c) = I \wedge c = c.$$

De même, la figure 10-5(*b*) montre un treillis non distributif. En fait, nous pouvons caractériser de tels treillis comme suit.

Théorème 10.7 : Un treillis T n'est pas distributif si et seulement si il contient des sous-treillis isomorphes de ceux des figures 10-5(*a*) et (*b*).

La preuve de ce théorème dépasse la portée de cet ouvrage.

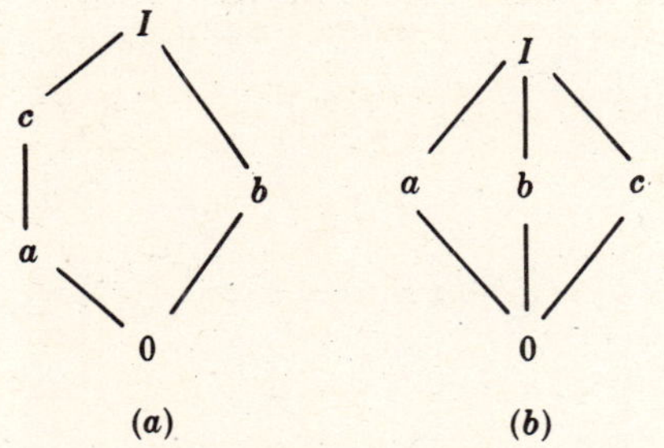

Fig. 10-5

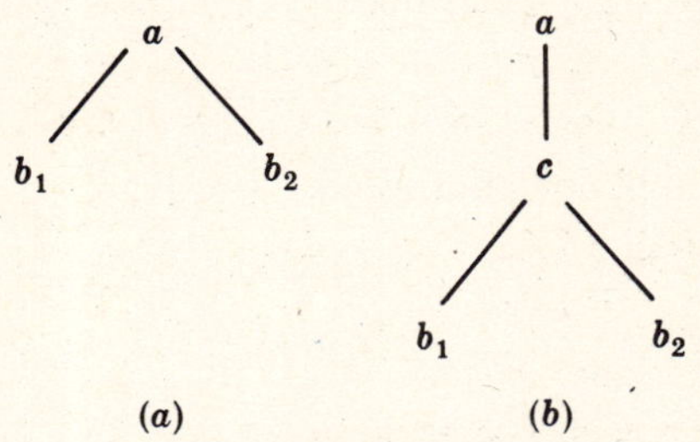

Fig. 10-6

Soit T un treillis avec une borne inférieure 0. Un élément a de T est *sup-irréductible* si $a = x \vee y$ implique que $a = x$ ou $a = y$. (Les nombres premiers munis de la multiplication ont cette propriété, c'est-à-dire que si $p = ab$ alors $p = a$ ou $p = b$ car p est premier.) Il est clair que 0 est sup-irréductible. Si a a au moins deux prédécesseurs immédiats, comme b_1 et b_2 dans la figure 10-6(*a*), alors $a = b_1 \vee b_2$ et a n'est pas sup-irréductible. D'autre part, si a n'a qu'un prédécesseur immédiat c, alors $a \neq \sup(b_1, b_2) = b_1 \vee b_2$ pour n'importe quels autres éléments b_1 et b_2 parce que c sera entre les b_i et a comme dans la figure 10-6(*b*). En d'autres termes, $a \neq 0$ est sup-irréductible si et seulement si a n'a qu'un prédécesseur immédiat. Les éléments qui succèdent immédiatement à 0, appelés *atomes*, sont sup-irréductibles. Toutefois, les treillis peuvent avoir d'autres éléments sup-irréductibles. Par exemple, l'élément c de la figure 10-5(*a*) n'est pas un atome mais est sup-irréductible puisque a est son unique prédécesseur immédiat.

Si un élément a d'un treillis fini T n'est pas sup-irréductible, nous pouvons écrire $a = b_1 \vee b_2$. Puis nous pouvons écrire b_1 et b_2 comme le sup d'autres éléments s'ils ne sont pas sup-irréductibles, etc. Puisque T est fini nous avons

$$a = d_1 \vee d_2 \vee \ldots \vee d_n$$

où les d_i sont sup-irréductibles. Si d_i précède d_j alors $d_i \vee d_j = d_j$ et nous pouvons supprimer d_i de l'expression. En d'autres termes, nous pouvons dire que les d_i *ne sont pas redondants*, c'est-à-dire qu'aucun d ne précède un autre d. Il est évident qu'une telle expression n'est pas unique, par exemple $I = a \vee b$ et $I = b \vee c$ dans les deux treillis de la figure 10-5. Voici maintenant le principal théorème de ce paragraphe (il est démontré dans le problème 10.15).

Théorème 10.8 : Si T est un treillis distributif fini, tout élément a de T peut être écrit uniquement (à l'ordre près) comme le sup d'éléments sup-irréductibles non redondants.

Ce théorème peut être étendu aux treillis de longueur finie, c'est-à-dire à ceux dont tous les sous-ensembles linéairement ordonnés sont finis. (Le problème 10.10 analyse un treillis infini de longueur finie.)

10.7 TREILLIS COMPLÉMENTÉS

Soient T un treillis borné avec une borne inférieure 0 et une borne supérieure I, et a un élément quelconque de T. Un élément x de T est un *complément* de a si

$$a \vee x = I \quad \text{et} \quad a \wedge x = 0$$

Les compléments peuvent ne pas exister et ne sont pas obligatoirement uniques. Par exemple, les éléments a et c sont deux compléments de b dans la figure 10-5(a). De même, les éléments y, z et u de la chaîne de la figure 10-1 n'ont pas de complément. Nous avons le résultat suivant.

Théorème 10.9 : Si T est un treillis distributif borné, les compléments, s'ils existent, sont uniques.

Preuve : Supposons que x et y sont les compléments de l'élement a de T, alors

$$a \vee x = I, \quad a \vee y = I, \quad a \wedge x = 0, \quad a \wedge y = 0$$

En raison de la distributivité,

$$x = x \vee 0 = x \vee (a \wedge y) = (x \vee a) \wedge (x \vee y) = I \wedge (x \vee y) = x \vee y$$

De même,

$$y = y \vee 0 = y \vee (a \wedge x) = (y \vee a) \wedge (y \vee x) = I \wedge (y \vee x) = y \vee x$$

Ainsi

$$x = x \vee y = y \vee x = y$$

c.q.f.d.

Un treillis T est *complémenté* si T est borné et que tout élément de T a un complément. La figure 10-5(b) montre un treillis complémenté dans lequel les compléments sont multiples. D'autre part, le treillis $P(U)$ de tous les sous-ensembles de l'univers U est complémenté, et chacun des sous-ensembles A de U n'a qu'un complément $A^c = U \setminus A$.

Théorème 10.10 : Si T est un treillis complémenté avec des compléments uniques, alors les éléments sup-irréductibles de T, autres que 0, sont des atomes.

En associant ce théorème aux théorèmes 10.8 et 10.9, nous obtenons un résultat important.

Théorème 10.11 : Si T est un treillis distributif complémenté et fini alors tout élément a de T est le sup d'un ensemble unique d'atomes.

Remarque : Certains auteurs écrivent qu'un treillis T est complémenté si chaque a de T a un seul complément. Le théorème 10.10 est alors établi différemment.

Problèmes résolus

ENSEMBLES ORDONNÉS ET SOUS-ENSEMBLES

10.1 Supposons que les entiers positifs $\mathbf{N} = \{1,2,3,\ldots\}$ soient ordonnés par divisibilité (voir l'exemple 10.1(*b*)).

(1) Insérer le symbole correct, $\prec$, $\succ$, ou $\|$ (non comparable) entre les nombres de chacune des paires suivantes :

(*a*) 2—8, (*b*) 18—24, (*c*) 9—3, (*d*) 5—15

(2) Dire si les sous-ensembles suivants de $\mathbf{N}$ sont, ou non, linéairement ordonnés.

(*a*) $\{24,2,6\}$, (*b*) $\{3,15,5\}$, (*c*) $\{15,5,30\}$, (*d*) $\{2,8,32,4\}$, (*e*) $\{1,2,3,\ldots\}$, (*f*) $\{7\}$

(1) (*a*) Puisque 2 divise 8, 2 précède 8, donc $2 \prec 8$.

(*b*) 18 ne divise pas 24, et 24 ne divise pas 18, donc $18 \| 24$.

(*c*) Puisque 9 est divisible par 3, $9 \succ 3$.

(*d*) Puisque 5 divise 15, $5 \prec 15$.

(2) (*a*) Puisque 2 divise 6 qui divise 24, l'ensemble est totalement ordonné.

(*b*) Puisque 3 et 5 ne sont pas comparables, l'ensemble n'est pas totalement ordonné.

(*c*) L'ensemble est totalement ordonné car 5 divise 15 qui divise 30.

(*d*) L'ensemble est totalement ordonné car $2 \prec 4 \prec 8 \prec 32$.

(*e*) L'ensemble n'est pas totalement ordonné puisque 2 et 3 ne sont pas comparables.

(*f*) Tout ensemble constitué d'un seul élément est totalement ordonné.

10.2 Etant donné $v = \{a,b,c,d,e\}$ ordonné selon le diagramme de la figure 10-7, insérer le symbole correct, $\prec$, $\succ$ ou $\|$ (non comparable) entre les éléments de chacune des paires suivantes :

(*a*) a—e (*c*) d—a

(*b*) b—c (*d*) c—d

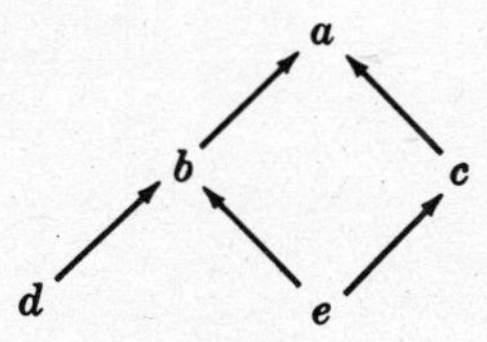

Fig. 10-7

(*a*) Puisqu'il existe un chemin de e à c puis à a, e précède a, donc $a \succ e$.

(*b*) Il n'y a pas de chemin de b à c, ou vice versa, donc $b \| c$.

(*c*) Il y a un chemin de d à b puis a, donc $d \prec a$.

(*d*) Nous n'avons ni $d \prec c$ ni $c \prec d$, donc $c \| d$.

10.3 Etant donné $\mathbf{N} \times \mathbf{N}$ lexicographiquement ordonné, insérer le symbole correct, $\prec$, $\succ$ entre les éléments de chacune des paires suivantes de $\mathbf{N} \times \mathbf{N}$;

(*a*) (5,78)—(7,1), (*b*) (4,6)—(4,2), (*c*) (5,5)—(4,23), (*d*) (1,3)—(1,2)

Notez que l'ordre lexicographique conduit à :

$$(a,b) \prec (a',b') \quad \text{si} \quad a < a' \quad \text{ou si} \quad a = a' \quad \text{mais} \quad b < b'$$

(*a*) $(5,78) \prec (7,1)$ car $5 < 7$.

(*b*) $(4,6) \succ (4,2)$ car $4 = 4$ mais $6 > 2$.

(*c*) $(5,5) \succ (4,23)$ car $5 > 4$.

(*d*) $(1,3) \succ (1,2)$ puisque $1 = 1$ mais $3 > 2$.

10.4 Etant donné $A = \{2,3,4,\ldots\} = \mathbf{N} \setminus \{1\}$ ordonné par «x divise y», trouver (*a*) tous les éléments minimaux, (*b*) tous les éléments maximaux.

(*a*) Si p est un nombre premier, seul p divise p (puisque $1 \notin A$) ; donc tous les nombres premiers sont des éléments minimaux. De plus, si $a \in A$ n'est pas un nombre premier, alors il y a un entier $b \in A$ autre que a qui divise a. Ainsi, les seuls éléments minimaux de A sont les nombres premiers.

(*b*) Il n'y pas d'élément maximal dans A car, tout élément $a \in A$ est un diviseur, par exemple, de $2a$.

10.5 Etant donné $B = \{1,2,3,4,5\}$ ordonné selon le diagramme de la figure 10-8, trouver (*a*) tous les éléments minimaux de B, (*b*) tous les éléments maximaux de B.

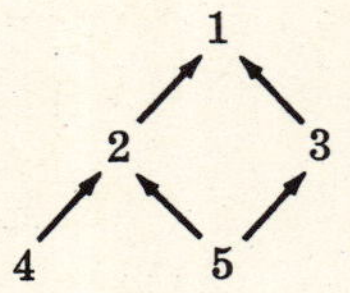

Fig. 10-8

(*a*) Aucun élément ne précède strictement 4 ou 5, ainsi 4 et 5 sont les minimaux de B.

(*b*) Le seul élément maximal est 1.

10.6 Soient $W = \{1,2,\ldots,7,8\}$ ordonné comme le montre la figure 10-9, et le sous-ensemble $V = \{4,5,6\}$ de W. (*a*) Trouver l'ensemble des majorants de V. (*b*) Trouver l'ensemble des minorants de V. (*c*) $\sup(V)$ et $\inf(V)$ existent-ils ?

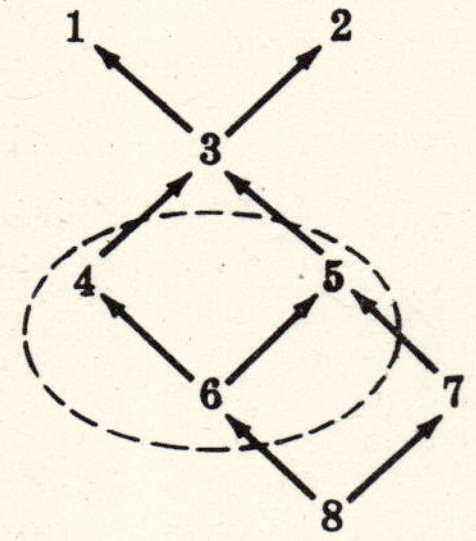

Fig. 10-9

(*a*) Seuls les éléments de $\{1,2,3\}$ succèdent à tout élément de V, ce sont donc les majorants de V.

(*b*) Seuls 6 et 8 précèdent tout élément de V, donc $\{6,8\}$ est l'ensemble des minorants de V. Remarquez que 7 n'est pas un minorant de V car 7 ne précède ni 4 ni 6.

(*c*) Puisque 3 précède tous les majorants de V, nous avons $\sup(V) = 3$. Remarquez que 3 n'appartient pas à V. Puisque 6 succède à chaque minorant de V, nous avons $\inf(V) = 6$, qui appartient à V.

10.7 Soient $D = \{1,2,3,4,5,6\}$ ordonné comme le montre la figure 10-10, et le sous-ensemble $E = \{2,3,4\}$ de D. (*a*) Trouver les majorants de E. (*b*) Trouver les minorants de E. (*c*) $\sup(E)$ et $\inf(E)$ existent-ils ?

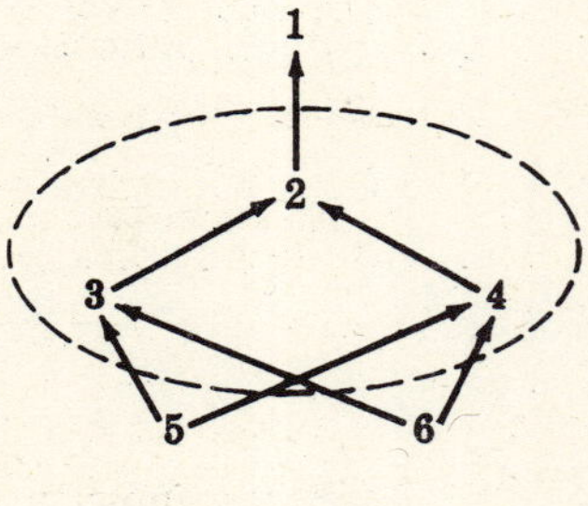

Fig. 10-10

(*a*) Seuls 1 et 2 succèdent à chaque élément de E, ce sont les majorants de E.

(*b*) Seuls 5 et 6 précèdent chaque élément de E, ce sont les minorants de E.

(*c*) Puisque 2 précède tous les majorants, il s'agit de $\sup(E)$. Aucun minorant ne succèdant aux autres, $\inf(E)$ n'existe pas.

10.8 Démontrer le théorème 10-1 : il existe une énumération consistante pour tout poset E fini.

La preuve se fait par récurrence sur le nombre des éléments de E. Si $E = \{e\}$ n'a qu'un élément, il est évident que $f : E \to \mathbf{N}$, définie par $f(e) = 1$ est une énumération consistante de E. Supposons maintenant que E a $n > 1$ éléments et que le théorème soit valide pour des posets de moins de n éléments.

Supposons que $b \in E$, et considérons le sous-ensemble $T = E \setminus \{b\}$ de E. Puisque T a $n-1$ éléments, il existe une énumération consistante $g : T \to \mathbf{N}$ de T. Ainsi, la fonction $h : T \to \mathbf{N}$ définie par $h(x) = 2g(x)$ est également une énumération consistante. Remarquez que l'image de h ne comprend que les nombres pairs. Soit $f : E \to \mathbf{N}$ définie comme suit :

$$f(x) = h(x) \qquad \text{si } x \neq b$$
$$f(b) = \begin{cases} f(a)+1 & \text{si } a \text{ précède strictement } b \\ 1 & \text{si aucun élément ne précède } b \end{cases}$$

Alors f est une énumération consistante de E.

TREILLIS

10.9 Ecrire l'expression duale de :

(a) $(a \wedge b) \vee c = (b \vee c) \wedge (c \vee a)$, ($b$) $(a \wedge b) \vee a = a \wedge (b \vee a)$

Il suffit de remplacer $\vee$ par $\wedge$ et vice versa

(a) $(a \vee b) \wedge c = (b \wedge c) \vee (c \wedge a)$

(b) $(a \vee b) \wedge a = a \vee (b \wedge a)$

10.10 Donner un exemple de treillis infini T ayant une longueur finie.

Soit

$$T = \{0, 1, a_1, a_2, a_3, \ldots\}$$

et supposons que T soit ordonné comme l'indique la figure 10-11, c'est-à-dire que pour tout $n \in \mathbf{N}$, nous avons

$$0 < a_n < 1$$

Alors T est de longueur finie puisqu'il n'a pas de sous-ensemble infini linéairement ordonné.

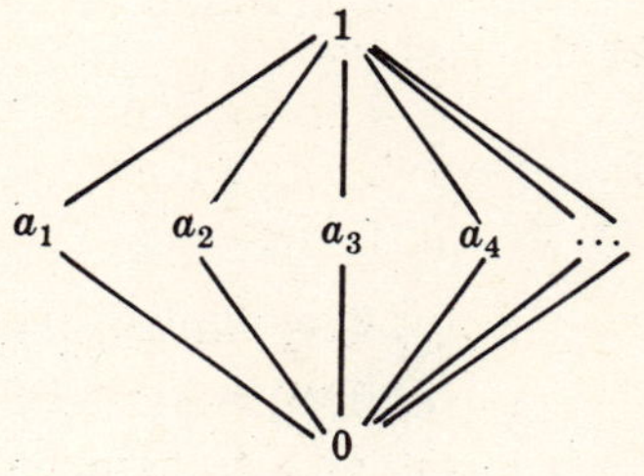

Fig. 10-11

10.11 Démontrer le théorème 10.4 : si T est un treillis, alors : (i) $a \wedge b = a$ si et seulement si $a \vee b = b$. (ii) La relation $a \precsim b$ (définie par $a \wedge b = a$ ou $a \vee b = b$) est d'ordre partiel sur T.

(a) Supposons que $a \wedge b = a$. En utilisant la loi d'absorption, nous obtenons

$$b = b \vee (b \wedge a) = b \vee (a \wedge b) = b \vee a = a \vee b$$

En supposant que $a \vee b = b$, cette loi nous donne :

$$a = a \wedge (a \vee b) = a \wedge b$$

Ainsi $a \wedge b = a$ si et seulement si $a \vee b = b$.

(b) Pour n'importe quel a dans T, nous avons $a \wedge a = a$ par idempotence, donc $a \precsim a$ et $\precsim$ est réflexive.

Supposons que $a \precsim b$ et $b \precsim a$, alors $a \wedge b = a$ et $b \wedge a = b$. En conséquence, $a = a \wedge b = b \wedge a = b$, et $\precsim$ est antisymétrique.

Enfin, supposons que $a \precsim b$ et $b \precsim c$, alors $a \wedge b = a$ et $b \wedge c = b$. Ainsi

$$a \wedge b = (a \wedge b) \wedge c = a \wedge (b \wedge c) = a \wedge b = a$$

En conséquence $a \precsim c$ et $\precsim$ est transitive. Donc, $\precsim$ est une relation d'ordre partiel dans T.

10.12 Quels sont les treillis parmi les ensembles partiellement ordonnés de la figure 10-12 ?

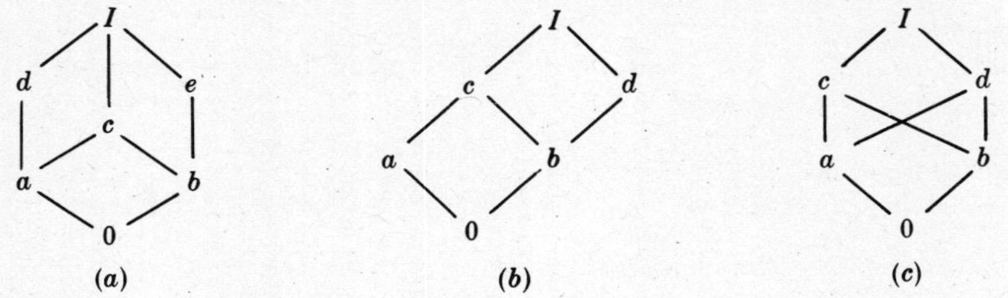

Fig. 10-12

Un ensemble partiellement ordonné est un treillis si et seulement si sup (x, y) et inf (x, y) existent pour toute paire $\{x, y\}$ de l'ensemble. Seul (c) n'est pas un treillis, car $\{a, b\}$ a trois majorants, c, d et I, mais aucun ne précède les deux autres, donc sup (a, b) n'existe pas.

10.13 Etant donné le treillis T de la figure 10-12(a).

(a) Quels sont les éléments non nuls sup-irréductibles ?

(b) Quels éléments sont des atomes ?

(c) Quels sont les sous-treillis de T :

$$T_1 = \{0, a, b, I\} \qquad T_3 = \{a, c, d, I\}$$

$$T_2 = \{0, a, e, I\} \qquad T_4 = \{0, c, d, I\}$$

(d) T est-il distributif ?

(e) Trouver, s'ils existent, les compléments des éléments a, b et c.

(f) T est-il un treillis complémenté ?

(a) Les éléments non nuls n'ayant qu'un seul prédécesseur sont sup-irréductibles. Ainsi a, b, c et e sont sup-irréductibles.

(b) Les éléments qui succèdent immédiatement à 0 sont des atomes, donc a et b sont des atomes.

(c) Un sous-ensemble T' est un sous-treillis si il est stable pour $\wedge$ et $\vee$. T_1 n'est pas un sous-treillis car $a \vee b = c$ n'appartient pas à T_1. L'ensemble T_4 n'est pas un sous-treillis car $c \wedge d = a$ qui n'appartient pas à T_4. Les autres ensembles T_2 et T_3 sont des sous-treillis.

(d) T n'est pas distributif car $M = \{0, a, d, e, I\}$ est un sous-treillis qui est isomorphe au treillis non distributif de la figure 10-5(a).

(e) Nous avons $a \wedge e = 0$ et $a \vee e = I$, de sorte que a et e sont compléments, il en est de même pour b et d. Par contre, c n'a pas de complément.

(f) T n'est pas un treillis complémenté puisque c n'a pas de complément.

10.14 Etant donné le treillis M de la figure 10-12(b).

(a) Trouver les éléments non nuls sup-irréductibles et les atomes de M.

(b) M est-il distributif ?

(c) M est-il complémenté ?

(a) Les éléments non nuls, n'ayant qu'un seul prédécesseur sont a, b et d, mais seuls a et b sont des atomes puisque leur unique prédécesseur est 0.

(b) M est distributif puisque M n'a pas de sous-treillis qui soit isomorphe de l'un des treillis de la figure 10-5.

(c) M n'est pas complémenté car b n'a pas de complément. Remarquez que a est la seule solution de $b \wedge x = 0$, mais $b \vee a = c = I$.

10.15 Démontrer le théorème 10.8 : si T est un treillis distributif fini, alors tout a de T peut être écrit de manière unique (à l'ordre près) comme le sup d'éléments sup-irréductibles non redondants.

Puisque T est fini, nous pouvons écrire a comme le sup d'éléments sup-irréductibles non redondants comme démontré au paragraphe 10.6. Nous devons montrer l'unicité de cette écriture. Supposons que

$$a = b_1 \vee b_2 \vee \ldots \vee b_r = c_1 \vee c_2 \vee \ldots \vee c_s$$

où b et c sont non redondants et sup-irréductibles. Pour un i quelconque donné, nous avons

$$b_i \precsim (b_1 \vee b_2 \vee \ldots \vee b_r) = (c_1 \vee c_2 \vee \ldots \vee c_s)$$

En conséquence

$$b_i = b_i \wedge (c_1 \vee c_2 \vee \ldots \vee c_s) = (b_i \wedge c_1) \vee (b_i \wedge c_2) \vee \ldots \vee (b_i \wedge c_s)$$

Puisque b_i est sup-irréductible, il existe un j tel que $b_i = b_i \wedge c_j$, donc $b_i \precsim c_j$. Le même argument appliqué à c_j conduit à l'existence de b_k tel que $c_j \precsim b_k$. Donc

$$b_i \precsim c_j \precsim b_k$$

ce qui donne $b_i = c_j = b_k$ puisque les b ne sont pas redondants. Ainsi les b et les c peuvent être appairés et la représentation de a est unique.

10.16 Démontrer le théorème 10.10 : si T est un treillis complémenté avec des compléments uniques, alors les éléments sup-irréductibles de T, autres que 0, sont ses atomes.

Supposons que a soit sup-irréductible et ne soit pas un atome. Alors $b = 0$ est l'unique prédécesseur immédiat de a. Soit b' le complément de b. Puisque $b \neq 0$, nous avons $b' = I$. Si a précède b', alors $b \precsim a \precsim b'$, donc $b \wedge b' = b'$, ce qui est impossible puisque $b \wedge b' = I$. Puisque b est l'unique prédécesseur immédiat de a, nous avons également $a \wedge b'$ qui précède b comme dans la figure 10-13. Mais $a \wedge b'$ précède b'. En conséquence

$$a \wedge b' \precsim \inf(b, b') = b \wedge b' = 0$$

Ainsi $a \wedge b' = 0$. Puisque $a \vee b = a$, nous avons aussi

$$a \vee b' = (a \vee b) \vee b' = a \vee (b \vee b') = a \vee I = I$$

Donc b' est un complément de a. Puisque les compléments sont uniques, $a = b$. Ce qui est contraire à l'hypothèse que se soit b le prédécesseur immédiat de a. Ainsi les seuls éléments sup-irréductibles de T sont ses atomes.

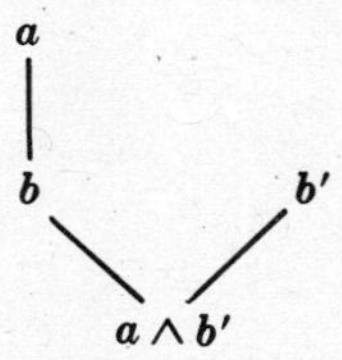

Fig. 10-13

Problèmes supplémentaires

ENSEMBLES ORDONNÉS ET SOUS-ENSEMBLES

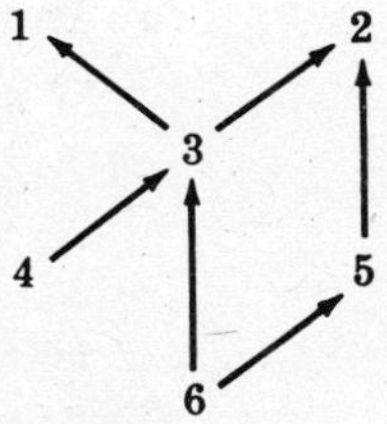

Fig. 10-14

10.17 Etant donné

$$V = \{1,2,3,4,5,6\}$$

ordonné comme l'indique la figure 10-14, trouver :

(a) Tous les éléments maximaux et minimaux de V.

(b) Tous les sous-ensembles linéairement ordonnés de V, qui contiennent au moins trois éléments.

10.18 Soient $M = \{2,3,4,\ldots\}$ et $M \times M$ ordonné comme suit :

$$(a,b) \precsim (c,d)$$

si a divise c et si b est plus petit ou égal à d. Trouver tous les éléments minimaux et maximaux de $M \times M$.

10.19 Etant donné $A = (\mathbf{N}, \leq)$, l'ensemble des entiers positifs muni de l'ordre usuel, $B = (\mathbf{N}, \geq)$, l'ensemble des entiers positifs muni de l'ordre inverse, et $A \times B$ de l'ordre lexicographique, insérer le symbole correct, $\prec$ ou $\succ$, entre les éléments des paires suivantes de $A \times B$.

(*a*) (1,3)—(1,5) (*b*) (4,1)—(2,18), (*c*) (4,30)—(4,4), (*d*) (2,2)—(15,15)

10.20 Soit

$$W = \{1,2,\ldots,7,8\}$$

ordonné comme l'indique la figure 10-15.

(1) Examinons le sous-ensemble $A = \{4,5,7\}$ de W.
 (*a*) Trouver l'ensemble des majorants de A (*c*) sup (A) existe-t-il ?
 (*b*) Trouver l'ensemble des minorants de A (*d*) inf (A) existe-t-il ?

(2) Examinons le sous-ensemble $B = \{2,3,6\}$ de W.
 (*a*) Trouver l'ensemble des majorants de B (*c*) sup (B) existe-t-il ?
 (*b*) Trouver l'ensemble des minorants de B (*d*) inf (B) existe-t-il ?

(3) Examinons le sous-ensemble $C = \{1,2,4,7\}$ de W.
 (*a*) Trouver l'ensemble des majorants de C (*c*) sup (C) existe-t-il ?
 (*b*) Trouver l'ensemble des minorants de C (*d*) inf (C) existe-t-il ?

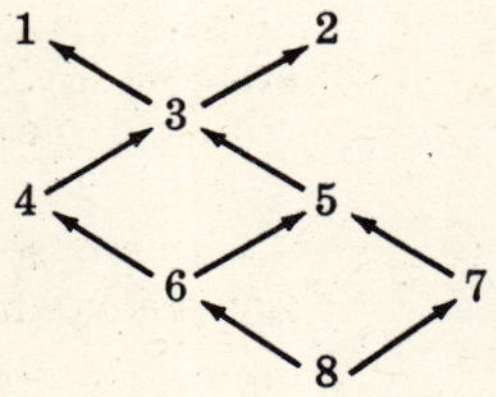

Fig. 10-15

10.21 Dessiner le diagramme des partitions de m (voir l'exemple 10.3) pour (*a*) $m = 4$, (*b*) $m = 6$.

10.22 Etant donné D_m l'ensemble des diviseurs positifs de m ordonné par divisibilité, dessiner le diagramme de (*a*) D_{12}, (*b*) D_{15}, (*c*) D_{16}, (*d*) D_{17}.

10.23 Soit

$$B = \{a,b,c,d,e,f\}$$

ordonné comme l'indique la figure 10-16.

(*a*) Trouver les éléments minimaux et maximaux de B.

(*b*) Donner deux énumérations consistantes de B et leur nombre dans l'ensemble

$$\{1,2,3,4,5,6\}$$

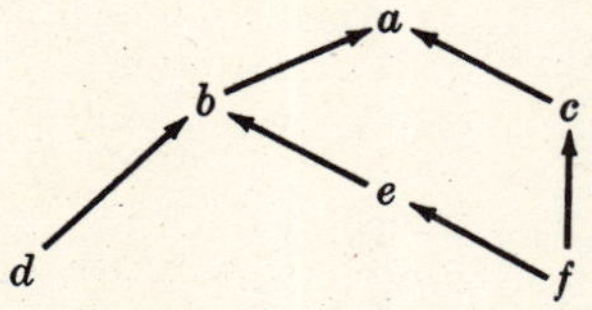

Fig. 10-16

10.24 Etant donné $S = \{a,b,c,d,e,f\}$ un poset et en supposant qu'il y a exactement six paires d'éléments telles que le premier précède le deuxième :

$$f \ll a, \quad f \ll d, \quad e \ll b, \quad c \ll f, \quad e \ll c, \quad b \ll f$$

(*a*) Trouver tous les éléments maximaux de S. (*b*) Trouver tous les éléments minimaux de S. (*c*) Trouver toutes les paires d'éléments, s'il y en a, qui ne sont pas comparables.

TREILLIS

10.25 Soit le treillis T de la figure 10-17. (*a*) Trouver tous les sous-treillis de cinq éléments. (*b*) Trouver tous (i) les éléments sup-irréductibles, (ii) les atomes. (*c*) Trouver, s'ils existent, les compléments de a et b. (*d*) T est-il distributif ? complémenté ?

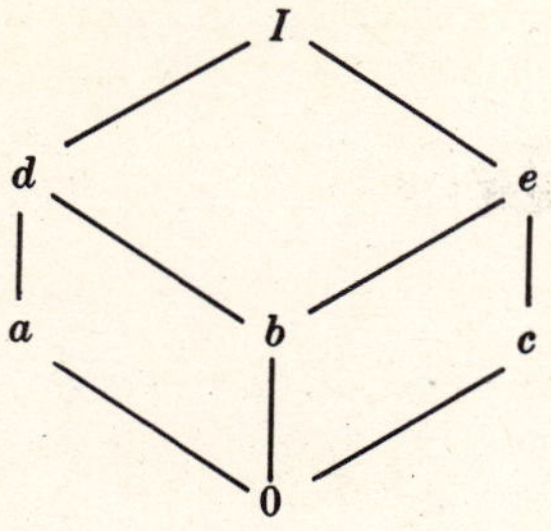

Fig. 10-17

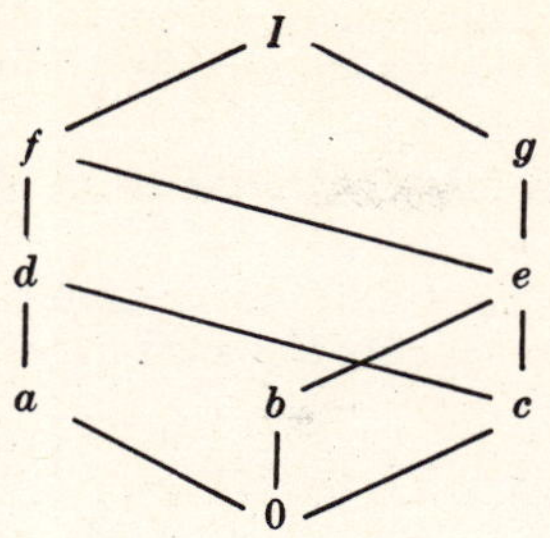

Fig. 10-18

10.26 Soit le treillis M de la figure 10-18. (a) Trouver les éléments sup-irréductibles. (b) Trouver les atomes. (c) Trouver, s'il existent, les compléments de a et b. (d) Exprimer chaque x de M en fonction des éléments sup-irréductibles non redondants. (e) M est-il distributif ? complémenté ?

10.27 Etant donné le treillis $D_{60} = \{1, 2, 3, 4, 5, 6, 10, 12, 15, 20, 30, 60\}$, des diviseurs de 60 ordonnés par l'ordre de divisibilité, (a) dessiner le diagramme de D_{60}. (b) Quels sont les éléments sup-irréductibles ? les atomes ? (c) Trouver, s'ils existent, les compléments de 2 et 10. (d) Exprimer chaque x avec le nombre minimum d'éléments sup-irréductibles non redondants.

10.28 Soit le treillis **N** des entiers positifs ordonnés par la relation de divisibilité, (a) Quels sont les éléments sup-irréductibles ? (b) Quels sont les atomes ?

10.29 Montrer que les règles de distributivité «faible» suivantes sont valables pour tous les treillis :

(a) $a \vee (b \wedge c) \leq (a \vee b) \wedge (a \vee c)$

(b) $a \wedge (b \vee c) \geq (a \wedge b) \vee (a \wedge c)$

10.30 Utiliser le théorème 10.7 pour démontrer que :

(a) Tout ensemble linéairement ordonné est un treillis distributif.

(b) Tout sous-treillis d'un treillis distributif est distributif.

10.31 Un treillis M est dit modulaire si, quelque soit $a \leq c$, nous avons l'identité

$$a \vee (b \wedge c) = (a \vee b) \wedge c$$

(a) Démontrer que tout treillis distributif est modulaire.

(b) Vérifier que le treillis non distributif de la figure 10.5(b) est modulaire, en conséquence la réciproque de (a) n'est pas vraie.

(c) Démontrer que le treillis non distributif de la figure 10.5(a) est non modulaire. (En fait on peut montrer que tout treillis non modulaire contient un sous-treillis isomorphe de la figure 10.5(a).)

10.32 Un élément a dans un treillis T est dit *inf-irréductible* si $a = x \wedge y$ implique $a = x$ ou $a = y$. Trouver tous les éléments inf-irréductibles dans (a) la figure 10.17, (b) la figure 10.18, (c) D_{60} (voir problème 10.27).

10.33 Etant donnés un anneau R et L la collection de tous les idéaux de R, pour tout idéal J et K de R nous définissons

$$J \vee K = J + K \quad \text{et} \quad J \wedge K = J \cap K$$

Démontrer que L est un treillis borné.

10.34 Soit $S = \{1, 2, 3, 4\}$. Trois partitions de S sont :

$$P_1 = \{\overline{1,2}, \overline{3}, \overline{4}\} = [\{1,2\}, \{3\}, \{4\}], \quad P_2 = \{\overline{1,2}, \overline{3,4}\}, \quad P_3 = \{\overline{1,3}, \overline{2,4}\}$$

(a) Trouver les neuf autres partitions de S.

(*b*) Soit L la collection des douze partitions de S ordonnée par «raffinement», c'est-à-dire que $P_i \precsim P_j$ si chaque cellule de P_i est un sous-ensemble d'une cellule de P_j. Par exemple $P_1 \precsim P_2$, mais P_2 et P_3 ne sont pas comparables. Montrer que L est un treillis borné et dessiner son diagramme.

PROBLÈMES À PROGRAMMER SUR ORDINATEUR

Soit $S = \{1,2,3,4,5,6\}$ un ensemble partiellement ordonné par une relation $\ll$ de prédécesseur immédiat contenant six éléments qui constituent les données à traiter.

10.35 Ecrire un programme qui fournit tous les éléments (*a*) maximaux, (*b*) minimaux de S.

10.36 Ecrire un programme qui détermine pour tous éléments m, n de S si $m \prec n$ ou non.

10.37 Ecrire un programme qui fournit une énumération consistante de S dans $\{1,2,\ldots,6\}$.

Tester les trois programmes ci-dessus avec les données suivantes :

(i) $3 \ll 2$, $6 \ll 4$, $2 \ll 5$, $3 \ll 1$, $4 \ll 5$, $6 \ll 1$

(ii) $2 \ll 5$, $3 \ll 6$, $5 \ll 4$, $5 \ll 1$, $2 \ll 3$, $5 \ll 6$

(iii) $6 \ll 1$, $6 \ll 4$, $5 \ll 2$, $3 \ll 6$, $5 \ll 3$, $2 \ll 6$

10.38 Ecrire une procédure appelée PGCD telle que PGCD(M,N) calcule le plus grand commun diviseur de M et N, et une procédure appelée PPCM telle que PPCM(M,N) calcule le plus petit commun multiple de M et N.

Solutions des problèmes supplémentaires

10.17 (*a*) 6 est minimal, et 1 et 2 sont maximaux

(*b*) $\{1,3,4\}$, $\{1,3,6\}$, $\{2,3,4\}$, $\{2,3,6\}$, $\{2,5,6\}$

10.18 Toute paire $(p,2)$, où p est premier, est un élément minimal. Il n'y a pas d'élément maximal.

10.19 (*a*) $(1,3) \succ (1,5)$, (*b*) $(4,1) \succ (2,18)$, (*c*) $(4,30) \prec (4,4)$, (*d*) $(2,2) \prec (15,15)$

10.20 (1) (*a*) $\{1,2,3\}$, (*b*) $\{8\}$, (*c*) $\sup(A) = 3$, (*d*) $\inf(A) = 8$

(2) (*a*) $\{2\}$, (*b*) $\{6,8\}$, (*c*) $\sup(B) = 2$, (*d*) $\inf(B) = 6$

(3) (*a*) $\varnothing$. Il n'y a pas de majorants. (*b*) $\{8\}$, (*c*) Non, (*d*) $\inf(C) = 8$

10.21 Voir la figure 10-19.

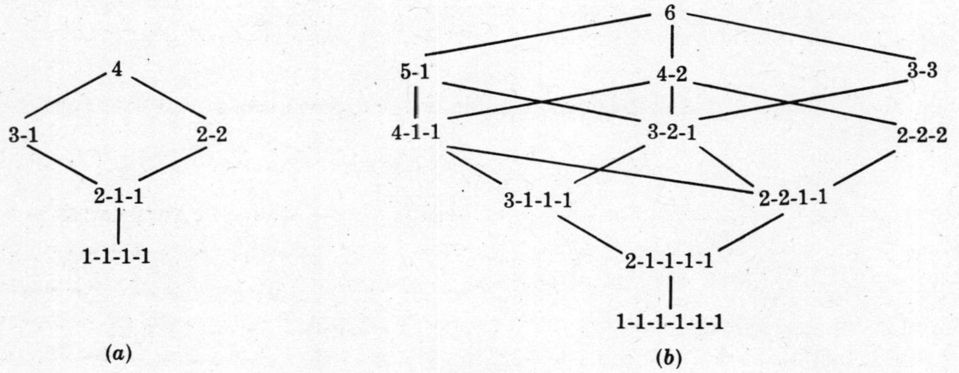

Fig. 10-19

10.22 Voir la figure 10-20.

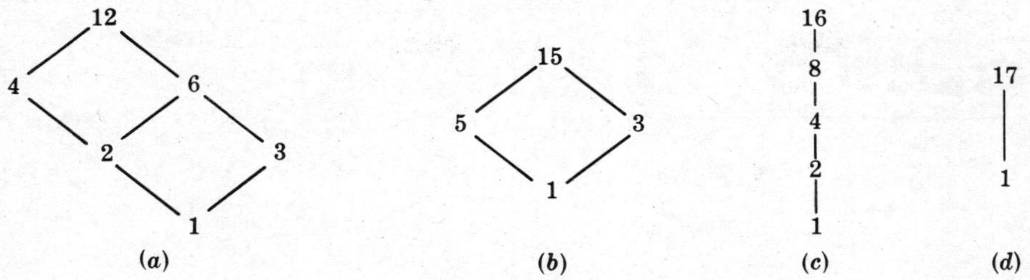

Fig. 10-20

10.23 (*a*) a est le minimal, et d, f sont les maximums.

(*b*) Il y en a onze : $dfebca$, $dfecba$, $dfceba$, $fdebca$, $fdecba$, $fdceba$, $fedbca$, $fedcba$, $fcdeba$, $fecdba$, $fcedba$

10.24 (*a*) a et b, (*b*) e, (*c*) $(b,c),(a,d)$

10.25 (*a*) Il y en a six : $0abdI$, $0acdI$, $0adeI$, $0bceI$, $0aceI$, $0cdeI$.

(*b*) (i) $a,b,c,e,0$, (ii) a,b,c

(*c*) c et e sont les compléments de a. b n'a pas de complément.

(*d*) Non, non.

10.26 (*a*) $a,b,c,g,0$

(*b*) a,b,c

(*c*) g est le seul complément de a. Il n'y a pas de complément de b.

(*d*) $I = a \vee g$, $f = a \vee b = a \vee c$, $e = b \vee c$, $d = a \vee c$

Les autres éléments sont sup-irréductibles.

(*e*) Non, non.

10.27 (*a*) Voir la figure 10-21.

(*b*) $1,2,3,4,5$ Les atomes sont 2, 3 et 5.

(*c*) 2 n'a pas de complément ; 3 est un complément de 10.

(*d*) $60 = 4 \vee 3 \vee 5$, $30 = 2 \vee 3 \vee 5$, $20 = 4 \vee 5$,

$15 = 3 \vee 5$, $12 = 3 \vee 4$, $10 = 2 \vee 5$, $6 = 2 \vee 3$

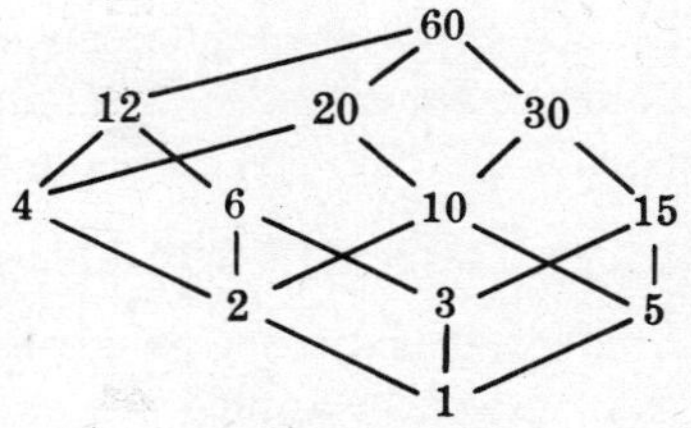

Fig. 10-21

10.28 (*a*) Les puissances des nombres premiers et 1. (*b*) Les nombres premiers.

10.31 (*a*) Si $a \leq c$ alors $a \vee c = c$. Donc

$$a \vee (b \vee c) = (a \vee b) \wedge (a \vee c) = (a \vee b) \wedge c$$

(*c*) Ici $a \leq c$, mais $a \vee (b \wedge c) = a \vee 0 = a$ et $(a \vee b) \wedge c = I \wedge c = c$; donc $a \vee (b \wedge c) \neq (a \vee b) \wedge c$.

10.32 Géométriquement un élément $a \neq 1$ est sup-irréductible si et seulement si a a un seul successeur immédiat. (*a*) a,c,d,e,I, (*b*) a,b,d,f,g,I, (*c*) 4,6,10,12,15,60

10.34 (*a*) $\{\overline{1},\overline{2},\overline{3},\overline{4}\}$, $\{\overline{1,4},\overline{2,3}\}$, $\{\overline{1,3},\overline{2,4}\}$, $\{\overline{1,2,3},\overline{4}\}$

$\{\overline{1,2,4},\overline{3}\}$, $\{\overline{1,3,4},\overline{2}\}$, $\{\overline{2,3,4},\overline{1}\}$, $\{\overline{1,2,3,4}\}$

Chapitre 11

Calcul propositionnel

11.1 ÉNONCÉS ET ÉNONCÉS COMPOSÉS

Les *énoncés* (ou *phrases logiques*) seront représentés par des lettres

$$p, \ q, \ r$$

(avec ou sans indice). La propriété fondamentale d'un énoncé est qu'il peut être *vrai* ou *faux*, mais pas les deux à la fois. La véracité, ou la fausseté d'un énoncé constitue sa *valeur de vérité.* Certains énoncés sont combinés, car composés d'énoncés, liés par diverses conjonctions, que nous discuterons plus loin. De tels énoncés sont dits *composés.*

EXEMPLE 11.1.

(*a*) «Les roses sont rouges et les violettes sont bleues» est un énoncé composé de deux énoncés : «Les roses sont rouges» et «Les violettes sont bleues».

(*b*) «Il est intelligent ou étudie tous les soirs» est un énoncé composé implicite de «il est intelligent» et «il étudie tous les soirs».

(*c*) «Où allez vous ?» n'est pas un énoncé car on ne peut dire si cela est vrai ou faux.

La propriété fondamentale des énoncés composés est que leur valeur de vérité est complètement déterminée par celles des énoncés qui les composent et des conjonctions qui les lient. Nous commençons par l'étude de quelques une de ces liaisons.

11.2 CONJONCTION, $p \wedge q$

Deux énoncés p et q, peuvent être liés par le mot «et» pour constituer un énoncé composé. Ce connecteur est appelé *conjonction*, son symbole est :

$$p \wedge q$$

que nous lisons «p et q».

La valeur de vérité de la conjonction est donnée par la table suivante :

p	q	$p \wedge q$
V	V	V
V	F	F
F	V	F
F	F	F

On voit, ici, que la première ligne consiste en un raccourci pour dire que si p est vrai alors $p \wedge q$ est vrai. Les autres lignes ont un sens analogue. Cette table définit la valeur de vérité de l'énoncé composé $p \wedge q$ en fonction des valeurs de vérité des énoncés p et q. Remarquez que $p \wedge q$ est vrai seulement si p et q sont vrais.

EXEMPLE 11.2. Examinons les énoncés suivants :

(i) Paris est en France et $2+2=4$

(ii) Paris est en France et $2+2=5$

(iii) Paris est en Angleterre et $2+2=4$

(iv) Paris est en Angleterre et $2+2=5$

Seul le premier énoncé est vrai, les trois autres sont faux car au moins un des énoncés qui les composent est faux.

11.3 DISJONCTION, $p \vee q$

Deux énoncés peuvent être liés par le mot «ou» (avec le sens et/ou) pour constituer un énoncé composé. Ce connecteur est appelé *disjonction* (*inclusive*), son symbole est :

$$p \vee q$$

que nous lions «p ou q».

La valeur de vérité de la disjonction est donnée par la table suivante :

p	q	$p \vee q$
V	V	V
V	F	V
F	V	V
F	F	F

Remarquez que $p \vee q$ est faux seulement si p et q sont faux.

EXEMPLE 11.3. Examinons les énoncés suivants :

(i) Paris est en France ou $2+2=4$

(ii) Paris est en France ou $2+2=5$

(iii) Paris est en Angleterre ou $2+2=4$

(iv) Paris est en Angleterre ou $2+2=5$

Seul le dernier énoncé est faux, les trois autres sont vrais car au moins l'un des deux énoncés qui les composent est vrai.

Remarque : Le mot «ou» est souvent employé, en langage courant, de deux façons distinctes. Quelquefois il est utilisé avec le sens «les deux cas peuvent se produire», comme ci-dessus, et quelquefois avec le sens de «p ou q mais pas les deux», c'est-à-dire que seul l'un des deux cas peut arriver. Par exemple, dans la phrase «Il ira à Paris ou à Marseille», «ou» est employé avec le deuxième sens, appelé *disjonction exclusive* ou *dilemme.* Sauf indication contraire, «ou» sera toujours employé avec la première signification. Cette discussion met en évidence la précision de notre langage symbolique : $p \vee q$ est défini par une table de vérité et a *toujours* le sens de «p ou/et q».

11.4 NÉGATION, $\sim p$

Tout énoncé p, précédé, par exemple, de «il est faux que...» devient un autre énoncé appelé *négation* de p. On peut également insérer dans p la location «ne ... pas». Le symbole de la négation est

$$\sim p$$

que l'on lit «non p».

La valeur de vérité de $\sim p$ est :

p	$\sim p$
V	F
F	V

En d'autres termes, si p est vrai alors $\sim p$ est faux, et si p est faux alors $\sim p$ est vrai. Ainsi la valeur de vérité de la négation de n'importe quel énoncé est l'opposé de la valeur de vérité de l'énoncé initial.

EXEMPLE 11.4. Soient les énoncés suivants :

(*a*) Paris est en France.

(*b*) Il est faux que Paris est en France.

(*c*) Paris n'est pas en France.

(*d*) $2 + 2 = 5$

(*e*) Il est faux que $2 + 2 = 5$

(*f*) $2 + 2 \neq 5$

Alors (*b*) et (*c*) sont la négation de (*a*), et (*e*) et (*f*) celle de (*d*). Puisque (*a*) est vraie, les énoncés (*b*) et (*c*) sont faux ; et puisque (*d*) est faux, les énoncés (*e*) et (*f*) sont vrais.

Remarque : La notation des connecteurs logiques «et» (and), «ou» (or) et «non» (not) n'est pas standardisée. Certains auteurs utilisent

$$p \,\&\, q,\ p \cdot q \text{ ou } pq \quad \text{pour} \quad p \wedge q$$

$$p + q \quad \text{pour} \quad p \vee q$$

$$p',\ \bar{p} \text{ ou } \neg p \quad \text{pour} \quad \sim p$$

11.5 PROPOSITIONS ET TABLES DE VÉRITÉ

Par l'usage répété des connecteurs logiques ($\wedge$, $\vee$, $\sim$ et d'autres que nous verrons plus loin) nous pouvons construire des énoncés composés plus complexes. Dans le cas où les énoncés p, q, ... d'un énoncé composé P (p, q, ...) sont des variables nous appelons cet énoncé une *proposition.*

La table de vérité d'une proposition dépend exclusivement des valeurs de vérité de ses variables, c'est-à-dire que la valeur de vérité d'une proposition est connue dès lors que les valeurs de ces variables sont connues. La manière la plus concise de montrer ces relations est, à titre d'exemple, la table de vérité de $\sim (p \wedge \sim q)$:

p	q	$\sim q$	$p \wedge \sim q$	$\sim (p \wedge \sim q)$
V	V	F	F	V
V	F	V	V	F
F	V	F	V	V
F	F	V	F	V

Remarquez que les premières colonnes de la table concernent les variables p, q, ... et qu'il y a autant de lignes dans la table que de combinaisons possibles de V et F pour ces variables. (Pour 2 variables il faut 4 lignes, comme ci-dessus, pour 3 variables il en faut 8, et pour n variables il en faut 2^n.) Il y a ensuite une colonne pour chaque étape «élémentaire» de la construction de la proposition, la valeur de vérité à chaque étape étant établie en fonction des valeurs précédentes et des connecteurs $\wedge$, $\vee$, $\sim$. Enfin, la dernière colonne donne la valeur de vérité de la proposition analysée.

Remarque : La table de vérité de la proposition ci-dessus est constituée des colonnes des variables et de la proposition elle-même :

p	q	$\sim (p \wedge \sim q)$
V	V	V
V	F	F
F	V	V
F	F	V

Les autres colonnes sont simplement utilisées pour construire cette table.

Une autre méthode de construction de la table de vérité pour $\sim (p \wedge \sim q)$ est la suivante. On construit d'abord le tableau ci-dessous :

p	q	$\sim$	$(p$	$\wedge$	$\sim$	$q)$
V	V					
V	F					
F	V					
F	F					
Etape						

Observez que la proposition est écrite à la première ligne, à droite des variables, et qu'il y a une colonne par variable ou connecteur. Les valeurs de vérité sont ensuite écrites en plusieurs étapes, comme suit :

p	q	$\sim$	$(p$	$\wedge$	$\sim$	$q)$
V	V		V			V
V	F		V			F
F	V		F			V
F	F		F			F
Etape			1			1

(*a*)

p	q	$\sim$	$(p$	$\wedge$	$\sim$	$q)$
V	V		V		F	V
V	F		V		V	F
F	V		F		F	V
F	F		F		V	F
Etape			1		2	1

(*b*)

p	q	$\sim$	$(p$	$\wedge$	$\sim$	$q)$
V	V		V	F	F	V
V	F		V	V	V	F
F	V		F	F	F	V
F	F		F	F	V	F
Etape			1	3	2	1

(*c*)

p	q	$\sim$	$(p$	$\wedge$	$\sim$	$q)$
V	V	V	V	F	F	V
F	V	F	V	V	V	F
F	F	V	F	F	F	V
F	F	V	F	F	V	F
Etape		4	1	3	2	1

(*d*)

La table de vérité de la proposition est constituée alors des colonnes sous les variables, et de la dernière colonne remplie (ici, lors de l'étape 4).

11.6 TAUTOLOGIES ET CONTRADICTIONS

Certaines propositions $P(p, q, \ldots)$ ne contiennent que V dans la dernière colonne de leur table de vérité, c'est-à-dire qu'elles sont vraies chaque fois qu'une de leurs variables est vraie. On dit qu'il s'agit de *tautologies.* De même, une proposition $P(p, q, \ldots)$ est une *contradiction* si elle est toujours fausse.

Par exemple, la proposition «p ou non p», soit $p \vee \sim p$ est une tautologie, et la proposition «p et non p», soit $p \wedge \sim p$, une contradiction. Cela se vérifie en établissant les tables de vérité.

p	$\sim p$	$p \vee \sim p$
V	F	V
F	V	V

p	$\sim p$	$p \wedge \sim p$
V	F	F
F	V	F

On notera que la négation d'une tautologie est une contradiction et réciproquement.

Soit maintenant $P(p,\ q,\dots)$ une tautologie, et $P_1(p,\ q,\dots)$, $P_2(p,\ q,\dots)$ n'importe quelles propositions. Puisque $P(p,\ q,\dots)$ ne dépend pas des valeurs particulières de ses variables $p,\ q,\dots$, on peut remplacer p par P_1, q par P_2, etc., dans la tautologie $P(p,\ q,\dots)$ et avoir toujours une tautologie. En d'autres termes :

Théorème 11.1 (Principe de substitution) : Si $P(p,\ q,\dots)$ est une tautologie, alors $P(P_1,\ P_2,\dots)$ est une tautologie quelques soient les propositions P_1, P_2, ...

11.7 ÉQUIVALENCE LOGIQUE

Deux propositions $P(p,\ q,\dots)$ et $Q(p,\ q,\dots)$ sont dites *logiquement équivalentes*, ou simplement *équivalentes* ou *égales*, noté

$$P(p,\ q,\dots) \equiv Q(p,\ q,\dots)$$

si elles ont des tables de vérité identiques. Par exemple, considérons la table de $\sim (p \wedge q)$ et celle de $\sim p \vee \sim q$:

p	q	$p \wedge q$	$\sim (p \wedge q)$
V	V	V	F
V	F	F	V
F	V	F	V
F	F	F	V

p	q	$\sim p$	$\sim q$	$\sim p \wedge \sim q$
V	V	F	F	F
V	F	F	V	V
F	V	V	F	V
F	F	V	V	V

Puisque les tables sont les mêmes, c'est-à-dire que les deux propositions sont fausses à la première ligne et vraies dans les trois autres cas, les propositions $\sim (p \wedge q)$ et $\sim p \vee \sim q$ sont logiquement équivalentes, ce que nous traduisons par

$$\sim (p \wedge q) \equiv \sim p \vee \sim q$$

Examinons maintenant l'énoncé

«Il est faux que les roses sont rouges et que les violettes sont bleues.»

Cet énoncé peut être écrit sous la forme $\sim (p \wedge q)$, où p est «les roses sont rouges» et q est «les violettes sont bleues». Toutefois, en raison des tables de vérité ci-dessus, $\sim (p \wedge q)$ étant équivalent à $\sim p \wedge \sim q$, nous pouvons écrire

«Les roses ne sont pas rouges, ou les violettes ne sont pas bleues.»

en conservant la signification de l'énoncé précédent.

11.8 ALGÈBRE DE PROPOSITIONS

Théorème 11.2 : Les propositions satisfont aux différentes lois de la table 11.1, où v et f signifient «vrai» et «faux».

Table 11.1 Lois de l'algèbre de propositions

	Idempotence		
1*a*.	$p \vee p \equiv p$	1*b*.	$p \wedge p \equiv p$
	Associativité		
2*a*.	$(p \vee q) \vee r \equiv p \vee (q \vee r)$	2*b*.	$(p \wedge q) \wedge r \equiv p \wedge (q \wedge r)$
	Commutativité		
3*a*.	$p \vee q \equiv q \vee p$	3*b*.	$p \wedge q \equiv q \wedge p$
	Distributivité		
4*a*.	$p \vee (q \wedge r) \equiv (p \vee q) \wedge (p \vee r)$	4*b*.	$p \wedge (q \vee r) \equiv (p \wedge s) \vee (p \wedge r)$
	Identité		
5*a*.	$p \vee f \equiv p$	5*b*.	$p \wedge v \equiv p$
6*a*.	$p \vee v \equiv v$	6*b*.	$p \wedge f \equiv f$
	Complémentarité		
7*a*.	$p \vee \sim p \equiv v$	7*b*.	$p \wedge \sim p \equiv f$
8*a*.	$\sim v \equiv f$	8*b*.	$\sim f \equiv v$
	Involution		
9.	$\sim\sim p \equiv p$		
	Loi de De Morgan		
10*a*.	$\sim (p \vee q) \equiv \sim p \wedge \sim q$	10*b*.	$\sim (p \wedge q) \equiv \sim p \vee \sim q$

11.9 ÉNONCÉS CONDITIONNÉS ET BICONDITIONNÉS

Beaucoup d'énoncés, particulièrement en mathématiques, sont de la forme «si p alors q». De tels énoncés sont dits *conditionnés* et représentés par

$$p \rightarrow q$$

qui est souvent lu comme «p implique q» ou «p seulement si q».

Une autre formulation souvent utilisée est «p si et seulement si q». Les énoncés ayant cette structure sont dits *biconditionnés*, et notés

$$p \leftrightarrow q$$

Les tables de vérité de $p \rightarrow q$ et $p \leftrightarrow q$ sont :

p	q	$p \rightarrow q$
V	V	V
V	F	F
F	V	V
F	F	V

p	q	$p \leftrightarrow q$
V	V	V
V	F	F
F	V	F
F	F	V

Remarquez que l'implication $p \rightarrow q$ n'est fausse que si le premier énoncé p est vrai et le second q est faux. Dans le cas où p est faux, l'implication $p \rightarrow q$ est vraie au regard de la valeur de vérité de q. Remarquez également que $p \leftrightarrow q$ n'est vraie que si p et q ont la même valeur de vérité.

Examinons maintenant la table de vérité de la proposition $\sim p \vee q$:

p	q	$\sim p$	$\sim p \vee q$
V	V	F	V
V	F	F	F
F	V	V	V
F	F	V	V

Observez que cette table est identique à celle de $p \to q$, donc $p \to q$ est l'équivalent logique de la proposition $\sim p \vee q$:

$$p \to q \equiv \sim p \vee q$$

En d'autres termes, l'énoncé conditionné «si p alors q» est logiquement équivalent à l'énoncé «non p ou q» qui comprend les connecteurs $\vee$ et $\sim$. On peut considérer $p \to q$ comme une abréviation pour un énoncé revenant fréquemment.

11.10 ARGUMENTS

Un *argument* est un énoncé dans lequel un ensemble de propositions $P_1, P_2, \ldots, P_n$, appelées *prémisses*, conduit, par voie de conséquence, à une proposition Q, appelée *conclusion*. Un argument est représenté par

$$P_1, P_2, \ldots, P_n \vdash Q$$

La notion «d'argument logique» ou «d'argument valide» est formalisée comme suit :

Un argument $P_1, P_2, \ldots, P_n \vdash Q$ est dit valide si Q est vraie chaque fois que les prémisses $P_1, P_2, \ldots, P_n$ sont vraies.

Un argument qui n'est pas valide est un *sophisme*.

EXEMPLE 11.5.

(*a*) L'argument suivant est valide :

$$p,\ p \to q \vdash q \quad \text{(loi de séparation)}$$

La preuve de cette règle est fournie par la table de vérité suivante :

p	q	$p \to q$
V	V	V
V	F	F
F	V	V
F	F	V

Puisque p est vrai aux lignes 1 et 2, et que $p \to q$ est vraie aux lignes 1, 3 et 4, p et $p \to q$ sont vrais simultanément à la ligne 1. De plus, à cette ligne, q est également vrai donc l'argument est valide.

(*b*) L'argument suivant est un sophisme :

$$p \to q,\ q \vdash p$$

car $p \to q$ et q sont vrais à la ligne 3 de la table précédente mais dans ce cas p est faux.

Les propositions $P_1, P_2, \ldots, P_n$ sont vraies simultanément si et seulement si la proposition $P_1 \wedge P_2 \wedge \ldots \wedge P_n$ est vraie. Ainsi l'argument $P_1, P_2, \ldots, P_n \vdash Q$ est valide si et seulement si Q est vraie chaque fois que $P_1 \wedge P_2 \wedge \ldots \wedge P_n$ est vrai, ou en d'autres termes, si la proposition $(P_1 \wedge P_2 \wedge \ldots \wedge P_n) \to Q$ est une tautologie. Ce qui conduit au théorème suivant.

Théorème 11.3 : L'argument $P_1, P_2, \ldots, P_n \vdash Q$ est valide si et seulement si $(P_1 \wedge P_2 \wedge \ldots \wedge P_n) \to Q$ est une tautologie.

Nous appliquons ce théorème à l'exemple qui suit.

EXEMPLE 11.6. Un principe fondamental du raisonnement logique établit que :

«si p implique q et q implique r, alors p implique r»

c'est-à-dire que l'argument suivant est valide :

$$p \to q, \quad q \to r \vdash p \to r \quad \text{(loi du syllogisme)}$$

Ce fait est vérifié grâce à la table de vérité suivante qui montre que la proposition

$$[(p \to q) \wedge (q \to r)] \to (p \to r)$$

est une tautologie :

p	q	r	$[(p$	$\to$	$q)$	$\wedge$	$(q$	$\to$	$r)]$	$\to$	$(p$	$\to$	$r)$
V	V	V	V	V	V	V	V	V	V	V	V	V	V
V	V	F	V	V	V	F	V	F	F	V	V	F	F
V	F	V	V	F	F	F	F	V	V	V	V	V	V
V	F	F	V	F	F	F	F	V	F	V	V	F	F
F	V	V	F	V	V	V	V	V	V	V	F	V	V
F	V	F	F	V	V	F	V	F	F	V	F	V	F
F	F	V	F	V	F	V	F	V	V	V	F	V	V
F	F	F	F	V	F	V	F	V	F	V	F	V	F
Etape			1	2	1	3	1	2	1	4	1	2	1

En d'autres termes, l'argument est valide puisque les prémisses $p \to q$ et $q \to r$ sont simultanément vraies seulement aux lignes 1, 5, 7 et 8, et dans ce cas la conclusion $p \to r$ est également vraie. (Remarquez que la table de vérité nécessite $2^3 = 8$ lignes puisqu'il y a trois variables p, q et r.)

Nous allons maintenant appliquer la théorie ci-dessus à des arguments comportant des énoncés spécifiques. Il est bien entendu que la validité d'un argument ne dépend pas des valeurs de vérité ou du contenu des énoncés, mais de la forme particulière de l'argumentation. Cela est illustré par l'exemple ci-après.

EXEMPLE 11.7. Considérons l'argument suivant :

A_1 : Si un homme est célibataire, il n'est pas heureux.
A_2 : Si un homme n'est pas heureux, il meurt jeune.
....
C : Les célibataires meurent jeunes.

où les prémisses sont A_1 et A_2 et la conclusion C. Nous affirmons que l'arguement A_1, $A_2 \vdash C$ est valide, car cet argument est de la forme

$$p \to q, \ q \to r \vdash p \to r$$

où p, q et r sont respectivement : «Il est célibataire», «Il n'est pas heureux» et «Il meurt jeune»; et en raison de l'exemple 11.6 cet argument (loi du syllogisme) est valide.

11.11 IMPLICATION LOGIQUE

Une proposition $P(p, q, \ldots)$ *implique logiquement* une proposition $Q(p, q, \ldots)$, ce que nous écrivons

$$P(p, q, \ldots) \Rightarrow Q(p, q, \ldots)$$

si $Q(p, q, \ldots)$ est vraie chaque fois que $P(p, q, \ldots)$ est vraie.

EXEMPLE 11.8. Nous disons que p implique logiquement $p \vee q$. Regardons la table de vérité de p et de $p \vee q$ ci-dessous, nous remarquons que p est vrai aux lignes 1 et 2, et que dans ces cas $p \vee q$ est également vrai.

p	q	$p \vee q$
V	V	V
V	F	V
F	V	V
F	F	F

Donc si $Q(p,\ q,\ldots)$ est vraie chaque fois que $P(p,\ q,\ldots)$ est vraie, alors l'argument

$$P(p,\ q,\ldots) \vdash (Q,\ p,\ q,\ldots)$$

est valide, et réciproquement. En outre, l'argument $P \vdash Q$ est valide si et seulement si l'énoncé conditionné $P \rightarrow Q$ est toujours vrai, donc une tautologie. Ce qui conduit au théorème suivant :

Théorème 11.4 : Pour toutes propositions $P(p,\ q,\ldots)$ et $Q(p,\ q,\ldots)$ les trois énoncés ci-après sont équivalents :

(i) $P(p,\ q,\ldots)$ implique logiquement $Q(p,\ q,\ldots)$.

(ii) L'argument $P(p,\ q,\ldots) \vdash Q(p,\ q,\ldots)$ est valide.

(iii) La proposition $P(p,\ q,\ldots) \rightarrow Q(p,\ q,\ldots)$ est une tautologie.

Nous remarquons que certains logiciens et beaucoup d'auteurs emploient le mot «implique» au sens de notre «implication logique», et font ainsi la distinction entre «implique» et «si ... alors» («if ... then»). Ces deux concepts distincts sont, de toute évidence, intimement liés comme le montre le théorème ci-dessus.

Problèmes résolus

ÉNONCÉS ET ÉNONCÉS COMPOSÉS

11.1 Soient p «Il fait froid» et q «Il pleut». Ecrire une phrase simple qui correspond à chacun des énoncés suivants :

(1) $\sim p$, (2) $p \wedge q$, (3) $p \vee q$, (4) $q \vee \sim p$, (5) $\sim p \wedge \sim q$, (6) $\sim\sim q$

Dans chaque cas, on traduit respectivement $\wedge$, $\vee$ et $\sim$ par «et», «ou» et «il est faux que» ou «ne... pas», et on obtient :

(1) Il ne fait pas froid.

(2) Il fait froid ou il pleut.

(3) Il fait froid ou il pleut.

(4) Il pleut ou il ne fait pas froid.

(5) Il ne fait pas froid et il ne pleut pas.

(6) Il est faux qu'il ne pleut pas.

N.d.T. Le contraire de «il pleut» est «il fait beau» et la négation est «il ne pleut pas».

11.2 Soient p «Il est grand» et q «il est beau ». Ecrire les phrases suivantes en utilisant p, q et les connecteurs adéquats.

(1) Il est grand et beau.

(2) Il est grand mais il n'est pas beau.

(3) Il est faux qu'il est petit et beau.

(4) Il n'est ni grand ni beau.

(5) Il est grand, ou il est petit et beau.

(6) Il est faux qu'il est petit ou moche.

(On suppose que «il est petit» signifie «il n'est pas grand», soit $\sim p$, et «il est moche» signifie «il n'est pas beau», soit $\sim q$)

(1) $p \wedge q$ (3) $\sim (\sim p \vee q)$ (5) $p \vee (\sim p \wedge q)$

(2) $p \vee \sim q$ (4) $\sim p \wedge \sim q$ (6) $\sim (\sim p \vee \sim q)$

PROPOSITIONS ET TABLES DE VÉRITÉ

11.3 Trouver la table de vérité de $\sim p \wedge q$.

p	q	$\sim p$	$\sim p \wedge q$
V	V	F	F
V	F	F	F
F	V	V	V
F	F	V	F

Méthode 1

p	q	$\sim$	p	$\wedge$	q
V	V	F	V	F	V
V	F	F	V	F	F
F	V	V	F	F	F
F	F	V	F	F	F
Etape		2	1	3	1

Méthode 2

11.4 Trouver la table de vérité de $\sim (p \wedge q)$.

p	q	$p \vee q$	$\sim (p \vee q)$
V	V	V	F
V	F	V	F
F	V	V	F
F	F	F	V

Méthode 1

p	q	$\sim$	$(p$	$\vee$	$q)$
V	V	F	V	V	V
V	F	F	V	V	F
F	V	F	F	V	V
F	F	V	F	F	F
Etape		3	1	2	1

Méthode 2

11.5 Trouver la table de vérité de $\sim (p \wedge \sim q)$.

p	q	$\sim q$	$p \vee \sim q$	$\sim (p \vee \sim q)$
V	V	F	V	F
V	F	V	V	F
F	V	F	F	V
F	F	V	V	F

Méthode 1

p	q	$\sim$	$(p$	$\vee$	$\sim$	$q)$
V	V	F	V	V	F	V
V	F	F	V	V	V	F
F	V	V	F	F	F	V
F	F	F	F	V	V	F
Etape		4	1	3	2	1

Méthode 2

TAUTOLOGIE ET CONTRADICTIONS

11.6 Vérifier que la proposition $p \vee \sim (p \wedge q)$ est une tautologie.

On construit la table de vérité de $p \vee \sim (p \wedge q)$:

p	q	$p \wedge q$	$\sim (p \wedge q)$	$p \vee \sim (p \wedge q)$
V	V	V	F	V
V	F	F	V	V
F	V	F	V	V
F	F	F	V	V

Puisque la valeur de vérité de $p \vee \sim (p \wedge q)$ est V pour toutes valeurs de p et q, c'est une tautologie.

11.7 Vérifier que la proposition $(p \wedge q) \wedge \sim (p \vee q)$ est une contradiction.

On construit la table de vérité de $(p \wedge q) \wedge \sim (p \vee q)$:

p	q	$p \wedge q$	$p \vee q$	$\sim (p \vee q)$	$(p \wedge q) \wedge \sim (p \vee q)$
V	V	V	V	F	F
V	F	F	V	F	F
F	V	F	V	F	F
F	F	F	F	V	F

Puisque la valeur de vérité de $(p \wedge q) \wedge \sim (p \vee q)$ est F pour toutes valeurs de p et q, c'est une contradiction.

ÉQUIVALENCE LOGIQUE

11.8 Démontrer que la disjonction est distributive par rapport à la conjonction, c'est-à-dire, démontrer la loi de distributivité : $p \vee (q \wedge r) \equiv (p \vee q) \wedge (p \vee r)$.

Nous établissons les tables de vérité.

p	q	r	$q \wedge r$	$p \vee (q \wedge r)$	$p \vee q$	$q \vee r$	$(p \vee q) \wedge (p \vee r)$
V	V	V	V	V	V	V	V
V	V	F	F	V	V	V	V
V	F	V	F	V	V	V	V
V	F	F	F	V	V	V	V
F	V	V	V	V	V	V	V
F	V	F	F	F	V	F	F
F	F	V	F	F	F	V	F
F	F	F	F	F	F	F	F

Puisque les tables sont identiques, les propositions sont équivalentes.

11.9 Démontrer que l'opération de disjonction peut être écrite en fonction des opérations de conjonction et de négation, en particulier que $p \vee q \equiv \sim (\sim p \wedge \sim q)$.

Nous établissons les tables de vérité requises.

p	q	$p \vee q$	$\sim p$	$\sim q$	$\sim p \wedge \sim q$	$\sim (\sim p \wedge \sim q)$
V	V	V	F	F	F	V
V	F	V	F	V	F	V
F	V	V	V	F	F	V
F	F	F	V	V	V	F

Puisque les tables de vérité sont identiques, les propositions sont équivalentes.

11.10 Simplifier chaque proposition en utilisant les lois de la table 11.1 (*a*) $p \vee (p \wedge q)$. (*b*) $\sim (p \vee q) \vee (\sim p \wedge q)$.

(*a*)

	Enoncé	**Justification**
(1)	$p \vee (p \wedge q) \equiv (p \wedge t) \vee (p \wedge q)$	(1) Identité
(2)	$\equiv p \wedge (t \vee q)$	(2) Distributivité
(3)	$\equiv p \wedge t$	(3) Identité
(4)	$\equiv p$	(4) Identité

(*b*)

	Enoncé	**Justification**
(1)	$\sim (p \vee q) \vee (\sim p \wedge q) \equiv (\sim p \wedge \sim q) \vee (\sim p \wedge q)$	(1) loi de De Morgan
(2)	$\equiv \sim p \wedge (\sim q \vee q)$	(2) Distributivité
(3)	$\equiv \sim p \wedge t$	(3) Complémentarité
(4)	$\equiv \sim p$	(4) Identité

NÉGATION

11.11 Démontrer les lois de De Morgan : (*a*) $\sim (p \wedge q) \equiv \sim p \vee \sim q$; (*b*) $\sim (p \vee q) \equiv \sim p \wedge \sim q$

On établit les tables de vérité pour chaque cas.

(*a*)

p	q	$p \wedge q$	$\sim (p \wedge q)$	$\sim p$	$\sim q$	$\sim p \vee \sim q$
V	V	V	F	F	F	F
V	F	F	V	F	V	V
F	V	F	V	V	F	V
F	F	F	V	V	V	V

(*b*)

p	q	$p \vee q$	$\sim (p \vee q)$	$\sim p$	$\sim q$	$\sim p \wedge \sim q$
V	V	V	F	F	F	F
V	F	V	F	F	V	F
F	V	V	F	V	F	F
F	F	F	V	V	V	V

11.12 Vérifier que $\sim\sim p \equiv p$

p	$\sim p$	$\sim\sim p$
V	F	V
F	V	F

11.13 Utiliser les résultats des problèmes précédents pour simplifier chacun des énoncés suivants.

(*a*) Il est faux que sa mère est anglaise ou que son père est français.

(*b*) Il est faux qu'il étudie la physique et pas les mathématiques.

(*c*) Il est faux que les ventes baissent et que les prix augmentent.

(*d*) Il est faux qu'il ne fait pas froid ou qu'il pleut.

(*a*) Soit $p =$ «Sa mère est anglaise» et $q =$ «Son père est français». L'énoncé est donc $\sim (p \vee q)$. Mais $\sim (p \vee q) = \sim p \wedge \sim q$, donc l'énoncé est logiquement équivalent à «Sa mère n'est pas anglaise et son père n'est pas français».

(*b*) Soit p = «Il étudie la physique» et q = «Il étudie les mathématiques». L'énoncé est donc $\sim (p \wedge \sim q)$. Mais $\sim (p \wedge \sim q) = \sim p \vee \sim\sim q = \sim p \wedge q$, donc l'énoncé est logiquement équivalent à «Il n'étudie pas la physique ou il étudie les mathématiques».

(*c*) Puisque $\sim (p \wedge q) = \sim p \vee \sim q$, l'énoncé est logiquement équivalent à «Les ventes augmentent ou les prix baissent».

(*d*) Puisque $\sim (\sim p \vee q) = p \wedge \sim q$, l'énoncé est logiquement équivalent à «Il fait froid et il ne pleut pas».

CONDITIONNÉ ET BICONDITIONNÉ

11.14 Récrire les énoncés suivants sans utiliser le conditionnel.

(*a*) S'il fait froid, il porte un chapeau.

(*b*) Si la productivité augmente, alors les salaires montent.

Se rappeler que «si p alors q» est équivalent à «non p ou q», c'est-à-dire que $p \rightarrow q \equiv \sim p \vee q$.

(*a*) Il ne fait pas froid ou il porte un chapeau.

(*b*) La productivité n'augmente pas ou les salaires montent.

11. 15 (*a*) Montrer que «p implique q et q implique p» est logiquement équivalent au biconditionné «p si et seulement si q», c'est-à-dire que $(p \rightarrow q) \wedge (q \rightarrow p) \equiv p \leftrightarrow q$.

(*b*) Montrer que le biconditionné $p \leftrightarrow q$ peut être écrit à l'aide des trois connecteurs $\vee$, $\wedge$ et $\sim$.

(*a*)

p	q	$p \leftrightarrow$	$p \rightarrow q$	$q \rightarrow p$	$(p \rightarrow q) \wedge (q \rightarrow p)$
V	V	V	V	V	V
V	F	F	F	V	F
F	V	F	V	F	F
F	F	V	V	V	V

(*b*) Puisque $p \rightarrow q \equiv \sim p \vee q$ et $q \rightarrow p \equiv \sim q \vee p$; on en déduit que

$$p \leftrightarrow q \equiv (p \rightarrow q) \wedge (q \rightarrow p) \equiv (\sim p \vee q) \wedge (\sim q \vee p)$$

11.16 Etablir la table de vérité de $(p \rightarrow q) \rightarrow (p \wedge q)$.

p	q	$p \rightarrow q$	$p \wedge q$	$(p \rightarrow q) \rightarrow (p \wedge q)$
V	V	V	V	V
V	F	F	F	V
F	V	V	F	F
F	F	V	F	F

11.17 Etablir la table de vérité de $(p \rightarrow q) \vee \sim (p \leftrightarrow \sim q)$.

p	q	$(p$	$\rightarrow$	$q)$	$\vee$	$\sim$	$(p$	$\leftrightarrow$	$\sim$	$q)$
V	V	V	V	V	V	V	V	F	F	V
V	F	V	F	F	F	F	V	V	V	F
F	V	F	V	V	V	F	F	V	F	V
F	F	F	V	F	V	V	F	F	V	F
Etape		1	2	1	5	4	1	3	2	1

11.18 Considérons la proposition conditionnée $p \to q$ et les autres propositions simples contenant p et q :

$$q \to p \qquad \sim p \to \sim q \qquad \text{et} \qquad \sim q \to \sim p$$

Elles sont appelées respectivement *réciproque*, *inverse* et *contraposée* de la première $p \to q$. Quelles sont, s'il y en a, celles qui sont logiquement équivalentes à $p \to q$?

Etablissons les tables de vérités :

				Conditionnée	Réciproque	Inverse	Contraposée
p	q	$\sim p$	$\sim q$	$p \to q$	$q \to p$	$\sim p \to \sim q$	$\sim q \to \sim p$
V	V	F	F	V	V	V	V
V	F	F	V	F	V	V	F
F	V	V	F	V	F	F	V
F	F	V	V	V	V	V	V

Seule la contraposée $\sim q \to \sim p$ est logiquement équivalente à la proposition conditionnée initiale $p \to q$.

ARGUMENTS ET IMPLICATION LOGIQUE

11.19 Montrer que l'argument suivant est valide : $p \leftrightarrow q,\ q \vdash p$.

Méthode 1.

On construit la table de vérité ci-contre. On voit que $p \leftrightarrow q$ est vraie aux lignes 1 et 4, et q est vraie aux lignes 1 et 3; donc, $p \leftrightarrow q$ et q sont simultanément vraies uniquement dans la ligne 1 où p l'est également. Ainsi l'argument $p \leftrightarrow q,\ q \vdash p$ est valide.

p	q	$p \leftrightarrow q$
V	V	V
V	F	F
F	V	F
F	F	V

Méthode 2.

On construit la table de vérité de $[(p \leftrightarrow q) \wedge q] \to p$:

p	q	$p \leftrightarrow q$	$(p \leftrightarrow q) \wedge q$	$[(p \leftrightarrow q) \wedge q] \to p$
V	V	V	V	V
V	F	F	F	V
F	V	F	F	V
F	F	V	F	V

Puisque $[(p \leftrightarrow q) \wedge q] \to p$ est une tautologie, l'argument est valide.

11.20 Tester la validité de l'argument suivant :

Si j'étudie, alors je n'échouerai pas en mathématiques.

Si je ne joue pas au basketball, alors j'étudierai.

Mais j'ai échoué en mathématiques.

....

Donc, je joue au basketball

On commence par traduire les énoncés par des symboles. Soit p = «J'étudie», q = «J'échoue en mathématiques» et r = «Je joue au basketball». Alors l'argument ci-dessus devient :

$$p \to \sim q,\ \sim r \to p,\ q \vdash r$$

Pour tester la validité de l'argument, on construit les tables de vérité des diverses propositions, $p \rightarrow \sim q$, $\sim r \rightarrow p$, q et r :

p	q	r	$\sim q$	$p \rightarrow \sim q$	$\sim r$	$\sim r \rightarrow p$
V	V	V	F	F	F	V
V	V	F	F	F	V	V
V	F	V	V	V	F	V
V	F	F	V	V	V	V
F	V	V	F	V	F	V
F	V	F	F	V	V	F
F	F	V	V	V	F	V
F	F	F	V	V	V	F

Ainsi, les prémisses $p \rightarrow \sim p$, $\sim r \rightarrow p$ et q sont simultanément vraies seulement à la ligne 5, et dans ce cas la conclusion r est également vraie. Donc, l'argument est valide.

11.21 Montrer que $p \leftrightarrow q$ implique logiquement $p \rightarrow q$.

Méthode 1.

On établit les tables de vérité de $p \leftrightarrow q$ et $p \rightarrow q$:

p	q	$p \leftrightarrow q$	$p \leftrightarrow q$
V	V	V	V
V	F	F	F
F	V	F	V
F	F	V	V

Ainsi $p \leftrightarrow q$ est vraie aux lignes 1 et 4 et dans ce cas $p \rightarrow q$ est également vraie, donc $p \rightarrow q$ implique logiquement $p \rightarrow q$.

Méthode 2.

On établit la table de vérité de $(p \leftrightarrow q) \rightarrow (p \rightarrow q)$. C'est une tautologie donc en vertu du théorème 11.4, $p \leftrightarrow q$ implique logiquement $p \rightarrow q$.

11.22 Montrer que $p \leftrightarrow \sim q$ n'implique pas logiquement $p \rightarrow q$.

Méthode 1.

On construit les tables de vérité de $p \leftrightarrow \sim q$ et de $p \rightarrow q$:

p	q	$\sim q$	$p \leftrightarrow \sim q$	$p \rightarrow q$
V	V	F	F	V
V	F	V	V	F
F	V	F	V	V
F	F	V	F	V

Rappelons que $p \leftrightarrow \sim q$ implique logiquement $p \rightarrow q$, si $p \rightarrow q$ est vraie chaque fois que $p \leftrightarrow \sim q$ est vraie. Mais $p \leftrightarrow \sim q$ n'est vraie qu'à la ligne 2 et dans ce cas $p \rightarrow q$ est fausse. Donc $p \leftrightarrow \sim q$ n'implique pas logiquement $p \rightarrow q$.

Méthode 2.

On construit la table de vérité de la proposition $(p \leftrightarrow \sim q) \rightarrow (p \rightarrow q)$. Ce n'est pas une tautologie, donc en raison du théorème 11.4, $p \leftrightarrow \sim q$ n'implique pas logiquement $p \rightarrow q$.

PROBLÈMES DIVERS

11.23 Si Apq et Np représentent respectivement $p \wedge q$ et $\sim p$, récrire les propositions suivantes en utilisant Apq et Np :

(*a*) $p \wedge \sim q$, (*b*) $\sim(\sim p \wedge q)$, (*c*) $\sim p \wedge (\sim q \wedge r)$, (*d*) $\sim(p \wedge \sim q) \wedge (\sim q \wedge \sim r)$

(*a*) $p \wedge \sim q = p \wedge Nq = ApNq$

(*b*) $\sim(\sim p \wedge q) = \sim(Np \wedge q) = \sim(ANpq) = NANpq$

(*c*) $\sim p \wedge (\sim q \wedge r) = Np \wedge (Nq \wedge r) = Np \wedge (ANqr) = ANpANqr$

(*d*) $\sim(p \wedge \sim q) \wedge (\sim q \wedge \sim r) = \sim(ApNq) \wedge (ANqNr) = (NApNq) \wedge (ANqNr) = ANApNqANqNr$

On remarque que les parenthèses ont disparu, et qu'on a démontré qu'elles n'étaient pas utiles. En outre, puisque tout connecteur logique s'obtient à partir de A et N, c'est-à-dire à $\wedge$ et $\sim$, cette notation suffit pour tout développement de l'algèbre des propositions.

11.24 Ecrire les propositions suivantes en utilisant $\wedge$ et $\sim$ à la place de A et N.

(*a*) $NApq$, (*b*) $ANpq$, (*c*) $ApNq$, (*d*) $ApAqr$, (*e*) $NAANpqr$, (*f*) $ANpAqNr$

(*a*) $Napq = N(p \wedge q) = \sim(p \wedge q)$

(*b*) $ANpq = A(\sim p)q = \sim p \wedge q$

(*c*) $ApNq = Ap(\sim q) = p \wedge \sim q$

(*d*) $ApAqr = Ap(q \wedge r) = p \wedge (q \wedge r)$

(*e*) $NAANpqr = NAA(\sim p)qr = NA(\sim p \wedge q)r = N[(\sim p \wedge q) \wedge r] = \sim[(\sim p \wedge q) \wedge r]$

(*f*) $ANpAqNr = ANpAq(\sim r) = ANp(q \wedge \sim r) = A(\sim p)(q \wedge \sim r) = \sim p \wedge (q \wedge \sim r)$

Remarquez que les propositions écrites avec A et N sont analysées de droite à gauche.

11.25 Le connecteur $\veebar$ est appelé *disjonction exclusive*, $p \veebar q$ est lu : «p ou q mais pas les deux».

(1) Etablir la table de vérité de $p \veebar q$.

(2) Démontrer que : $p \veebar q \equiv (p \vee q) \wedge \sim (p \wedge q)$. Ainsi, $\veebar$ peut être écrit en fonction des connecteurs de base $\vee$, $\wedge$ et $\sim$.

(1) Remarquez que $p \veebar q$ est vraie si p est vraie ou si q est vraie, mais non si à la fois p et q sont vraies, donc la table de vérité de $p \veebar q$ est la suivante

p	q	$p \veebar q$
V	V	F
V	F	V
F	V	V
F	F	F

(2) Compte tenu de la table de vérité ci-dessous,

p	q	$(p$	$\vee$	$q)$	$\wedge$	$\sim$	$(p$	$\wedge$	$q)$
V	V	V	V	V	F	F	V	V	V
V	F	V	V	F	V	V	V	F	F
F	V	F	V	V	V	V	F	F	V
F	F	F	F	F	F	V	F	F	F
Etape		1	2	1	4	3	1	2	1

identique à celle de $p \veebar q$, nous avons : $p \veebar q \equiv (p \vee q) \wedge \sim (p \wedge q)$.

11.26 Le connecteur $\downarrow$ est appelé « *non-ou* », $p \downarrow q$ se lit « ni p ni q ».

(1) Construire la table de vérité de $p \downarrow q$.

(2) Démontrer que les trois connecteurs de base $\vee$, $\wedge$ et $\sim$ peuvent être exprimés en fonction de $\downarrow$ comme suit :

$$(a)\ \sim p \equiv p \downarrow p, \quad (b)\ p \wedge q \equiv (p \downarrow p) \downarrow (q \downarrow q), \quad (c)\ p \vee q \equiv (p \downarrow q) \downarrow (p \downarrow q).$$

(1) Remarquez que $p \downarrow q$ est vrai si ni p, ni q ne sont vrais, la table de vérité est donc

p	q	$p \downarrow q$
V	V	F
V	F	F
F	V	F
F	F	V

(2) (*a*)

p	$\sim p$	$p \downarrow p$
V	F	F
F	V	V

(*b*)

p	q	$p \wedge q$	$p \downarrow p$	$q \downarrow q$	$(p \downarrow p) \downarrow (q \downarrow q)$
V	V	V	F	F	V
V	F	F	F	V	F
F	V	F	V	F	F
F	F	F	V	V	F

(*c*)

p	q	$p \vee q$	$p \downarrow$	$(p \downarrow q) \downarrow (p \downarrow q)$
V	V	V	F	V
V	F	V	F	V
F	V	V	F	V
F	F	F	V	F

Problèmes supplémentaires

ÉNONCÉS ET ÉNONCÉS COMPOSÉS

11.27 Soient p = «Marc est riche» et q = «Marc est heureux». Ecrire chacune des phrases suivantes en notation symbolique.

(*a*) Marc est pauvre mais heureux.

(*b*) Marc n'est ni riche ni heureux.

(*c*) Marc est soit riche soit malheureux.

(*d*) Marc est pauvre ou il est riche et malheureux.

11.28 Si p = «Eric lit *Match*», q = «Eric lit l'*Express*» et r = «Eric lit les *Echos*», écrire chacune des phrases suivantes en notation symbolique.

(*a*) Eric lit *Match* ou l'*Express*, mais pas les *Echos*.

(*b*) Eric lit *Match* et l'*Express*, ou il ne lit ni *Match* ni les *Echos*.

(*c*) Ce n'est pas vrai qu'Eric lit *Match* mais pas les *Echos*.

(*d*) Ce n'est pas vrai qu'Eric lit les *Echos* ou l'*Express* mais pas *Match*.

11.29 Si $p =$ «Anne parle anglais» et $q =$ «Anne parle allemand», mettre en phrase les énoncés ci-dessous.

(*a*) $p \vee q$, (*b*) $p \wedge q$, (*c*) $p \wedge \sim q$, (*d*) $\sim p \vee \sim q$, (*e*) $\sim\sim p$, (*f*) $\sim (\sim p \wedge \sim q)$

PROPOSITIONS ET TABLES DE VÉRITÉ

11.30 Trouver la table de vérité de chaque proposition :
(*a*) $p \vee \sim q$, (*b*) $\sim p \wedge \sim q$, (*c*) $\sim (\sim p \wedge q)$, (*d*) $\sim (\sim p \vee \sim q)$

11.31 Trouver la table de vérité de chaque proposition :
(*a*) $(p \wedge \sim q) \vee r$, (*b*) $\sim p \vee (q \wedge \sim r)$, (*c*) $(p \vee \sim r) \wedge (q \vee \sim r)$

ÉQUIVALENCE LOGIQUE

11.32 Démontrer l'associativité de la disjonction : $(p \vee q) \vee r \equiv p \vee (q \vee r)$

11.33 Démontrer que la conjonction est distributive par rapport à la disjonction : $p \wedge (q \vee r) \equiv (p \wedge q) \vee (p \wedge r)$

11.34 Démontrer que $p \vee (p \wedge q) \equiv p$ en construisant les tables de vérité appropriées (voir problème 11.10(*a*)).

11.35 Démontrer que $\sim (p \vee q) \vee (\sim p \wedge q) \equiv \sim p$ en construisant les tables de vérité appropriées (voir problème 11.10(*b*).)

11.36 (*a*) Exprimer $\vee$ en fonction de $\wedge$ et $\sim$.
(*b*) Exprimer $\wedge$ en fonction de $\vee$ et $\sim$.

11.37 Simplifier : (*a*) $\sim (p \wedge \sim q)$, (*b*) $\sim (\sim p \vee q)$, (*c*) $\sim (\sim p \wedge \sim q)$

11.38 Ecrire la négation de chacun des énoncés suivants, aussi simplement que possible.

(*a*) Il est grand mais beau.

(*b*) Il a les cheveux blonds ou les yeux bleus.

(*c*) Il n'est ni riche ni heureux.

(*d*) Il a perdu son travail ou il ne va pas travailler aujourd'hui.

(*e*) Ni Marc ni Eric ne sont malheureux.

(*f*) Anne parle espagnol ou anglais, mais pas allemand.

11.39 Démontrer les équivalences suivantes en utilisant les lois de l'algèbre des propositions données en table 11-1.
(*a*) $p \wedge (p \vee q) \equiv p$, (*b*) $(p \wedge q) \vee \sim p \equiv \sim p \vee q$, (*c*) $p \wedge (\sim p \vee q) \equiv p \wedge q$

CONDITIONNÉ ET BICONDITIONNÉ

11.40 Trouver la table de vérité de chaque proposition :
(*a*) $(\sim p \vee q) \rightarrow p$, (*b*) $q \leftrightarrow (\sim q \wedge p)$

11.41 Trouver la table de vérité de chaque proposition :
(*a*) $(p \leftrightarrow \sim q) \rightarrow (\sim p \wedge q)$, (*b*) $(\sim q \vee p) \leftrightarrow (q \rightarrow \sim p)$

11.42 Trouver la table de vérité de chaque proposition :

(*a*) $[p \wedge (\sim q \rightarrow p)] \wedge \sim [(p \leftrightarrow \sim q) \rightarrow (q \vee \sim p)]$,

(*b*) $[q \leftrightarrow (r \rightarrow \sim p)] \vee [(\sim q \rightarrow p) \leftrightarrow r]$

11.43 Démontrer que : (*a*) $(p \wedge q) \leftrightarrow r \equiv (p \rightarrow r) \vee (q \rightarrow r)$, (*b*) $p \rightarrow (q \rightarrow r) \equiv (p \wedge \sim r) \rightarrow \sim q$

11.44 Déterminer l'équivalent contraposé de chaque énoncé :

(*a*) S'il a du courage il gagnera. (*b*) Il gagnera seulement s'il n'est pas fatigué.

11.45 Trouver :

(*a*) La contraposée de $p \rightarrow \sim q$

(*b*) La contraposée de $\sim p \rightarrow q$

(*c*) La contraposée de la réciproque de $p \rightarrow \sim q$

(*d*) La réciproque de la contraposée de $\sim p \rightarrow \sim q$

ARGUMENTS ET IMPLICATION LOGIQUE

11.46 Tester la validité de chaque argument :

(*a*) $\sim p \rightarrow q,\ p \vdash \sim q$, (*b*) $\sim p \rightarrow q,\ q \vdash p$

11.47 Tester la validité de chaque argument :

(*a*) $p \rightarrow q,\ r \rightarrow \sim q \vdash r \rightarrow \sim p$, (*b*) $p \rightarrow \sim q,\ \sim r \rightarrow \sim q \vdash q \vdash p \rightarrow \sim r$

11.48 Tester la validité de chaque argument :

(*a*) $p \rightarrow \sim q,\ r \rightarrow p,\ q \vdash \sim r$, (*b*) $p \rightarrow q,\ r \vee \sim q,\ \sim r \vdash \sim p$

11.49 Traduire sous forme symbolique et tester la validité des arguments suivants :

(*a*) Si 6 est pair, alors 2 ne divise pas 7.
Soit 5 n'est pas premier, soit 2 divise 7.
Mais 5 est premier.
....
Donc, 6 est impair (n'est pas pair).

(*b*) Pour l'anniversaire de ma femme, je lui apporte des fleurs.
Soit il s'agit de l'anniversaire de ma femme, soit je travaille tard.
Aujourd'hui je n'apporte pas de fleurs à ma femme
....
Donc aujourd'hui, je travaille tard.

(*c*) Si je travaille, je ne peux pas étudier.
Soit je travaille, soit je suis reçu en mathématiques.
J'ai été reçu en mathématiques.
....
Donc, j'ai étudié.

(*d*) Si je travaille, je ne peux pas étudier.
Soit j'étudie, soit je suis reçu en mathématiques
J'ai travaillé.
....
Donc, j'ai été reçu en mathématiques.

11.50 Montrer que :

(*a*) $p \wedge q$ implique logiquement p, (*b*) $p \vee q$ n'implique pas logiquement p.

11.51 Montrer que :

(*a*) q implique logiquement $p \to q$, (*b*) $\sim p$ implique logiquement $p \to q$.

11.52 Montrer que $p \wedge (q \vee r)$ implique logiquement $(p \wedge q) \vee r$.

11.53 Déterminer quelles sont les propositions qui impliquent logiquement (*a*) une tautologie, (*b*) une contradiction.

PROBLÈMES DIVERS

11.54 Récrire les propositions suivantes, en remplaçant $p \wedge q$ par Apq et $\sim p$ par Np (voir problème 11.23).

(*a*) $\sim p \wedge q$, (*b*) $\sim p \wedge \sim q$, (*c*) $\sim (p \wedge \sim q)$, (*d*) $(\sim p \wedge q) \wedge \sim r$

11.55 Récrire les propositions suivantes en employant $\wedge$ et $\sim$ à la place de A et N.

(*a*) $NApNq$, (*b*) $ANApqNr$, (*c*) $AApNrAqNp$, (*c*) $ANANpANqrNp$.

Solutions des problèmes supplémentaires

11.27 (*a*) $\sim p \wedge q$, (*b*) $\sim p \wedge \sim q$, (*c*) $p \vee \sim q$, (*d*) $\sim p \vee (p \wedge \sim q)$

11.28 (*a*) $(p \vee q) \wedge \sim r$, (*b*) $(p \wedge q) \vee \sim(p \wedge r)$, (*c*) $\sim(p \wedge \sim r)$, (*d*) $\sim[(r \vee q) \wedge \sim p]$

11.29 (*a*) Anne parle l'anglais ou l'allemand.

(*b*) Anne parle l'anglais et l'allemand.

(*c*) Anne parle l'anglais mais pas l'allemand.

(*d*) Anne ne parle pas l'anglais ou elle ne parle pas l'allemand.

(*e*) Ce n'est pas vrai qu'Anne ne parle pas l'anglais.

(*f*) Ce n'est pas vrai qu'Anne ne parle ni l'anglais ni l'allemand.

11.30

p	q	$p \vee \sim q$	$\sim p \wedge \sim q$	$\sim(\sim p \wedge q)$	$\sim(\sim p \vee \sim q)$
V	V	V	F	V	V
V	F	V	F	V	F
F	V	F	F	F	F
F	F	V	V	V	F

11.31

p	q	r	(*a*)	(*b*)	(*c*)
V	V	V	V	F	V
V	V	F	F	V	V
V	F	V	V	F	F
V	F	F	V	F	V
F	V	V	V	V	F
F	V	F	F	V	V
F	F	V	V	V	F
F	F	F	F	V	V

11.36 (*a*) $p \vee q \equiv \sim (\sim \wedge q)$, (*b*) $p \wedge q \equiv \sim (\sim p \vee \sim q)$

11.37 (*a*) $\sim p \vee q$, (*b*) $p \wedge \sim q$, (*c*) $p \vee q$

11.38 (*c*) Il est riche ou heureux. (*f*) Anne parle allemand mais ni espagnol ni anglais.

11.39 (*a*) $p \wedge (p \vee q) \equiv (p \vee f) \wedge (p \vee q) \equiv p \vee (f \wedge q) \equiv p \vee f \equiv p$

11.40 (*a*) VVFF, (*b*) FFFV

11.41 (*a*) VFVV, (*b*) FVFV

11.42 (*a*) FVFF, (*b*) VVVFVVFV

11.43 *Conseil :* Etablir les tables de vérité,

11.44 (*a*) S'il n'a pas gagné alors il n'a pas de courage. (*b*) S'il est fatigué alors il ne gagnera pas.

11.45 (*a*) $q \to \sim p$, (*b*) $\sim q \to p$, (*c*) $\sim p \to q$, (*d*) $p \to q$

11.46 (*a*) Sophisme, (*b*) valide

11.47 (*a*) Valide, (*b*) sophisme

11.48 (*a*) Valide, (*b*) valide

11.49 (*a*) $p \to \sim q,\ \sim r \vee q,\ r \vdash \sim p$; valide (*c*) $p \to \sim q,\ p \vee r,\ r \vdash q$; sophisme
(*b*) $p \to q,\ p \vee r,\ \sim q \vdash r$; valide (*d*) $p \to \sim q,\ q \vee r,\ p \vdash r$; valide

11.53 (*a*) Toute proposition implique logiquement une tautologie.
(*b*) Seule une contradiction implique logiquement une contradiction.

11.54 (*a*) $ANpq$, (*b*) $ANpNq$, (*c*) $NApNq$, (*d*) $AANpqNr$

11.55 (*a*) $\sim (p \wedge \sim q)$, (*b*) $\sim (p \wedge q) \wedge \sim r$, (*c*) $(p \wedge \sim r) \wedge (q \wedge \sim p)$, (*d*) $\sim (\sim p \wedge (\sim q \wedge r)) \wedge \sim p$

Chapitre 12

Algèbre de Boole

12.1 DÉFINITIONS

Les ensembles et les propositions ont des propriétés semblables, c'est-à-dire qu'ils sont régis par des lois identiques. Ces lois sont utilisées pour définir une structure mathématique abstraite appelée *algèbre de Boole*, du nom du mathématicien George Boole (1813-1864).

Soit B un ensemble non vide avec deux opérations binaires $+$ et $*$, une opération monaire $'$, et deux éléments distincts 0 et 1. L'ensemble B est appelé une *algèbre de Boole* si les axiomes suivants sont vérifiés pour n'importe quel élément a, b, c de B :

[B$_1$] Commutativité :

(1a) $a + b = b + a$ (1b) $a * b = b * a$

[B$_2$] Distributivité :

(2a) $a + (b * c) = (a + b) * (a + c)$ (2b) $a * (b + c) = (a * b) + (a * c)$

[B$_3$] Eléments neutres :

(3a) $a + 0 = a$ (3b) $a * 1 = a$

[B$_4$] Compléments :

(4a) $a + a' = 1$ (4b) $a * a' = 0$

Nous désignons souvent une algèbre de Boole par $(B, +, *, ', 0, 1)$ quand nous voulons montrer ses six composantes. Nous disons que 0 est l'élément *nul*, 1 l'*unité* et a' le *complément* de a. Nous omettons souvent le symbole $*$ et les opérandes sont juxtaposés. Ainsi (2b) s'écrit $a(b + c) = ab + ac$ qui est l'identité algébrique bien connue des anneaux. Toutefois, (2a) devient $a + bc = (a + b)(a + c)$, qui n'est pas une identité courante en algèbre.

Les opérations $+$, $*$ et $'$ sont respectivement appelées somme, produit et complément. Nous adoptons la convention habituelle, à moins d'être guidé par des parenthèses, qui veut que $'$ ait priorité sur $*$, qui a priorité sur $+$. Par exemple,

$a + b * c$ signifie $a + (b * c)$ et non $(a + b) * c$

$a * b'$ signifie $a * (b')$ et non $(a * b)'$

Il est évident que si $a + b * c$ est écrit $a + bc$ l'ambiguïté disparaît.

EXEMPLE 12.1.

(a) Soit B un ensemble de deux éléments $\{0, 1\}$ avec les opérations binaires $+$ et $*$ définies par :

+	1	0
1	1	1
0	1	0

*	1	0
1	1	0
0	0	0

et l'opération monaire $'$ définie par $0' = 1$ et $1' = 0$. Alors B est une algèbre de Boole.

(*b*) Soit C une collection d'ensembles, stable pour l'union, l'intersection et le complément. Alors C est une algèbre de Boole avec l'ensemble vide $\varnothing$ comme élément nul et l'univers U comme élément unité.

(*c*) Soit $D_{70} = \{1, 2, 5, 7, 10, 14, 35, 70\}$ l'ensemble des diviseurs de 70. On définit $+$, $*$ et $'$ dans D_{70} par

$$a + b = \text{ppcm}(a, b), \quad a * b = \text{pgcd}(a, b), \quad a' = 70/a$$

Alors D_{70} est une algèbre de Boole avec 1 comme élément nul et 70 comme élément unité.

Supposons que C soit un sous-ensemble non vide d'une algèbre de Boole B. Nous disons que C est une *sous-algèbre* de B si C est lui-même une algèbre de Boole (avec les opérations de B). Nous remarquons que C est une sous-algèbre de B si et seulement si C est stable pour les trois opérations de B. Par exemple, $\{1, 2, 35, 70\}$ est une sous-algèbre de D_{70} dans l'exemple 11.1(*c*).

Deux algèbres de Boole B et B' sont dites *isomorphes* s'il existe une correspondance biunivoque $f : B \to B'$ qui préserve les trois opérations, c'est-à-dire, telle que

$$f(a + b) = f(a) + f(b), \quad f(a * b) = f(a) * f(b) \quad \text{et} \quad f(a') = f(a)'$$

pour tout élément a, b de B.

12.2 DUALITÉ

Le dual de tout énoncé dans une algèbre de Boole B est un énoncé obtenu en échangeant $+$ et $*$, et les éléments 0 et 1 dans l'énoncé initial. Par exemple, le dual de

$$(1 + a) * (b + 0) = b \quad \text{est} \quad (0 * a) + (b * 1) = b$$

Observez la symétrie des axiomes de l'algèbre de Boole B. Ainsi l'ensemble dual des axiomes de B est identique à l'ensemble initial. En conséquence le principe de dualité est valable dans B. A savoir,

Théorème 12.1 (**Principe de dualité**) : Le dual de tout théorème dans une algèbre de Boole est aussi un théorème.

En d'autres termes, si un énoncé quelconque est une conséquence des axiomes d'une algèbre de Boole, alors l'énoncé dual est également une conséquence de ces axiomes, puisque l'énoncé dual peut être démontré en utilisant à chaque étape la forme duale de la preuve de l'énoncé initial.

12.3 THÉORÈMES FONDAMENTAUX

En utilisant les axiomes $[\mathbf{B}_1]$ à $[\mathbf{B}_4]$, on démontre (problème 12.4) le théorème suivant.

Théorème 12.2 : Etant donnés a, b, c des éléments quelconques d'une algèbre de Boole B, nous avons :

(i) Idempotence

(5*a*) $a + a = a$ (5*b*) $a * a = a$

(ii) Existence de bornes

(6*a*) $a + 1 = 1$ (6*b*) $a * 0 = 0$

(iii) Absorption

(7*a*) $a + (a * b) = a$ (7*b*) $a * (a + b) = a$

(iv) Associativité

(8*a*) $(a + b) + c = a + (b + c)$ (8*b*) $(a * b) * c = a * (b * c)$

Le théorème 12.2 et nos axiomes ne contiennent pas encore toutes les propriétés fournies par la table 11.1. Les deux théorèmes suivants complètent cette énumération.

Théorème 12.3 : Soit a un élément quelconque d'une algèbre de Boole B.

(i) Unicité du complément

si $a + x = 1$ et $a * x = 0$ alors $x = a'$.

(ii) Involution

$(a')' = a$

(iii) (9a) $0' = 1$ (9b) $1' = 0$

Théorème 12.4 (loi de De Morgan) :

$$(10a) \quad (a + b)' = a' * b' \qquad (10b) \quad (a * b)' = a' + b'$$

Nous démontrerons ces théorèmes dans les problèmes 12.5 et 12.6.

12.4 ALGÈBRES DE BOOLE ET TREILLIS

En raison du théorème 12.2 et de l'axiome [$\mathbf{B}_1$], toute algèbre de Boole B satisfait aux lois d'associativité, de commutativité et d'absorption, il s'agit donc d'un treillis dont les opérations sup et inf sont représentées respectivement par + et $*$. Le respect des règles des treillis conduit à avoir $a+1 = 1$ qui implique $a \leq 1$ (borne supérieure), et $a * 0 = 0$ qui implique $0 \leq a$ (borne inférieure), pour tout $a \in B$. Ainsi, B est un treillis borné. De plus, les axiomes [$\mathbf{B}_2$] et [$\mathbf{B}_4$] montrent que B est également distributif et complémenté. Réciproquement, tout treillis T borné, distributif et complémenté satisfait aux axiomes [$\mathbf{B}_1$] à [$\mathbf{B}_4$]. En conséquence, nous avons la définition suivante.

Autre définition : Une algèbre de Boole B est un treillis borné, distributif et complémenté.

Puisqu'une algèbre de Boole B est un treillis, elle a un ordre partiel naturel (et son diagramme peut être dessiné). Rappelons (chapitre 10) que nous définissons $a \leq b$ quand les conditions équivalentes $a + b = b$ et $a * b = a$ sont remplies. Puisque nous sommes dans une algèbre de Boole, nous pouvons ajouter :

Théorème 12.5 : Dans une algèbre de Boole les énoncés suivants sont équivalents :

(1) $a + b = b$, (2) $a * b = a$, (3) $a' + b = 1$, (4) $a * b' = 0$

Ainsi, dans une algèbre de Boole nous pouvons écrire $a \leq b$ chaque fois que l'une des quatre conditions ci-dessus est remplie.

EXEMPLE 12.2.

(a) Soit une algèbre de Boole sur des ensembles. Alors l'ensemble A précède l'ensemble B si A est un sous-ensemble de B. Le théorème 12.4 dit que si $A \subset B$, comme illustré par le diagramme de Venn de la figure 12.1, alors les conditions suivantes sont vérifiées :

(1) $A \cup B = B$ (3) $A^c \cup B = U$

(2) $A \cap B = A$ (4) $A \cap B^c = \emptyset$

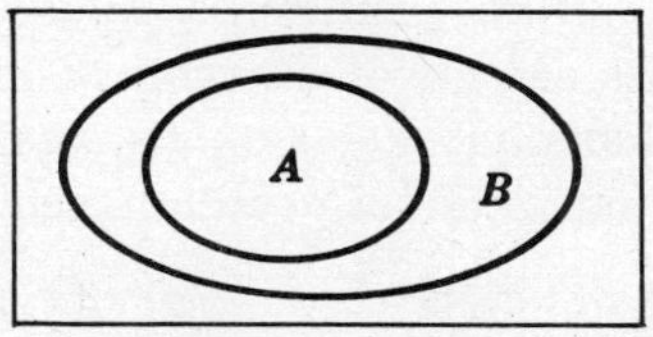

A est un sous-ensemble de B

Fig. 12-1

(b) Soit une algèbre de Boole concernant la logique des propositions. Alors la proposition P précède la proposition Q si P implique logiquement Q, c'est-à-dire si $P \Rightarrow Q$.

12.5 THÉORÈME DE REPRÉSENTATION

Soit B une algèbre de Boole finie. On rappelle (paragraphe 10.6) qu'un élément a de B est un atome si a succède immédiatement à 0, c'est-à-dire si $0 \ll a$. Soient A l'ensemble des atomes de B

et $P(A)$ l'algèbre de Boole de tous les sous-ensembles de l'ensemble A. En raison du théorème 10.11, chaque $x \neq 0$ de B peut être écrit de manière unique (à l'ordre près) comme la somme (le sup) d'atomes, c'est-à-dire d'éléments de A. Par exemple

$$x = a_1 + a_2 + \ldots + a_r$$

est une telle représentation. Considérons la fonction $f : B \to P(A)$ définie par

$$f(x) = \{a_1, a_2, \ldots, a_r\}$$

Cette application est bien définie puisque la représentation est unique.

Théorème 12.6 : L'application $f : B \to P(A)$ définie ci-dessus, est un isomorphisme.

Ainsi, nous voyons les liens étroits existants entre la théorie des ensembles et les algèbres de Boole abstraites, en ce sens que toute algèbre de Boole finie a la même structure qu'une algèbre de Boole d'ensembles.

Si un ensemble A a n éléments, alors l'ensemble des parties $P(A)$ a 2^n éléments. Ainsi le théorème ci-dessus nous donne le résultat suivant.

Corollaire 12.7 : Une algèbre de Boole finie a 2^n éléments pour tout entier positif n.

EXEMPLE 12.3. Soit l'algèbre de Boole $D_{70} = \{1,2,5,\ldots,70\}$ des diviseurs de 70 (voir l'exemple 12.1(c)). Son diagramme est donné par la figure 12-2(a). Remarquez que $A = \{2,5,7\}$ est l'ensemble des atomes de D_{70}. Nous avons : $10 = 2 \vee 5$, $14 = 2 \vee 7$, $35 = 5 \vee 7$, $70 = 2 \vee 5 \vee 7$, qui est l'unique représentation des éléments par les atomes. La figure 12-2(b) donne le diagramme de l'algèbre de Boole de l'ensemble des parties $P(A)$ de A. Remarquez que les deux diagrammes sont structurellement identiques.

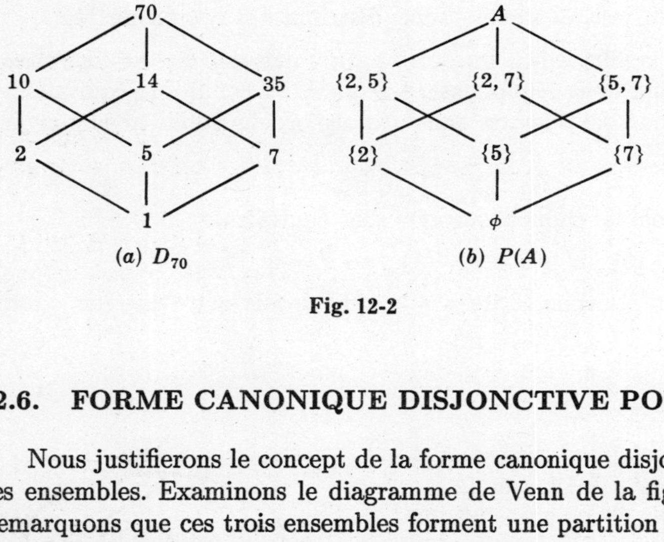

(a) D_{70} (b) $P(A)$

Fig. 12-2

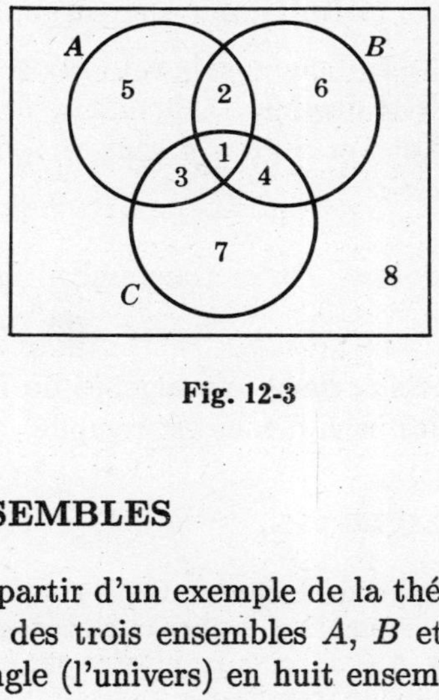

Fig. 12-3

12.6. FORME CANONIQUE DISJONCTIVE POUR ENSEMBLES

Nous justifierons le concept de la forme canonique disjonctive à partir d'un exemple de la théorie des ensembles. Examinons le diagramme de Venn de la figure 12-3 des trois ensembles A, B et C. Remarquons que ces trois ensembles forment une partition du rectangle (l'univers) en huit ensembles numérotés qui peuvent être représentés comme suit :

(1) $A \cap B \cap C$ (3) $A \cap B^c \cap C$ (5) $A \cap B^c \cap C^c$ (7) $A^c \cap B^c \cap C$

(2) $A \cap B \cap C^c$ (4) $A^c \cap B \cap C$ (6) $A^c \cap B \cap C^c$ (8) $A^c \cap B^c \cap C^c$

Chacun des huit ensembles est de la forme $A^* \cap B^* \cap C^*$ où A^* est A ou A^c, B^* est B ou B^c et C^* est C ou C^c. Toute expression d'ensemble non vide comportant A, B et C, par exemple,

$$[(A \cap B^c)^c \cup (A^c \cap C^c)] \cap [(B^c \cup C)^c \cap (A \cup C^c)]$$

représente une surface quelconque de la figure 12-3 et est donc égale de manière unique à l'union d'un ou plus des huit ensembles. Cette représentation unique est la même que la forme disjonctive des algèbres de Boole que nous analysons ci-après.

12.7. FORME CANONIQUE DISJONCTIVE

Soit un ensemble de variables, lettres ou symboles $x_1, x_2, \ldots, x_n$. Une *expression booléenne* E de ces variables, notée quelquefois $E(x_1, \ldots, x_n)$ représente toute variable ou expression construite à l'aide des variables en utilisant les opérations booléennes $+$, $*$ et $'$. Par exemple,

$$E = (x + y'z)' + (xyz' + x'y)' \quad \text{et} \quad F = ((xy'z' + y)' + x'z)'$$

sont des expressions booléennes sur x, y et z.

Un *littéral* est une variable ou une variable complémentée, comme x, x', y, y', etc. Un *monôme* est un littéral ou un produit de deux ou plusieurs littéraux sans répétition d'une variable. Par exemple,

$$xz', \; xy'z, \; x, \; y', \; yz', \; x'yz$$

sont des monômes, ce n'est pas le cas de $xyx'z$ et de $xyzy$.

Un monôme P_1 est *inclus* dans un autre monôme P_2 si les littéraux de P_1 sont aussi littéraux de P_2. Par exemple $x'z$ est inclus dans $x'yz$ mais pas dans $xy'z$ puisque x' n'est pas un littéral du dernier produit. Si P_1 est inclus dans P_2, alors en raison de la loi d'absorption $P_1 + P_2 = P_1$.

Une expression booléenne E est écrite sous *forme canonique disjonctive* si elle est un monôme ou une somme d'au moins deux monômes dont aucun n'est inclus dans un autre. Par exemple, l'expression

$$E_1 = xz' + y'z + xyz'$$

n'est pas une forme canonique disjonctive car xz' est contenu dans xyz', alors que l'expression

$$E_2 = xz' + x'yz' + xy'z$$

est une forme canonique disjonctive.

En utilisant les lois de l'algèbre de Boole, nous pouvons construire un algorithme qui transforme toute expression booléenne en une forme canonique disjonctive, comme suit :

(1) En utilisant la loi de De Morgan et l'involution, nous pouvons déplacer l'opération de complément de sorte qu'elle ne s'applique qu'aux variables. Ainsi E ne sera plus qu'une série de sommes et produits de littéraux.

(2) En utilisant la distributivité, nous pouvons transformer E en une somme de produits, et en utilisant la commutativité, l'idempotence et l'absorption, nous obtenons finalement une forme canonique disjonctive.

Par exemple, en appliquant (1)

$$\begin{aligned} E &= ((ab)'c)'((a' + c)(b' + c'))' \\ &= ((ab)'' + c')((a' + c)' + (b' + c')') \\ &= (ab + c')(ac' + bc) \end{aligned}$$

en appliquant (2)

$$\begin{aligned} E &= abac' + abbc + ac'c' + bcc' \\ &= abc' + abc + ac' + 0 \\ &= ac' + abc \end{aligned}$$

qui est une forme canonique disjonctive. Observez que ac' est inclus dans abc', donc en raison de la loi d'absorption

$$ac' + (ac' * b) = ac'$$

Une expression booléenne $E(x_1, x_2, \ldots, x_n)$ est dite de la *forme canonique disjonctive totale* si chaque produit comprend toutes les variables (on dit qu'il s'agit de *mintermes*, N.d.T). Nous pouvons facilement obtenir une forme canonique totale à partir d'un forme canonique, en multipliant chaque produit P de E par $x_i + x_i'$ si P ne contient pas x_i. Par exemple, nous transformons l'expression $E = E(a,b,c)$ ci-dessus en une forme canonique disjonctive totale par

$$E = ac' + abc = ac'(b + b') + abc = abc' + ab'c' + abc$$

Cette multiplication est autorisée car $x_i + x_i' = 1$. Ainsi, nous avons le théorème suivant.

Théorème 12.8 : Toute expression booléenne $E(x_1, x_2, \ldots, x_n)$ non nulle peut être écrite sous forme canonique disjonctive totale, et cette représentation est unique.

Attention : La terminologie de ce paragraphe n'est pas standardisée. Ainsi, certains auteurs utilisent l'expression «canoniques disjonctive» quand nous employons «canonique disjonctive totale», et parlent de «somme de produits» ou «forme polynomiale» quand nous évoquons la «forme canonique disjonctive». D'autres auteurs remplacent canonique par normale. En conséquence le lecteur devra s'attacher à la signification de toutes ces formulations.

12.8 REPRÉSENTATION ÉLECTRIQUE

Soient $A, B, \ldots$ des interrupteurs, et notons A et A' les positions ouvert et fermé, ou vice versa. Deux interrupteurs, A et B, peuvent être montés en série ou en parallèle comme l'indique la figure 12-4.

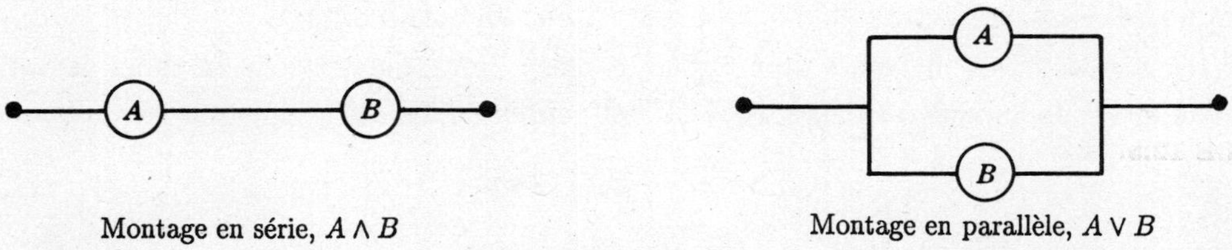

Fig. 12-4

Représentons respectivement par $A \wedge B$ et $A \vee B$ les montages série et parallèle.

Un circuit électrique booléen est un arrangement de fils et d'interrupteurs, avec des montages en série et en parallèle, qui pourra être décrit en utilisant les connecteurs $\wedge$ et $\vee$.

EXEMPLE 12.4. Le circuit (1) de la figure 12-5 peut être décrit par $A \wedge (B \vee A')$, et le circuit (2) par $(A \wedge B') \vee ((A' \vee C) \wedge B)$.

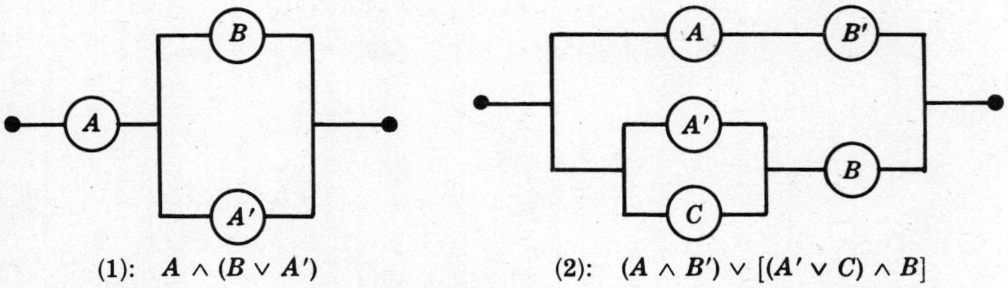

Fig. 12-5

En raison du fonctionnement des circuits électriques, nous notons respectivement par

$$1 \quad \text{et} \quad 0$$

l'état passant d'un circuit ou fermé d'un interrupteur, et l'état non passant du circuit ou ouvert de l'interrupteur. Les tables ci-dessous donnent les différents états que peuvent prendre le circuit série $A \wedge B$ et le circuit parallèle $A \vee B$.

A	B	$A \wedge B$
1	1	1
1	0	0
0	1	0
0	0	0

A	B	$A \vee B$
1	1	1
1	0	1
0	1	1
0	0	0

La table suivante indique la relation existant entre un interrupteur A et un interrupteur A'.

A	A'
1	0
0	1

Remarquez que les trois tables sont identiques aux tables de la conjonction, de la disjonction et de la négation des énoncés et propositions. La seule différence réside dans l'emploi de 1 et 0 à la place de V et F. Ainsi

Théorème 12.9 : L'algèbre des circuits booléens est une algèbre de Boole.

Pour trouver les différents états d'un circuit booléen, nous construisons sa table de vérité de la même manière que nous avons construit les tables de vérité des propositions.

EXEMPLE 12.5.

(*a*) Trouver le comportement du circuit (1) de la figure 12-5. C'est-à-dire déterminer quand le circuit est passant (il peut être parcouru par un courant) et quand il est ouvert. La table de «vérité» est construite pour $A \wedge (B \vee A')$ comme suit :

A	B	A'	$B \vee A'$	$A \wedge (B \vee A')$
1	1	0	1	1
1	0	0	0	0
0	1	1	1	0
0	0	1	1	0

Le courant ne passera que si A et B sont fermés.

(*b*) Les différents états possibles du circuit (2) de la figure 12-5 sont donnés par la table de vérité de $(A \wedge B') \vee [(A' \vee C) \wedge B]$:

A	B	C	$(A$	$\wedge$	$B')$	$\vee$	$[(A'$	$\vee$	$C)$	$\wedge$	$B]$
1	1	1	1	0	0	1	0	1	1	1	1
1	1	0	1	0	0	0	0	0	0	0	1
1	0	1	1	1	1	1	0	1	1	0	0
1	0	0	1	1	1	1	0	0	0	0	0
0	1	1	0	0	0	1	1	1	1	1	1
0	1	0	0	0	0	1	1	1	0	1	1
0	0	1	0	0	1	0	1	1	1	0	0
0	0	0	0	0	1	0	1	1	0	0	0
Etapes			1	2	1	4	1	2	1	3	1

12.9. IMPLICANTS PREMIERS, MÉTHODE DU CONSENSUS

Supposons que P_1 et P_2 sont des monômes tels qu'une seule variable, disons x_k apparaisse complémentée dans P_1 ou P_2 et non complémentée dans l'autre. Alors le *consensus* Q de P_1 et P_2 est le produit (sans répétition) des littéraux de P_1 et des littéraux de P_2 après que x_k et x'_k aient été enlevés. Par exemple :

$xyz's$ et $xy't$ ont le consensus $xz'st$

xy' et y ont le consensus x

$x'yz$ et $x'yt$ n'ont aucun consensus

$x'yz$ et xyz' n'ont aucun consensus

Si Q est le consensus de P_1 et P_2 et si nous écrivons Q, P_1 et P_2 sous la forme canonique disjonctive totale, alors chaque monôme de Q apparaîtra parmi les monômes de P_1 ou ceux de P_2. Nous aboutissons au résultat suivant.

Lemme 12.10 : Si Q est le consensus de P_1 et P_2 alors $P_1 + P_2 + Q = P_1 + P_2$.

Un monôme de P est un *implicant premier* de l'expression booléenne E si $P + E = E$ mais aucun autre monôme de P n'a cette propriété. Par exemple, supposons que $E = xy' + xyz' + x'yz'$. En raison du problème 12.10, $xz' + E = E$, mais $x + E \neq E$ et $z' + E \neq E$, donc xz' est un implicant premier de E. Nous allons discuter la méthode du consensus permettant de trouver les implicants premiers de E.

Soit l'expression booléenne $E = P_1 + P_2 + \ldots + P_n$ où les P sont des monômes. La *méthode du consensus* consiste en l'application des deux opérations suivantes à E.

Etape (1) : Supprimer tout produit P_i qui est inclus dans un autre produit P_j (permis par la loi d'absorption).

Etape (2) : Ajouter le consensus Q de tous P_i et P_j pourvu que Q ne contienne aucun des P (permis par le lemme 12.10).

Le théorème suivant donne la propriété fondamentale de cette méthode.

Théorème 12.11 : La méthode du consensus appliquée à toute expression booléenne E peut éventuellement être arrêtée, dans ce cas E sera la somme de ses implicants premiers.

EXEMPLE 12.6. Soit $E = xyz + x'z' + xyz' + x'y'z + x'yz'$, alors :

$$\begin{aligned}
E &= xyz + x'z' + xyz' + x'y'z && (x'yz' \text{ contient } x'z')\\
&= xyz + x'z' + xyz' + x'y'z + xy && (\text{consensus de } xyz \text{ et } xyz')\\
&= x'z' + x'y'z + xy && (xyz \text{ et } xyz' \text{ contiennent } xy)\\
&= x'z' + x'y'z + xy + x'y' && (\text{consensus de } x'z' \text{ et } x'y'z)\\
&= x'z' + xy + x'y' && (x'y'z \text{ contient } x'y')\\
&= x'z' + xy + x'y' + yz' && (\text{consensus de } x'z' \text{ et } xy)
\end{aligned}$$

Puisqu'une étape de type (2) ne modifiera pas E, les implicants premiers sont $x'z'$, xy, $x'y'$ et yz'.

12.10 EXPRESSIONS BOOLÉENNES MINIMALES

Il existe plusieurs représentations d'une même expression booléenne E. Puisque E peut être un circuit électrique, nous pouvons désirer obtenir une représentation en un certain sens minimale. Ici, nous analyserons les formes canoniques disjonctives minimales de E. D'autres types de formes minimales existent mais leur étude dépasse la portée de cet ouvrage.

Considérons une expression booléenne E écrite sous forme canonique disjonctive. Nous appelons E_L le nombre de littéraux de E et E_M le nombre de monômes de E. Par exemple, si

$$E = abc' + a'b'd + ab'c'd + a'bcd$$

alors $E_L = 14$ et $E_M = 4$. Soient E et F des expressions booléennes équivalentes, sous forme canonique disjonctive. Nous disons que E est plus simple que F si $E_L \leq F_L$ et $E_M \leq F_M$ et que l'une de ces inégalités n'est pas une égalité. Nous disons que E est minimale s'il n'existe pas d'expression plus simple que E.

Le théorème suivant montre la relation fondamentale liant les expressions minimales et les implicants premiers.

Théorème 12.12 : Une forme canonique disjonctive minimale d'une expression booléenne E est la somme des implicants premiers de E.

La méthode du consensus peut être utilisée pour traduire toute expression E en une somme de tous ses implicants premiers. Une méthode pour trouver cette forme minimale consiste en l'écriture de chaque implicant premier sous forme canonique disjonctive totale et de supprimer un à un ceux dont les opérandes apparaissent dans d'autres implicants premiers. Ainsi,

$$E = x'z' + xy + x'y' + yz'$$

est écrite comme la somme de tous ses implicants premiers (exemple 12.6). Alors

$$\begin{array}{rclcl} x'z' & = & x'z'(y+y') & = & x'yz' + x'y'z' \\ xy & = & xy(z+z') & = & xyz + xyz' \\ x'y' & = & x'y'(z+z') & = & x'y'z + x'y'z' \\ yz' & = & yz'(x+x') & = & xyz' + x'yz' \end{array}$$

Remarquez que nous pouvons supprimer $x'z'$ puisque ses mintermes $x'yz'$ et $x'y'z'$ apparaissent ailleurs. Ainsi

$$E = xy + x'y' + yz'$$

est une forme minimale de E puisqu'aucun des monômes n'est superflu, c'est-à-dire qu'aucun des monômes ne peut être supprimé sans modifier E.

La méthode ci-dessus est directe mais inefficace. Nous allons analyser une méthode géométrique qui permet d'obtenir ce résultat quand le nombre de variables n'est pas trop grand.

12.11 TABLEAUX DE KARNAUGH

Les tableaux de Karnaugh sont des procédés graphiques permettant la détermination des implicants premiers et de la forme canonique disjonctive minimale d'expressions booléennes ne comportant pas plus de six variables. Nous ne traiterons que les cas à deux, trois et quatre variables.

Dans nos tableaux de Karnaugh, les monômes de mêmes variables sont figurés par des carrés. Nous disons que de tels monômes P_1 et P_2 (ou les carrés correspondants à P_1 et P_2 sont *adjacents* si P_1 et P_2 ne diffèrent que d'un littéral, qui doit être une variable complémentée dans l'un des produits et non complémentée dans l'autre. Ainsi, la somme de deux produits adjacents sera un monôme avec au moins un littéral. Par exemple,

$$\begin{array}{rclclcl} xyz' + xy'z' & = & xz'(y+y') & = & xz'(1) & = & xz' \\ x'yzt + x'yz't & = & x'yt(z+z') & = & x'yt(1) & = & x'yt \end{array}$$

Remarquez que $x'yzt$ et $xyz't$ ne sont pas adjacents, et que xyz' et $xyzt$ n'apparaissent pas dans le même tableau de Karnaugh puisqu'ils ne concernent pas les mêmes variables. Dans le contexte des tableaux de Karnaugh, nous utiliserons indifféremment les termes carrés et monômes.

Deux variables x et y. Il y a quatre monômes xy, xy', $x'y$ et $x'y'$, qui correspondent aux quatre carrés du tableau de Karnaugh de la figure 12-6(a). Toute expression booléenne $E(x,y)$ sous sa forme canonique disjonctive totale peut être représentée en regroupant les carrés appropriés. Par exemple,

$$E_1 = xy + xy', \quad E_2 = xy + x'y + x'y', \quad E_3 = xy + x'y'$$

sont représentées respectivement, par les figures 12-6(b), (c) et (d). (Les cercles seront expliqués plus loin.)

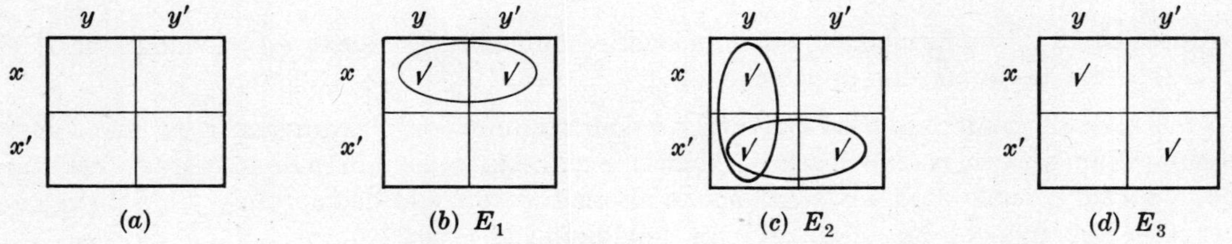

Fig. 12-6

Deux carrés sont adjacents dans la figure 12-6(a) s'ils ont un côté commun. Un implicant premier de l'expression $E(x,y)$ sera une paire de carrés adjacents ou un *carré isolé*, c'est-à-dire, un carré qui n'est adjacent à aucun des carrés de $E(x,y)$. Par exemple, E_1 est constituée des deux carrés adjacents montrés par le cercle de la figure 12-6(b). Cette paire de carrés adjacents représente la variable x, donc x est (le seul) implicant premier de E_1 et

$$E_1 = x$$

est sa forme minimale. Observons que E_2 comprend deux paires de carrés adjacents (désignés par les deux cercles) qui constituent l'ensemble des carrés de E_2. La paire verticale représente y et la paire horizontale x' ; de sorte que y et x' sont implicants premiers de E_2 et

$$E_2 = x' + y$$

est sa forme minimale. Par contre, E_3 est constituée de deux carrés isolés qui représentent xy et $x'y'$, de sorte que xy et $x'y'$ sont les implicants premiers de E_3 et

$$E_3 = xy + x'y'$$

est sa forme minimale.

Trois variables : x, y et z. Ici il y a huit monômes,

$$xyz, \quad xyz', \quad xy'z, \quad xy'z', \quad x'yz, \quad x'yz', \quad x'y'z, \quad x'y'z'$$

qui correspondent évidemment aux huit carrés du tableau de Karnaugh de la figure 12-7(a). Observons que le haut du tableau est étiqueté de sorte que les produits adjacents diffèrent d'un littéral. De plus nous devons, pour ordonner les carrés adjacents, identifier les côtés droit et gauche, puisque xyz et $xy'z$ sont des produits adjacents ainsi que $x'yz$ et $x'y'z$. En d'autres termes, si nous découpons et collons le tableau selon les arêtes extrêmes, nous obtiendrons le cylindre de la figure 12-7(b). Les carrés adjacents du cylindre auront un côté en commun. Comme ci-dessus, toute expression booléenne $E(x,y,z)$ sous forme canonique disjonctive totale est représentée par le tableau de Karnaugh en regroupant les carrés appropriés.

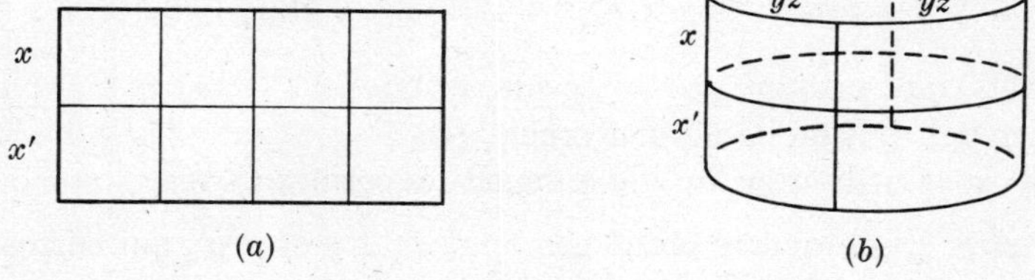

Fig. 12-7

Un *rectangle de base* dans le tableau de Karnaugh est un carré, deux carrés adjacents ou quatre carrés formant un rectangle une-fois-quatre ou deux-fois-deux. Ces rectangles de base correspondent respectivement aux produits de trois, deux ou un littéraux. De plus, un rectangle de base représente le monôme qui est le produit des littéraux qui apparaissent dans tous les carrés du rectangle.

Soit une expression booléenne $E = E(x,y,z)$ représentée par un tableau de Karnaugh. Un implicant premier de E sera le *rectangle maximal de base* de E, c'est-à-dire celui qui ne peut être contenu dans aucun autre. Une forme minimale de E consistera en la couverture minimale de E, c'est-à-dire le nombre minimal des rectangles maximaux de base incluant tous les carrés de E.

EXEMPLE 12.7.

(*a*) Soit $E_1 = xyz + xyz' + x'yz' + x'y'z$, représentée par la figure 12-8(*a*). Observons que E_1 a trois implicants premiers (rectangles maximaux de base) qui sont marqués par des cercles et qui représentent xy, yz' et $x'y'z$. Puisque tous les trois sont nécessaires pour couvrir E_1, la forme minimale est

$$E_1 = xy + yz' + x'y'z$$

(*b*) Soit $E_2 = xyz + xyz' + xy'z + x'yz + x'y'z$ représentée par la figure 12-8(*b*). Remarquez que E_2 a deux implicants premiers, les deux carrés adjacents qui représentent xy, et le carré deux-fois-deux (les deux demi-cercles) qui représente z. Ainsi puisqu'ils couvrent E_2, nous avons

$$E_2 = xy + z$$

qui est de la forme minimale de E_2.

(*c*) Soit $E_3 = xyz + xyz' + x'yz' + x'y'z' + x'y'z$ représentée par la figure 12-8(*c*). Ici, E_3 a quatre implicants premiers xy, yz', $x'z'$ et $x'y'$. Cependant, seul l'un des deux cercles pointillés, c'est-à-dire yz' ou $x'z'$, est nécessaire pour une couverture minimale de E_3. Ainsi E_3 a deux formes minimales :

$$E_3 = xy + yz' + x'y' = xy + x'z' + x'y'$$

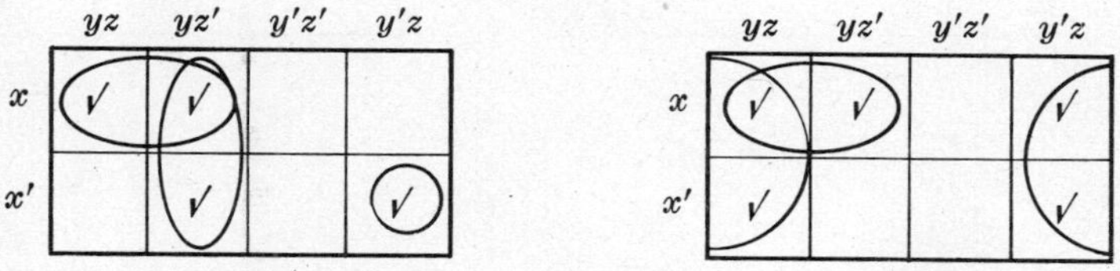

(*a*) E_1 (*b*) E_2

Fig. 12-8

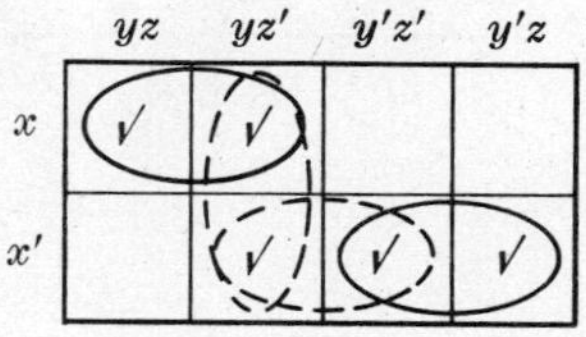

Fig. 12-9

Quatre variables : x,y,z,t. Il y a seize monômes qui correspondent évidemment aux seize carrés du tableau de Karnaugh de la figure 12-10. Remarquez que la ligne du haut et la colonne de gauche sont étiquetées de sorte que deux produits adjacents ne diffèrent que d'un littéral. Une fois de plus (comme nous l'avons fait avec trois variables), nous pouvons assimiler l'arête de droite à celle de gauche, mais nous devons aussi assimiler celle du haut avec celle du bas (ce qui conduit à une surface toroïdale).

Un rectangle de base est un carré, deux carrés adjacents, quatre carrés formant un rectangle une-fois-quatre ou deux-fois-deux, ou huit carrés formant un rectangle deux-fois-quatre. Ces rectangles correspondent respectivement aux monômes de quatre, trois, deux ou un littéraux. Une fois de plus, les rectangles de base maximaux sont les implicants premiers. La technique pour minimiser l'expression booléenne $E(x,y,z,t)$ est la même que ci-dessus.

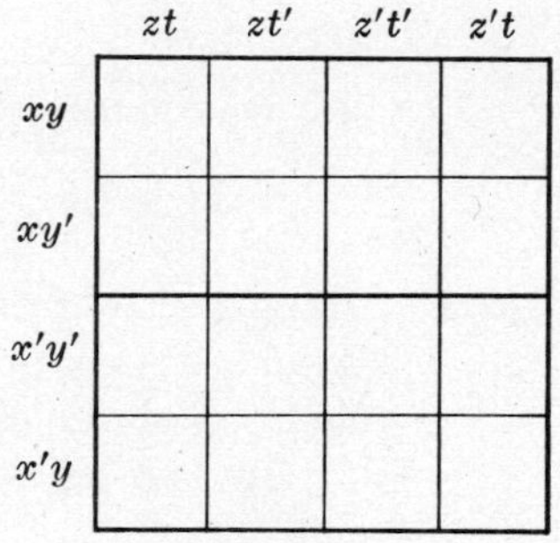

Fig. 12-10

EXEMPLE 12.8. Examinons les trois expressions booléennes E_1, E_2, E_3 de variables x, y, z et t données par les tableaux de Karnaugh de la figure 12-11.

(*a*) Le rectangle de base deux-fois-deux représente $y'z$ puisque seuls y' et z apparaissent dans les quatre carrés. La paire horizontale de carrés adjacents représente xyz' et les carrés adjacents recouvrant le haut et le bas du tableau représentent $yz't'$. Donc

$$E_1 = y'z + xyz' + yz't'$$

est une forme minimale de E_1.

(*b*) Seul y' apparaît dans les huit carrés du rectangle de base deux-fois-quatre, et la paire de carrés adjacents représente xzt'. Donc

$$E_2 = y' + xzt'$$

est une forme minimale de E_2.

(*c*) Les quatre carrés d'angle forment un rectangle de base deux-fois-deux qui représente yt puisque seuls y et t figurent dans ces quatre carrés. Le rectangle une-fois-quatre représente $x'y'$ et les deux carrés adjacents $y'zt'$. Donc

$$E_3 = yt + x'y' + y'zt'$$

est une forme minimale de E_3.

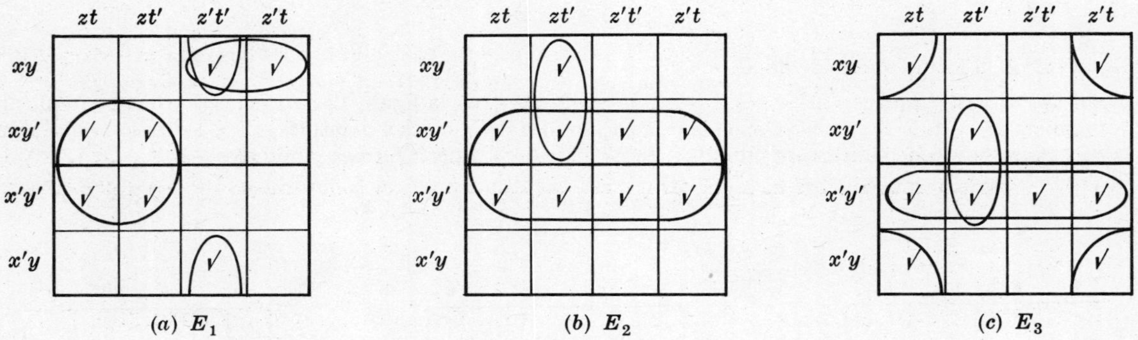

Fig. 12-11

Problèmes résolus

ALGÈBRES BOOLÉENNES

12.1 Ecrire l'expression duale de chacune des équations suivantes : (*a*) $(a * 1) * (0 + a') = 0$, (*b*) $a + a'b = a + b$.

(*a*) Pour obtenir l'équation duale on remplace + par ∗, 0 par 1 et vice versa, donc :

$$(a + 0) + (1 + a') = 1$$

(*b*) On commence par écrire l'équation avec ∗ : $a + (a' * b) = a + b$, dont l'équation duale est

$$a * (a' + b) = a * b \quad \text{ou} \quad a(a' + b) = ab$$

12.2 Rappel (chapitre 10) : l'ensemble D_m des diviseurs de m est un treillis distributif borné avec $a + b = a \wedge b =$ ppcm (a, b) et $a * b = a \vee b =$ pgcd (a, b). (*a*) Montrer que D_m est une algèbre de Boole si m n'est pas un carré, c'est-à-dire si m est le produit de nombres premiers distincts. (*b*) Trouver les atomes de D_m.

(*a*) Nous devons seulement démontrer que D_m est complémenté. Soient x un élément de D_m et $x' = m/x$. Puisque m est le produit de nombres premiers distincts, x et x' ont des diviseurs différents. Donc $x * x' =$ pgcd $(x, x') = 1$ et $x + x' =$ ppcm $(x, x') = m$. Nous rappelons que 1 est l'élément nul (borne inférieure) et que m est l'élément neutre (borne supérieure) de D_m. Donc x' est le complément de x, et D_m est une algèbre de Boole.

(*b*) Les atomes de D_m sont les diviseurs premiers de m.

12.3 Etant donné l'algèbre de Boole D_{210} :

(a) Donnez la liste de ses éléments et dessiner son diagramme.

(b) Trouver l'ensemble A des atomes.

(c) Trouvez deux sous-algèbres de huit éléments.

(d) Est-ce que $X = \{1,2,6,210\}$ constitue un sous-treillis de D_{210} ? une sous-algèbre ?

(e) Est-ce que $Y = \{1,2,3,6\}$ constitue un sous-treillis de D_{210} ? une sous-algèbre ?

(f) Trouver le nombre de sous-algèbres de D_{210}.

(a) Les diviseurs de 210 sont 1, 2, 3, 5, 6, 7, 10, 14, 15, 21, 30, 35, 42, 70, 105 et 210. Le diagramme de D_{210} est celui de la figure 12-12.

(b) $A = \{2,3,5,7\}$ est l'ensemble des diviseurs premiers de 210.

(c) $B = \{1,2,3,6,35,70,105,210\}$ et $C = \{1,5,6,7,30,35,42,210\}$ sont des sous-algèbres de D_{210}.

(d) X est un sous-treillis puisqu'il est linéairement ordonné. Toutefois X n'est pas une sous-algèbre car 35 est le complément de 2 dans D_{210} et 35 n'appartient pas à X. (En fait aucune algèbre booléenne de plus de deux éléments n'est linéairement ordonnée.)

(e) Y est un sous-treillis de D_{210} puisque muni des opérations $*$ et $+$, il est borné. Toutefois Y n'est pas une sous-algèbre de D_{210} car il n'est pas stable pour les compléments de D_{210}, par exemple, $35 = 2'$ n'appartient pas à Y. (En fait Y est une algèbre de Boole, $Y = D_6$.)

(f) Une sous-algèbre de D_{210} doit contenir deux, quatre, huit et seize éléments.

(i) Il n'y a qu'une sous-algèbre à deux éléments, constituée des deux bornes $\{1,210\}$.

(ii) Puisque D_{210} compte seize éléments, la seule sous-algèbre de seize éléments est D_{210} lui-même.

(iii) Toute sous-algèbre de quatre éléments est de la forme $(1,x,x',210)$, c'est-à-dire constituée des deux bornes, d'un élément différent et de son complément. Il y a quatorze éléments différents des bornes dans D_{210} donc $14/2 = 7$ paires (x,x'). Ainsi D_{210} compte sept sous-algèbres de quatre éléments.

(iv) Toute sous-algèbre S de huit éléments contiendra trois atomes s_1, s_2, s_3. Nous pouvons choisir s_1 et s_2 parmi les quatre atomes de D_{210} et s_3 sera le produit des deux autres atomes, par exemple $s_1 = 2$, $s_2 = 3$, $s_3 = 5 \cdot 7 = 35$ (qui détermine la sous-algèbre B de (c)), ou $s_1 = 5$, $s_2 = 7$, $s_3 = 2 \cdot 3 = 6$ (qui détermine la sous-algèbre C de (c)). Il y a $C_4^2 = 6$ moyens de choisir s_1 et s_2 à partir des atomes de D_{210} donc D_{210} a six sous-algèbres de huit éléments.

En conséquence D_{210} a $1 + 1 + 7 + 6 = 15$ sous-algèbres.

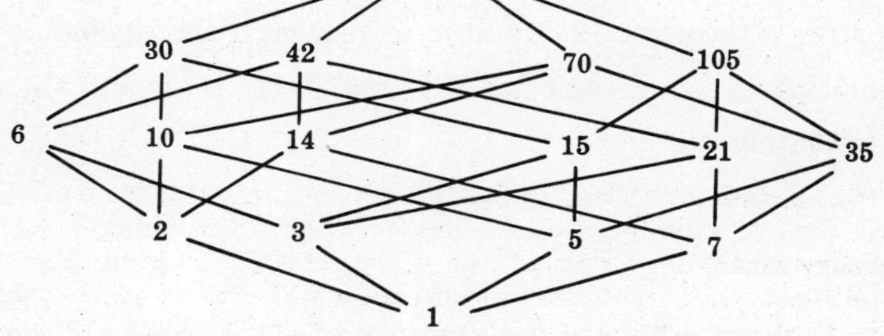

Fig. 12-12

12.4 Démontrer le théorème 12.2 : soient a, b, c des éléments d'une algèbre de Boole B.

(i) Idempotence :

(5a) $a + a = a$ (5b) $a * a = a$

(ii) Existence de bornes :

(6a) $a + 1 = 1$ (6b) $a * 0 = 0$

(iii) Absorption :

(7a) $a + (a * b) = a$ (7b) $a * (a + b) = a$

(iv) Associativité :

(8a) $(a + b) + c = a + (b + c)$ (8b) $(a * b) * c = a * (b * c)$

(5b) $a = a * 1 = a * (a + a') = (a * a) + (a * a') = (a * a) + 0 = a * a$

(5a) découle de (5b) en utilisant le principe de dualité.

(6b) $a * 0 = (a * 0) + 0 = (a * 0) + (a * a') = a * (0 + a') = a * (a' + 0) = a * a' = 0$

(6a) découle de (6b) en utilisant le principe de dualité.

(7b) $a * (a + b) = (a + 0) * (a + b) = a + (0 * b) = a + (b * 0) = a + 0 = a$

(7a) découle de (7b) en utilisant le principe de dualité.

(8b) Soient $L = (a * b) * c$ et $R = a * (b * c)$, nous devons démontrer que $L = R$. Nous démontrerons d'abord que $a + L = a + R$. En utilisant la loi d'absorption dans les deux premières étapes, nous avons

$$a + L = a + ((a * b) * c) = (a + (a * b)) * (a + c) = a * (a + c) = a$$

De même,

$$a + R = a + (a * (b * c)) = (a + a) * (a + (b * c)) = a * (a + (b * c)) = a$$

Ainsi $a + L = a + R$. Démontrons maintenant que $a' + L = a' + R$. Nous avons,

$$\begin{aligned} a' + L &= a' + ((a * b) * c) = (a' + (a * b)) * (a' + c) \\ &= ((a' + a) * (a' + b)) * (a' + c) = (1 * (a' + b)) * (a' + c) \\ &= (a' + b) * (a' + c) = a' + (b * c) \end{aligned}$$

et,

$$\begin{aligned} a' + R &= a' + (a * (b * c)) = (a' + a) * (a' + (b * c)) \\ &= 1 * (a' + (b * c)) = a' + (b * c) \end{aligned}$$

Ainsi $a' + L = a' + R$, en conséquence,

$$\begin{aligned} L &= 0 + L = (a * a') + L = (a * L) * (a' + L) = (a + R) * (a' + R) \\ &= (a * a') + R = 0 + R = R \end{aligned}$$

(8a) découle de (8b) en utilisant le principe de dualité.

12.5 Démontrer le théorème 12.3 : soit a un élément d'une algèbre de Boole B, alors, nous avons :

(i) unicité du complément : si $a + x = 1$ et $a * x = 0$, alors $x = a'$

(ii) involution : $(a')' = a$

(iii) (9a) $0' = 1$ (9b) $1' = 0$

(i) Nous avons :

$$a' = a' + 0 = a' + (a * x) = (a' + a) * (a' + x) = 1 * (a' + x) = a' + x$$

et,

$$x = x + 0 = x(a * a') = (x + a) * (x + a') = 1 * (x + a') = x + a'$$

Donc $x = x + a' = a' + x = a'$

(ii) En raison de la définition du complément, $a + a' = 1$ et $a * a' = 0$. En raison de la commutativité, $a' + a = 1$ et $a' * a = 0$. En raison de l'unicité du complément, a est le complément de a', c'est-à-dire $a = (a')'$.

(iii) La règle de la borne (6a) conduit à $0 + 1 = 1$ et l'axiome de l'élément neutre (3b) à $0 * 1 = 0$. En raison de l'unicité du complément, 1 est le complément de 0, soit $1 = 0'$ et en raison du principe de dualité, $0 = 1'$.

12.6 Démontrer le théorème 12.4 (loi de De Morgan) :

(10a) $(a + b)' = a' * b'$ (10b) $(a * b)' = a' + b'$

(10a) Nous devons démontrer que $(a + b) + (a' * b') = 1$ et que $(a + b) * (a' * b') = 0$, alors en raison de l'unicité du complément, nous aurons $a' * b' = (a + b)'$. Nous avons :

$$\begin{aligned}(a + b) + (a' * b') &= b + a + (a' * b') \\ &= b + (a + a') * (a + b') \\ &= b + 1 * (a + b') = b + a + b' \\ &= b + b' + a = 1 + a = 1\end{aligned}$$

et,

$$\begin{aligned}(a + b) * (a' * b') &= ((a + b) * a') * b' \\ &= ((a * a') + (b * a')) * b' \\ &= (0 + (b * a')) * b' \\ &= (b * a') * b' = (b * b') * a' \\ &= 0 * a' = 0\end{aligned}$$

Ainsi $a' * b' = (a + b)'$.

(10b) On applique le principe de dualité (théorème 12.1).

12.7 Démontrer le théorème 12.5 : dans une algèbre de Boole les énoncés suivants sont équivalents :

$$(1) \quad a + b = b, \quad (2) \quad a * b = a, \quad (3) \quad a' + b = 1, \quad (4) \quad a * b' = 0$$

En raison du théorème 10.4, (1) et (2) sont équivalents. Montrons que (1) et (3) sont équivalents. Supposons que (1) est valide, ainsi

$$a' + b = a' + (a + b) = (a' + a) + b = 1 + b = 1$$

Maintenant supposons que (3) est valide, alors

$$\begin{aligned}a + b &= 1 * (a + b) = (a' + b) * (a + b) \\ &= (a' * a) + b = 0 + b = 0\end{aligned}$$

Ainsi (1) et (3) sont équivalents.

Démontrons maintenant que (3) et (4) sont équivalents. Supposons que (3) est valide, en raison des lois de De Morgan et d'involution, nous avons

$$0 = 1' = (a' + b)' = a'' * b' = a * b'$$

Réciproquement, si (4) est valide, alors

$$1 = 0' = (a * b')' = a' + b'' = a' + b$$

Ainsi (3) et (4) sont équivalents. En conséquence les quatre énoncés sont équivalents.

12.8 Démontrer le théorème 12.6 : l'application $f : B \to P(A)$, où B est une algèbre de Boole et $P(A)$ l'ensemble des parties de l'ensemble des atomes A, est un isomorphisme et

$$f(x) = \{a_1, a_2, \ldots, a_n\}$$

où $x = a_1 + a_2 + \ldots + a_n$ est l'unique représentation de x comme somme d'atomes.

Nous rappelons (chapitre 10) que si a_i et a_j sont des atomes alors $a_i^2 = a_i$ et $a_i a_j = 0$ pour $a_i \neq a_j$. Supposons que x, y sont des éléments de B et que

$$x = a_1 + \ldots + a_r + b_1 + \ldots + b_s$$
$$y = b_1 + \ldots + b_s + c_1 + \ldots + c_t$$

où

$$A = \{a_1, \ldots, a_r, b_1, \ldots, b_s, c_1, \ldots, c_t, d_1, \ldots, d_k\}$$

est l'ensemble des atomes de B. Alors

$$x + y = a_1 + \ldots + a_r + b_1 + \ldots + b_s + c_1 + \ldots + c_t$$
$$xy = b_1 + \ldots + b_s$$

Donc

$$\begin{aligned} f(x+y) &= \{a_1, \ldots, a_r, b_1, \ldots, b_s, c_1, \ldots, c_t\} \\ &= \{a_1, \ldots, a_r, b_1, \ldots, b_s\} \cup \{b_1, \ldots, b_s, c_1, \ldots, c_t\} \\ &= f(x) \cup f(y) \\ f(xy) &= \{b_1, \ldots, b_s\} \\ &= \{a_1, \ldots, a_r, b_1, \ldots, b_s\} \cap \{b_1, \ldots, b_s, c_1, \ldots, c_t\} \\ &= f(x) \cap f(y) \end{aligned}$$

Si $y = c_1 + \ldots + c_t + d_1 + \ldots + d_k$, alors $x + y = 1$ et $xy = 0$ donc $y = x'$. Ainsi

$$f(x') = \{c_1, \ldots, c_t, d_1, \ldots, d_k\} = \{a_1, \ldots, a_r, b_1, \ldots, b_s\}^c = (f(x))^c$$

Puisque la représentation est unique, f est bijective et f est un isomorphisme d'algèbre de Boole.

EXPRESSION BOOLÉENNE, FORME CANONIQUE DISJONCTIVE, CIRCUITS ÉLECTRIQUES

12.9 Ecrire les expressions booléennes suivantes $E(x,y,z)$ sous forme canonique disjonctive puis sous forme canonique disjonctive totale.

(*a*) $E_1 = x(y'z)'$, (*b*) $E_2 = z(x' + y) + y'$, (*c*) $E_3 = (x' + y)' + x'y$

(*a*) $E_1 = x(y'z)' = x(y + z') = xy + xz'$, par suite

$$\begin{aligned} E_1 = xy + xz' &= xy(z + z') + x(y + y')z' \\ &= xyz + xyz' + xyz' + xy'z' \\ &= xyz + xyz' + xy'z' \end{aligned}$$

qui est une forme canonique totale

(*b*) $E_2 = z(x' + y) + y' = x'z + yz + y'$, par suite

$$\begin{aligned} E_2 = x'z + yz + y' &= x'z(y + y') + yz(x + x') + y'(x + x')(z + z') \\ &= x'yz + x'y'z + xyz + x'yz + xy'z + xy'z' + x'y'z + x'y'z' \\ &= xyz + xy'z + xy'z' + x'yz + x'y'z + x'y'z' \end{aligned}$$

(*c*) $E_3 = (x' + y)' + x'y = xy' + x'y$. Cela pourrait être une forme totale de E_3, mais le sujet précise que E compte trois variables x, y et z, donc :

$$\begin{aligned} E_3 = xy' + x'y &= xy'(z + z') + x'y(z + z') \\ &= xy'z + xy'z' + x'yz + x'yz' \end{aligned}$$

est une forme canonique totale.

12.10 Etant donné $E = xy' + xyz' + x'yz'$, démontrer que (*a*) $xz' + E = E$, (*b*) $x + E = E$, (*c*) $z' + E = E$. (Ainsi xz' est un implicant premier de E.)

On commence par chercher la forme canonique totale de E :

$$E = xy'(z + z') + xyz' + x'yz' = xy'z + xy'z' + xyz' + x'yz'$$

(*a*) Trouver le forme canonique totale de xz' :

$$xz' = xz'(y + y') = xyz' + xy'z'$$

Comme les opérandes de xz' sont contenus dans E, nous avons $xz' + E = E$

(*b*) Trouver la forme canonique totale de x :

$$x = x(y + y')(z + z') = xyz + xyz' + xy'z + xy'z'$$

Le minterme xyz de x n'appartient pas à E donc $x + E = E$

(*c*) Trouver la forme canonique totale de z' :

$$z' = z'(x + x')(y + y') = xyz' + xy'z' + x'yz' + x'y'z'$$

Le minterme $x'y'z'$ de z' n'appartient pas à E donc $z' + E = E$.

12.11 Déterminer l'expression booléenne de chacun des circuits de la figure 12-13.

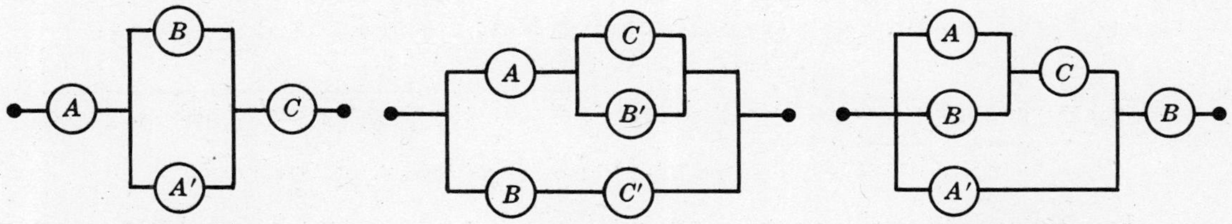

Circuit (*a*) Circuit (*b*) Circuit (*c*)

Fig. 12-13

(*a*) $A \wedge (B \vee A') \wedge C$ (*b*) $[A \wedge (C \vee B')] \vee (B \wedge C')$ (*c*) $\{[(A \vee B) \wedge C] \vee A'\} \wedge B$

12.12 Construire un circuit pour chacune des expressions booléennes suivantes :

(*a*) $(A \wedge B) \vee [A' \wedge (B' \vee A \vee B)]$, (*b*) $(A \vee B) \wedge C \wedge (A' \vee B' \vee C')$

Les schémas de la figure 12-14 montrent les circuits équivalents.

(*a*) On remarque que le circuit série $A \wedge B$ est en parallèle avec $A' \wedge (B' \vee A \vee B)$ qui correspond à A' en série avec le montage en parallèle $B' \vee A \vee B$.

(*b*) On remarque que le circuit parallèle $A \vee B$ est en série avec C et en série avec le montage en parallèle $A' \vee B' \vee C'$.

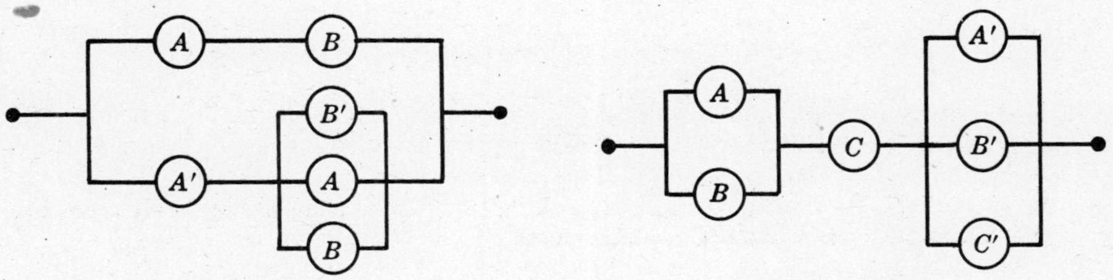

Circuit (*a*) Circuit (*b*)

Fig. 12-14

12.13 Etant donné le circuit de la figure 12-15(*a*), (*a*) construire un circuit équivalent simplifié; (*b*) vérifier que les circuits sont équivalents en établissant leur table de vérité.

(*a*) On commence par écrire l'expression booléenne du circuit :

$$E = (A \wedge B) \vee (A \wedge B') \vee (A' \wedge B')$$

On simplifie E en utilisant le tableau de Karnaugh ou les lois de l'algèbre de Boole, par exemple,

$$\begin{aligned} E &= [A \wedge (B \vee B')] \vee (A' \wedge B') \\ &= (A \wedge 1) \vee (A' \wedge B') = A \vee (A' \wedge B') \\ &= (A \vee A') \wedge (A \vee B') = 1 \wedge (A \vee B') \\ &= A \vee B' \end{aligned}$$

Ainsi la figure 12-15(b) représente un circuit équivalent.

(b) Les tables de vérité sont :

A	B	$(A$	$\wedge$	$B)$	$\vee$	$(A$	$\wedge$	$B')$	$\vee$	$(A'$	$\wedge$	$B')$
1	1	1	1	1	1	1	0	0	1	0	0	0
1	0	1	0	0	1	1	1	1	1	0	0	1
0	1	0	0	1	0	0	0	0	0	1	0	0
0	0	0	0	0	0	0	0	1	1	1	1	1
Etape		1	2	1	3	1	2	1	4	1	2	1

A	B	B'	$A \vee B'$
1	1	0	1
1	0	1	1
0	1	0	0
0	0	1	1

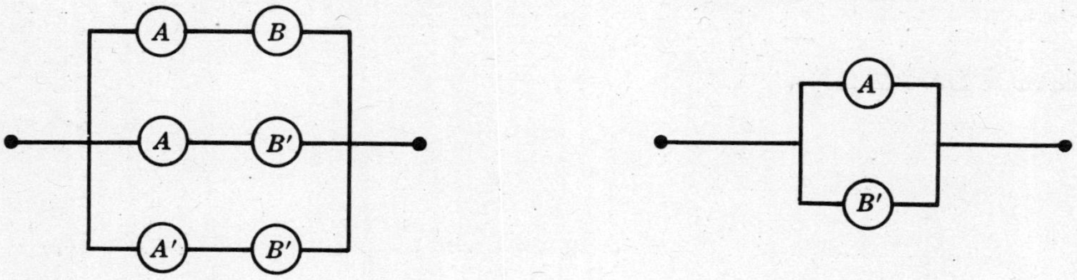

(a) (b)

Fig. 12-15

12.14 Démontrer le théorème 12.8 : toute expression booléenne $E(x_1, \ldots, x_n)$ non nulle peut être écrite sous forme canonique disjonctive totale et cette représentation est unique.

L'existence d'une telle représentation découle de l'algorithme décrit au paragraphe 12.7. Il reste à en démontrer l'unicité. Remarquons, pour commencer, que si P et Q sont des mintermes distincts en x_i alors $PQ = 0$ puisque l'une des variables doit être complémentée dans l'un des facteurs et non complémentée dans les autres. Supposons maintenant que

$$E = P_1 + P_2 + \ldots + P_r = Q_1 + Q_2 + \ldots + Q_s$$

sont des représentations distinctes de E sous forme totale. Alors l'un des P_i doit être différent des Q_i ou l'un des Q_i doit être différent des P_1. Disons que Q_1 est différent des P_i. Ainsi $Q_1 P_i = 0$ pour tout i. En raison de la loi d'absorption, $Q_1 E = Q_1$ de sorte que

$$Q_1 = Q_1 E = Q_1(P_1 + \ldots + P_r) = Q_1 P_1 + \ldots + Q_1 P_r = 0 + \ldots + 0 = 0$$

ce qui contredit l'hypothèse que Q_1 est un minterme, donc la représentation est unique.

12.15 Utiliser la méthode du consensus pour trouver les implicants premiers et une forme canonique minimale E quand :

(a) $E = xy' + xyz' + x'yz'$, (b) $E = xy + y't + x'yz' + xy'zt'$.

(a)
$$\begin{aligned} E &= xy' + xyz' + x'yz' + xz' && \text{(Consensus de } xy' \text{ et } xyz'\text{)} \\ &= xy' + x'yz' + xz' && (xyz' \text{ contient } xz') \\ &= xy' + x'yz' + xz' + yz' && \text{(Consensus de } x'yz' \text{ et } xz'\text{)} \\ &= xy' + xz' + yz' && (x'yz' \text{ contient } yz') \end{aligned}$$

Puisqu'aucune autre étape ne changera E, xy', xz' et yz' sont les implicants premiers de E. Ecrivons-les sous forme canonique disjonctive totale :

$$xy' = xy'(z+z') = xy'z + xy'z'$$
$$xz' = xz'(y+y') = xyz' + xy'z'$$
$$yz' = yz'(x+x') = xyz' + x'yz'$$

Seuls les mintermes xyz' et $xy'z'$ de xz' apparaissent parmi les autres mintermes, xz' peut donc être supprimé (xz' est superflu). Ainsi $E = xy' + yz'$ est une forme minimale de E.

(*b*) $E = xy + y't + x'yz' + xy'zt' + xzt'$ (Consensus de xy et $xy'zt'$)
$= xy + y't + x'yz' + xzt'$ ($xy'zt'$ contient xzt')
$= xy + y't + x'yz' + xzt' + yz'$ (Consensus de xy et $x'yz'$)
$= xy + y't + xzt' + yz'$ ($x'yz'$ contient yz')
$= xy + y't + xzt' + yz' + xt$ (Consensus de xy et $y't$)
$= xy + y't + xzt' + yz' + xt + xz$ (Consensus de xzt' et xt)
$= xy + y't + yz' + xt + xz$ (xzt' contient xz)
$= xy + y't + yz' + xt + xz + z't$ (Consensus de $y't$ et yz')

Aucune autre étape ne modifiera E, les implicants premiers sont $xy, y't, yz', xt, xz$ et $z't$. En appliquant la méthode ci-dessus on obtient $E = y't + xz + yz'$, forme minimale de E.

TABLEAUX DE KARNAUGH

12.16 Trouver le monôme P représenté par chacun des rectangles de base des tableaux de Karnaugh ci-dessous (figure 12-16).

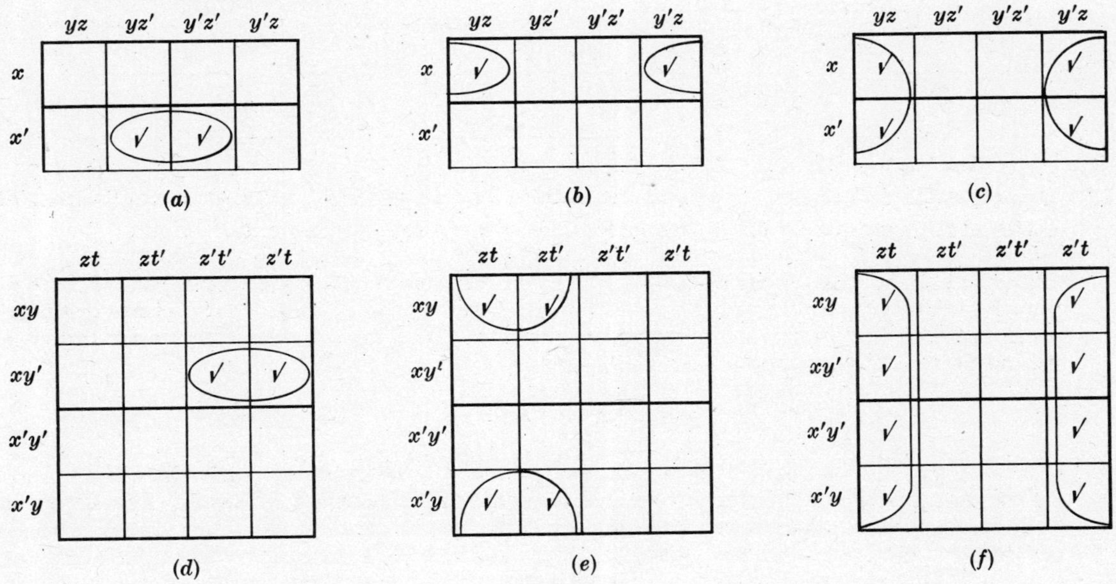

Fig. 12-16

Dans chaque cas, on cherche les littéraux qui apparaissent dans les carrés des rectangles de base, P est alors le produit de ces littéraux.

(*a*) x' et z' apparaissent dans les deux carrés, donc $P = x'z'$.

(*b*) x et z apparaissent dans les deux carrés, donc $P = xz$.

(*c*) Seul z apparaît dans les quatre carrés, donc $P = z$.

(*d*) x, y' et z' apparaissent dans les deux carrés, donc $P = xy'z'$.

(*e*) Seuls y et z apparaissent dans les quatre carrés, donc $P = yz$.

(*f*) Seul t apparaît dans les huit carrés, donc $P = t$.

12.17 Trouver la forme canonique minimale de chaque expression E dont le tableau de Karnaugh est donné par la figure 12-17.

	zt	zt'	$z't'$	$z't$
xy		✓		
xy'		✓	✓	✓
$x'y'$	✓	✓	✓	
$x'y$			✓	

(*a*)

	zt	zt'	$z't'$	$z't$
xy		✓		
xy'		✓	✓	
$x'y'$		✓		
$x'y$	✓	✓		✓

(*b*)

	zt	zt'	$z't'$	$z't$
xy	✓			✓
xy'		✓	✓	
$x'y'$			✓	
$x'y$	✓	✓	✓	✓

(*c*)

Fig. 12-17

(*a*) Il y a cinq implicants premiers repérés par les cinq cercles, dont celui en pointillé, de la figure 12-18(*a*). Toutefois, le cercle en pointillé n'est pas nécessaire pour recouvrir tous les carrés qui le sont déjà par les quatre autres qui fournissent la forme minimale de E, soit :

$$E = xzt' + xy'z' + x'y'z + x'z't'$$

(*b*) La couverture minimale de E est fournie par les trois cercles de la figure 12-18(*b*), ainsi $E = zt' + xy't' + x'yt$.

(*c*) Nous avons deux solutions pour couvrir le carré $x'y'z't'$ comme l'indique la figure 12-18(*c*), soit

$$E = x'y + yt + xy't' + y'z't' = x'y + yt + xy't' + x'z't'$$

qui sont deux formes minimales de E.

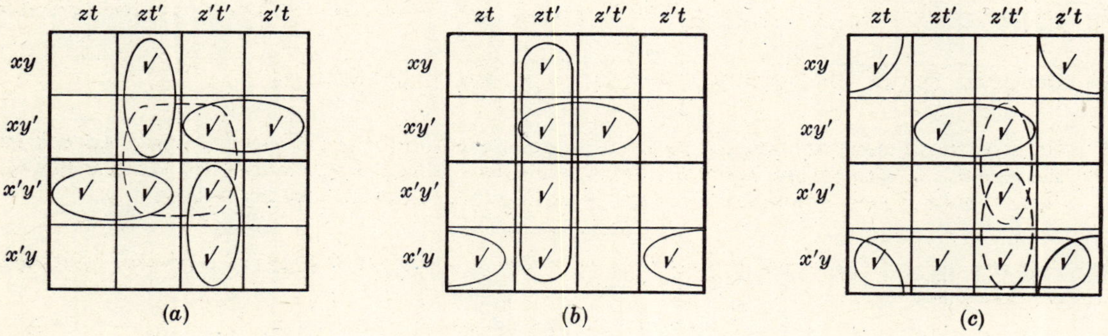

Fig. 12-18

12.18 Trouver la forme minimale de $E = xy' + xyz + x'y'z' + x'yzt'$.

Il n'est pas nécessaire de chercher la forme minimale de E pour dessiner le tableau de Karnaugh. Nous repérons simplement quatre carrés contenant xy', les blocs de deux carrés contenant respectivement xyz et $x'y'z'$, et le carré de $x'yzt'$, comme l'indique la figure 12-19. Une couverture minimale consiste en les trois rectangles de base cerclés. Ainsi $E = xz + y'z' + yzt'$ est une forme minimale de E.

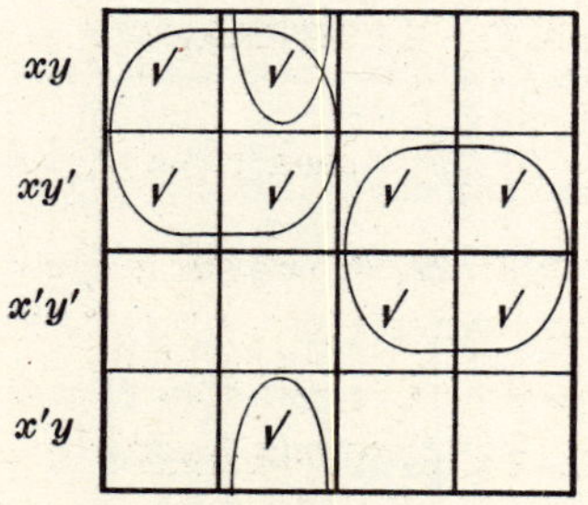

Fig. 12-19

Problèmes supplémentaires

ALGÈBRES DE BOOLE

12.19 Ecrire l'équation duale de chaque équation booléenne suivante :

(*a*) $a(a' + b)$, (*b*) $(a+1)(a+0) = a$, (*c*) $(a+b)(b+c) = ac + b$

12.20 Soit le treillis D_m des diviseurs de m (où $m > 1$). (*a*) Montrer que si m contient un carré, c'est-à-dire que m n'est pas le produit de nombres premiers distincts, alors D_m n'est pas une algèbre de Boole (résultat à comparer avec le problème 12.2). (*b*) Quelles sont les algèbres de Boole parmi D_{20}, D_{55}, D_{99}, D_{130} ?

12.21 Soient B une algèbre de Boole à seize élements et S une sous-algèbre de B à huit éléments. Montrer que deux des atomes de S doivent être atomes de B.

12.22 Soit l'algèbre de Boole D_{110}. (*a*) Donner ses éléments et dessiner son diagramme. (*b*) Trouver toutes ses sous-algèbres. (*c*) Trouver le nombre de tous les sous-treillis de quatre éléments. (*d*) Trouver l'ensemble A des atomes de D_{110}. (*e*) Donner l'application isomorphique $f : D_{110} \to P(A)$ définie par le théorème 12.6.

12.23 Donner la liste des axiomes ou théorèmes utilisés à chaque étape de la démonstration du :

(*a*) théorème 12.2 (problème 12.4)

(*b*) théorème 12.3 (problème 12.5)

(*c*) théorème 12.4 (problème 12.6)

(*d*) théorème 12.5 (problème 12.7)

12.24 Démontrer (5*a*), (6*a*), (7*a*), (8*a*) et (10*b*) directement, c'est-à-dire sans utiliser le principe de dualité.

12.25 Démontrer que $0 \leq x \leq 1$ pour tout élément x d'une algèbre de Boole.

12.26 Un élément M dans une algèbre de Boole B est un *maxterme* si l'élément neutre 1 est son seul successeur. (*a*) Montrer que les compléments des atomes sont des maxtermes. (*b*) Montrer que tout élément x de B peut être exprimé de façon unique comme un produit de maxtermes.

12.27 Soit $B = (B, +, *, ', 0, 1)$ une algèbre de Boole. L'opération Δ sur B (appelée *différence symétrique*) est définie par

$$x \Delta y = (x * y') + (x' * y)$$

Démontrer que $R = (B, \Delta, *)$ est un anneau booléen commutatif (voir problèmes 1.50 et 9.64).

12.28 Soit $R = (R, \oplus, *)$ un anneau booléen avec l'élément neutre $1 = 0$, et :

$$x' = 1 \oplus x, \quad x + y = x \oplus y \oplus x \cdot y, \quad x * y = x \cdot y.$$

Démontrer que $B = (R, \oplus, *, ', 0, 1)$ est une algèbre de Boole.

EXPRESSIONS BOOLÉENNES, CIRCUITS ÉLECTRIQUES

12.29 Ecrire les expressions booléennes $E(x, y, z)$ sous forme canonique puis sous forme canonique totale.

(*a*) $E_1 = x(xy' + x'y + y'z)$

(*b*) $E_2 = (x + y'z)(y + z')$

(*c*) $E_3 = (x' + y)' + y'z$

(*d*) $E_4 = (x'y)'(x' + xyz')$

(*e*) $E_5 = (x + y)'(xy')'$

(*f*) $E_6 = y(x + yz)'$

12.30 Utiliser la méthode du consensus pour trouver les implicants premiers de :

(a) $E_1 = xy'z' + x'y + x'y'z' + x'yz$

(b) $E_2 = xy' + x'z't + xyzt' + x'y'zt'$

(c) $E_3 = xyzt + xyz't' + xz't' + x'y'z' + x'yz't$

12.31 Trouver les expressions booléennes équivalentes des circuits ci-dessous

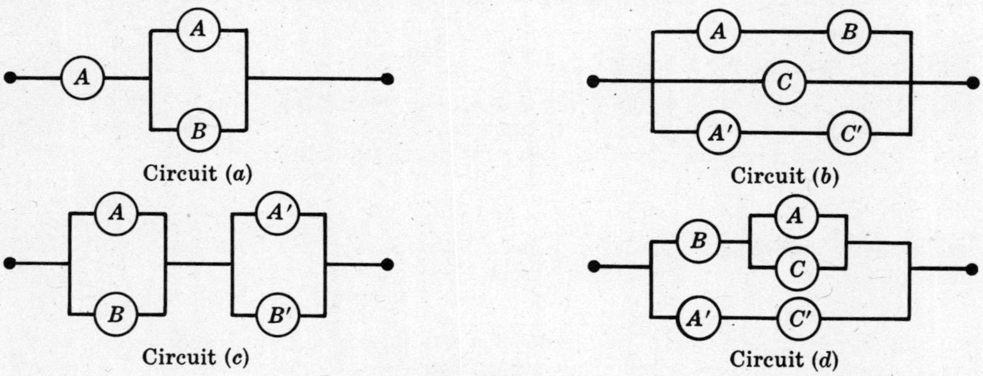

Fig. 12-20

12.32 Dessiner les circuits électriques équivalents des expressions booléennes suivantes :

(a)	$A \vee (B \wedge C)$	(c)	$(A \vee B) \wedge (C \vee D)$	(e)	$(A \vee B) \wedge [A' \vee (C \wedge B')]$
(b)	$A \wedge (B \vee C)$	(d)	$(A \wedge B) \vee (C \wedge D)$	(f)	$[(A \wedge B) \vee C] \wedge [D \vee (A' \wedge B)]$

TABLEAUX DE KARNAUGH, FORMES DISJONCTIVES MINIMALES

12.33 Trouver toutes les formes minimales possibles pour les expressions booléennes E dont les tableaux de Karnaugh sont donnés par la figure 12-21.

(a)

	yz	yz'	$y'z'$	$y'z$
x	✓		✓	✓
x'	✓	✓		

(b)

	yz	yz'	$y'z'$	$y'z$
x	✓		✓	✓
x'	✓	✓		✓

(c)

	yz	yz'	$y'z'$	$y'z$
x	✓			✓
x'	✓	✓	✓	✓

Fig. 12-21

12.34 Trouver toutes les formes minimales possibles pour les expressions booléennes E dont les tableaux de Karnaugh sont donnés par la figure 12-22.

(a)

	zt	zt'	$z't'$	$z't$
xy		✓		✓
xy'	✓	✓		✓
$x'y'$		✓		
$x'y$	✓	✓	✓	✓

(b)

	zt	zt'	$z't'$	$z't$
xy	✓	✓	✓	
xy'		✓	✓	✓
$x'y'$		✓		
$x'y$	✓	✓	✓	

(c)

	zt	zt'	$z't'$	$z't$
xy	✓			✓
xy'		✓	✓	
$x'y'$		✓		
$x'y$	✓	✓	✓	✓

Fig. 12-22

12.35 Trouver la forme minimale des expressions booléennes suivantes :

(*a*) $E_1 = xy + x'y + x'y'$ (*c*) $E_3 = y'z + y'z't' + z't$

(*b*) $E_2 = x + x'yz + xy'z'$ (*d*) $E_4 = y'zt + xzt' + xy'z'$

PROBLÈMES À PROGRAMMER SUR ORDINATEUR

Supposer que $E(X,Y,Z)$, expression booléenne sous forme disjonctive, soit la donnée à traiter avec $A = X'$, $B = Y'$ et $C = Z'$. (On considère + comme un caractère alphanumérique.)

12.36 Ecrire un programme qui détermine la forme totale de E.

12.37 Ecrire un programme qui détermine les implicants premiers de E.

12.38 Ecrire un programme qui imprime une forme minimale de E.

Tester les programmes avec les données suivantes :

(i) $X + AYZ + XBC$ (ii) $BZ + ABC + XC$ (iii) $XBC + AY + ABC + AYZ$

Solutions des problèmes supplémentaires

12.19 (*a*) $a + a'b = a + b$, (*b*) $a \cdot 0 + a \cdot 1 = a$, (*c*) $ab + bc = (a + c)b$

12.20 (*b*) D_{55} et D_{130}

12.21 *Indication :* Soit B une algèbre de seize éléments, c'est-à-dire que $B = P(A)$ où A a quatre éléments. Montrer que les atomes de toute sous-algèbre de B doivent être des ensembles disjoints.

12.22 (*a*) Il y a huit éléments, 1, 2, 5, 10, 11, 22, 55, 110.

(*b*) Il y a cinq sous-algèbres, $\{1,110\}$, $\{1,2,55,110\}$, $\{1,5,22,110\}$, $\{1,10,11,110\}$, et D_{110}.

(*c*) Il y a quinze sous-treillis de quatre éléments qui contiennent les sous-algèbres ci-dessus.

(*d*) $A = \{2,5,11\}$

(*e*)

D_{110}:	1	2	5	11	10	22	55	110
	$\downarrow$	$\downarrow$	$\downarrow$	$\downarrow$	$\downarrow$	$\downarrow$	$\downarrow$	$\downarrow$
$P(A)$:	$\emptyset$,	$\{2\}$,	$\{5\}$,	$\{11\}$,	$\{2, 5\}$,	$\{2, 11\}$,	$\{5, 11\}$,	D_{110}

12.29 (*a*) $E_1 = xy' + xy'z = xy'z' + xy'z$

(*b*) $E_2 = xy + xz' = xyz + xyz' + xy'z'$

(*c*) $E_3 = xy' + y'z = xy'z + xy'z' + x'y'z$

(*d*) $E_4 = xyz' + x'y' = xyz' + x'y'z + x'y'z'$

(*e*) $E_5 = x'y' = x'y'z + x'y'z'$

(*f*) $E_6 = x'yz'$

12.30 (*a*) $x'y$, $x'z$, $y'z'$

(*b*) xy', xzt', $y'zt'$, $x'z't$, $y'z't$

(*c*) $xyzt$, $xz't'$, $y'z't'$, $x'y'z'$, $x'z't$

12.31 (*b*) $(A \wedge B) \vee C \vee (A' \wedge C')$, (*d*) $[B \wedge (A \vee C)] \vee (A' \wedge C')$

12.32 Voir figure 12-23.

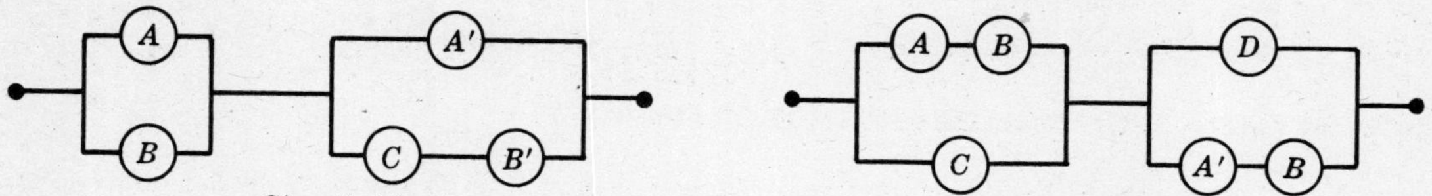

Circuit (e)

Circuit (f)

Fig. 12-23

12.33 (a) $E = xy' + x'y + yz = xy' + x'y + xz'$

(b) $E = xy' + x'y + z$

(c) $E = x' + z$

12.34 (a) $E = x'y + zt' + xz't + xy'z = x'y + zt' + xz't + xy't$

(b) $E = yz + yt' + zt' + xy'z'$

(c) $E = x'y + yt + xy't' + x'zt = x'y + yt + xy't' + y'zt$

12.35 (a) $E_1 = x' + y$ (c) $E_3 = y' + z't$

(b) $E_2 = xz' + yz$ (d) $E_4 = xy' + zt' + y'zt$

Index

A

Addition
 de matrices, 65
 de vecteurs, 63
Aleph zéro, 48
Algèbre de Boole, 221
 des ensembles, 5
 des propositions, 204
Analyse combinatoire, 136
Anneau, 167
 booléen, 179
 commutatif, 167
 quotient, 167
Application identique, 44
Arborescence, 106
 ordonnée, 106
Arbre, 87, 105, 142
 dégénéré, 105
 des dérivations, 171
 partiel, 105
Arcs, 119
Arête, 82
Arguments, 8, 206
Atome, 189
Automate fini, 124

B

Bijection, 46
Boole, G., 221
Borne
 inférieure, 186, 188
 supérieure, 185, 188
Boucle, 82, 119
Branche, 106

C

C (nombres complexes), 2
Calcul propositionnel, 200
Cantor, G., 48
Cardinalité, 47
Carte, 100
 colorée, 103
 connexe, 100
Chaîne, 83, 183
Champ d'une relation, 24
Chemin, 83, 120
Circuits en parallèle, 226
Circuits en série, 226
Classe
 d'ensembles, 8
 d'équivalence, 30
Codomaine, 43
Coefficients binomiaux, 137
Collection d'ensembles, 8
Combinaisons, 140
Complément, 190, 221
 d'un ensemble, 4
Composante connexe, 84
Composition
 de fonctions, 45
 de relations, 27
Concaténation, 160
Conclusion, 206
Conjonction, 200
Consensus, 228
Contexte, 162
Contradiction, 203
Contraposée, 213
Corps, 167
Correspondance
 biunivoque, 46
 univoque, 46
Couple, 23
Cycle, 83, 120
 hamiltonien, 85

D

De Morgan, lois de, 5, 54, 205, 223
Degré
 d'un sommet, 83
 d'une région, 100
Déterminant d'une matrice, 69
Diagramme
 d'état, 124, 127
 d'un poset, 184
 sagittal, 25
 de Venn, 3, 12, 19
Diamètre d'un graphe, 84
Différence
 d'ensembles, 119
 symétrique, 20, 241

Disjonction, 201, 215
Diviseur de zéro, 167
Dm (diviseurs de m), 186
Domaine
  d'intégrité, 167
  de factorisation unique, 168
  d'une fonction, 43
  d'une relation, 24
Dual, 5, 187, 222

E

Elément(s), 1
  comparables, 183
  inverse, 160
  maximal, 185
  minimal, 185
  neutre, 159
  régulier, 159
Enoncé, 200
  biconditionné, 205
  composé, 200
  conditionné, 205
Ensemble, 1
  dénombrable, 48
  disjoints, 4
  fini, 6, 47
  indexé, 47
  infini, 47
  nul, 2
  ordonné, 183
  des parties, 8
  produit, 23
  vide, 2
Entier gaussien, 180
Enumération consistante, 185
Equivalent logique, 204
Etat, 124, 127
  initial, 124, 127
  interne, 124, 127
  réceptif, 127
Euler, L., 84
Expression booléenne, 225
Extrémité, 82, 119

F

Factorielle, 136
Famille d'ensembles, 47
Feuilles, 106
Fonction, 43, 48
  d'état-suivant, 124, 127
  inverse, 45
  polynomiale, 45
  de sortie, 124
Forêt, 105
Forme canonique disjonctive, 224, 225
Formule d'Euler, 101

G

Grammaire, 161
  régulière, 162
  types de, 162
Graphe(s), 82, 90
  acyclique, 105
  biparti, 87
  colorés, 103
  complet, 86, 132
  connexe, 84, 90, 120
  eulérien, 85
  fini, 83, 120
  d'une fonction, 44
  hamiltonien, 85
  homéomorphes, 166
  isomorphes, 89
  marqué, 89, 119
  orienté, 119
  planaire, 100, 108
  recouvrable, 85
  régulier, 86
  d'une relation, 25
Groupe, 163
  abélien, 163
  commutatif, 163
  cyclique, 166
  fini, 163
  quotient, 165
  symétrique, 164

H

Homomorphisme de groupes, 166

I

Identité, 44
Idéal, 167
  premier, 180
  principal, 167
Image, 43
Impliquant premier, 228
Implication logique, 207
Index d'un sous-groupe, 164
Inf, 186
Injection, 45

Intersection d'ensembles, 4
Irréductible, 168

K

Karnaugh, 229
Königsberg, ponts de, 84
Kuratowski, 102

L

Lagrange, 164
Langage, 161
Linéairement ordonné, 183
Littéral, 225
Loi
 d'absorption, 186, 222
 d'associativité, 159
 de commutativité, 159
 de distributivité, 189
 de distributivité faible, 197
 d'idempotence, 187
 d'identité, 5
 d'involution, 223
Longueur
 d'une chaîne, 83
 finie, 190
 d'un vecteur, 63

M

Machine, 124
 à états finis, 124
Majorant, 185
Matrice, 64
 des arêtes, 88
 associée, 88
 carrée, 68
 des connexions, 89
 d'un graphe, 87, 121
 d'incidence, 88
 inverse, 69
 inversible, 69
 d'une relation, 25
Méthode du consensus, 228
Minorant, 185
Minterme, 225
Monôme, 225
Multigraphe, 82

N

N (entiers positifs), 2
Négation, 201
Nœuds, 82, 119
Nombre(s), 47
 cardinaux, 47
 chromatique, 103
Norme d'un vecteur, 63

O

Opération, 159
 binaire, 159
Ordre, 183
 d'un élément, 166
 d'un groupe, 163
 inverse, 183
 lexicographique, 107, 184
 partiel, 31, 183
Ordonné, totalement, 183

P

$\mathcal{P}(A)$ (ensemble des parties), 8
Paires ordonnées, 23
Partition
 des ensembles, 29, 141
 des entiers, 185
 ordonnée, 141
Permutations, 138, 164
pgcd (plus grand commun diviseur), 160, 186
Plan cartésien, 23
Point d'articulation, 84
Poset, 183
ppcm (plus petit commun multiple), 186
Prémisses, 206
Prédécesseur, 184
Principe
 d'abstraction, 2
 d'extension, 1
 de dénombrement, 6, 136
 de dualité, 187, 222
 d'induction, 9
 de substitution, 204
Production, 161
Produit
 d'ensembles, 23
 intérieur, 63
 scalaire, 63
Proposition, 202
 inverse, 213
Propriétés des relations, 28

Q

Q (nombres rationnels), 2
Quatre couleurs, théorème des, 103

R

R (nombres réels), 2
Racine, 106
Relation, 23, 24
  antisymétrique, 28
  binaire, 24
  d'équivalence, 29
  d'identité, 25
  inverse, 26
  réflexive, 28
  symétrique, 28
Réciproque, 213
Récurrence, 9
Région d'une carte, 100

S

Semi-groupe, 160
Sommets, 82
Sophisme, 206
Successeur, 184
Suites, 125
Sup, 185
Sup-irréductible, 189
Surjection, 45
Symbole d'entrée, 124, 127
Système d'adressage, 107
Système universel d'adressage, 107

T

Table de vérité, 202
Table des états, 125
Tableau, 63
Taille d'une matrice, 64
Tautologie, 203
Terminaux, 161
Treillis, 186, 188
  borné, 188
  isomorphe, 188
  modulaire, 197
Triangle de Pascal, 138

U

Union d'ensembles, 4
Unité, 168, 221
Univers, 2

V

Valeur de vérité, 200
Variables, 161
Vecteurs, 63, 119

W

Welch-Powell, algorithme de, 103

Z

Z (entiers), 2
Zm (entiers modulo m), 165, 168

Photocomposition et impression
IMPRIMERIE LOUIS-JEAN
BP 87 — 05003 GAP Cedex
Tél. : 92.51.35.23
Dépôt légal : 622 — Septembre 1990
Imprimé en France